PUTONG WULI SH… G
JISHU WULI SHIYAN

普通物理实验教程

——技术物理实验

主　编：欧阳建明　彭　刚
副主编：欧保全　罗　剑　郑浩斌　罗　威
参　编：陈　欢　陈　婷　王叶晨

国防科技大学出版社
·长沙·

图书在版编目（CIP）数据

普通物理实验教程：技术物理实验/欧阳建明，彭刚主编．—长沙：国防科技大学出版社，2024.1
ISBN 978-7-5673-0598-4

Ⅰ．①普…　Ⅱ．①欧…②彭…　Ⅲ．①普通物理学—实验—高等学校—教材　Ⅳ．①O4-33

中国国家版本馆 CIP 数据核字（2023）第 243144 号

普通物理实验教程：技术物理实验
PUTONG WULI SHIYAN JIAOCHENG：JISHU WULI SHIYAN
欧阳建明　彭　刚　主编

责任编辑：刘璟珺
责任校对：朱哲婧
出版发行：国防科技大学出版社　　地　　址：长沙市开福区德雅路 109 号
邮政编码：410073　　电　　话：（0731）87028022
印　　制：国防科技大学印刷厂　　开　　本：710×1000　1/16
印　　张：28.75　　字　　数：532 千字
版　　次：2024 年 1 月第 1 版　　印　　次：2024 年 1 月第 1 次
书　　号：ISBN 978-7-5673-0598-4
定　　价：98.00 元

网址：https://www.nudt.edu.cn/press/

前言

13亿年前，两颗黑洞在很短的时间内悄然合为一体，它们一定无法预见，13亿年后的今天，人类居然可以通过探测它们合并带来的空间涟漪还原这一历史事件。有时候，我们可能会惊讶，人类几千年来都不知道地球是圆的，不知道空气中充满各种原子、分子，不知道太阳光是一种电磁波，不知道温度不能低于－273.15℃。数百年来，牛顿、爱因斯坦、麦克斯韦、薛定谔、海森堡、狄拉克等无数物理学先驱用他们的智慧推动着人类在科学的道路上奔驰，自然界的规律被他们不可思议地抽象成各种各样绝妙的物理公式，让人类只凭借头脑和一些工具就可以计算出支配数十亿光年之外的物质运动的规律。我们只有微不足道的能源，甚至还没有离开太阳系，但我们却可以知道恒星深处的核子反应或原子核内的情况；我们在这个不起眼的小行星上发现的物理定律，竟然能够适用于宇宙各个角落。这一切都源于不断提升的实验测量技术与手段，这些技术在不断推动物理学发展的同时，物理学理论反过来又进一步推动着测量技术与手段的创新，为更高精度的测量指引方向。物理学理论与实验的螺旋式发展，推动了人类文明与科技的快速发展。

几千年的历史表明，科学技术的发展是人类科技和文明前进的第一动力。从茹毛饮血的原始社会到高度文明的现代社会，人类是伴随着包括物理学在内的科学技术的一次次突破，一步步地走过来的。投掷、尖壁、杠杆等技术帮助原始人群在旧石器时代脱颖而出，开启了石器时代的人类文明——图腾文化。弓箭、钻木取火的发明，就是最早的技术革命，直接催生了畜牧业以及制陶和冶金技术，人类进入农业社会，产生了田园文化。从近代欧洲的文艺复兴开始，科学实验与科学技术开辟了科学革命的道路，理性精神深深地渗透到文化当中，把人类推进到科学文化的时代。17 世纪的牛顿力学和 18 世纪的热力学，推动了蒸汽动力技术的飞速发展与普遍应用，推动了近代第一次产业革命，人类进入“蒸汽时代”，产生了资本主义的工业文明；19 世纪 50 年代，麦克斯韦电磁理论的完善与不断创新的电磁技术促进了人类社会向电气化时代迈进；20 世纪以来，相对论和量子理论的发展，引发了现代科技革命，人类改造自然的能力空前增强。今天，飞机、高铁、激光、5G 等各种技术，使人能上天入地、腾空泛海、生光驱电，可以说，基于物理学的技术创新，直接造就了现代科技文明。

本书以普通物理实验中突出物理实验技术的系列实验为基础，以现代物理实验技术基础物理理论的应用为重点，突出设计性、先进性、综合性、研究性，以厚基础、宽口径、重应用和强能力为原则，注重与实践结合，突出物理知识在高新技术上的应用与实践创新，培养学生用开放型、创新型思维方式对待客观世界和解决实际问题的态度以及高级认知能力、高超综合分析能力以及创造性解决问题的能力。

本书在仪器厂家提供的说明书的基础上，提炼实验项目涉及的实验技术，读者首先对相关技术的概念、特点具有一定了解，再通过实验的学习与实践，进一步掌握相关物理概念、学习相关实验技术，最后了解相关技术的应用，拓展知识面。由于编者水平有限，书中难免有不妥之处，敬请读者批评指正。

编　者

2023 年 10 月

目 录

第一部分　力学和热学实验

实验1　动态共振技术测定杨氏模量

【技术概述】

动态共振测量技术是指物理系统受某一特定频率（共振频率）的外界激励时，该系统振动具有最大的振幅，通过对振幅或者共振频率的测量达到对物理系统某一物理量的精确测量技术。共振技术包含机械共振、电学共振和光学共振等多种物理共振方式，具有输入能量小、测试精度高等特点。本实验采用外界激励测试棒，在共振频率下，测试棒达到振幅最大的振动状态，通过测量测试棒在该状态时的频率实现对测试棒杨氏模量的精确测量。

一、实验目的

1. 掌握动态悬挂法测量材料的杨氏模量。
2. 学习用外延法处理实验数据。

二、实验原理

杨氏模量是固体材料的重要力学性质，它反映了固体材料抵抗外力产生拉伸（或压缩）形变的能力，是选择机械构件材料的依据之一。本实验基于动力学共振法原理采用悬挂法来测量材料的杨氏模量。

根据棒的横振动方程

$$\frac{\partial^4 y}{\partial x^4}-\frac{\rho S \partial^2 y}{YJ\partial t^2}=0 \tag{1-1}$$

式中，y 为棒振动的位移；Y 为棒的杨氏模量；S 为棒的横截面积；J 为棒的转动惯量；ρ 为棒的密度；x 为位置坐标；t 为时间变量。

用分离变数法求解棒的横振动方程，令 $y(x,t)=X(x)T(t)$，代入方程式（1-1）得

$$\frac{1}{X}\cdot\frac{\mathrm{d}^4 X}{\mathrm{d}x^4}=\frac{\rho S}{YJ}\cdot\frac{1}{T}\cdot\frac{\mathrm{d}^2 T}{\mathrm{d}t^2} \tag{1-2}$$

可以看出，上式两边分别是 x 和 t 的函数，这只有两边都等于一个任意常数时才有可能，若设这个常数为 K^4，得

$$\frac{\mathrm{d}^4 X}{\mathrm{d}x^4}-K^4 X=0 \tag{1-3}$$

$$\frac{\mathrm{d}^2 T}{\mathrm{d}t^2}-\frac{K^4 YJ}{\rho S}T=0 \tag{1-4}$$

解这两个线性常微分方程，得通解

$$y(x,t)=[A_1\mathrm{ch}(K_x)+A_2\mathrm{sh}(K_x)+B_1\cos(K_x)+B_2\sin(K_x)]\cos(\omega t+\varphi) \tag{1-5}$$

式中，$\omega=(K^4YJ/\rho S)^{1/2}$，称为频率公式；$A_1$、$A_2$、$B_1$、$B_2$、$\varphi$ 是待定系数，可由边界条件和初始条件确定。

只要用特定的边界条件定出常数 K，并将其代入棒的转动惯量 J，就可以得到具体条件下的计算公式。对于长为 L、两端自由的棒，当悬线悬挂于棒的节点附近时，其边界条件为：自由端横向作用力为零，弯矩亦为零。即

$$F=-\frac{\partial M}{\partial x}=-EJ\frac{\partial^3 y}{\partial x^3}=0 \tag{1-6}$$

弯矩 $M=EJ\dfrac{\partial^2 y}{\partial x^2}=0$，即 $\left.\dfrac{\mathrm{d}^3X}{\mathrm{d}x^3}\right|_{x=0}=0$，$\left.\dfrac{\mathrm{d}^3X}{\mathrm{d}x^3}\right|_{x=L}=0$，$\left.\dfrac{\mathrm{d}^2X}{\mathrm{d}x^2}\right|_{x=0}=0$，$\left.\dfrac{\mathrm{d}^2X}{\mathrm{d}x^2}\right|_{x=L}=0$。

将边界条件代入通解得超越方程 $\cos(KL)\cdot\mathrm{ch}(KL)=1$，用数值计算法得到方程的根依次是：$KL=0$，4.730 0，7.853 2，10.995 6，14.137，14.279，20.420……此数列逐渐趋于表达式 $K_nL=(n-1/2)\pi$ 的值。

上述第一个根“0”对应于静态值，第二个根记为 $K_1L=4.730\,0$，与此对应的共振频率称为基频（或称固有频率）ω_1，$\omega_1=2\pi f_1$。对于直径为 d、长为 L、质量为 m 的圆形棒，其转动惯量为 $J=Sd^2/16$，在基频 f_1 下共振时，得棒的杨氏弹性模量 Y 为

$$Y = 1.6067 \frac{L^3 m f_1^2}{d^4} \tag{1-7}$$

测试棒在做基频振动时存在两个节点，它们的位置距离端面分别为 0.224L 和 0.776L，悬挂点理论上应取在节点处，但节点处测试棒难以被激振和拾振，因此可在节点两旁选不同点对称悬挂，用外推法找出节点处的共振频率。

另外要明确的是，物体的固有频率 $f_{固}$ 和共振频率 $f_{共}$ 是两个不同的概念，它们之间的关系为

$$f_{固} = f_{共}\sqrt{1 + \frac{1}{4Q^2}} \tag{1-8}$$

式中，Q 为测试棒的机械品质因素。对于悬挂法测量，一般 Q 的最小值约为 50，共振频率和固有频率相比只偏低约 0.005%。本实验中只能测出测试棒的共振频率，由于两者相差很小，因此，固有频率可用共振频率进行代替。

三、实验仪器及其主要技术参数

本实验仪器包括 DHY－2 型动态杨氏模量测试仪、示波器、测试棒（黄铜、不锈钢）、悬线、专用连接导线、天平、游标卡尺、螺旋测微器等。DHY－2 型动态杨氏模量测试仪包括杨氏模量测试台、音频信号产生器、音频信号测量实验仪三个部分，其中杨氏模量测试台结构见图 1－1。

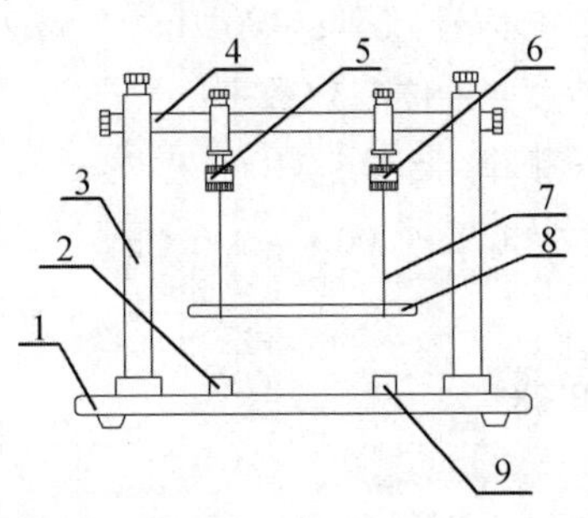

1—底板；2—输入插口；3—立柱；4—横杆；5—激振器；6—共振器；7—悬线；8—测试棒；9—输出插口。

图 1－1　杨氏模量测试台

音频信号产生器和音频信号测量实验仪由频率连续可调的音频信号源输出正弦电信号，经激振换能器转换为同频率的机械振动，再由悬线把机械振动传

给测试棒，使测试棒做受迫横振动，测试棒另一端的悬线再把测试棒的机械振动传给拾振换能器，这时机械振动又转变成电信号，信号经选频放大器的滤波放大，再送至示波器显示。实验测试连接图如图 1－2 所示。

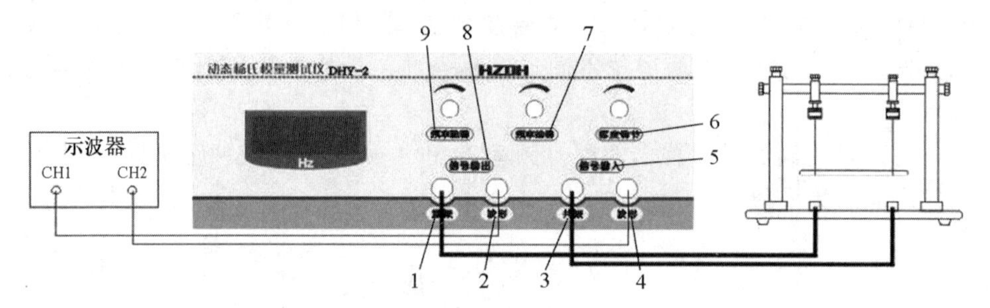

1—激振；2、4—波形；3—共振；5—信号输入；6—幅度调节；
7—频率细调；8—信号输出；9—频率粗调。

图 1－2　测量时的连接图

当信号源频率不等于测试棒的固有频率时，测试棒不发生共振，示波器几乎没有电信号波形或波形很小。当信号源的频率等于测试棒的固有频率时，测试棒发生共振，这时示波器上的波形振幅突然增大，频率显示窗口显示的频率即为测试棒在该温度下的共振频率，代入式（1－7）可计算该温度下的杨氏模量。

DHY－2 型动态杨氏模量测试仪主要参数如下：

音频信号源输出正弦电信号频率：400 Hz～5 kHz。

音频信号频率测试精度：4 位有效数字。

黄铜测试棒基频共振频率：500～710 Hz，$Y=(0.8\sim1.1)\times10^{11}\ \text{N/m}^2$。

不锈钢测试棒基频共振频率：800～1 000 Hz，$Y=(1.5\sim2.0)\times10^{11}\ \text{N/m}^2$。

四、实验内容与步骤

1. 测量测试棒的长度 L、直径 d 和质量 m。为提高测量精度，要求以上量均测量 3～5 次。

2. 测量测试棒在室温时的共振频率 f_1。

（1）安装测试棒：如图 1－1 所示，将测试棒悬挂于两悬线之上，要求测试棒横向水平，悬线与测试棒轴向垂直，两悬线挂点到测试棒两端点的距离分别为 0.036 5L 和 0.963 5L 处，并处于静止状态。

（2）按图 1－2 所示，将测试台、测试仪器、示波器之间用专用导线连接。

（3）打开示波器、测试仪的电源开关，调整示波器，使其处于正常工作状态。

（4）待测试棒稳定后，调节“频率调节”粗、细旋钮，寻找测试棒的共振频率 f_1。当示波器荧光屏上出现共振现象时（正弦波振幅突然变大），再缓慢地微调频率调节细调旋钮，使波形振幅达到极大值，然后进行鉴频。所谓鉴频就是对测试共振模式及振动级次的鉴别，它是准确测量操作中的重要一步。在做频率扫描时，会发现测试棒不只在一个频率处发生共振现象，而式（1－7）只适用于基频共振的情况，所以要确认测试棒是在基频频率下共振。可用阻尼法来鉴别：沿测试棒长度的方向轻触棒的不同部位，同时观察示波器，若在波节处波幅不变化，而在波腹处波幅会变小，并发现在测试棒上有两个波节时，则这时的共振就是在基频频率下的共振，记下频率显示屏上显示的频率值 f_1。

测量好 0.036 5L 和 0.963 5L 处后，再分别按 0.099L 和 0.901L 一组、0.161 5L 和 0.838 5L 一组、0.224L 和 0.776L 一组、0.286 5L 和 0.713 5L 一组、0.349L 和 0.651L 一组、0.415L 和 0.585L 一组进行测量，并记录在表 1－1 中。测试不同材质测试棒的共振频率，记录于表 1－2。

表 1－1　共振频率与位置数据表

序号	1	2	3	4	5	6	7
悬挂点位置/mm							
共振频率 f_1/Hz							

表 1－2　不同材质测试棒共振频率数据表

测试品材质	黄铜	铝	不锈钢
截面直径 d/mm			
样品长度 L/mm			
样品质量 m/g			
基频共振频率 f_1/Hz			

实验中由于悬线对测试棒的阻尼，所检测到的共振频率大小是随悬挂点的位置而变化的。由于换能器所拾取的是悬挂点的加速度共振信号，而不是振幅

共振信号，所检测到的共振频率随悬线挂点到节点的距离增大而增大。若要测量测试棒的基频共振频率，则只能悬线挂在0.224L和0.776L节点处，但该节点处的振动幅度几乎为零，很难激振和检测，故采用外延测量法。所谓外延测量法，就是所需要的数据在测量数据范围之外，一般很难测量，为了求得这个值，采用作图外推求值的方法。即先使用已测数据绘制出曲线，再将曲线按原规律延长到待求值范围，最后在延长线部分求出所要的值。本实验中以悬挂点位置为横坐标，以相对应的共振频率为纵坐标做出关系曲线，求得曲线最低点（即节点）所对应的频率即为测试棒的基频共振频率f_1。

将所测各物理量的数值代入式（1-7）计算出该测试棒的杨氏模量Y。再利用不确定度传递公式估算相对不确定度U_r和不确定度U_p（$=\overline{Y}\times U_r$），写出结果表达式。

五、实验注意事项

1. 测试棒不可随处乱放，保持清洁，拿放时应特别小心。
2. 安装测试棒时，应先移动支架到既定位置，再悬挂测试棒。
3. 更换测试棒要细心，避免损坏激振、共振传感器。
4. 实验时，须待测试棒稳定之后才可以进行测量。

六、思考题

1. 外延测量法有什么特点？使用时应注意什么？
2. 物体的固有频率和共振频率有什么不同？它们之间有何关系？

材料名称	$Y/\times 10^{11}$ N/m^2	材料名称	$Y/\times 10^{11}$ N/m^2
生铁	0.735~0.834	有机玻璃	0.02~0.03
碳钢	1.52	橡胶	78.5
玻璃	0.55	大理石	0.55

注：因受环境温度及测试棒材质不同等影响，所提供的数据仅作参考。

【技术应用】

共振是十分普遍的自然现象，几乎在物理学的各个分支学科和许多交叉学科中以及工程技术的各个领域中都具有广泛应用，例如桥梁、码头等各种建筑，飞机、汽车、轮船、发动机等机器设备的设计、制造、安装中，为使建筑结构安全工作和机器能正常运转，都必须考虑防止共振问题。而有许多仪器和装置要利用共振原理来制造。机械共振应用的典型例子是地震仪，它不仅是地震记录和研究地震预报的基本手段，而且是研究地球物理的重要工具。利用共振可以制造超声工具，利用原子、分子共振可以制造各种光源如日光灯、激光以及电子表、原子钟等。在音乐艺术中，不论是声乐，还是器乐，共振都起决定性的作用，甚至可以说没有共振就没有音乐。人的听觉器官中有一套精巧绝伦的共振系统，许多动物也如此。“听”可以说是利用共振原理对声振动的谐波分析。研究共振对于医学、仿生学均有重大意义。电磁振荡的共振在无线电技术中具有极重要的地位。电磁波信号的产生、接收、放大、分析处理都要靠共振来帮助。可以说凡要用到电磁波的地方若离开了电磁波的共振都是不可能的。共振还是探索宇宙和认识微观世界的钥匙。靠共振来辨认、识别来自宇宙的电磁波，研究宇宙中星体的物质结构、能量、质量。利用微观粒子的共振可认识微观世界的物理规律。例如，利用核磁共振可以研究物质的电子结构和测量核磁矩。值得一提的是，与微观粒子共振有关的诺贝尔物理学奖得奖项目有很多，如布洛赫和珀塞尔关于核磁共振技术的发明，卡斯特勒光泵技术的发明，穆斯堡尔效应的发现，巴索夫、普洛霍洛夫和汤斯发明的微波激射器和激光，丁肇中和利希特发现的 J/Ψ 粒子等。

在军事上，有一种利用声波共振产生的生物效应制作的武器，称为次声波武器。次声波武器大体可分为“神经型”和“器官型”两类。“神经型”次声波武器发射的次声波频率和人脑阿尔法节律（8 ~ 12 Hz）很接近，所以次声波作用于人体时会刺激人的大脑，引起共振，对人的心理与意识产生一定影响：轻者感觉不适，注意力下降，情绪不安，导致头昏、恶心；严重时使人神经错乱，癫狂不止，休克昏厥，丧失思维能力。“器官型”次声波武器发射的次声波频率和人体内脏器官的固有频率接近，当这样的次声波作用于人体时，人体的内脏器官便会产生强烈的共振，致使人员呼吸困难，肌肉痉挛，血管破裂，内脏遭受损伤，严重时甚至会使人员死亡，尸体破裂。1993 年，美国陆军实验研究室开发了一种巨型的电动气动型扬声器，是一种可移动的声源，被称为“扬声器之母”，其能够输出高强度的低至 10 Hz 的次声波信号，如图 1－3所示。1995 年底，美国曾对波黑塞军阵地秘密进行次声波攻击，据称几秒钟就使波黑塞军士兵昏倒、呕吐、陷入混乱。1998 年，美国研制了一种作用距离可达到 200 m 的手持式次声波手枪，如图 1－4 所示。次声波武器已被列为未来战争的重要武器之一。美国陆军坦克车辆研究、发展与工程中心阿姆斯特朗实验室和美国空军研究实验室联合研制了一种采用高能驱动特制扬声器的舰载次声波武器，通过发射大功率声波来实现软杀伤，如图 1－5 所示。美国圣迪戈美洲技术公司开发的类似产品能够发出 140 dB 的噪声，使人瞬间头痛并失去反抗力。2012 年 5 月，在英国伦敦举行的“奥运卫士”演习中，次声波武器首次公开亮相于大型非战争军事活动，并在伦敦奥运会期间用于安保。

图 1－3　美军研制的“扬声器之母”

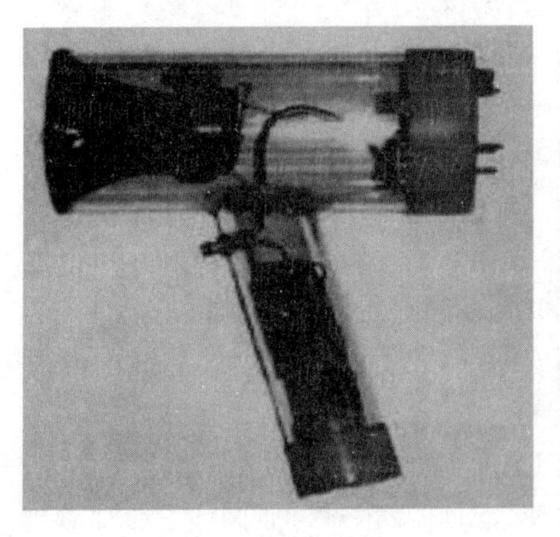

图 1－4　次声波手枪

图 1－5　舰载次声波武器

实验2　弦振动

【技术概述】

弦振动测量技术是通过测量弦线上驻波的共振频率获得弦线上所受的张力大小以及波的传播速度等物理参量的测量技术。张紧的弦线受到外界激励时，只有满足驻波条件的振动才具有最小的衰减，能够长时间稳定在弦上振动。本实验采用外界条件激励拉紧的弦线，研究波在弦上的传播及弦波形成的条件，并研究弦线张力、共振频率、波的传播速度、弦线线密度和长度等物理量之间的数值关系。

一、实验目的

1. 了解波在弦上的传播及驻波形成的条件。
2. 测量拉紧弦不同弦长的共振频率。
3. 测量弦线的线密度。
4. 测量弦振动时波的传播速度。

二、实验原理

张紧的弦线受驱动器作用产生振动，改变弦长或驱动频率，当弦长是驻波半波长的整数倍时，弦线上便会形成驻波。此时认为驱动器所在处对应的弦为振源，振动向两边传播，在弦线两端反射后又沿各自相反的方向传播，最终形成稳定的驻波。

为了研究问题的方便，当弦线上最终形成稳定的驻波时，可以认为波是从左端劈尖发出，沿弦线朝右端劈尖方向传播，称为入射波；再由右端劈尖端反射沿弦线朝左端劈尖传播，称为反射波。入射波与反射波在同一条弦线上沿相反方向传播时将相互干涉，在适当的条件下，弦线上就会形成驻波。这时，弦线上的波被分成几段，形成波节和波腹，如图 2－1 所示。

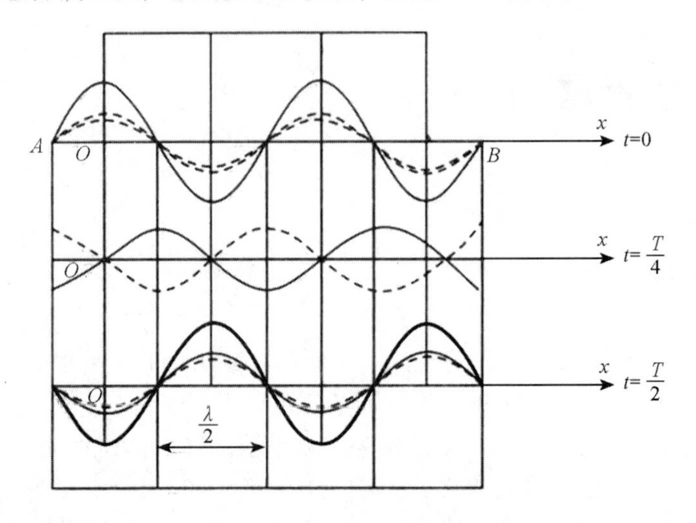

图 2－1 驻波振幅与位置关系

设图中的两列波是沿 X 轴相向方向传播的振幅相等、频率相同、振动方向一致的简谐波。向右传播的用细实线表示，向左传播的用细虚线表示，当传至弦线上相应点，相位差为恒定时，它们就合成驻波用（粗实线表示）。由图 2－1 可见，两个波腹或波节间的距离都是等于半个波长，这可从波动方程推导出来。

下面用简谐波表达式对驻波进行定量描述。设沿 x 轴正方向传播的波为入射波，沿 x 轴负方向传播的波为反射波，取它们振动相位始终相同的点作坐标原点“O”，且在 $x=0$ 处，振动质点向上达最大位移时开始计，则它们的波动方程分别为

$$Y_1 = A\cos 2\pi(ft - x/\lambda)$$
$$Y_2 = A\cos 2\pi(ft + x/\lambda) \qquad (2-1)$$

式中，A 为简谐波的振幅；f 为频率；λ 为波长；x 为弦线上质点的坐标位置。两波叠加后的合成波为驻波，其方程为

$$Y_1 + Y_2 = 2A\cos 2\pi(x/\lambda)\cos 2\pi ft \qquad (2-2)$$

由此可见，入射波与反射波合成后，弦上各点都在以同一频率做简谐振动，它们的振幅为 $|2A\cos 2\pi(x/\lambda)|$，只与质点的位置 x 有关，与时间无关。

由于波节处振幅为零，即 $|\cos 2\pi(x/\lambda)|=0$，则

$$2\pi x/\lambda = (2k+1)\pi/2 \,(k=0,1,2,3,\cdots) \tag{2-3}$$

可得波节的位置为

$$x_k = (2k+1)\lambda/4 \tag{2-4}$$

而相邻两波节之间的距离为

$$x_{k+1} - x_k = [2(k+1)+1]\lambda/4 - (2k+1)\lambda/4 = \lambda/2 \tag{2-5}$$

又因为波腹处的质点振幅为最大，即 $|\cos 2\pi(x/\lambda)| = 1$，则

$$2\pi x/\lambda = k\pi \ (k=0,1,2,3,\cdots) \tag{2-6}$$

可得波腹的位置为

$$x = k\lambda/2 = 2k\lambda/4 \tag{2-7}$$

这样相邻的波腹间的距离也是半个波长。因此，在驻波实验中，只要测得相邻两波节（或相邻两波腹）间的距离，就能确定该波的波长。

在本实验中，由于弦的两端是固定的，故两端点为波节，所以，只有当均匀弦线的两个固定端之间的距离（弦长）L 等于半波长的整数倍时，才能形成驻波，其数学表达式为

$$L = n\lambda/2 \,(n=0,1,2,3,\cdots) \tag{2-8}$$

由此可得沿弦线传播的横波波长为

$$\lambda = 2L/n \,(n=0,1,2,3,\cdots) \tag{2-9}$$

式中，n 为弦线上驻波的段数，即半波数；L 为弦长。

根据波动理论，弦线横波的传播速度为

$$v = (T/\rho)^{1/2} \tag{2-10}$$

即 $T=\rho v^2$。

式中，T 为弦线中张力；ρ 为弦线单位长度的质量，即线密度。

根据波速、频率与波长的普遍关系式 $v=f\lambda$ 和式（2-9）可得横波波速为

$$v = 2Lf/n \tag{2-11}$$

如果已知张力 T 和频率 f，则由式（2-10）和式（2-11）可得线密度为

$$\rho = T\,(n/2Lf)^2 \,(n=0,1,2,3,\cdots) \tag{2-12}$$

如果已知线密度 ρ 和频率 f，则由式（2-12）可得张力为

$$T = \rho\,(2Lf/n)^2 \,(n=0,1,2,3,\cdots) \tag{2-13}$$

如果已知线密度 ρ 和张力 T，则由式（2-13）可得频率为

$$f = \sqrt{\frac{T}{\rho}} \cdot \frac{n}{2L} \tag{2-14}$$

以上分析是根据经典物理学得到的，实际的弦振动的情况是复杂的。在实验中可以看到，接收波形很多时候并不是正弦波，或者带有变形，或者没有规

律振动，或者带有不稳定性振动，这就要求引入更新的非线性科学的分析方法。

三、实验仪器及其主要技术参数

本实验采用 DH4618A 型弦振动研究实验仪与双踪示波器，对弦上振动进行研究。实验仪由测试架和信号源组成，结构如图 2－2 所示。

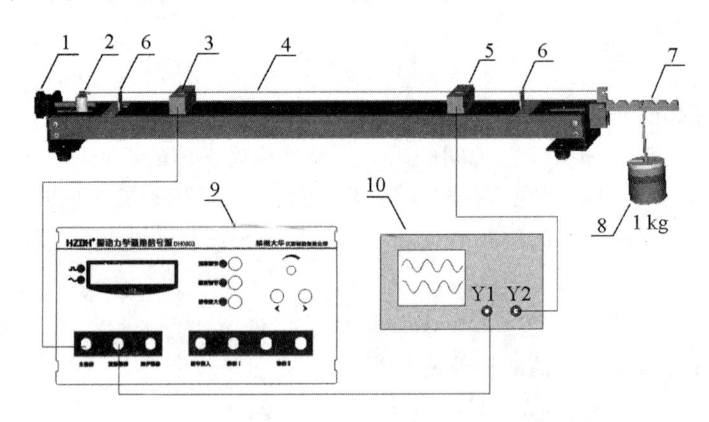

1—调节螺杆；2—圆柱螺母；3—驱动传感器；4—弦线；5—接收传感器
6—支撑板；7—张力杆；8—砝码；9—信号源；10—示波器。

图 2－2　弦振动研究实验仪

DH4618A 型弦振动研究实验仪的信号输出及调节均在前面板上进行，如图 2－3 所示为仪器的前面板图。

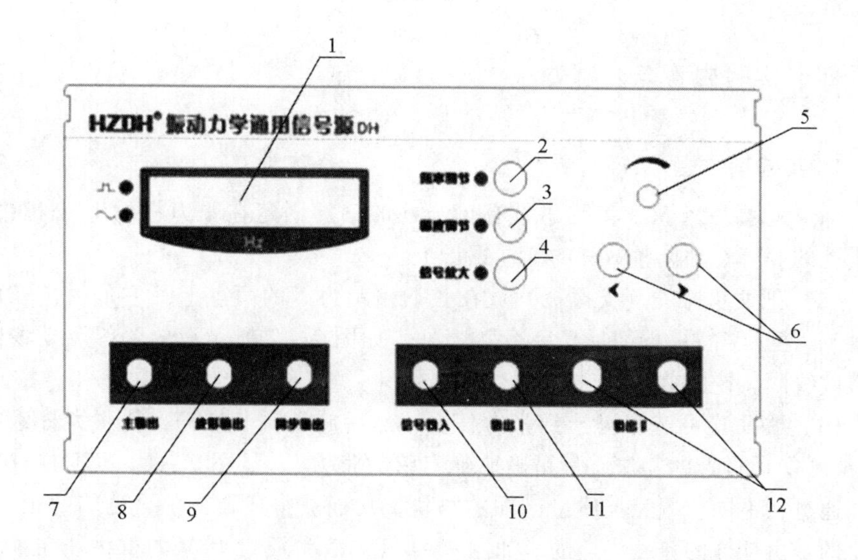

1—频率显示窗口；2—频率调节；3—幅度调节；4—信号放大；
5—编码开关；6—按键开关；7—主输出；8—波形输出；9—同步输出；
10—信号输入；11—输出Ⅰ；12—输出Ⅱ。

图2-3 振动力学信号源面板

本实验使用的仪器及其主要参数如下：

1. DH4618A型弦振动研究实验仪

电信号输出频率：20.001～100 000 Hz连续可调。

最小步进值：0.001 Hz。

2. 双踪示波器

带宽：200 MHz。

采样率：2 GSa/s。

时基范围：2 ns/div～50 s/div。

垂直灵敏度：1 mV/div～10 V/div。

3. 砝码

量程：1 kg±0.5 g。

四、实验内容与步骤

1. 实验前准备

（1）选择一条弦，将弦的带有铜圆柱的一端固定在张力杆的U型槽中，把带孔的一端套到调整螺杆的圆柱螺母上。

（2）把两块劈尖（支撑板）放在弦下相距为 L 的两点上（它们决定弦的长度），注意窄的一端朝标尺，弯脚朝外，如图2－2所示；放置好驱动线圈和接收线圈，按图2－2连接好导线。

（3）将质量可选砝码挂到张力杆上，然后旋动调节螺杆，使张力杆水平（这样才能通过挂的物块质量精确地确定弦的张力），见图2－4。根据杠杆原理，通过在不同位置悬挂质量已知的物块，从而获得成比例的、已知的张力，该比例是由杠杆的尺寸决定的。如图2－4（a），将质量为 M 的重物挂在张力杆的挂钩槽3处，弦的拉紧度等于 $3M$；如图2－4（b），将质量为 M 的重物挂在张力杆的挂钩槽4处，弦的拉紧度为 $4M$，……。

注意：由于张力不同，弦线的伸长也不同，故须重新调节张力杆的水平。

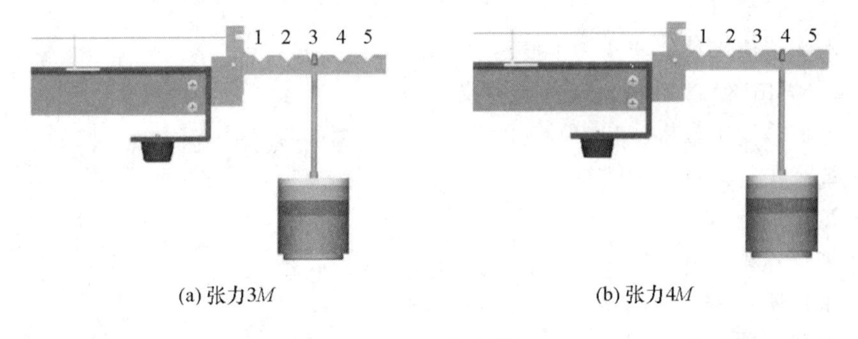

(a) 张力3M　　(b) 张力4M

图2－4　张力大小的示意

2. 实验内容

（1）张力、线密度和弦长一定，改变驱动频率，观察驻波现象和驻波波形，测量共振频率和速度。

①放置两个劈尖至合适的间距，例如60 cm，装上一条弦。在张力杠杆上挂上一定质量的砝码（注意：总质量还应加上挂钩的质量），旋动调节螺杆，使张力杠杆处于水平状态，把驱动线圈放在离劈尖5～10 cm处，把接收线圈放在弦的中心位置。提示：为了避免接收传感器和驱动传感器之间的电磁干

扰，在实验过程中要保证两者之间的距离至少有 10 cm。

②驱动信号的频率调至最小，适当调节信号幅度，同时调节示波器的通道增益为 10 mV/格。

③慢慢升高驱动信号的频率，观察示波器接收到的波形的改变。注意：频率调节过程不能太快，因为弦线形成驻波需要一定的能量积累时间，太快则来不及形成驻波。如果不能观察到波形，则调大信号源的输出幅度；如果弦线的振幅太大，造成弦线敲击传感器，则应减小信号源输出幅度；适当调节示波器的通道增益，以观察到合适的波形大小。一般一个波腹时，信号源输出为 2 ~ 3 V（峰 - 峰值），即可观察到明显的驻波波形，同时观察弦线，应当有明显的振幅。当弦的振动幅度最大时，示波器接收到的波形振幅最大，这时的频率就是共振频率。

④记下这个共振频率，以及线密度、弦长和张力，弦线的波腹波节的位置和个数等参数。如果弦线只有一个波腹，这时的共振频率为最低，波节就是弦线的两个固定端（两个劈尖处）。

⑤再增加输出频率，连续找出几个共振频率（3 ~ 5 个）并记录。注意：接收线圈如果位于波节处，则示波器上无法测量到波形，所以驱动线圈和接收线圈此时应适当移动位置，以观察到最大的波形幅度。当驻波的频率较高，弦线上形成几个波腹、波节时，弦线的振幅会较小，眼睛不易观察到。这时把接收线圈移向右边劈尖，再逐步向左移动，同时观察示波器（注意波形是如何变化的），找出并记下波腹和波节的个数，及每个波腹和波节的位置，记录于表 2 - 1。

⑥根据式（2 - 14）求得的共振频率计算值，与实验得到的共振频率相比较，分析这两者存在差异的原因。

表 2 - 1　共振频率测量数据表

弦长/cm　　张力/（$kg \cdot m \cdot s^{-2}$）　　线密度/（$kg \cdot m^{-1}$）

波腹位置/cm	波节位置/cm	波腹数	波长/cm	共振频率/Hz	频率计算值	传播速度

（2）张力和线密度一定，改变弦长，测量共振频率。

①选择一根弦线和合适的张力，放置两个劈尖至一定的间距，例如 60 cm，调节驱动频率，使弦线产生稳定的驻波。

②记录相关的线密度、弦长、张力、波腹数等参数。

③移动劈尖至不同的位置改变弦长，调节驱动频率，使弦线产生稳定的驻波。将测量的相关参数记录于表 2－2。

④做弦长与共振频率的关系图。

表 2－2　共振频率与弦长关系测量数据表

张力/（$kg \cdot m \cdot s^{-2}$）　　　　线密度/（$kg \cdot m^{-1}$）

弦线长度/cm	波腹位置/cm	波节位置/cm	波腹数	波长/cm	共振频率/Hz	传播速度

（3）弦长和线密度一定，改变张力，测量共振频率和横波在弦上的传播速度。

①放置两个劈尖至合适的间距，例如 60 cm，选择一定的张力，改变驱动频率，使弦线产生稳定的驻波。

②记录相关的线密度、弦长、张力等参数。

③改变砝码的质量和挂钩的位置，调节驱动频率，使弦线产生稳定的驻波。将测量的相关参数记录于表 2－3。

④做张力与共振频率的关系图。

表2-3　共振频率与张力关系测量数据表

弦长/cm　　　　线密度/（$kg\cdot m^{-1}$）

张力/（$kg\cdot m\cdot s^{-2}$）	波腹位置/cm	波节位置/cm	波腹数	波长/cm	共振频率/Hz	传播速度

算出波速并与 $v=f\lambda=2Lf/n$ 做比较，分析存在差别的原因。

五、实验注意事项

1. 仪器应可靠放置，张力挂钩应置于实验桌外侧，并注意不要让仪器滑落。

2. 弦线应可靠挂放，砝码的悬挂取放应动作轻小，以免使弦线崩断而发生事故。

六、思考题

1. 通过实验，说明弦线的共振频率和波速与哪些条件有关？
2. 如果弦线有弯曲或者不是均匀的，对共振频率和驻波有何影响？
3. 相同的驻波频率时，不同的弦线产生的声音是否相同？

【技术应用】

弦是指一段又细又柔软的弹性长线，比如二胡、吉他等乐器上所用的弦。用薄片拨动或者用弓在张紧的弦上拉动就可以使整个弦振动，再通过音箱的共鸣，就会发出悦耳的声音。对弦乐器性能的研究与改进，离不开对弦振动的研究，对弦振动研究的意义远不只限于此，在工程技术上也有着极其重要的意义。比如悬于两根高压电杆间的电力线、大跨度的桥梁等，在一定程度上也是一根“弦”，它们的振动所带来的后果可不像乐器上弦的振动那样使人们感到愉快。对于弦振动的研究，有助于理解这些特殊“弦”的振动特点、机制，从而对其加以控制。同时，弦的振动也提供了一个直观的振动与波的模型，对它的分析、研究是处理其他声与振动问题的基础。欧拉最早提出了弦振动的二阶方程，而后达朗贝尔等人通过对弦振动的研究开创了偏微分方程论。

吉他是一种以弦振动而发声的乐器，常分为古典吉他、民谣吉他、夏威夷吉他、电吉他等。其基本构造由琴头、琴颈、琴弦和琴箱四部分组成，如图2－5所示。

图2－5　原声吉他

在实际生活中，可以看到很多吉他手在演奏一首曲子之前都会调试一下吉他的声音，而且弹奏的时候会不停地变换着他们的左手在指板上的位置，从音乐学角度来看这叫作指法的变换，改变了弹奏的和弦。再仔细观察吉他的结构图可以看出：

（1）吉他上六根弦的粗细不同；

（2）品位间的距离不等，从上到下越来越密；

（3）琴弦的长度是一定的，都是从琴枕到琴桥。

由于琴弦的长度一定，所以可以把吉他看作是两端固定的弦振动。根据弦的粗细不同，从细到粗分别命名为一、二、三、四、五、六弦，对应的张力为T_1、T_2、T_3、T_4、T_5、T_6，线密度分别为u_1、u_2、u_3、u_4、u_5、u_6。首先以一弦为对象进行分析，线密度为u_1，张力为T_1。当把弦按在一品上时会发出“fa”音，依次往高品位上移动会发出不同的声音，越往高品位发出的声音音调越高。吉他手弹奏一首曲子的时候需要改变很多个和弦，这个过程其实改变的是琴弦的长度l。

根据式（2－14），考虑当$n=1$时，产生的频率是弦的基频，从此式中可以看出吉他手弹奏一首曲子的时候改变了很多的和弦，其实质是通过改变弦长来改变产生的驻波的频率，从而改变声音的音调，以达到演奏的效果。

再来比较一下六根弦在同一品位上发出的声音，通过实验得到六根弦在一品上拨动的时候产生的声音都不同，一弦声音要清脆一些，音调要高些。不难发现，从式（2－14）可以得到，由 T、n 一定，l 一定，从而 u_n 越小、f_1 越大，因此一弦的音调要高一些，六弦的音调要低一些。

从吉他的结构上可以看出品位线之间的距离不是等距的，从上到下越来越密。对于一根弦，从上到下依次可以发出 do、re、mi、fa、sol、la、si，每隔一个品位音调会往上升一个半音，因此在一定的位置上发出的音是一定的，所以品位线在指板上的位置是一定的。那么根据式（2－14），可以看出设计一把优质的吉他就必须结合材料和结构来进行分析，使它满足相应的驻波条件。前面说到，给两端固定的弦一个扰动，最终会形成驻波，从而发出声音，但是对于音乐来讲，需要的不是会响，而是要会发出一定音调的声音，因此品位线的不等间距设计，是为了满足式（2－14）中的弦长条件。

专业的吉他手在演奏之前往往都会调试一下吉他，看看音调准不准，那他们是根据什么来衡量音调的准确度呢？其实很简单：吉他的标准音是一弦的空弦与二弦五品的相同；二弦的空弦与三弦四品的相同；三弦的空弦与四弦五品的相同；四弦的空弦与五弦五品的相同；五弦的空弦与六弦五品的相同。即，固定一弦的空弦的松紧程度，然后根据一弦的空弦发出基频调试二弦，使二弦五品的音调与一弦空弦的音调一样，依次下去调试另外的几弦。在这里说到使固定的品位上的音调一样，其实就是让它们振动产生的频率一样，即达到共振。这就相当于几个相互关联的单振子模式，首先以一弦的空弦为一个振子，然后以二弦五品上产生的频率为驱动频率使一弦与之共振，同理调试其余几弦。所以，调弦不一定只有专业的吉他手才可以，一般的人即使不懂音调的高低，听不出来，也可以通过观察相应两弦之间是否达到共振来调试。当然从式（2－14）中可以看出，调弦其实是通过改变张力 T 的大小来改变其产生的振动频率，以满足相应音调的驻波条件。

如前所说，每次激发所激起的不只是基频，还会伴随着各种泛音的出现，不同的泛音由于它们的振动频率不同，其时间特性也会不同。频率高的振动分量衰减快，频率低的振动分量衰减则较慢，这样从本质上来看，虽然泛音产生的驻波频率是谐频，让人们听起来是和谐的，但是由于泛音的时间特性差异，将会影响吉他的音色。一般来说，激发地点越靠近端点，越能激起高阶泛音，而基音的相对份额减少，声音听起来将是“硬”“尖”；激发地点越靠近弦中点，基音的成分越大，高阶泛音的份额越小，所产生的乐音将更纯。

实验3　拉脱法测量液体表面张力

【技术概述】

压阻传感技术是利用敏感芯体（目前应用较多的是单晶硅材料）受压后电阻产生变化，再通过放大电路将电阻的变化转换为标准信号输出，用于压力、拉力、压力差和可以转变为力的变化的其他物理量（如液位、加速度、重量、应变、流量、真空度）的测量和控制的技术。本实验利用压阻传感技术，将浸入液体中的金属环在拉脱出液面时由于液体表面张力而产生的压力差，转换为压阻传感器的电压信号输出，从而可计算出液体表面张力。

一、实验目的

1. 用拉脱法测量室温下液体的表面张力系数。
2. 学习力敏传感器的定标方法。

二、实验原理

液体具有尽量缩小其表面的趋势，液体表面就像一张拉紧了的橡皮膜。这种沿着表面的、收缩液面的力称为表面张力。液体表面张力是液体的一个重要物理性质，表面张力的大小，可用表面张力系数来描述。液体表面张力在物理、化学、工农业、医学等领域中有着重要的应用，利用液体表面张力能够说明物质的液体状态所特有的许多现象，如泡沫的形成、润湿和毛细现象等。在工业技术上，如浮选技术和液体输运技术等都要对表面张力进行研究。

测量液体表面张力的方法很多，同时由于液体表面张力一般很小，故常用的力的测量方法难以测量液体表面张力。可采用拉脱法、毛细管法和液滴测重法等，本实验采用拉脱法测量液体表面张力系数。拉脱法是测量液体表面张力系数常用的方法之一。该方法用测量仪器直接测量液体的表面张力，测量方法直观，概念清楚。用拉脱法测量液体表面张力，对界面张力仪要求较高，由于用拉脱法测量液体表面的张力约在 $1\times10^{-3}\sim1\times10^{-2}$ N 之间，因此需要有一种量程范围较小、灵敏度高且稳定性好的测量力的仪器。近年来，新发展的硅压阻式力敏传感器张力测定仪正好能满足测量液体表面张力的需要，它比传统的焦利秤、扭秤等灵敏度更高、稳定性更好，且可数字信号显示。

液体表面层（其厚度等于分子的作用半径，约 10^{-8} cm）内的分子所处的环境跟液体内部的分子不同。液体内部每一个分子四周都被同类的其他分子所包围，它所受到的周围分子的作用力的合力为零。由于液体上方的气相层的分子数很少，表面层内每一个分子受到的向上的引力比向下的引力小，合力不为零。这个合力垂直于液面并指向液体内部。所以分子有从液面挤入液体内部的倾向，并使得液体表面自然收缩，直到处于动态平衡，即在同一时间内脱离液面挤入液体内部的分子数跟因热运动而达到液面的分子数相等时为止。

本实验通过测量一个已知周长的金属环从待测液体表面脱离时需要的力，求出该液体的表面张力系数，如图 3－1 所示。

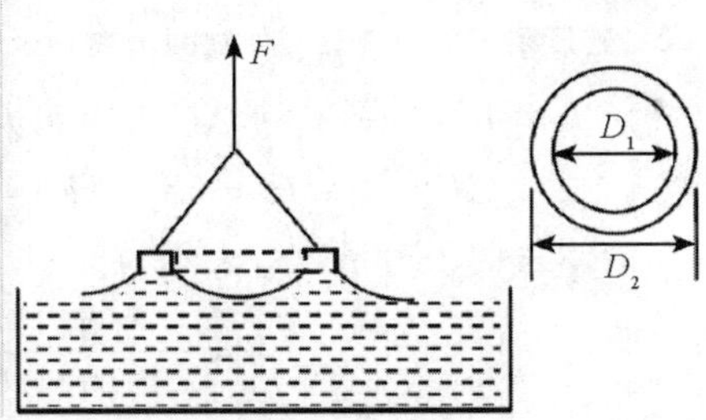

图 3－1　拉脱法测量液体表面张力系数

若金属片为环状吊片，考虑一级近似，拉脱前瞬间，可以近似地认为环形丝脱离液体表面前的瞬间受力为

$$F_1=\alpha\pi(D_1+D_2)+mg \tag{3-1}$$

式中，F_1 为传感器挂钩受到的拉力；D_1、D_2 分别为环形丝的底面的内外直径；α 为液体的表面张力系数；mg 为金属环所受重力。

拉脱后传感器挂钩受到的拉力为

$$F_2=mg$$

所以，可以认为脱离力为表面张力系数乘上脱离表面的周长，即

$$F=\alpha\pi(D_1+D_2) \tag{3-2}$$

本实验采用拉脱法，利用硅压阻式力敏传感器测量液体表面张力。硅压阻式力敏传感器由弹性梁和贴在梁上的传感器芯片组成（如图3－2所示），其中芯片由四个硅扩散应变电阻集成一个非平衡电桥，当外界压力作用于金属梁时，在压力作用下，电桥失去平衡，此时将有电压信号输出，输出电压大小与所加外力成正比，即

$$U = kF \tag{3-3}$$

式中，F 为外力的大小；k 为硅压阻式力敏传感器的灵敏度，其值可通过实验定标测出；U 为传感器输出电压的大小。

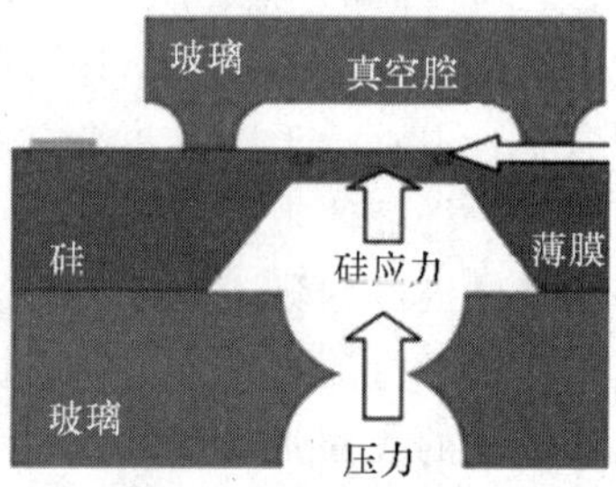

图3－2　硅压阻式力敏传感器外观图（左）及硅扩散应变电阻内部结构图（右）

拉脱前后输出电压的改变量 ΔU 可表示为

$$\Delta U = U_1 - U_2 = kF_1 - kF_2 = k\alpha\pi(D_1 + D_2) \tag{3-4}$$

于是，液体表面张力系数可表示为

$$\alpha = \frac{\Delta U}{k\pi(D_1 + D_2)} \tag{3-5}$$

三、实验仪器及其主要技术参数

本实验使用DH4607液体表面张力系数测定仪，采用拉脱法测量液体表面张力系数。图3－3为实验装置图，图3－4为实验装置结构图。其中，液体表面张力测定仪包括硅扩散电阻非平衡电桥的电源和测量电桥失去平衡时输出电压大小的数字电压表，其他装置包括铁架台、活塞式液面调节机构、装有力敏传感器的固定杆、盛液体的液槽和圆环形吊片等。实验证明，当环的直径在3 cm附近而液体与金属环的接触角近似为零时，运用式（3－3）测量各种液体的表面张力系数的结果较为准确。

本实验使用的仪器及其主要参数如下：

图 3－3　液体表面张力测定装置

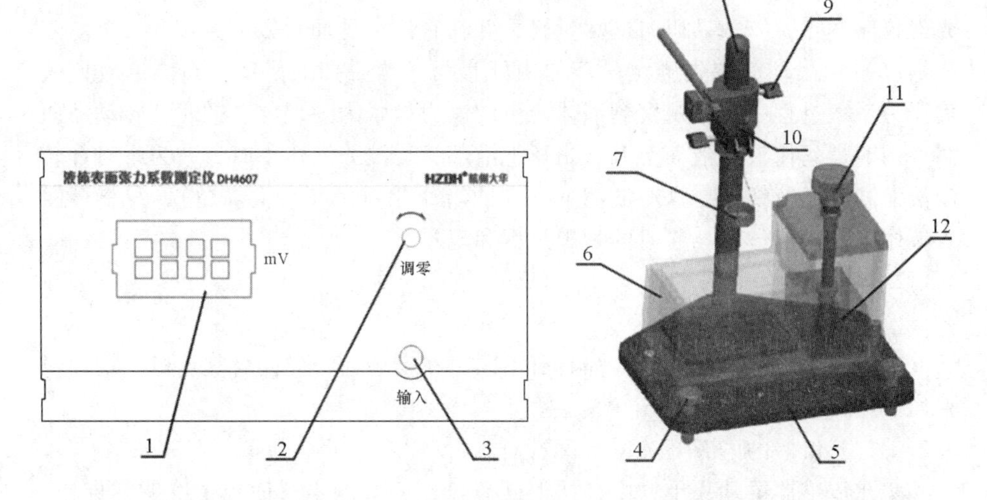

1—数字电压表；2—调零；3—力敏传感器接口；4—水平调节螺钉；5—底板；6—液槽；7—吊环；8—立杆；9—固定螺丝；10—硅压阻力敏传感器；11—液面高度调节螺丝；12—活塞。

图 3－4　液体表面张力测定装置结构图

1. 硅压阻式力敏传感器

（1）受力量程：0～0.098 N。

（2）灵敏度：约 3.00 V/N（用砝码质量作单位定标）。

（3）非线性误差：≤0.2%。

（4）供电电压：直流 3～6 V。

2. 显示仪器：200 mV 三位半数字电压表。

3. 活塞式液面高度调节机构，液面高度调节指示最小分辨率 0.01 mm。

4. 吊环：外径 ϕ3.5 cm、内径 ϕ3.3 cm、高 0.8 cm 的铝合金吊环。

四、实验内容与步骤

1. 实验前准备

（1）开机预热。

（2）清洗液槽和吊环。

（3）在液槽内放入被测液体。

（4）将砝码盘挂在力敏传感器的钩上。

（5）若整机已预热 15 min 以上，可对力敏传感器定标，在加砝码前应首先对仪器调零，安放砝码时应尽量轻，并在它停止晃动后方可读数。

（6）换吊环前应先测定吊环的内外直径，然后挂上吊环，在测定液体表面张力系数过程中，可观察到液体产生的浮力与张力的现象，逆时针转动液面高度调节螺丝使液体液面上升，当环下沿部分均浸入液体中时，改为顺时针转动液面高度调节螺丝，这时液面下降（或者说相对吊环往上提拉），观察环浸入液体中及从液体中拉起时的物理过程和现象。

2. 实验内容

（1）力敏传感器的定标

每个力敏传感器的灵敏度都有所不同，在实验前，应先将其定标，定标步骤如下：

①打开仪器的电源开关，将仪器预热。

②在传感器梁端头小钩中，挂上砝码盘，调节测定仪面板上的调零旋钮，使数字电压表显示为零。

③在砝码盘上分别放如 0.5 g、1.0 g、1.5 g、2.0 g、2.5 g、3.0 g 等质量的砝码，记录相应这些砝码力 F 作用下，数字电压表的读数值 U，记录于表 3－1。

表 3－1　力敏传感器的定标

砝码/g	0.500	1.000	1.500	2.000	2.500	3.000
电压/mV						

经最小二乘法拟合得 $k=$ ______ mV/N，拟合的线性相关系数 $r=$ ______。

④用最小二乘法作线性拟合，求出传感器灵敏度 k。

（2）环的测量与清洁

①用游标卡尺测量金属圆环的外径 D_1 和内径 D_2。

②环的表面状况与测量结果有很大的关系，实验前应将金属环状吊片在 NaOH 溶液中浸泡 20 ~ 30 s，然后用纯净水洗净。

金属环外径 D_1 = _____ cm，内径 D_2 = _____ cm，水的温度 T = _____ ℃。

（3）水的表面张力系数

①将金属环状吊片挂在传感器的小钩上，调节液面高度，将液体升至靠近环片的下沿，观察环状吊片下沿与待测液面是否平行，如果不平行，将金属环状吊片取下后，调节吊片上的细丝，使吊片与待测液面平行。

②调节液面高度调节螺丝，使液面渐渐上升，将环片的下沿部分全部浸没于待测液体，然后反向调节液面高度调节螺丝，使液面逐渐下降，这时，金属环片和液面间形成一环形液膜，继续下降液面，测出环形液膜即将拉断前一瞬间数字电压表读数值 U_1 和液膜拉断后一瞬间数字电压表读数值 U_2。

$$\Delta U = U_1 - U_2$$

③将实验数据代入式（3 - 5），求出液体的表面张力系数，记录于表 3 - 2，并与标准值进行比较。

表 3 - 2　水的表面张力系数测定

编号	U_1/mV	U_2/mV	ΔU/mV	F/N	A/（N · m^{-1}）
1					
2					
3					
4					
5					

平均值：______________。

附：水的表面张力系数的标准值

A/（N · m^{-1}）	0.074 22	0.073 22	0.072 75	0.071 97	0.071 18
水温 T/℃	10	15	20	25	30

五、实验注意事项

1. 吊环须严格处理干净。可用 NaOH 溶液洗净油污或杂质后，用纯净水冲洗干净，并用热吹风烘干。

2. 吊环水平须调节好。

3. 在旋转液面高度调节螺丝时，尽量使液体的波动小。

4. 实验室内不可有风，以免吊环摆动致使零点波动，所测系数不准确。

5. 若液体为纯净水，在使用过程中防止灰尘和油污及其他杂质污染，特别注意手指不要接触被测液体。

6. 力敏传感器使用时用力不宜大于 0.098 N。过大的拉力容易损坏传感器。

7. 实验结束须将吊环用清洁纸擦干，并用清洁纸包好，放入干燥缸内。

六、思考题

1. 实验前为什么要对力敏传感器定标？

2. 吊环有一定高度，为什么测量液体表面张力时吊环浸入液体中不宜太深？

3. 若实验过程中金属环不是水平拉出水面，而是出现一端高一端低的倾斜现象，对实验结果有无影响？应如何避免？

【技术应用】

压力传感器的种类繁多，如电阻应变片压力传感器、半导体应变片压力传感器、压阻式压力传感器、电感式压力传感器、电容式压力传感器、谐振式压力传感器及电容式加速度传感器等。但应用最为广泛的是压阻式压力传感器，它具有较高的精度以及较好的线性特性，并且价格低。这种传感器采用集成工艺将电阻条集成在单晶硅膜片上，制成硅压阻芯片，并将此芯片的周边固定封装于外壳之内，引出电极引线。

压阻式压力传感器又称为固态压力传感器，它不同于粘贴式应变计需通过弹性敏感元件间接感受外力，而是直接通过硅膜片感受被测压力。硅膜片的一面是与被测压力连通的高压腔，另一面是与大气连通的低压腔。硅膜片一般设计成周边固支的圆形，直径与厚度比为20～60。在圆形硅膜片（N型）定域扩散出4条P杂质电阻条，并接成全桥，其中两条位于压应力区，另两条处于拉应力区，相对于膜片中心对称。硅柱形敏感元件也是在硅柱面某一晶面的一定方向上扩散制作电阻条，两条受拉应力的电阻条与另两条受压应力的电阻条构成全桥。

压力传感器广泛应用于航天、航空、航海、石油化工、动力机械、生物医学工程、气象、地质、地震测量等各个领域。在航天和航空工业中，压力是一个关键参数，对静态和动态压力、局部压力和整个压力场的测量都要求较高精度，压阻式压力传感器是用于这方面的较理想的传感器。例如，用于测量直升机机翼的气流压力分布，测试发动机进气口的动态畸变、叶栅的脉动压力和机翼的抖动等。在飞机喷气发动机中心压力的测量中，使用专门设计的硅压力传感器，其工作温度达500 ℃以上。在波音客机的大气数据测量系统中采用了精度高达0.05%的配套硅压力传感器。在尺寸缩小的风洞模型试验中，压阻式传感器能密集安装在风洞进口处和发动机进气管道模型中。

在生物医学方面，压阻式传感器是理想的检测工具，已制成扩散硅膜10 μm、外径仅0.5 mm的注射针型压阻式压力传感器和能测量心血管、颅内、尿道、子宫和眼球内压力的传感器。

压阻式传感器还有效地应用于爆炸压力和冲击波的测量、真空测量、监测和控制汽车发动机的性能以及诸如测量枪炮膛内压力、发射冲击波等兵器方面的测量。此外，在油井压力测量、随钻测向和测位地下密封电缆故障点的检测以及流量和液位测量等方面都广泛应用压阻式压力传感器。

实验4　液体黏滞系数测定

【技术概述】

液体黏滞系数测定技术是测定液体反抗形变能力的技术，在生产、生活、工程技术及医学方面有着重要的应用。黏滞系数的测量方法很多，有落球法、毛细管法、转筒法等。本实验采用落球法，通过光电门测量小球在待测液体中匀速下落一定距离所需要的时间，再利用斯托克斯公式计算液体黏滞系数。

一、实验目的

1. 了解用斯托克斯公式测定液体黏滞系数的原理，掌握其适用条件。
2. 学习用落球法测定液体的黏滞系数。

二、实验原理

液体的黏滞系数又称为内摩擦系数或黏度，是描述液体内摩擦力性质的一个重要物理量。它表征液体反抗形变的能力，只有在液体内存在相对运动时才表现出来。液体黏滞系数除因材料而异之外，还比较敏感地依赖温度，液体的黏滞系数随着温度升高而减少。在 SI 单位制中黏滞系数的单位为帕秒（Pa · s），在 CGS 单位制中为泊（P）。

处在液体中的小球受到铅直方向的三个力的作用：小球的重力 mg（m 为小球质量）、液体作用于小球的浮力 ρgV（V 为小球体积，ρ 为液体密度）和黏滞阻力 F（其方向与小球运动方向相反）。如果液体无限深广，在小球下落速度 v 较小情况下，有

$$F = 6\pi\eta rv \tag{4-1}$$

式中，r 为小球的半径；η 为液体的黏度。式（4－1）称为斯托克斯

公式。

小球在最初下落时，由于速度较小，受到的阻力也就比较小，随着下落速度的增大，阻力也随之增大。最后，三个力达到平衡，即

$$mg=\rho gV+6\pi\eta v_0 r \tag{4-2}$$

此时，小球将以 v_0 做匀速直线运动，由式（4－2）可得

$$\eta=\frac{(m-\rho V)g}{6\pi v_0 r} \tag{4-3}$$

令小球的直径为 d，并用 $m=\frac{\pi}{6}d^3\rho'$，$v_0=\frac{l}{t}$，$r=\frac{d}{2}$代入式（4－3）得

$$\eta=\frac{(\rho'-\rho)gd^2t}{18l} \tag{4-4}$$

式中，ρ'为小球材料的密度；l 为小球匀速下落的距离；t 为小球下落 l 距离所用的时间。

实验过程中，待测液体放置在容器中，故无法满足无限深广的条件，实验证明上式应进行如下修正方能符合实际情况

$$\eta=\frac{(\rho'-\rho)gd^2t}{18l}\cdot\frac{1}{\left(1+2.4\frac{d}{D}\right)\left(1+1.6\frac{d}{H}\right)} \tag{4-5}$$

式中，D 为容器内径；H 为液柱高度。

当小球的密度较大，直径不是太小，而液体的黏度值又较小时，小球在液体中的平衡速度 v_0 会达到较大的值，奥西思－果尔斯公式反映出了液体运动状态对斯托克斯公式的影响

$$F=6\pi\eta v_0 r\left(1+\frac{3}{16}(Re)-\frac{19}{1080}(Re)^2+\cdots\right) \tag{4-6}$$

式中，Re 称为雷诺数，是表征液体运动状态的无量纲参数，即

$$Re=\frac{\rho d v_0}{\eta} \tag{4-7}$$

当 $Re<0.1$ 时，可认为式（4－1）、式（4－5）成立；当 $0.1<Re<1$ 时，应考虑式（4－6）中1级修正项的影响；当 $Re>1$ 时，还须考虑高次修正项。

考虑式（4－6）中1级修正项的影响及玻璃管的影响后，黏度 η_1 可表示为

$$\eta_1=\frac{(\rho'-\rho)gd^2}{1.8v_0(1+2.4d/D)(1+3(Re)/16)}=\eta\frac{1}{1+3(Re)/16} \tag{4-8}$$

由于3（Re）/16是远小于1的数，将 $1/(1+3(Re)/16)$ 按幂级数展开后

近似为 $1-3(Re)/16$，式（4－8）又可表示为

$$\eta_1=\eta-\frac{3}{16}v_0 d\rho \tag{4-9}$$

已知或测量得到 ρ'、ρ、D、d、v_0 等参数后，由式（4－5）计算黏度 η，再由式（4－7）计算 Re，若需计算 Re 的1级修正，则由式（4－9）计算经修正的黏度 η_1。在 SI 单位制中，η 的单位是 Pa·s（帕斯卡·秒），在 CGS 单位制中，η 的单位是 P（泊）或 cP（厘泊），它们之间的换算关系是：1 Pa·s＝10 P＝1000 cP。

三、实验仪器及其主要技术参数

本实验采用 DH4606 落球法液体黏滞系数测定仪，测量待定液体的黏滞系数。实验仪由测试架和测试仪组成，图4－1为落球法液体黏滞系数测试架结构图。

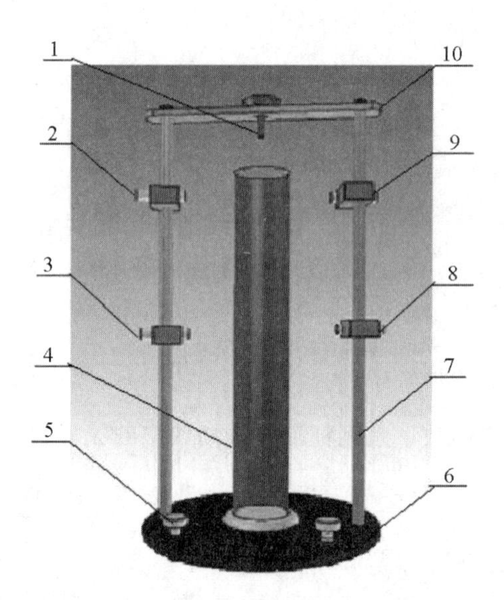

1—落球导管；2—发射端Ⅰ；3—发射端Ⅱ；4—量筒；5—水平调节螺钉；6—底盘；7—支撑柱；8—接收端Ⅱ；9—接收端Ⅰ；10—横梁。

图4－1　测试架结构图

图4－2为落球法液体黏滞系数测试仪面板。按下测试仪后面板上的电源开关，此时数码管将循环显示两光电门的状态："L－1－0"表示光电门Ⅰ处

于没对准状态；“L－1－1”表示光电门Ⅰ处于对准状态；“L－2－0”表示光电门Ⅱ处于没对准状态；“L－2－1”表示光电门Ⅱ处于对准状态。

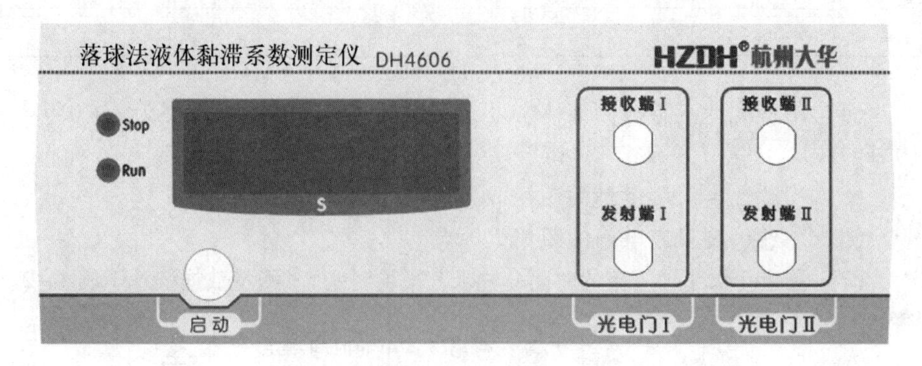

图 4－2　DH4606 测试仪面板图

四、实验内容与步骤

1. 实验前准备——测试架调整

（1）将线锤装在支撑横梁中间部位，调整黏滞系数测定仪测试架上的三个水平调节螺钉，使线锤对准底盘中心圆点。

（2）将光电门按仪器使用说明上的方法连接。接通测试仪电源，此时可以看到两光电门的发射端发出红光线束。调节上下两个光电门发射端，使两激光束刚好照在线锤的线上。

（3）收回线锤，将装有测试液体的量筒放置于底盘上，并移动量筒使其处于底盘中央位置；将落球导管安放于横梁中心，两光电门接收端调整至正对发射光（可参照上述测试仪使用说明校准两光电门）。待液体静止后，将小球用镊子从导管中放入，观察能否挡住两光电门光束（挡住两光束时会有时间值显示），若不能，适当调整光电门的位置。

2. 实验内容

（1）用温度计测量待测液体温度 T_0，当全部小球投下后再测一次液体温度 T_1，求其平均温度 $\overline{T}$。

（2）用电子天平测量多个小球的质量，求其平均质量 $\overline{m}$。

（3）用螺旋测微器测量多个小球直径，求其平均值 $\overline{d}$（记录于表 4－1），计算小球的密度 ρ'。参考：钢球平均密度为 $\rho'=9.725\times10^3\ \mathrm{kg/m^3}$。

表 4-1　小球的直径测量

次数	1	2	3	4	5	平均值
直径 d/mm						

（4）用密度计测量待测液体密度 ρ。参考：蓖麻油出厂密度为 $\rho=0.97\times10^3\ \text{kg/m}^3$。

（5）用游标卡尺测量量筒内径 D。

（6）用卷尺测量光电门的距离 L。

（7）测量 6 次小球下落的时间，并求其平均时间 $\bar{t}$。测量数据记录于表 4-2。

表 4-2　小球在待测液体中的时间测定

次数	1	2	3	4	5	6
时间 t/s						
平均时间 $\bar{t}$/s						

（8）相关量代入式（4-5），计算液体的黏滞系数 η，并与该温度 $\bar{T}$ 下的黏滞系数相比较。不同温度下的蓖麻油的黏滞系数可参照图 4-3。

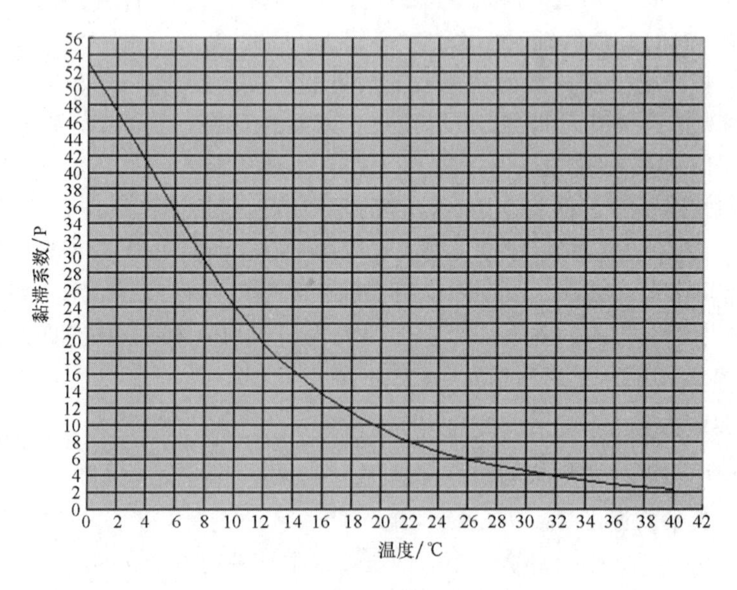

图 4-3　蓖麻油不同温度黏滞系数

五、实验注意事项

1. 测量时，将小球用酒精擦拭干净。
2. 等被测液体稳定后再投放小球。
3. 全部实验完毕后，将量筒轻移出底盘中心位置后用磁钢将钢球吸出，将钢球擦拭干净放置于酒精溶液中，以备下次实验用。

六、思考题

1. 为何要对式（4-4）进行修正？
2. 若小球表面粗糙，或有油脂、尘埃，则对实验结果有什么影响？
3. 如何判断小球在液体中已处于匀速运动状态？
4. 影响测量精度的因素有哪些？

【技术应用】

研究和测定液体的黏滞系数，不仅在材料科学研究方面，而且在工程技术以及医学等领域都有重要应用。例如，在医学上，血液黏滞系数的测量就具有非常重要的意义。血液的黏度是形成血流阻力的重要因素之一。当某些疾病使微循环处的血流速度显著减慢时，血细胞可发生叠连和聚集，血液黏度升高使血流阻力明显增大，从而影响微循环的正常灌注。若是血液变得黏稠，就会伤害到毛细血管，甚至堵塞毛细血管。如此一来，就不仅仅是氧气和营养物质无法运送的问题了，连周边的细胞都会死亡。而且肥大的血管很容易吸附脂肪、胆固醇、钙等，由此血液会变得越发难以通过。放任不管的话，轻则可能引起头痛、健忘、肩膀酸痛、腰痛、水肿、长斑、长皱纹、月经不调、痛经、脱发、失眠、体寒等问题，重则可能会加快动脉血管硬化，甚至引起脑梗死和心肌梗死等重大疾病。

实验5　空气密度与普适气体常数测量

【技术概述】

真空环境测试技术是建立低于大气压力的物理环境，以及在此环境中进行工艺制作、物理测量和科学试验等所需的技术。真空环境测试技术主要包括真空获得、真空测量、真空检漏和真空应用四个方面。本实验利用抽真空法将气瓶中空气抽离，通过测量气瓶中气体质量，可计算出空气密度，并利用理想气体状态方程，计算出普适气体常数。

一、实验目的

1. 了解旋片式真空泵工作原理，学习真空测量技术。
2. 掌握直线拟合的数据处理方法，以及测量误差的计算方法。
3. 掌握空气密度与普适气体常数测量方法。

二、实验原理

普适气体常数，符号为 R，是表征理想气体性质的一个常数，由于这个常数对于满足理想气体条件的任何气体都是适用的，故称普适气体常数，亦称通用气体常数、理想气体常数或气体常数。普适气体常数是热力学中的一个重要常数，也是物理学的基本参数之一，它的重要性不言而喻。普适气体常数的确定方法主要有三种：通过测量气体密度和压力的方法确定；通过黑体辐射公式用斯特潘－玻尔兹曼常数确定；用声学干涉法通过测量单原子气体音速确定。本实验通过测量气体密度和压力的方法测量普适气体常数。

1. 真空

气压低于一个大气压的空间，统称为真空。其中，按气压的高低，通常又可分为粗真空（$10^5 \sim 10^3$ Pa）、低真空（$10^3 \sim 10^{-1}$ Pa）、高真空（$10^{-1} \sim 10^{-6}$ Pa）、超高真空（$10^{-6} \sim 10^{-12}$ Pa）和极高真空（低于 10^{-12} Pa）五部分。其中在物理实验和研究工作中经常用到的是低真空、高真空和超高真空三部分。

用以获得真空的装置称为真空系统；用以获得低真空的常用设备是机械泵；用以测量低真空的常用器件是热偶规、真空表等。

2. 真空表

（1）大气压：地球表面上的空气柱因重力而产生的压力。它和所处的海拔、纬度及气象状况有关。

（2）差压（压差）：两个压力之间的相对差值。

（3）绝对压力：介质（液体、气体或蒸汽）所处空间的所有压力。

（4）负压（真空表压力）：如果绝对压力和大气压的差值是一个负值，那么这个负值就是负压力，即负压力 = 绝对压力 − 大气压 <0。

3. 旋片式真空泵工作原理

旋片式真空泵结构图如图 5－1 所示，其主要部件为圆筒形定子、偏心转子和旋片等。偏心转子绕自己中心轴逆时针转动，转动中定子、转子在 B 处保持接触，旋片靠弹簧作用始终与定子接触。两旋片将转子与定子间的空间分隔成两部分。进气口 C 与被抽容器相连通，出气口装有单向阀。旋片式真空泵工作原理如图 5－2 所示，当转子由图（a）状态转向图（b）状态时，空间 S 不断扩大，气体通过进气口被吸入；转子转到图（c）状态，空间 S 和进气

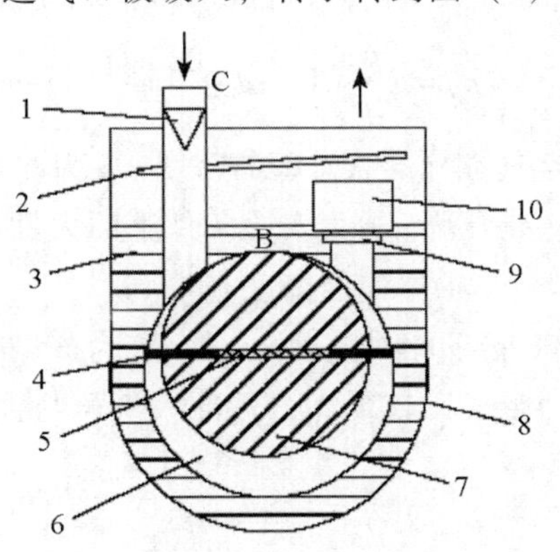

1—滤网；2—挡油板；3—真空泵泵油；4—旋片；5—旋片弹簧；6—空腔；7—转子；8—油箱；9—排气阀门；10—弹簧板。

图 5－1　旋片式真空泵结构图

口隔开；转子转到图（d）状态以后，气体受到压缩，压强升高，直到冲开出气口的单向阀，把气体排出泵外。转子连续转动，这些过程就不断重复，从而把与进气口相连通的容器内气体不断抽出，达到真空状态。

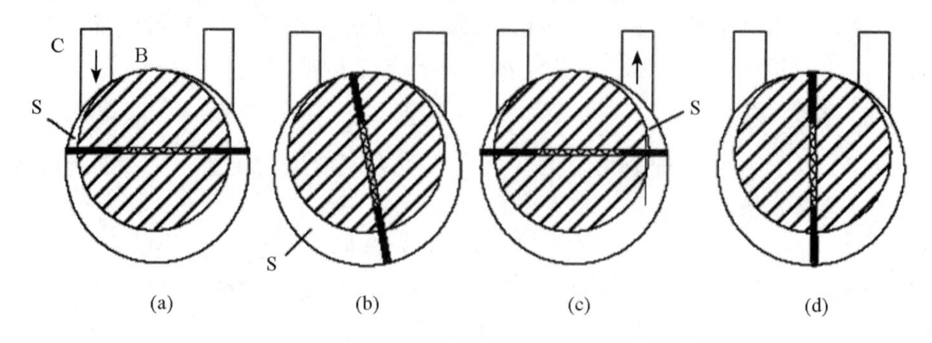

图 5－2　旋片式真空泵工作原理

4. 空气密度

空气的密度 $\rho=m/V$，式中，m 为空气的质量，V 为相应的体积。取一只比重瓶，设瓶中有空气时的质量为 m_1，而比重瓶内抽成真空时的质量为 m_0，那么瓶中空气的质量 $m=m_1-m_0$。如果比重瓶的容积为 V，则 $\rho=(m_1-m_0)/V$。由于空气的密度与大气压强、温度和绝对湿度等因素有关，故由此测得的是在当时实验室条件下的空气密度值。如要把所测得的空气密度换算为干燥空气在标准状态下（0 ℃、1 标准大气压）的数值，则可采用下述公式

$$\rho_n=\rho\frac{p_n}{p}(1+\alpha t)\left(1+\frac{3p_\omega}{8p}\right) \tag{5-1}$$

式中，ρ_n 为干燥空气在标准状态下的密度；ρ 为在当时实验条件下测得的空气密度；p_n 为标准大气压强；p 为实验条件下的大气压强；α 为空气的压强系数（0.003 674 ℃$^{-1}$）；t 为空气的温度（℃）；p_ω 为空气中所含水蒸气的分压强（即绝对湿度值），p_ω＝相对湿度×$p_{\omega0}$，$p_{\omega0}$为该温度下饱和水汽压强。在通常的实验室条件下，空气比较干燥，标准大气压与大气压强比值接近于 1，式（5－1）近似为

$$\rho_n=\rho(1+\alpha t) \tag{5-2}$$

5. 普适气体常数的测量

理想气体状态方程

$$pV=\frac{m}{M}RT \tag{5-3}$$

式中，p 为气体压强；V 为气体体积；m 为气体总质量；M 为气体的摩尔质量；T 为气体的热力学温度，其值 $T = 273.15 + t$。R 称为普适气体常数，也称为摩尔气体常量，理论值 $R = 8.31$ J/（mol · K）。各种实际气体在通常压强和不太低的温度下都近似地遵守这一状态方程，压强越低，近似程度越高。

本实验将空气作为实验气体，空气的平均摩尔质量 M 为 28.8 g/mol。（在空气中，氮气约占 80%，氮气的摩尔质量为 28.0 g/mol；氧气约占 20%，氧气的摩尔质量为 32.0 g/mol）

取一只比重瓶，设瓶中装有空气时的总质量为 m_1，而瓶的质量为 m_0，则瓶中的空气质量为 $m = m_1 - m_0$，此时瓶中空气的压强为 p，热力学温度为 T，体积为 V。理想气体状态方程可改写为 $p = \frac{mT}{MV}R$，即

$$p = \frac{m_1 T}{MV}R + C' \left(C' = -\frac{m_0 T}{MV}R, \text{为常数} \right) \tag{5-4}$$

设实验室环境压强为 p_0，真空表读数为 p'，则 $p' = p - p_0 < 0$，式（5-4）改写为

$$p' = \frac{m_1 T}{MV}R + C' - p_0 = \frac{m_1 T}{MV}R + C \left(C\ \text{为常数} \right) \tag{5-5}$$

式中，$C = C' - p_0$。测出在不同的真空表负压读数 p' 下 m_1 的值，然后做出 $p' - m_1$ 关系图，求出直线的斜率 $k = \frac{RT}{MV}$，便可得到普适气体常数的值。

三、实验仪器及其主要技术参数

本实验使用 DH-UGC-A 型空气密度与普适气体常数测量仪（如图 5-3 所示）、物理电子天平以及水银温度计测量空气密度和普适气体常数。DH-UGC-A 型空气密度与普适气体常数测量仪主要由 XZ-1A 型旋片式真空泵、真空表、真空阀门、真空管、比重瓶等组成。

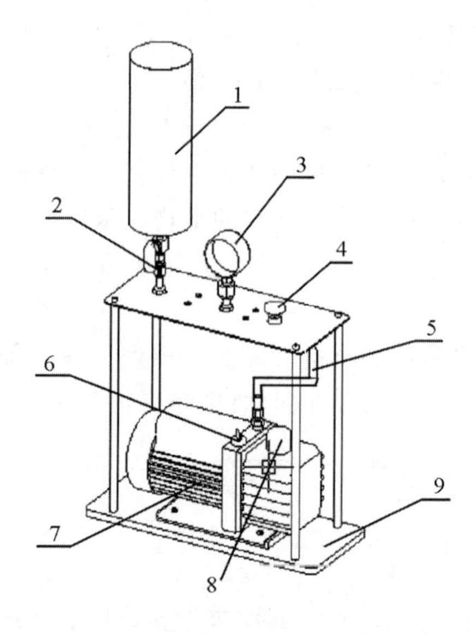

1—比重瓶；2—比重瓶开关；3—真空表；4—真空阀；5—抽气管道；
6—加油口；7—真空泵；8—出气口；9—底座。

图 5－3　DH－UGC－A 型空气密度与普适气体常数测量仪

本实验使用的仪器及其主要参数如下：

XZ－1A 型旋片式真空泵：抽气速率 1 L/s，极限真空 6 Pa，转速 1 400 r/min。

真空表：量程 －0.1～0 MPa，最小分度 0.002 MPa。

四、实验内容与步骤

1. 测量空气的密度

（1）测量比重瓶的体积。用游标卡尺量出比重瓶的外径 D、长度 L、上底板厚度 δ_1、下底板厚度 δ_2 和侧壁厚度 δ_0（侧壁厚度应多量几次取平均值），算出比重瓶的体积 V，参考表 5－1。

表 5－1　比重瓶参数测量表

比重瓶外径 D/mm	侧壁厚度/mm			δ_0平均/mm
比重瓶内径 $d=D-2\delta_0$/mm				

（续表）

<table>
<tr><td rowspan="4">瓶总高度 L/mm</td><td colspan="3">上底板厚度/mm</td><td>δ_1平均/mm</td></tr>
<tr><td></td><td></td><td></td><td></td></tr>
<tr><td colspan="3">下底板厚度/mm</td><td>δ_2平均/mm</td></tr>
<tr><td></td><td></td><td></td><td></td></tr>
<tr><td colspan="2">瓶内高度 $l=L-\delta_1-\delta_2$/mm</td><td colspan="3"></td></tr>
<tr><td colspan="5">比重瓶体积 $V=\pi\cdot\left(\frac{d}{2}\right)^2\cdot l=$________ cm^3</td></tr>
</table>

（2）将比重瓶开关打开，放到电子物理天平上称出空气和比重瓶总质量 m_1，然后将瓶口与真空管相接，参考图5－3。

（3）将真空阀打开，插上真空泵电源，打开真空泵开关（打开开关前应检查真空泵油位是否在油标中间位置），待真空表读数非常接近－0.1MPa时（只需要等数分钟即可），先关上比重瓶开关，再关上真空阀，最后才关闭真空泵（顺序千万不能弄错，否则真空泵中的油可能会倒流入比重瓶中）。

（4）将比重瓶从真空管中拔下来，注意这个过程应该缓慢进行，防止外界空气突然进入真空管中把真空表的指针打坏。

（5）将比重瓶放到电子物理天平上称出比重瓶的质量 m_0，算出气体质量，由公式 $\rho=\frac{m_1-m_0}{V}$ 算出环境空气密度。

（6）由水银温度计读出实验室温度 t（℃），由公式 $\rho_n=\rho(1+\alpha t)$ 算出标准状态下空气的密度，与理论值比较（空气的压强系数 $\alpha=0.003\ 674\ ℃^{-1}$），参考表5－2。

表5－2　空气密度测量数据表

<table>
<tr><td>空气和比重瓶总质量 m_1/g</td><td>空瓶质量 m_0/g</td><td>环境温度 t/℃</td></tr>
<tr><td></td><td></td><td></td></tr>
<tr><td>实验室空气密度/（$g\cdot L^{-1}$）</td><td colspan="2">$\rho=\frac{m_1-m_0}{V}=$________</td></tr>
<tr><td>标准状态下的空气密度/（$g\cdot L^{-1}$）</td><td colspan="2">$\rho_n=\rho(1+\alpha t)$</td></tr>
<tr><td>空气密度理论值/（$g\cdot L^{-1}$）</td><td colspan="2">1.293</td></tr>
<tr><td>实验误差</td><td colspan="2">$E=\left|\frac{1.293-\rho_n}{1.293}\right|\times 100\%=$________%</td></tr>
</table>

2. 测定普适气体常数 R

（1）用水银温度计测量环境温度 t_1。此实验过程较长，环境温度可能发生变化，应该测出实验始末温度取平均，参考表 5－3。

表 5－3　实验环境温度

环境温度 t_1/℃	环境温度 t_2/℃	环境温度 $\bar{T}$/℃

（2）在实验内容 1 的基础上，将比重瓶与真空管重新连起来，打开比重瓶开关，再打开真空阀，对比重瓶进行抽气；抽气速率可以通过调节真空阀实现（注意匀速缓慢抽气），当真空表读数变为－0.09 MPa 时，迅速关闭真空阀，再关闭比重瓶开关，缓慢将比重瓶拔下来。

（3）称出比重瓶在－0.09 MPa 时的质量 m_1。

（4）打开比重瓶开关，先给比重瓶充气，再将比重瓶与真空管相连；打开真空阀，当真空表读数变为－0.08 MPa 时，迅速关闭真空阀，再关闭比重瓶开关，缓慢将比重瓶拔下来，称出比重瓶在－0.08 MPa 时的质量 m_1。

（5）同步骤（2）、（3）、（4）一样，测出真空表读数分别为－0.07MPa、－0.06MPa、－0.05MPa、－0.04MPa、－0.03MPa、－0.02MPa、－0.01MPa、0MPa 时的质量，参考表 5－4。

表 5－4　不同压强 P'下空气和比重瓶的总质量

P'/Pa							
m_1/g							
P'/Pa							
m_1/g							

（6）测量环境的温度 t_2，参考表 5－3。

（7）做出 $p'-m_1$ 图，拟合出直线的斜率 $k=\frac{RT}{MV}$，算出普适气体常数的值。

五、实验注意事项

1. 关闭阀门的顺序千万不能弄错，否则真空泵中的油可能会倒流入比重瓶中（先关真空阀，再关真空泵电源）。

2. 将比重瓶口从真空管中拔出来的过程应该缓慢进行，防止外界空气突然进入真空管中把真空表的指针打坏。

3. 应该保证环境温度不能变化太大。

4. 手不能长时间接触比重瓶，防止传热引起瓶内气体温度改变。

六、思考题

1. 真空测量技术主要有哪些？

2. 若比重瓶密封性较差，试分析按照本实验测量出来的普适气体常数与理论值相比会偏大还是偏小？

3. 本实验普适气体常数测量的误差主要来源于哪些？

【技术应用】

随着真空获得技术的发展，真空应用日渐扩大到工业和科学研究的各个方面。真空应用是指利用稀薄气体的物理环境完成某些特定任务。有些是利用这种环境制造产品或设备，如灯泡、电子管和加速器等，这些产品在使用期间始终保持在真空环境中；而另一些则仅把真空当作生产中的一个步骤，最后产品在大气环境下使用，如真空镀膜、真空干燥和真空浸渍等。

真空的应用范围极广，主要分为低真空、中真空、高真空和超高真空应用。低真空是利用低（粗）真空获得的压力差来夹持、提升和运输物料，以及吸尘和过滤，如吸尘器、真空吸盘。中真空一般用于排除物料中吸留或溶解的气体或水分、制造灯泡、真空冶金和热绝缘，如真空浓缩生产炼乳，无须加热就能蒸发乳品中的水分。真空冶金可以保护活性金属，使其在熔化、浇铸和烧结等过程中不致氧化，如活性难熔金属钨、钼、钽、铌、钛和锆等的真空熔炼；真空炼钢可以避免加入的一些少量元素在高温中烧掉和有害气体杂质等的渗入，可以提高钢的质量。高真空可用于热绝缘、电绝缘和避免分子、电子、离子碰撞的场合。高真空中分子自由程大于容器的线性尺寸，因此高真空可用于电子管、光电管、阴极射线管、X射线管、加速器、质谱仪和电子显微镜等器件中，以避免分子、电子和离子之间的碰撞。这个特性还可应用于真空镀膜，以供光学、电学或镀制装饰品等方面使用。外层空间的能量传输与超高真空中的能量传输相似，故超高真空可用作空间模拟。在超高真空条件下，单分子层形成的时间长（以小时计），这就可以在一个表面尚未被气体污染前，利用这段充分长的时间来研究其表面特性，如摩擦、黏附和发射等。

在航空航天领域，真空技术从低真空到超高真空都有广泛应用。航空航天活动基本上都在自然真空中进行，不仅受真空环境的影响，同时还要受到各类太阳辐射、带电粒子等的影响，因此需要模拟类似的宇宙真空环境，进行各类测试。

具体的模拟应用主要包括以下几个方面：

1. 火箭发动机，如图5－4所示。主要包括火箭发动机空间点火，再启动、热平衡发动机推力测量、全尺寸燃烧，羽流效应燃料在真空中的性质，太阳谱模拟，飞行器振动。应用真空度在10^{-8}～10^{-1}Pa之间。

图5－4　火箭发动机

2. 航天员低压密封训练舱，如图5－5所示。真空技术应用在密封训练舱中主要涉及空间环境适应性（失重、生理变化、生活规律等），飞行事故处理能力，宇航服性能，宇宙医学研究。应用真空度在1～100 Pa之间。

3. 离子推力器，如图5－6所示。主要涉及离子推力器的寿命及性能模拟实验。应用真空度在 $10^{-5} \sim 10^{-4}$ Pa 之间。

图5-5　低压密封训练舱

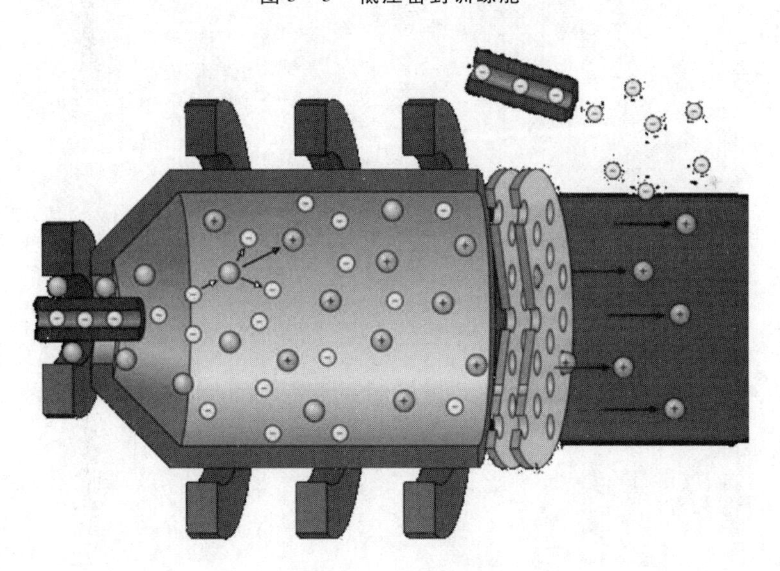

图5-6　离子推力器

4. 材料及元件。主要包括温控材料、太阳能电池、飞船添隔热材料、耐高温材料、润滑材料、光学斑、消旋轴承的模拟测试等。应用真空度在 $10^{-6} \sim 10^{-1}$ Pa 之间。

5. 热真空实验。主要是模拟卫星飞船的部件及整体性能，应用真空度在 $10^{-5} \sim 10^{-4}$ Pa 之间。

6. 卫星表面带电模拟。为了防止卫星、飞行器表面介质产生不均匀现象，影响卫星正常工作，以及为研究材料进行充电、放电及防护而要求卫星表面带电模拟实验。应用真空度在 $10^{-5}\sim10^{-3}$Pa 之间。

实验6　空气热机

【技术概述】

热机是将热能转换为机械能的机器。斯特林1816年发明的空气热机，是最古老的热机之一。空气热机以空气作为工作介质，利用空气吸收热能，空气膨胀，推动密封容器中的导管来回运动，经传动机构可使飞轮运转，推动外接机械结构，提供动能，如推动轮船螺旋桨使之前进；也可推动电动机发电。本实验通过研究不同冷热端温度时热机的热功转换值，验证卡诺定理，并研究热机输出功率随负载及转速的变化关系，计算热机实际效率。

一、实验目的

1. 理解空气热机的工作原理及循环过程。
2. 测量不同冷热端温度时热机的热功转换值，验证卡诺定理。
3. 测量热机输出功率随负载及转速的变化关系，计算热机实际效率。

二、实验原理

空气热机的结构如图6－1所示。热机主机由高温区、低温区、工作活塞及汽缸、位移活塞及汽缸、飞轮、连杆、热源等部分组成。

热机中部为飞轮与连杆机构，工作活塞与位移活塞通过连杆与飞轮连接。飞轮的下方为工作活塞与工作汽缸，飞轮的右方为位移活塞与位移汽缸，工作汽缸与位移汽缸之间用通气管连接。位移汽缸的右边是高温区，可用电热方式或酒精灯加热，位移汽缸左边有散热片，构成低温区。

工作活塞使汽缸内气体封闭，并在气体的推动下对外做功。位移活塞是非封闭的占位活塞，其作用是在循环过程中使气体在高温区与低温区间不断交

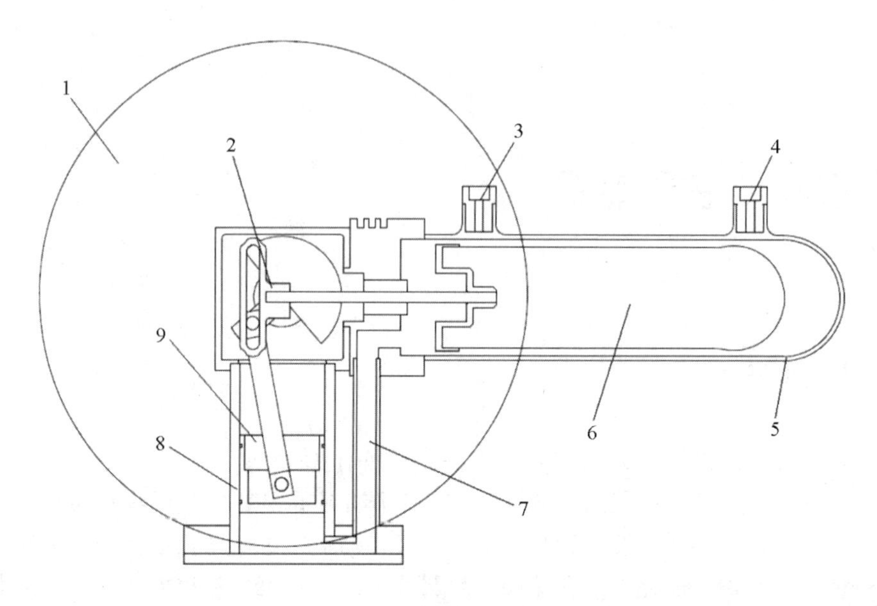

1—飞轮；2—连杆；3—低温区；4—高温区；5—位移汽缸；6—位移活塞；
7—通气管；8—工作汽缸；9—工作活塞。

图 6－1　热机结构原理图

换，气体可通过位移活塞与位移汽缸间的间隙流动。工作活塞与位移活塞的运动是不同步的，当某一活塞处于位置极值时，它本身的速度最小，而另一个活塞的速度最大。

当工作活塞处于最底端时，位移活塞迅速左移，使汽缸内气体向高温区流动，如图 6－2（a）所示；进入高温区的气体温度升高，使汽缸内压强增大并推动工作活塞向上运动，如图 6－2（b）所示，在此过程中热能转换为飞轮转动的机械能；工作活塞在最顶端时，位移活塞迅速右移，使汽缸内气体向低温区流动，如图 6－2（c）所示；进入低温区的气体温度降低，使汽缸内压强减小，同时工作活塞在飞轮惯性力的作用下向下运动，完成循环，如图 6－2（d）所示。在一次循环过程中，气体对外所做净功等于 $P-V$ 图所围的面积，

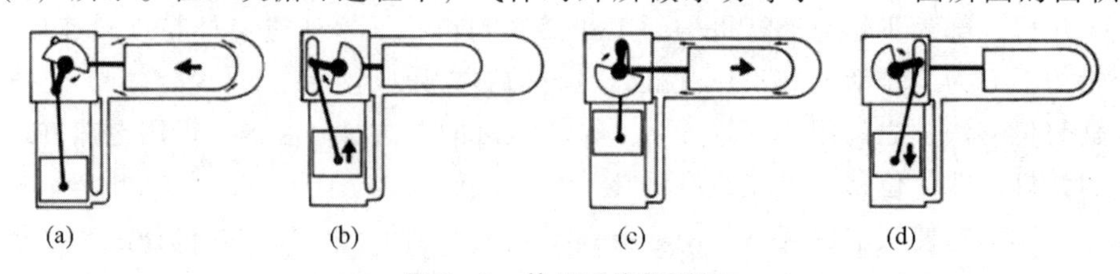

图 6－2　热机工作原理图

四个状态过程曲线如图6－3所示。

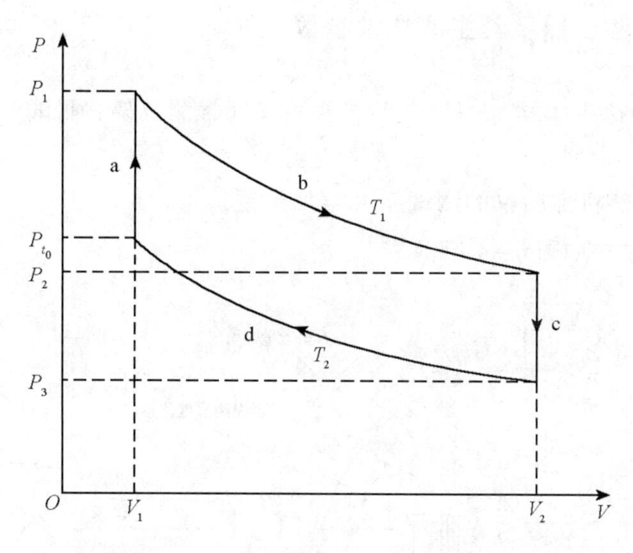

图6－3　热机工作的四个状态过程

根据卡诺对热机效率的研究而得出的卡诺定理，对于循环过程可逆的理想热机，热功效率为

$$\eta = A/Q_1 = (Q_1 - Q_2)/Q_1 = (T_1 - T_2)/T_1 = \Delta T/T_1 \quad (6-1)$$

式中，A为每一循环中热机做的功；Q_1为热机每一循环从热源吸收的热量；Q_2为热机每一循环向冷源放出的热量；T_1为热源的绝对温度；T_2为冷源的绝对温度。

实际的热机都不可能是理想热机，由热力学第二定律可以证明，循环过程不可逆的实际热机，其效率不可能高于理想热机，此时热机效率

$$\eta \leqslant \Delta T/T_1 \quad (6-2)$$

卡诺定理指出了提高热机效率的途径，就过程而言，应当使实际的不可逆机尽量接近可逆机；就温度而言，应尽量提高冷热源的温度差。

热机每一循环从热源吸收的热量Q_1正比于$\Delta T/n$，n为热机转速，η正比于$nA/\Delta T$，n、A，T_1及ΔT均可测量。测量不同冷热端温度时的$nA/\Delta T$，观察其与$\Delta T/T_1$的关系，可验证卡诺定理。

当热机带负载时，热机向负载输出的功率可由力矩计测量计算而得，且热机实际输出功率的大小随负载的变化而变化。在这种情况下，可测量计算出不同负载大小时的热机实际效率。

三、实验仪器及其主要技术参数

本实验的实验仪器包括空气热机实验仪（含测试架、测试仪以及实验电源）和双踪示波器。

1. 空气热机实验仪的测试架（电加热型）

测试架结构如图 6-4 所示。

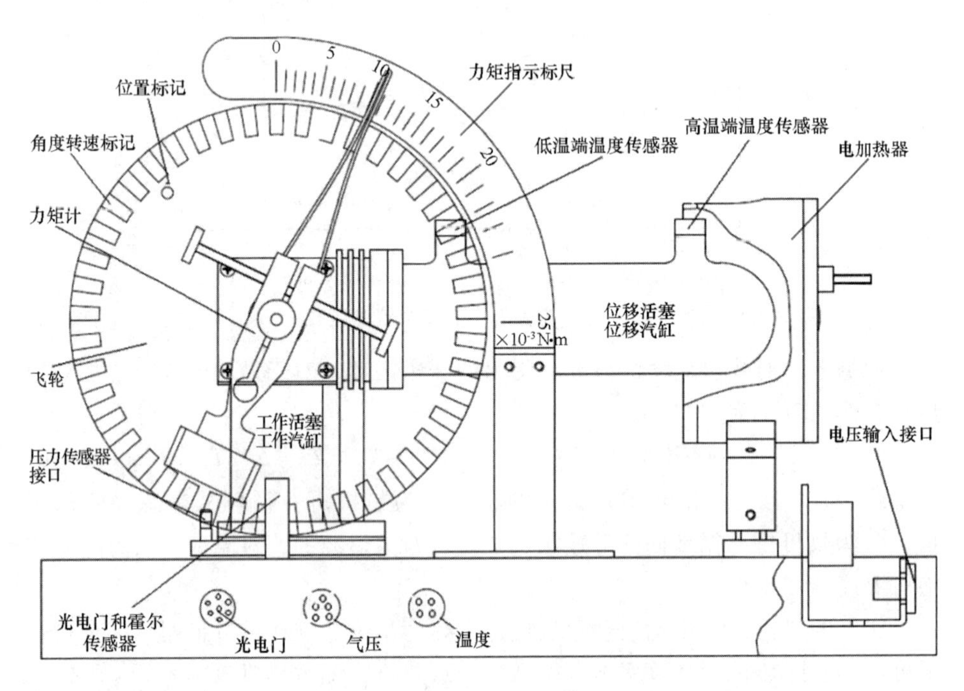

图 6-4　测试架结构图

光电门和霍尔传感器用于测量飞轮转速以及计算工作汽缸体积，飞轮上的位置标记用于定位工作活塞的最低位置，飞轮上的角度转速标记用于测量飞轮转动的角度以及转速。由于汽缸的体积随工作活塞的位移而变化，而工作活塞的位移与飞轮的位置有对应关系，飞轮边缘均匀分布有 45 个角度标记，飞轮每旋转一周可触发光电门输出 90 个位置信号（光电门采用上下沿均触发模式），即飞轮每转 4°即可输出一个触发信号，可用于计算汽缸体积。压力传感器接口用于连接气压传感器模块，用于测量工作汽缸内的气体压强。高温端温度传感器和低温端温度传感器分别用于测量高低温区的温度。力矩计悬挂在飞轮轴上，调节螺钉用于调节力矩计与轮轴之间的摩擦力；力矩计示值 M 可从力矩指示标尺读出，进而算出摩擦力和热机克服摩擦力所做的功。经简单推导可得热机输出功率 $P=2\pi nM$，n 为热机每秒的转速，即输出功率为单位时间内的角位移与力矩的乘积。底座上的三个插座分别对应输出光电门测量的转速和飞轮位置信号、汽缸压强信号以及高低温端温度信号，实验时使用专用连接线与空气热机测试仪相连。电压输入接口用于与电加热电源相连，为电加热器提供加热电压。

2. 空气热机实验仪的测试仪

测试仪前面板结构如图 6－5 所示。

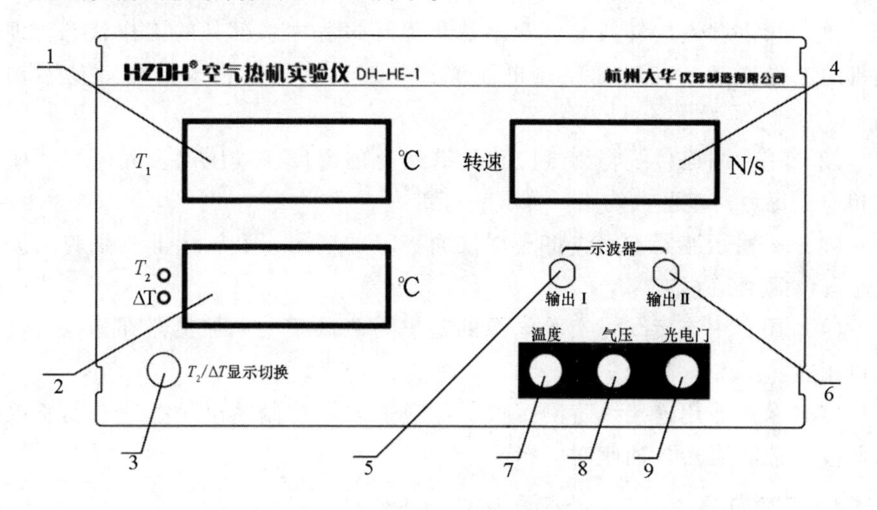

图 6－5　测试仪前面板图

面板中各组件功能如下：

1——高温区 T_1 温度显示窗，单位为℃，要转换为热力学温度（K）需在示值上增加 273.15；

2——低温区 T_2 温度或 ΔT（T_1-T_2）显示窗，单位为℃；

3——$T_2/\Delta T$ 显示切换按钮，切换显示低温端温度 T_2 和高低温端温度差 ΔT；

4——转速显示窗，实时显示热机转速，单位为 N/s（转/秒）；

5——输出Ⅰ，与示波器 X 通道相连，用于观测气压信号波形（工作汽缸）；气压信号输出电压值与实际工作汽缸气压的对应关系为：$1\text{V} \to 1.893\times10^4$ Pa；

6——输出Ⅱ，与示波器 Y 通道相连，用于观测体积信号波形（工作汽缸）；体积信号输出电压值与实际容积的对应关系为：$1\text{V}\rightarrow 0.627\times 10^{-5}\ \text{m}^3$；

7——温度信号输入插座，四芯，与测试架对应相连；

8——气压信号输入插座，五芯，与测试架对应相连；

9——光电门测量的转速和飞轮位置信号输入插座，七芯，与测试架对应相连。

四、实验内容与步骤

1. 实验仪器线路连接

（1）用手缓慢旋转飞轮，观察热机循环过程中各部件的工作状态，理解热机的工作原理，同时确保热机能够正常运转，不存在卡死或运动不畅等状态。

（2）用专用连接线将测试仪和测试架上的温度、气压以及光电门插座对应相连，每种插座芯数均不一样，请仔细查看。

（3）采用示波器专用线将测试仪面板上的输出Ⅰ和输出Ⅱ分别与示波器X通道和Y通道相连。

（4）用专用连接线将实验电源的输出与测试架上电加热器部分电压输入接口相连。

（5）采用专用连接线将测试仪后面板上的“控制输出”插座与实验电源后面板“控制输入”插座对应相连。

2. 实验内容

（1）热机空载实验

取下力矩计，将实验加热电源电压调节到35 V左右，等待8 ~ 10 min，待加热电阻丝发红后，用手顺时针拨动飞轮，热机即可运转。一般冷热端温差在100 ℃以上时，热机才易于启动。

调小加热电压至23 V左右，调节示波器，观察气压和体积信号波形，将示波器置X - Y李萨茹图形显示模式（双通道均置交流信号测量挡），调节各通道电压幅度和上下左右旋钮，使$P-V$图完整显示在示波器中心合适位置。等待10 min左右，待温度和转速相对稳定后，记录当前加热电压U和电流I、热端温度T_1、热端和冷端温差ΔT、热机转速n，以及从示波器估算的$P-V$图面积，记入表6 - 1。

逐步增大加热电压，待温度和转速相对稳定后，再次记录上述数据，重复测量 5 次以上，数据记入表 6－1。

以 $\Delta T/T_1$ 为横坐标，$nA/\Delta T$ 为纵坐标，绘制 $nA/\Delta T \sim \Delta T/T_1$ 的关系图，验证卡诺定理。（其中 A 为 $P-V$ 图面积，表中摄氏温度值须转换为热力学温度值）

表 6－1 不同冷热端温度时热机运行数据表格

加热电压 U/V	加热电流 I/A	热端 T_1/K	温差 ΔT/K	$\Delta T/T_1$	$P-V$ 图面积 A/V^2	热机转速 $n/(N\cdot s^{-1})$	$nA/\Delta T$

（2）热机带载实验

将加热电压置于 36 V，使输入功率最大，电机高速运行；用手轻触飞轮使热机停止运转，然后将力矩计装在飞轮轴上，拨动飞轮，使其继续运转。调节力矩计的摩擦力，待温度、转速以及力矩输出稳定后，相关参数记入表 6－2。

保持输入功率不变，逐步增大输出力矩，重复上述测量 5 次以上，记入表 6－2。

以转速 n 为横坐标，输出功率 P_0 为纵坐标，作 P_0-n 的关系图（同一输入功率下，输出功率与转速的对应关系）。

以转速 n 为横坐标，输出力矩 M 为纵坐标，作 $M-n$ 的关系图（同一输入功率下，输出力矩与转速的对应关系）。输入功率 $P_i=UI=W$。

表 6－2 热机带载实验数据表格

热端 T_1/K	温差 ΔT/K	输出力矩 $M/(N\cdot m)$	热机转速 $n/(N\cdot s^{-1})$	输出功率 $P_0=2\pi nM$/W	转化效率 $\eta=P_0/P_i$

示波器 $P-V$ 图面积 A 的估算方法如下：

根据仪器使用说明，用示波器专用线将仪器上的示波器输出信号和双踪示波器的 X、Y 通道相连。将 X 通道的调幅旋钮旋到“0.2 V”交流挡，将 Y 通道的调幅旋钮旋到“0.2 V”交流挡，显示模式设置为“X－Y”挡，观测 $P-V$ 图，再调节左右和上下移动旋钮，使示波器观测到比较理想的 $P-V$ 图。再根据示波器上的刻度，在坐标纸上描绘出 $P-V$ 图。以图中椭圆所围部分每个小格为单位，采用割补法、近似法（如近似三角形、近似梯形、近似平行四边形等）等方法估算出每小格的面积，再将所有小格的面积加起来，得到 $P-V$ 图的近似面积，单位为“V^2”。$1V^2=0.288$ J。

五、实验注意事项

1. 测试架高温区电加热器的温度比较高，在实验过程中以及停止实验后 1～2 h 内，严禁用手触摸，以免烫伤。

2. 热机在没有正常运转时，严禁长时间大功率加热。

3. 热机在启动初期以及运转过程中因各种原因停止转动时，须用手拨动飞轮帮助其重新运转或立即关闭电源，否则会损坏仪器。

4. 热机汽缸等部位为玻璃制品，容易损坏，请谨慎操作。

5. 严禁液体溅射在玻璃汽缸上（特别是高温区），以防炸裂。

6. 禁止在热机工作过程中用手触摸飞轮，以免割伤。

7. 在实验过程中，要待热机稳定工作后再开展数据记录；在热机工作稳定后，温度显示值以及热机转速基本变化缓慢或者没有变化。

8. 在读力矩的时候，力矩计可能会摇摆。这时可用手轻托力矩计底部，缓慢放手后可以稳定力矩计。如还有轻微摇摆，读取中间值。

六、思考题

1. 若需要热机效率达到 50%，则热源至少需要加热到多少摄氏度？

2. 为什么 $P-V$ 图中面积等于热能转化为机械能的数值？

3. 为什么柴油机比汽油机效率高？

4. 有哪些办法可以提高空气热机效率？

【技术应用】

现代科学技术的发展为空气热机的广泛应用和制造提供了技术保障，随着转换技术的成熟，空气热机越来越受到关注。空气热机利用温差产生机械能的技术特征，决定了综合性能优越于其他能源，是理想的绿色能源。空气热机适用范围广，具有一定的独立性和灵活性，造价低于其他能源装置，可以充分利用太阳能、地热等进行能效转换，是理想的转换系统。现代社会对能源需求越来越大，特别是绿色能源，可以提升人类的生活质量。空气热机是对绿色能源的补充，也是可以造福人类的新能源。相信不久，空气热机可以实现商业化、民用化，成为新的动力来源。

按照空气热机的原理制成的项目，主要特点是结构简单，适用于功率小的应用领域，常用于把机械能转变为电能。

1. 工业余热的利用

利用企业发出的余热，加在工作活塞接收热源的工作活塞区，使热能转变为机械能，推动传动机构，变成直流电源。通过逆变器，把直流电源转为交流电源存入蓄电池，供办公用电、生产照明等使用。

2. 解决部分居住小区的供电

空气热机安装在日照时间长的边远山区、草原，可解决边远地区电网输电困难的用电问题，也是风力发电的补充。

3. 空气热机为电动汽车充电桩配置直流电源

科技发达到一定水准，空气热机相关的综合技术达到一定水准，也可能成为汽车的动力设备，也就是今后电动汽车的动力改用空气热机来提供，应该是有希望的。电动汽车的动力源为直流电源。空气热机利用太阳光产生热能，通过空气热机转化成直流电源，配置在直流充电桩上，其主要优点是充电桩所用电流不用电网上的电源，节约了供电系统所配置的电源，同时减少因电网上的交流电源通过逆变器转变为直流电源而出现的能量消耗和谐波影响，空气热机的转出电能为直流，可直接使用。

实验7　超声定位与成像

【技术概述】

超声技术是20世纪发展起来的一种新兴、多学科交叉的高新技术。超声技术是利用超声作用于两相或多相体系产生的各种效应，如空化效应、湍动效应、微扰效应、界面效应和聚能效应等，实现诊断、定位与成像等探测功能。本实验采用脉冲回波型超声成像技术，也就是利用超声波照射物体，通过接收和处理载有物体特征信息的回波，获得物体组织性质与结构的可见图像。它与其他成像技术相比，装置简明、直观，其成像的原理简单易懂，此外，该方式没有放射性，实验者可以自己进行不同物体的形貌成像实验。

一、实验目的

1. 了解脉冲回波型声成像的原理。
2. 掌握脉冲回波型声成像实验仪的使用方法。
3. 利用脉冲回波测量水中声速。
4. 应用脉冲回波法对目标物体进行定位。
5. 利用脉冲回波型声成像实验仪对给定目标物体进行扫描成像实验。

二、实验原理

超声波指的是频率超过 2×10^4 Hz，人耳不能听到的声波。超声波广泛存在于自然界和日常生活中，如老鼠、海豚能发出超声波，蝙蝠利用超声波导航和觅食；金属片撞击和小孔漏气也能发出超声波。在实验和工业生产中，人们利用压电效应（piezoelectric effect）产生超声波。压电效应是指对于某些不导电的固体物质（称为压电材料），当它们在压力（或拉力）的作用下产生变形时，在物体相对的表面会出现正、负束缚电荷，从而产生电势差的现象。利用压电效应的逆效应，即在压电材料相对的两个表面施加电压信号，使得材料发生机械变形，就可以探测超声波。

作为一种探测方法，超声波技术在军事、工业和医疗上有非常广泛的应用，其探测对象包括潜水艇、固体材料内部的缺陷、体内脏器的病变以及胎儿的发育状况等。超声检测具有以下突出优点：高穿透性，可以探测到材料深处的缺陷；高灵敏度，可以探测到非常小的缺陷；非破坏性，只需要在材料的表面工作，对操作者以及周围的设备和材料没有伤害和干扰。

1. 超声定位的基本原理

超声定位的基本原理是由超声波发生器向目标物体发射脉冲波，然后接收回波信号；当超声波发生器正对着目标物体时，接收到的回波信号强度将达到最大，这时得到发射波与接收波之间的时间差 Δt，再根据脉冲波在介质中的传播速度 v 而得到目标物体离脉冲波发射点的距离。这样就可以得出目标物体离脉冲波发射点的方位和距离，分别如图 7 - 1 中的 θ 和 S，$S = v \cdot \Delta t$。

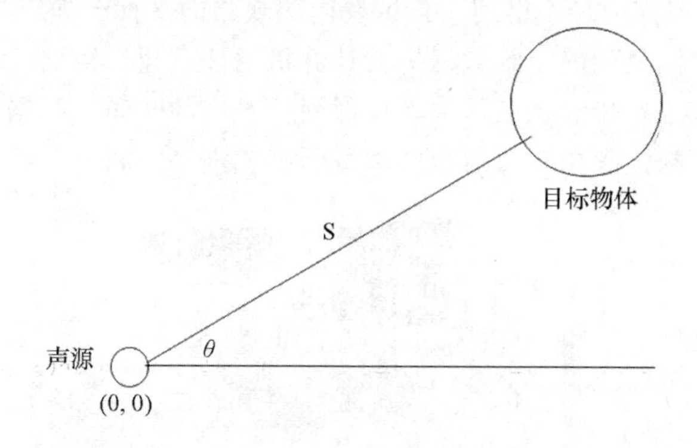

图 7 - 1　超声定位的基本原理

2. 时差法测量水中声速

用脉冲回波时差法测量水中声速的原理是改变目标物体离脉冲声源的距离，得到不同的接收回波时间差。如图 7 - 2 所示，假设目标物体到声源的垂直距离为 S_1 时，脉冲发射波到接收波的时间为 t_1；改变目标物体到声源的垂直距离为 S_2，此时脉冲发射波到接收波的时间为 t_2。这样，水中的声源传播速度为：$v = 2\dfrac{S_2 - S_1}{t_2 - t_1} = 2\dfrac{\Delta S}{\Delta t}$。

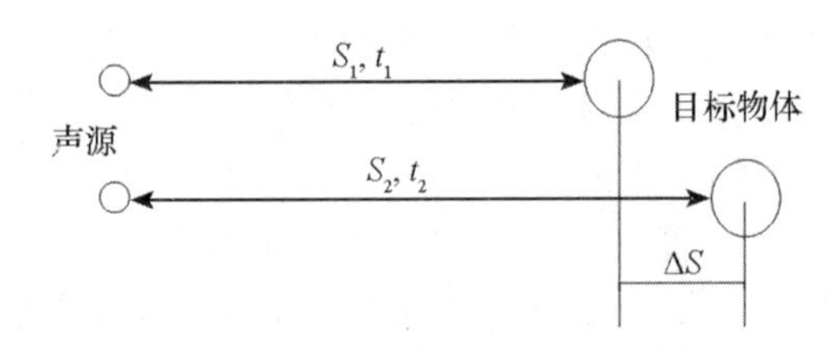

图 7－2　时差法测量水中声速

3. 超声成像的基本原理

超声成像是使用超声波的声成像。它包括脉冲回波型声成像和透射型声成像。前者是发射脉冲声波，接收其回波而获得物体图像的声成像方法；后者是利用透射声波获得物体图像的声成像方法。目前，在临床应用的超声诊断仪都是采用脉冲回波型声成像。而透射型声成像的一些成像方法仍处于研究之中，如某些类型的超声 CT 成像。

本实验采用脉冲回波型超声成像技术，如图 7－3 所示，通过探头在试块顶部进行 $X-Y$ 扫描记录，得到来自试块内部缺陷的平面分布、埋藏深度 Z 方向的信息，利用测量到的三维数据进行计算机图像重建，得到试块内部的立体图像。在进行缺陷定位时，测量缺陷反射回波对应的时间，根据被测材料中的声速可以计算出缺陷到探头入射点的垂直深度或水平距离。

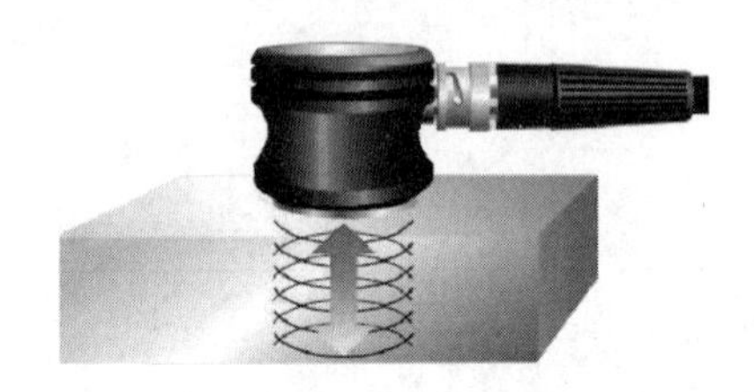

图 7－3　超声探头发射与接收示意图

4. 超声成像的一般规律

脉冲回波型声成像凭借回声来反映物体组织的信息，而回声则来自组织界面的反射和散射体的后向散射。回声的强度取决于界面的反射系数、粒子的后向散射强度和组织的衰减。

物体组成界面的组织之间声阻抗差异越大，其反射的回声越强。反射声强还和声束的入射角度有关，入射角越小，反射声强越大。当声束垂直于入射界面时，即入射角为零时，反射声强最大；而当入射角为 90°时，反射声强为零。

物体组织对声能的衰减取决于该组织对声强的衰减系数和声束的传播距离（即检测深度）。物体衰减特征主要表现在后方的回声。

超声遇强反射界面，在界面后出现一系列间隔均匀的依次减弱的影像，称为多次反射，这是声束在探头与界面之间往返多次而形成的。

三、实验仪器及其主要技术参数

本实验使用 DH6001 超声定位与形貌综合实验仪（如图 7 - 4 所示）进行超声定位与成像实验。DH6001 超声定位与形貌综合实验仪由超声换能器、水槽与测试架、VC ++ 计算机数据处理软件、数据线以及计算机等几部分组成。

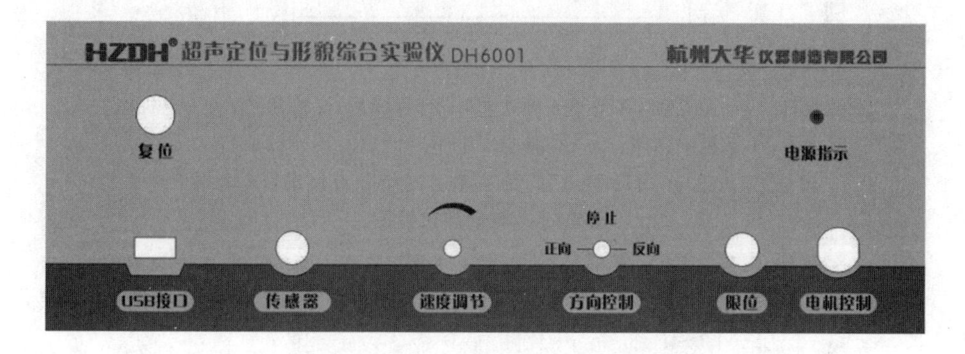

图 7 - 4　DH6001 超声定位与形貌综合实验仪

1. DH6001 超声定位与形貌综合实验仪使用原理与技术参数

DH6001 采用收发一体式的超声换能器来完成信号的发射与回波信号的接收；用 DSP 处理器对超声传感器的发射和接收信号进行控制和高速采集，基于快速傅里叶变换（FFT）对数据进行分析和处理，并把处理数据传递到计算机，由计算机软件来显示测量的回波波形，完成物体的表面形貌成像或二维断面像、研究物体的运动状态以及对目标物体进行定位等实验。

实验仪采用 DSP 处理器，采样频率：12.5 MHz；

超声波传感器工作频率：2.5 MHz。

2. 实验水槽与测试架

超声定位与成像测试架正视图如图 7 - 5 所示，俯视图如图 7 - 6 所示。水槽采用透明有机玻璃设计，成像物体放在水槽正面的载物台上，超声换能器悬挂在导轨滑块上的吊杆旋转机构固定座上，该机构可以实现换能器的旋转，并

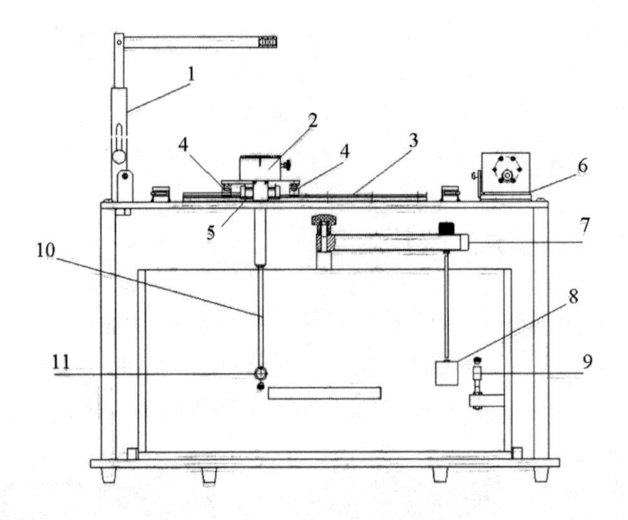

1—撑线杆；2—角度旋转座；3—导轨；4—行程撞块；5—滑块；6—电机座；7—旋转梁；8—定位物体；9—换能器固定座（测速时用于放置超声换能器）；10—吊杆；11—固定座（用于放置超声换能器或运动目标物体）。

图 7－5　测试架正视图

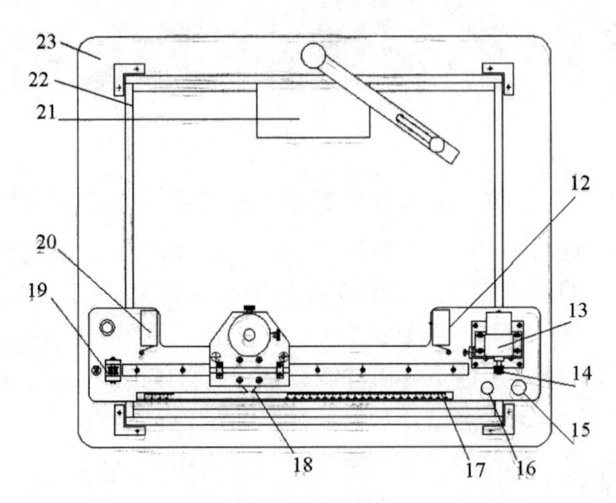

12—右行程开关；13—直流减速电机；14—主动轮；15—电机控制插座；16—限位插座；17—标尺；18—指针；19—从动轮；20—左行程开关；21—载物台；22—水槽；23—底板。

图 7－6　测试架俯视图

带角度指示，用于定位物体的角度方位；水槽后面的旋转梁用于悬挂目标物体，可以改变物体在水槽中的位置，用于超声定位实验；水槽正上方测试架上的电机控制系统用于带动超声传感器对物体进行动态扫描，得到物体表面数据信息，成像出物体表面形状或断面像；水槽右侧壁的台体上还有一个换能器固定座，用于研究物体运动状态实验，具体实验时，换能器安装在此固定座上，目标物体放在与吊杆相连的固定座上，由电机控制运动。

3. 超声成像

实验仪器与超声传感器相连，超声传感器（换能器）采用收发一体式石英晶振结构，换能器的工作频率在2.5 MHz左右。该实验仪器的实际工作原理是：由DSP处理器控制高速D/A变换器产生2.5 MHz的频率信号，信号经过放大处理后接到超声传感器上作为发射波；发射波碰见不同的物体组织后将产生回波信号，回波信号经过高速运放进行放大滤波处理后由高速A/D变换器对接收到的信号进行采集，采用FFT对数据进行分析处理，并把数据传输到计算机上。

4. DH6001超声定位综合实验仪软件界面

采集的数据信号被传送到计算机后，计算机可以显示回波波形；可以对物体进行扫描成像，得出物体的剖面像图；同时也可以测量物体的运动速度和对水中物体目标进行定位。DH6001软件界面如图7－7所示，主要功能如下：

读数据/存数据：对采集数据进行读取和存储。

工作方式：提供成像采集、定位、测速以及波形四种工作方式。

工作状态显示窗：指示当前的工作方式。

清除显示：用于清除显示的波形或成像图。

成像操作：对采集的数据进行成像处理，处理的时候可以通过调整门限滚动条来改变门限值，从而调整成像图。

信号放大/信号缩小：对接收信号的显示强度进行放大和缩小。

串口通信：用于启动和关闭通信口，启动后串口状态显示“OK!!”或“END”，关闭后显示“Close!!”。

坐标点一/坐标点二：显示坐标点的具体坐标，分别对应时间和距离，表示该时刻超声传感器扫过物体时对应的垂直距离。

平均速度：两坐标点之间的平均速度。

回波时间：显示第一次回波时间，用于时差法测量水中声速。

切换显示：用于切换显示数据和成像。

消二次波：用鼠标左键框中成像线条中的二次波，然后按“消二次波”按钮即可消除二次波成像图。

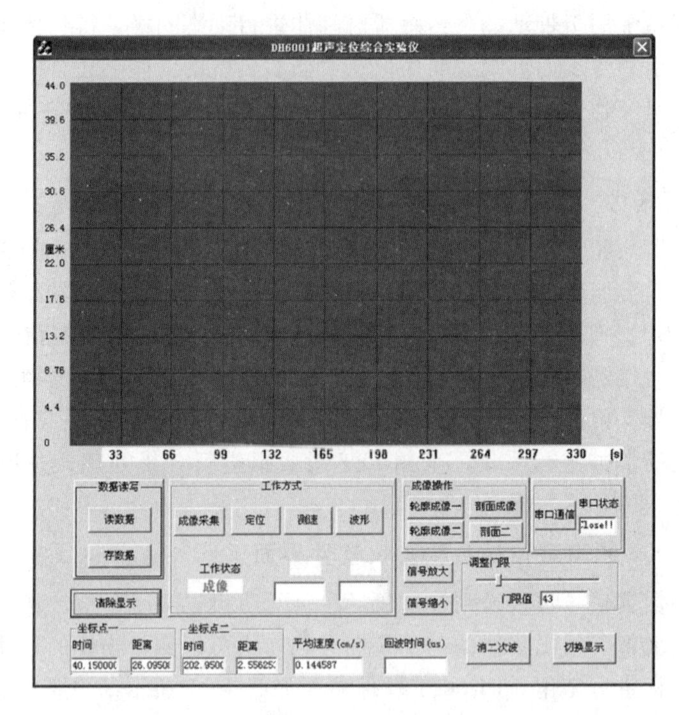

图 7－7　软件界面图

四、实验内容与步骤

1. 观察水中物体的回波波形

（1）换能器安装在测试架上并放在水槽中，载物台上放置表面不规则的有机玻璃样品；调整换能器头，使之对准水槽正面载物台上的物体。

（2）连接换能器与信号源前面板上的“传感器”插座，并把仪器后面板上的串口与计算机相连，开启电源。注意：通电工作时，确保换能器置于水中。

（3）打开计算机软件，用鼠标左键单击显控画面右下角的“串口通信”按钮，串口状态框上先出现“OK!!”，然后变成“END”，说明计算机的串口已打开，可以与实验仪进行数据和命令通信。

(4) 用鼠标左键单击显控画面上“工作方式”框中的“波形”按钮，工作状态下面显示红色的“波形显示”，画面上将显示实时波形。

(5) 通过角度旋转座水平旋转换能器探头，改变换能器的入射角，观察回波波形（如图 7－8 所示）。

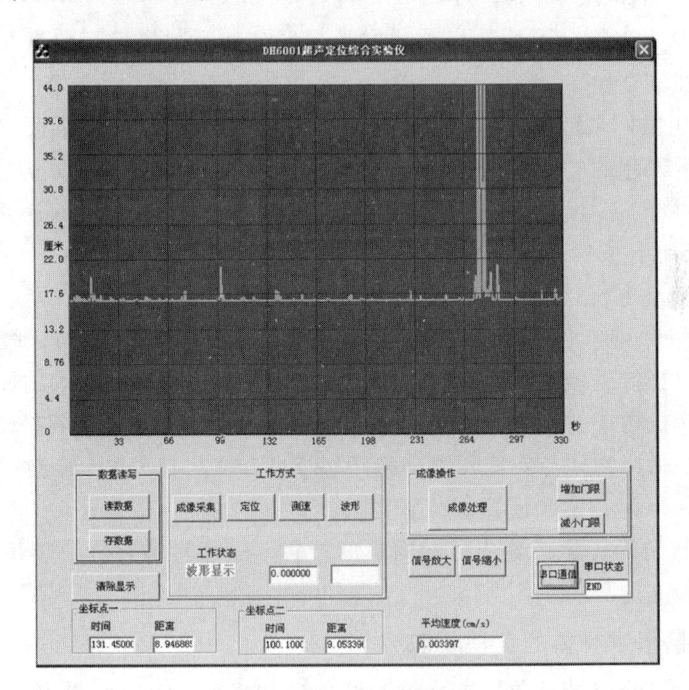

图 7－8　回波波形图

2. 水中声速的测量

(1) 把超声换能器放置在水槽右侧面的固定座上，运动物块放在滑块吊杆旋转机构下的固定座上，换能器的方向与导轨方向一致，并对准小运动目标物体。（注意：在通电时不要把换能器露出水面，最好关掉实验仪电源后再操作）

(2) 启动电源，打开串口，用鼠标左键单击显控画面上“工作方式”框中的“波形”按钮，工作状态下面显示红色的“波形显示”，画面上将显示实时波形以及发射脉冲波到接收回波之间的时间。

(3) 启动电机控制系统，使带着目标物体一起运动的滑块到 S_1 的位置后停止，记下此时发射波到接收波之间的时间 t_1；再启动电机，改变目标滑块到位置 S_2，记下此时发射波到接收波之间的时间 t_2。

（4）计算声速：$v = 2\frac{|S_2 - S_1|}{|t_2 - t_1|}$。

（5）多次测量求平均值。

3. **对水中目标物体进行定位**

（1）拿出载物台上的有机玻璃样品，先转动测试架后面的悬挂梁，使目标物体处在某个位置。

（2）用鼠标左键单击显控画面上“工作方式”框中的定位按钮，工作状态下面显示红色的“定位”两字，“工作方式”框中的左边数据显示框显示经过的时间（单位：s），右边数据显示框显示传感器离目标的距离（单位：cm），画面上有成像图显示。

（3）启动电机控制系统，使滑块移动到导轨中间位置。

（4）切换到“波形”工作方式，通过传感器吊杆旋转机构，缓慢旋转超声传感器，当传感器对准目标物体后，计算机界面上将显示最大的回波值，此时记下旋转机构上的物体方位角度 θ；然后切换到“定位”工作方式，记下计算机显示的目标物体与换能器之间的距离 Y（cm）。（超声传感器正对着前方载物台时 θ 为 $0°$，实验前要调节好）

（5）转动旋转梁，改变目标物体的位置，重新测量目标物体离超声换能器的距离和方位。

4. **测量水中物体的运动状态**

（1）把超声换能器放置在水槽右侧面的固定座上，运动物块放在滑块吊杆旋转机构下的固定座上，换能器的方向与导轨方向一致，并对准小运动目标物体。（注意：在通电时不要把换能器露出水面，最好关掉实验仪电源后再操作）

（2）用鼠标左键单击显控画面上“工作方式”框中的“测速”按钮，工作状态下面显示洋红色的“测速”两字，“工作方式”框中的左边数据显示框显示目标运动的速度（单位：cm/s），同时画面上显示成像图，X 轴代表时间 t，Y 轴代表物体离超声传感器的距离 S。运行速度较小时，速度的动态显示误差将会比较大，必须通过 $S-t$ 曲线来分析物体的运动状态。

（3）启动直流电机控制器，让电机带动吊杆上的物体运动起来，就可以看见 $S-t$ 曲线，左边的显示框显示目标物体的运动速度。

（4）分析 $S-t$ 曲线，可以通过 $\Delta S/\Delta t$ 得到物体运动的平均速度。具体方法是：在 $S-t$ 曲线上单击两个坐标点，对应的坐标点坐标以及两坐标点间的平均速度将在界面中显示出来。

(5) 通过直流电机控制器，改变物体的运动速度，再次测量观察物体的运动曲线并计算运动物体平均速度。

(6) 具体的实例如图 7－9 所示。

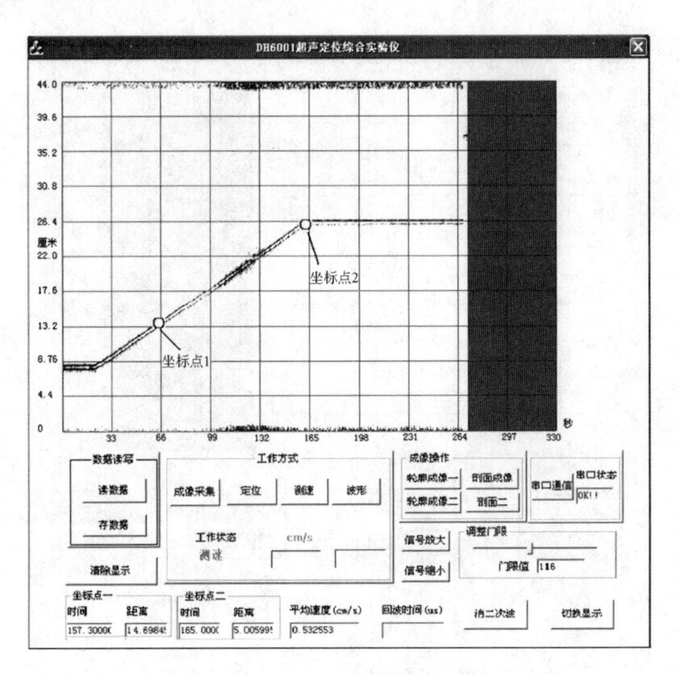

图 7－9　目标物体运动状态曲线

5. 扫描成像物体组织结构剖面图或表面形貌

(1) 操作步骤同“1. 观察水中物体的回波波形”的步骤 (1) ～ (3)。

(2) 连接直流电机控制系统，启动检查运行是否正常。

(3) 成像操作。用鼠标左键单击显控画面上“工作方式”框中的“成像采集”按钮，工作状态下面显示洋红色的“成像”两字，画面上有成像图显示。采集结束后，用鼠标左键单击显控画面上“成像操作”框中的“成像处理”按钮，显示处理后的成像画面。根据显示效果，用鼠标左键点击“增加门限”或“减小门限”按钮，可对其进行后置处理，得到相对较好的成像图。在采集的过程中，可以点击“信号放大”和“信号缩小”来改变接收信号的强度。

(4) 启动直流电机控制系统，使换能器垂直扫描物体，观察实时成像图。

为使成像效果好，可以设置控制器，使扫描速度降到最慢，具体设置见直流电机控制器说明。

（5）该成像不仅可以显示物体表面轮廓图，而且对于超声透射效果比较好的物体，还可以清晰地呈现二维剖面图，如图 7－10 所示。

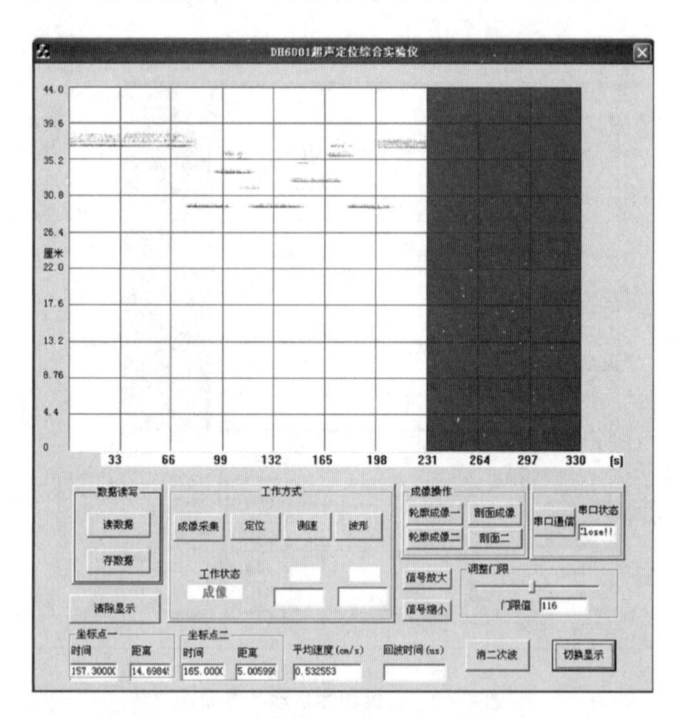

图 7－10　实时扫描物体得到的回波成像图

（6）要使成像效果好，需要选择合适的扫描距离，也就是被成像物体离超声传感器的距离要合适，可以通过观察回波波形以及“信号放大”或“信号缩小”来确定距离。由于超声传感器的波束角不为零，距离太远会造成回波信号重叠，且两个不同反射面的回波信号叠加在一起，会降低成像分辨率，所以成像物体尽可能离超声传感器近些；若成像物体太近，则会产生多次反射，同一个反射面会出现一次、两次或多次回波。

五、实验注意事项

1. 超声仪的发射接口向外发射的是高压脉冲，它只能与探头相连，而不能与超声仪的射频、检波、触发，或者示波器的 CH_1、CH_2、TRG 相连，否则会损坏仪器。

2. 超声仪的输出信号被限制在 5 V 左右，因此示波器在测量过程中，一般要求被测信号幅度不超过 2 V。

3. 测量脉冲波的时间应采用“检波”信号，并以其前沿对应的时间为准。

4. 注意迟到波的干扰，所谓“迟到”是指由于超声波是发散的，有一部分声波会被试块的壁反射（甚至多次反射）后再到达所要探测的缺陷，然后返回到探头。

六、思考题

1. 怎样提高成像的精度？用普通的直探头可以吗？
2. 斜探头可以完成成像实验吗？
3. 超声成像实验中，对比扫描图与有机玻璃实物是否完全一致，为什么？

【技术应用】

超声技术的应用非常广泛，如军事上的声呐、工业上的超声探伤及临床医学的超声诊断等。下面重点介绍声呐。

声呐是潜艇在水下的主要探测工具。潜艇在水下航行时，由于电磁波在水中衰减很大，传播距离非常有限，因此对于潜艇来说，水声信号是探测目标最有效的方法。根据工作类型，声呐可分为主动声呐和被动声呐，前者使用主动搜索的目标回波作为源信号，后者由监听获取的目标辐射噪声信号作为源信号。但在实际工程实现中，可以共用接收阵。

下面以俄制“基洛”级潜艇为例，介绍潜艇上有哪些声呐，如图 7 - 11 所示。

探雷/避碰天线：主动声呐，频段较高，分辨率高，探测距离近，能探测到航道上的一些障碍物，保障潜艇水下航行的安全性，位于艇艏。

接收阵：单独使用为被动声呐，与发射阵一同使用为主动声呐，频率范围大，是潜艇最主要的声呐，位于艇艏。

通信天线：水声通信天线，用于水下通信，位于艇艏。

前侦察阵：被动声呐，当接收阵关闭时，可利用前侦察阵进行监听，也可以补偿接收阵盲区，位于艇艏。

发射阵：与接收阵一同使用时为主动声呐，位于指挥台前下部。

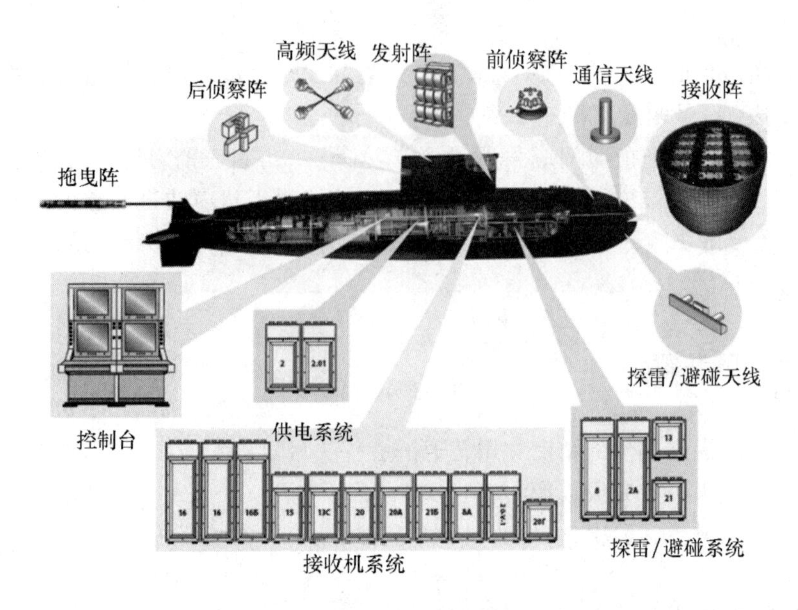

图 7－11　俄制“基洛”级潜艇声呐系统

高频天线：主动声呐，频段高，分辨率高，可以精确定位距离较近的物体，位于指挥台后部。

后侦察阵：被动声呐，当接收阵关闭时，可利用后侦察阵进行监听，也可以补偿接收阵盲区，位于指挥台后部。

拖曳阵：被动声呐，长度长，孔径大，空间增益高，可以探测安静型潜艇低频谱线，可收放，放出后拖在潜艇尾部（拖曳阵仅安装于“拉达”级潜艇，“基洛”级潜艇并未装备）。

艇艏环境最安静且视野最开阔，是安装接收阵最理想的位置。“基洛”级潜艇的声呐接收阵位于艇艏下部（如图 7－12 所示），相比较而言，“拉达”级潜艇将“基洛”级潜艇所配备的 Rubicon 传统柱状声呐换为了更先进的 Lira 阵列声呐系统（如图 7－13 所示），整个艇艏巨大的声呐阵列甚至向后延长覆盖到了艇体两侧，探测范围非“基洛”级潜艇能够比拟。

近年来，各国努力提高探潜能力，建设反潜体系，在积极发展反潜力量的同时，更加着重发展以声呐为主的反潜装备。然而到目前为止，声呐仍是实现水下远程探测的主要有效手段，是各国海军水下侦察与监视的首要手段。随着隐身降噪技术、水声对抗技术的应用，潜艇的隐蔽性和机动性得到了大幅度的提升，安静型潜艇辐射噪声(1 kHz)谱级已经同零级海况的环境噪声相当，甚至低于环境噪声，给水下探潜带来了难度，传统声呐已经不能满足探潜需要，提高声呐性能、扩大阵列规模、发展新型水听器成为各国海军当务之急。

图 7－12　“基洛”级潜艇的声呐接收阵

图 7－13　“拉达”级潜艇的 Lira 阵列声呐

实验 8　多普勒效应与声速测量

【技术概述】

不管是机械波还是电磁波，当波源和观察者（或接收器）之间发生相对运动时，或者波源、观察者不动而传播介质运动时，又或者波源、观察者、传播介质都在运动时，观察者接收到的波的频率和发出的波的频率不相同，这种现象称为多普勒效应。多普勒效应在核物理、天文学、工程技术、交通管理、医疗诊断等方面有十分广泛的应用，如可用于卫星测速、光谱仪、多普勒雷达、多普勒彩色超声诊断仪等。本实验研究超声波的多普勒效应，并利用这一效应，测量声波的传播速度。

一、实验目的

1. 理解多普勒效应的原理。
2. 研究超声接收器运动速度与接收频率的关系，并求声速。
3. 利用多普勒效应测量简谐振动的周期，并测量物体的运动速度。

二、实验原理

1. 声波的多普勒效应

设声源在原点，声源振动频率为 f，接收点在 x，运动和传播都在 X 方向。对于三维情况，处理稍复杂一点，其结果相似。声源、接收器和传播介质不动时，在 X 方向传播的声波的数学表达式为

$$p = p_0 \cos\left(\omega t - \frac{\omega}{c_0}x\right) \tag{8-1}$$

（1）声源运动速度为 V_S，介质和接收点不动，设声速为 c_0，在时刻 t，

声源移动的距离为

$$V_S(t-x/c_0) \tag{8-2}$$

因而声源实际的距离为

$$x=x_0-V_S(t-x/c_0) \tag{8-3}$$

所以

$$x=(x_0-V_St)/(1-M_S) \tag{8-4}$$

式中，$M_S=V_S/c_0$ 为声源运动的马赫数。声源向接收点运动时 V_S（或 M_S）为正，反之为负，将式（8-4）代入式（8-1）得

$$p=p_0\cos\left\{\frac{\omega}{1-M_S}\left(t-\frac{x_0}{c_0}\right)\right\} \tag{8-5}$$

可见接收器接收到的频率变为原来的$\dfrac{1}{1-M_S}$，即

$$f_S=\frac{f}{1-M_S} \tag{8-6}$$

（2）声源、介质不动，接收器运动速度为 V_r，同理可得接收器接收到的频率为

$$f_r=(1+M_r)f=\left(1+\frac{V_r}{c_0}\right)f \tag{8-7}$$

式中，$M_r=V_r/c_0$ 为接收器运动的马赫数。接收点向着声源运动时 V_r（或 M_r）为正，反之为负。

（3）介质不动，声源运动速度为 V_S，接收器运动速度为 V_r，可得接收器接收到的频率为

$$f_{rs}=\frac{1+M_r}{1-M_S}f \tag{8-8}$$

（4）介质运动，设介质运动速度为 V_m，得

$$x=x_0-V_mt \tag{8-9}$$

根据式（8-1）可得

$$p=p_0\cos\left\{(1+M_m)\omega t-\frac{\omega}{c_0}x_0\right\} \tag{8-10}$$

式中，$M_m=V_m/c_0$ 为介质运动的马赫数。介质向着接收点运动时 V_m（或 M_m）为正，反之为负。

可见若声源和接收器不动，则接收器接收到的频率为

$$f_m=(1+M_m)f \tag{8-11}$$

还可看出，若声源和介质一起运动，则频率不变。

为了简单起见，本实验只研究第 2 种情况：声源、介质不动，接收器运动

速度为 V_r。根据式（8－7）可知，改变 V_r 就可得到不同的 f_r 以及不同的 $\Delta f = f_r - f$，从而验证了多普勒效应。另外，若已知 V_r、f，并测出 f_r，则可算出声速 c_0，可将用多普勒频移测得的声速与用时差法测得的声速作比较。若将仪器的超声换能器用作速度传感器，就可用多普勒效应来研究物体的运动状态。

2. 声速的几种测量原理

（1）超声波与压电陶瓷换能器

频率为 20 Hz～20 kHz 的机械振动在弹性介质中传播形成声波，高于 20 kHz 的称为超声波，超声波的传播速度就是声波的传播速度，超声波具有波长短、易于定向发射等优点。声速实验所采用的声波频率一般都在 20 Hz～60 kHz 之间，在此频率范围内，采用压电陶瓷换能器作为声波的发射器、接收器效果最佳。

根据工作方式，压电陶瓷换能器分为纵向（振动）换能器、径向（振动）换能器及弯曲振动换能器。声速教学实验中大多采用纵向换能器。如图 8－1 所示为纵向换能器的结构简图。

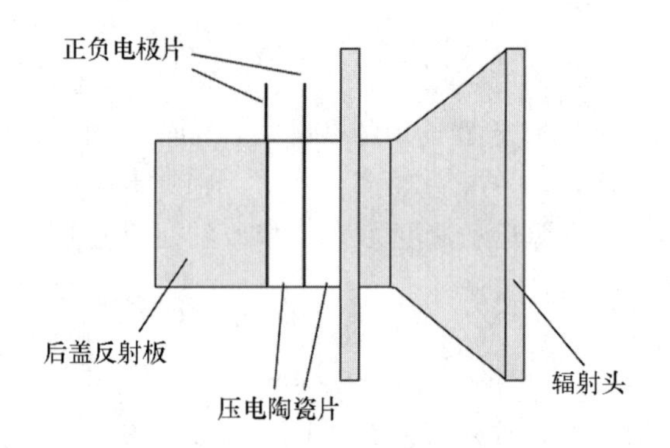

图 8－1　纵向换能器的结构简图

（2）共振干涉法（驻波法）测量声速

假设在无限声场中，仅有一个点声源换能器（发射换能器 1）和一个接收平面（接收换能器 2）。当点声源发出声波后，在此声场中只有一个反射面（即接收换能器平面），并且只产生一次反射。

在上述假设条件下，发射波 $\xi_1 = A_1\cos(\omega t + 2\pi x/\lambda)$ 在反射面产生反射，反射波 $\xi_2 = A_2\cos(\omega t - 2\pi x/\lambda)$，其信号相位与 ξ_1 相反，幅度 $A_2 < A_1$。ξ_1 与 ξ_2 在反射平面相交叠加，合成波束 ξ_3，即

$$\xi_3 = \xi_1 + \xi_2 = A_1\cos(\omega t + 2\pi x/\lambda) + A_2\cos(\omega t - 2\pi x/\lambda)$$

$$= 2A_1\cos(2\pi x/\lambda)\cos\omega t + (A_2 - A_1)\cos(\omega t - 2\pi x/\lambda) \tag{8-12}$$

由此可见，合成后的波束 ξ_3 在幅度上，具有随 $\cos(2\pi x/\lambda)$ 呈周期变化的特性，在相位上，具有随（$2\pi x/\lambda$）呈周期变化的特性。另外，由于反射波幅度小于发射波，合成波的幅度即使在波节处也不为 0，而是按 $(A_2 - A_1)\cos(\omega t - 2\pi x/\lambda)$ 变化。如图 8－2 所示波形显示了叠加后的声波幅度随距离按 $\cos(2\pi x/\lambda)$ 变化的特征。

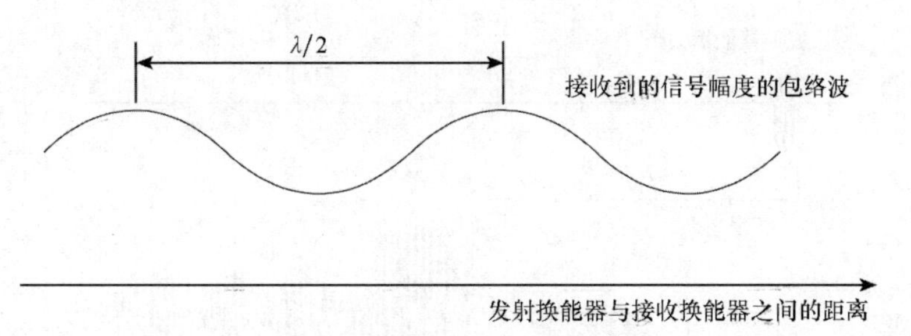

图 8－2　换能器间距与合成幅度

在连续多次测量相隔半波长的位置变化及声波频率 f 以后，可运用测量数据计算出声速。

（3）相位法测量原理

由前述可知入射波 ξ_1 与反射波 ξ_2 叠加形成波束 $\xi_3 = 2A_1\cos(2\pi x/\lambda)\cos\omega t + (A_2 - A_1)\cos(\omega t - 2\pi x/\lambda)$，相对于发射波束 $\xi_1 = A\cos(\omega t + 2\pi x/\lambda)$ 来说，在经过 Δx 距离后，接收到的余弦波与原来位置处的相位差（相移）为 $\theta = 2\pi\Delta x/\lambda$，如图 8－3 所示。因此能通过示波器，用李萨如图法观察测出声波的波长。

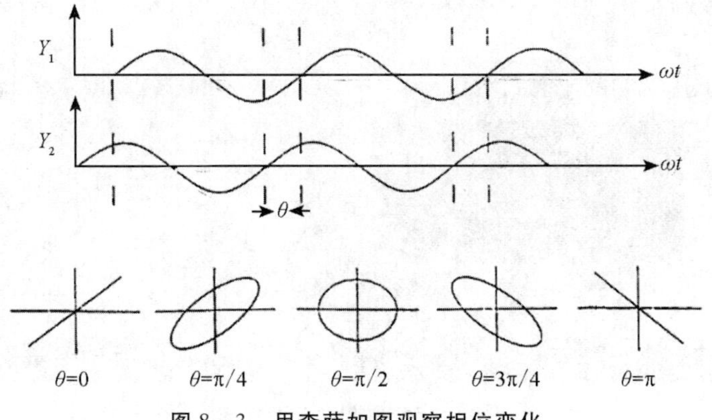

图 8－3　用李萨如图观察相位变化

（4）时差法测量原理

连续波经脉冲调制后由发射换能器发射至被测介质中，声波在介质中传播，经过时间 t 后，到达距离 L 处的接收换能器。由运动定律可知，声波在介质中传播的速度为

$$v = L/t$$

因此，通过测量两换能器发射、接收平面之间的距离 L 和时间 t，就可以计算出当前介质下的声波传播速度，如图 8－4 所示。

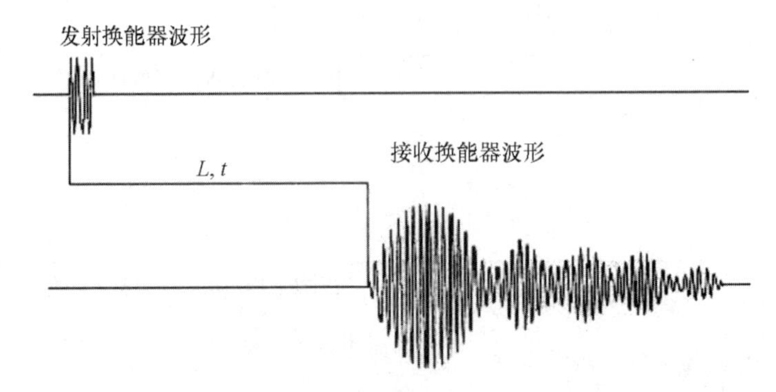

图 8－4　发射波与接收波

三、实验仪器及其主要技术参数

1. 仪器结构与功能

本实验使用 DH－DPL 1 多普勒效应及声速综合测试仪研究声波的多普勒效应，并用于测量声速和物体运动速度。实验仪器包括主测试仪（图 8－5）、智能运动控制系统（图 8－6）和运动系统测试架（图 8－7）三个部分。主测

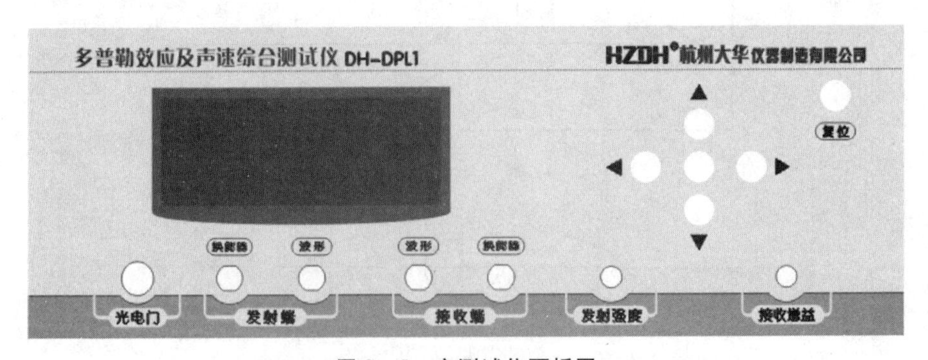

图 8－5　主测试仪面板图

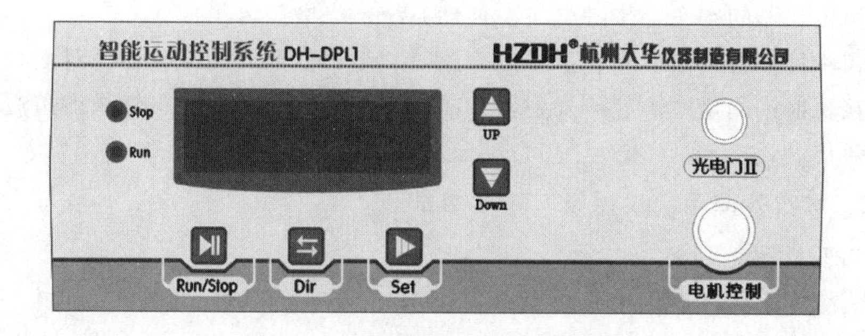

图 8 - 6　智能运动控制系统面板图

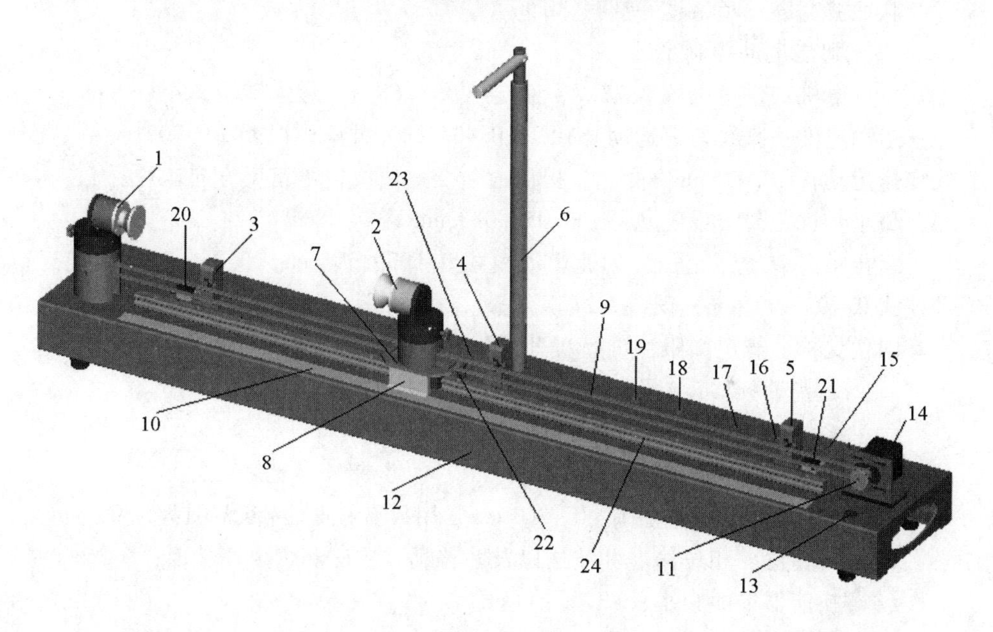

1—发射换能器；2—接收换能器；3、5—左右限位保护光电门；4—测速光电门；
6—接收线支撑杆；7—小车；8—游标；9—同步带；10—标尺；11—滚花帽；
12—底座；13—复位开关；14—步进电机；15—电机开关；16—电机控制；
17—限位；18—光电门Ⅱ；19—光电门Ⅰ；20—左行程开关；21—右行程开关；
22—行程撞块；23—挡光板；24—运动导轨。

图 8 - 7　运动系统测试架结构示意图

试仪由信号发生器和接收器、功率放大器、微处理器、液晶显示器等组成。智能运动控制系统由步进电机、电机控制模块、单片机系统组成，用于控制载有接收换能器的小车速度。动运系统测试架由底座、超声发射换能器、导轨、载有超声接收器的小车、步进电机、传动系统、光电门等组成。

在验证多普勒效应和直射式测声速时，超声发射器和接收器面对面平行对准；在反射式测量时，超声发射器和接收器应转一定的角度，使入射角近似等于反射角。

2. 本实验使用的仪器及其主要参数

（1）功率信号源

信号频率：20～50 kHz，步进值 10 Hz，频率稳定度 <0.1 Hz。

最大输出电压：连续波 >4 Vp－p，脉冲波 >7 Vp－p。

脉冲波宽度：75 μs，周期：30 ms。

（2）智能运动控制系统

步进电机：供电电压 2.77 V，额定电流 1.68 A，最大转矩 4.4 kg·cm。

运动速度：直线匀速运动 0.059～0.475 m/s 可调，误差 ±0.002 m/s；直线变速运动 0～0.475 m/s 变化，提供七条变速曲线；可正反方向运行。

最小步进距离 L 设定范围：0.05～0.3 mm。

运行距离 D 显示范围：匀速运动模式 0～999.99 mm，误差 ±2L；匀速运动模式 0～99 999 mm，误差 ±2L。

限位保护：光电门限位，行程开关限位。

（3）多普勒频移：0～50 Hz。

（4）系统测频精度：±1 Hz。

（5）系统测速精度：±0.002 m/s。

（6）时差法准确测量范围：0～300 mm；用数字示波器测量范围：>300 mm。

（7）时差法、相位法、驻波法以及多普勒效应法测量声速精度：<3%。

（8）换能器谐振频率：（37±2）kHz。

（9）换能器旋转角度：0°～180°。

四、实验内容与步骤

1. 实验前准备

把测试架上收发换能器（固定的换能器为发射，运动的换能器为接收）及光电门Ⅰ连在实验仪上的相应插座上，实验仪上的“发射波形”及“接收波形”与普通双路示波器相接，将“发射强度”及“接收增益”调到最大；将测试架上的光电门Ⅱ、限位及电机控制接口与智能运动控制系统相应接口相连；将智能运动控制系统“电源输入”接实验仪的“电源输出”。

2. 实验内容

（1）验证多普勒效应

①连接线路。

②把载接收换能器的小车移动到导轨最右端（移动时可以关闭智能运动控制系统电源或在通电时保证移动区域在两限位光电门之间，智能运动控制系统的使用请参看使用说明），并把实验仪的超声波发射强度和接收增益调到最大。

③进入“多普勒效应实验”子菜单，切换到“设置源频率”后，按“▶”“◀”键增减信号频率，一次变化10 Hz；用示波器观察接收换能器波形的幅度是否达到最大值，该值对应的超声波频率即为换能器的谐振频率。

④谐振频率调好后，设置“动态测量”，然后可以看到画面中换能器的接收频率（测量频率）和发射源频率是相等的，而且改变接收换能器的位置，该测量频率和发射频率始终是相等的，证明调谐成功。

⑤切换到“瞬时测量”，设定小车速度，使小车正或反通过中间测速光电门，每次测量完毕后记下测量频率和源频率之差 $\Delta f_{正}$ 和 $\Delta f_{反}$，以及智能运动控制系统给出的小车速度 V_r。

⑥测量和记录相关数据，参考表8－1。

表8－1　验证多普勒效应数据记录表

室温 $T=$ ______℃，理论声速 $c_0=$ ______m/s，换能器谐振频率 $f=$ ______Hz

序号	$V_r/(\mathrm{m\cdot s^{-1}})$	$\Delta f_{正}/\mathrm{Hz}$	$\Delta f_{反}/\mathrm{Hz}$	$\Delta f/\mathrm{Hz}$
1				
2				
3				
4				
5				
6				
7				
8				
9				
10				

⑦以 Δf 为 y 轴，V_r 为 x 轴，作 $\Delta f - V_r$ 曲线，用曲线拟合法得到直线斜率 K。

⑧验证多普勒效应并比较实验得到的斜率 K 和理论值 f/c_0 的关系。

（2）用动态多普勒效应测声速

①按照实验内容（1）的实验步骤①～④进行操作，使调谐成功。

②切换到“动态测量”，设定小车速度，使小车在限位区间内正或反运行，记下测量频率和源频率之差 $\Delta f_{正}$ 和 $\Delta f_{反}$，以及智能运动控制系统给出的小车速度 V_r。

③测量和记录相关数据，参考表 8－2。

表 8－2　动态多普勒效应测声速数据记录表

室温 T = ______℃，理论声速 c_0 = ______m/s，换能器谐振频率 f = ______Hz

序号	V_r/m·s^{-1}	$\Delta f_{正}$/Hz	$\Delta f_{反}$/Hz	Δf =（$\Delta f_{正}$ + $\Delta f_{反}$）/2	$V = f\,V_r/\Delta f$/(m·s^{-1})
1					
2					
3					
4					
5					

④计算声速及其测量误差。

（3）设计性实验：用多普勒效应测量运动物体的未知速度（选做）。

请根据前面实验内容，结合智能运动系统，设计一个用多普勒效应测量简谐振动的运动周期并测量物体实时运动速度的实验方案，包括原理、步骤和结果等。

五、实验注意事项

1. 使用时，应避免信号源的功率输出端短路。

2. 仪器的运动部分是由步进电机驱动的精密系统，严禁运行过程中人为阻碍小车的运动。

3. 注意避免传动系统的同步带受外力拉伸或人为损坏。

4. 小车不允许在导轨两侧的限位位置外侧运行，意外触发行程开关后要先切断测试架上的电机开关，接着把小车移动到导轨中央位置后再接通电机开关并且按一下复位键即可。

六、思考题

1. 声波与光波的多普勒效应有何区别？
2. 马赫数是怎样定义的？
3. 当声源运动速度超过声速时，需要考虑什么问题？

【技术应用】

当前多普勒效应已经应用于各领域。在医学领域，超声波应用于 CT 等检查项目中；在能源开发探测领域，用于监测海洋污染、测绘海底地貌、检测材料的缺陷、测量材料的厚度和宽度；在航天、天文探测领域，用于监测人造卫星的速度和人造地球卫星测地系统、火箭的测速和制导；在交通运输领域，电子眼系统利用多普勒效应检测机动车是否超速；在军事上，用于武器火控、战机预警、卫星信标跟踪、战场雷达侦察、靶场测量、导弹的测速和制导；在网球、羽毛球、足球等体育竞赛中，用于测量球速；在工业生产中，多普勒效应可精确地确定钢坯的移动速度，以及水流等流体物质的流速。

1. 多普勒效应在军事、交通领域的应用

当今时代，信息化数字化的迅猛发展在军事领域尤为突出。常说的军用雷达，实际上具备两个主要功能：一是通过雷达发出的波，经飞行物反射后由雷达再次接收，经过波的运行时间及波速条件，可测量出被测飞行物的飞行高度和距离；二是雷达通过比较发出波与接收波之间的比率差异，能够比较准确地确定被测飞行物的飞行速度。所以，一旦战争爆发，当敌机驶入雷达监视范围时，雷达能够快速准确地将敌机的飞行信息全方位反馈给地面控制中心，帮助其进行下一步部署。而飞行高度和飞行速度更是发射导弹和防空措施中必须参考的重要指标。如图 8 - 8 所示为 F - 15 战斗机的多功能脉冲多普勒雷达。

在交通领域，马路上的“电子眼”，也是通过多普勒效应原理来进行测速的。不同的速度会对接收波的频率有不同程度的改变，根据这个改变程度，车子行驶的速度就可以测算出来。

图 8－8　F－15 战斗机的多功能脉冲多普勒雷达

2. 多普勒效应在医学领域的应用

医学上的“彩超”（如图 8－9 所示），主要利用的就是多普勒效应。这种检测需要超声振荡器发出高频的等幅信号，发出的信号在被检测者体内传播，当碰到心脏或流动的血液时会发生反射。根据多普勒效应，若心脏跳动，血液

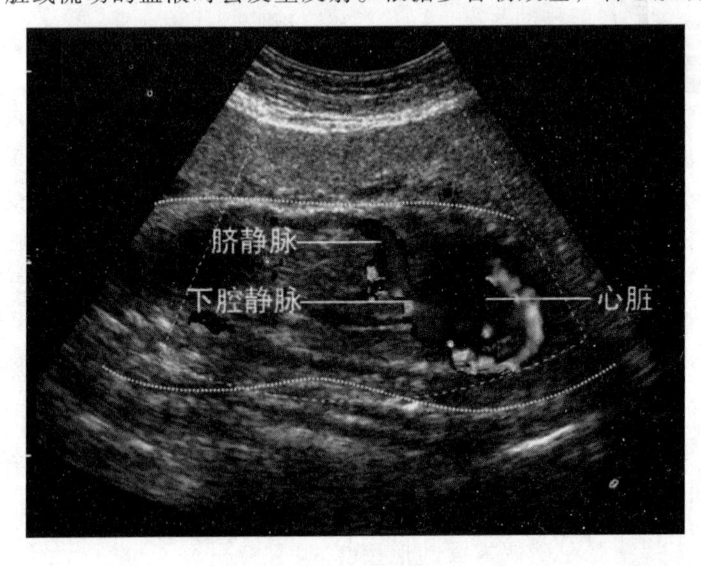

图 8－9　胸腔彩超

流动，则接收器接收到的频率会有所改变；若心脏已停止跳动，则接收器会接收到与发射频率相同的信号。对于跳动的心脏和流动的血液，通过对发射信号与接收信号之间的频率差异进行分析，从而诊测算出被测者的心跳频率和血流速度，对被测者的病情进行明确诊断，这就是超声多普勒法检测病人心脏血流状况的原理。除此之外，此种方法还适用于对病人的腹腔脏器、前列腺及精囊等其他器官进行检测。对于妊娠期的妇女来说，此种方法也是产前检测的重要手段。

3. 多普勒效应在气象方面的应用

多普勒效应在气象方面也有广泛的应用。气象雷达作为天气监测中的重要仪器之一，被广泛应用于气象及民航等部门。气象雷达的相关技术研究和应用，是基于多普勒效应的理论基础。气象雷达通过向外发射一定频率的射波，然后对反射的接收波数据进行分析，可以对地区的降雨情况进行分析和预测（如图 8－10 所示）。气象雷达在工作时，处于旋转的状态，能够对气象情况进行多方位监测。气象研究对于人们的生产生活有着重要的意义，准确的气象数据和及时的气象信息，可以帮助人们避免遭受自然灾害的危害。因此，多普勒效应在气象方面的应用，不仅能促进气象监测的有效进行，而且能为民航等机构的正常运行提供数据参考。

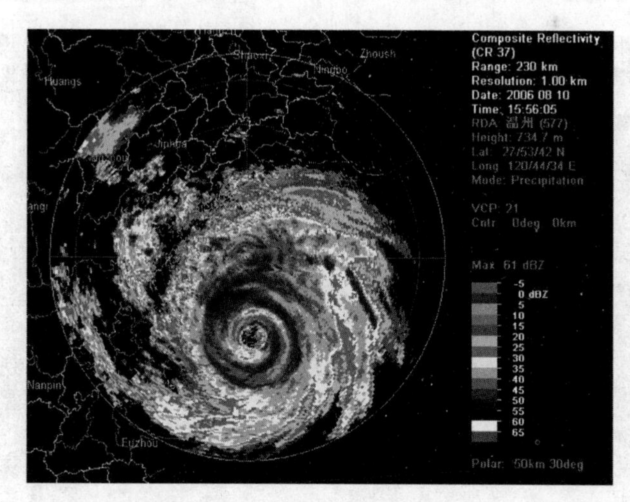

图 8－10　多普勒气象雷达回波图

4. 多普勒效应在通信方面的应用

在通信技术不断发展的时代，需要考虑多普勒效应的维度是非常多的。在通信建设中，手机、基站与卫星作为主要的通信设备，相互之间存在一定的信号发射与接收。然而，由于在通信设备之间进行信号交流时，发射波的频率会随距离的增加而衰弱，导致信号变弱，通信效果变差。因此，在通信设备及卫星科技的研发和制造时，都必须充分考虑到多普勒效应。随着人们对通信需求的不断提高，通信技术也日趋复杂化。在通信方面，加强对多普勒效应的分析与研究，能够有效地规避相关问题的发生，对促进我国通信事业的发展有积极作用。

5. **多普勒效应在宇宙探索领域的应用**

多普勒效应不仅在军事、医学领域发挥重要作用，在对宇宙的探索过程中，同样离不开多普勒效应。银河系的星体之间是不断发生相对运动的，宇宙中的星体不断向外辐射着电磁波，当两个星体相互远离时，电磁波的频率会降低，因此，多普勒效应能够帮助我们分析天体运动的状况（包括是否运动、运动方向、运动速度等）。著名的天文学家哈勃正是通过天体发射的电磁波频率在不断减小或增大，推断出部分天体远离或靠近银河系的结论，而最终阐述了银河系正在不断扩张的理论。可以说，对于宇宙这一庞大且神秘的系统，我们无法实地勘测，而多普勒效应则为人类的研究提供了莫大的帮助。如图 8 - 11 所示为哈勃望远镜。

图 8 - 11　哈勃望远镜

实验9　模拟 GPS 卫星定位

【技术概述】

卫星定位技术是利用人造地球卫星进行点位测量的技术。全球定位系统（global positioning system，GPS）技术是以三角测量定位原理来进行定位的，它采用多星高轨测距体系，以接收机至 GPS 卫星之间的距离作为基本观测量。当地面用户的 GPS 接收机同时接收到 3 颗以上卫星的信号后，测算出卫星信号到接收机所需的时间、距离，再结合各卫星所处的位置信息，即可确定用户的三维（经度、纬度、高度）坐标位置以及速度、时间等相关参数。本实验采用声发射技术中的声源定位原理，以超声波信号发射器模拟卫星，以超声波信号接收器模拟用户 GPS 接收机，进行二维平面定位和直观的三维空间 GPS 定位的实验模拟。

一、实验目的

1. 了解超声定位的基本原理。
2. 掌握二维平面定位方法。
3. 实现三维空间的 GPS 模拟。

二、实验原理

1. 二维平面的超声定位

如图 9－1、图 9－2 和图 9－3 所示，位置 $T_i(x_i, y_i)(i=1, 2, 3, \cdots)$ 为已知的信号发射器位置，位置 $M(x, y)$ 为待测接收器的位置。V 为超声波在空气中传播的速度，$V=331.45\sqrt{1+\frac{t}{273.16}}$ m/s，其中 t 为室温，单位为℃；设接

收器接收到不同位置发射器信号的时间为 t_i。

两个超声波信号发射器 T_1、T_2探头阵列如图 9－1 所示，若已知两发射探头之间距离 D 和 Δt，$\Delta t=t_2-t_1$，则可由以下公式获得 $M(x,y)$点的极坐标定位信息。

$$\Delta tV=r_2-r_1 \tag{9-1}$$

$$h=r_1\sin\theta \tag{9-2}$$

$$h^2=r_2^2-(D-r_1\cos\theta)^2 \tag{9-3}$$

$$r_1=\frac{1}{2}\times\frac{D^2-\Delta t^2\cdot V^2}{\Delta tV+D\cos\theta} \tag{9-4}$$

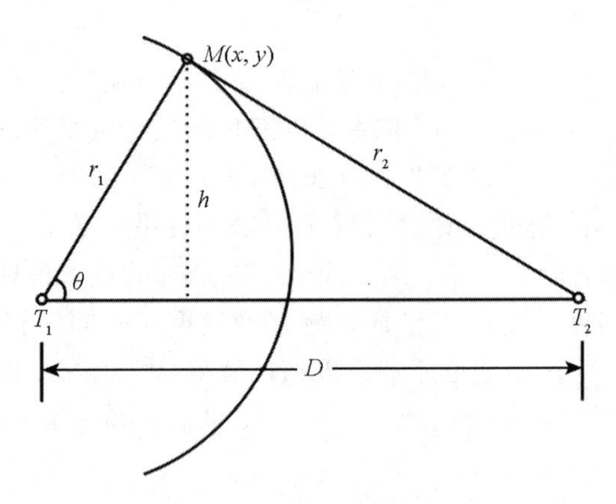

图 9－1　二发射探头阵列

三个超声波信号发射器 T_1、T_2、T_3探头阵列如图 9－2 所示，若已知 D_1、D_2、θ_1、θ_3、$\Delta t_1=t_2-t_1$和 $\Delta t_2=t_3-t_1$，则可由以下公式获得 $M(x,y)$点的极坐标定位信息。

$$\Delta t_1V=r_2-r_1 \tag{9-5}$$

$$\Delta t_2V=r_3-r_1 \tag{9-6}$$

$$r_1=\frac{1}{2}\times\frac{D_1^2-\Delta t_1^2\cdot V^2}{\Delta t_1V+D_1\cos(\theta-\theta_1)} \tag{9-7}$$

$$r_1=\frac{1}{2}\times\frac{D_2^2-\Delta t_2^2\cdot V^2}{\Delta t_2V+D_2\cos(\theta_3-\theta)} \tag{9-8}$$

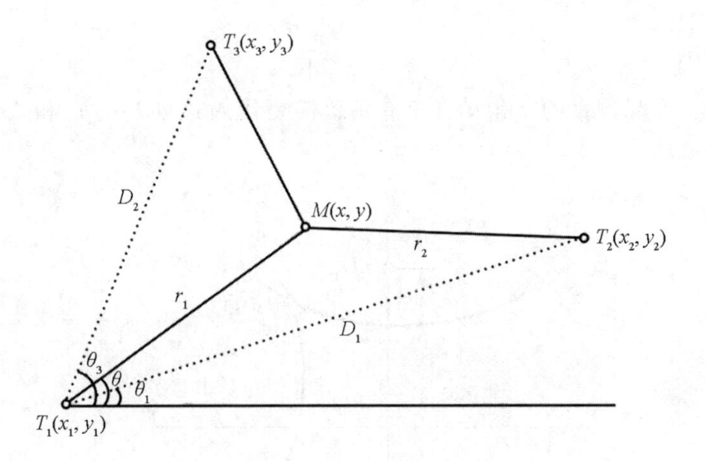

图 9－2　三发射探头阵列

四个超声波信号发射器 T_1、T_2、T_3、T_4 探头阵列如图 9－3 所示。由 M 到发射探头 T_1 和 T_3 的时差 Δt_x 得到图 9－3 中的双曲线①，由 M 到发射探头 T_2 和 T_4 的时差 Δt_y 得到图 9－3 中的双曲线②。已知 T_1 和 T_3 的间距为 a，T_2 和 T_4 的间距为 b。

设 $L_x = \Delta t_x V$，$\Delta t_x = t_1 - t_3$，$L_y = \Delta t_y V$，$\Delta t_y = t_2 - t_4$，得到 $M(x, y)$ 点的坐标为

$$x = \frac{L_x}{2a}\left[L_x + 2\sqrt{\left(x - \frac{a}{2}\right)^2 + y^2} \right] \tag{9-9}$$

$$y = \frac{L_y}{2b}\left[L_y + 2\sqrt{\left(y - \frac{b}{2}\right)^2 + x^2} \right] \tag{9-10}$$

由式（9－9）得

$$y^2 = \left(\frac{a^2}{L_x^2} - 1\right)x^2 + \left(\frac{L_x^2}{4} - \frac{a^2}{4}\right) = Ax^2 + B \tag{9-11}$$

式（9－11）中，$A = \frac{a^2}{L_x^2} - 1$，$B = \frac{L_x^2}{4} - \frac{a^2}{4}$。

由式（9－10）得

$$x^2 = \left(\frac{b^2}{L_y^2} - 1\right)y^2 + \left(\frac{L_y^2}{4} - \frac{b^2}{4}\right) = Cy^2 + D \tag{9-12}$$

式（9－12）中，$C = \frac{b^2}{L_y^2} - 1$，$D = \frac{L_y^2}{4} - \frac{b^2}{4}$。

由式（9－11）和式（9－12）得

$$y^2 = \frac{AD + B}{1 - AC} \tag{9-13}$$

注意：实际测量的 x 和 y 有正有负，需要代入式（9－9）和式（9－10）进行验证确认。

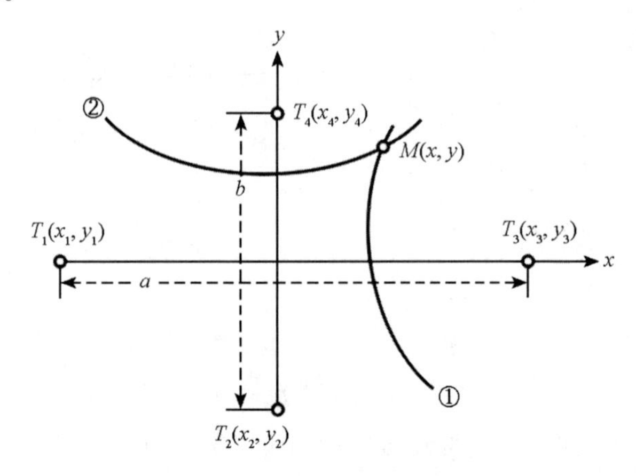

图 9－3　四发射探头阵列

2. 三维空间的 GPS 模拟

理论上当不考虑卫星至 GPS 接收机的信号传输时间误差时，只需要 3 个定位卫星，即可实现三维空间任意位置的定位。在实际的 GPS 定位应用中，为了减小时差不准对定位精度的影响，至少要对 4 颗卫星同时进行测量，如图 9－4 所示，以确定地球坐标系中的三维坐标和因卫星时钟与接收机时钟不同步所造成的时差修正。在此情况下的三维空间 GPS 定位原理如下：

设定位卫星 T_i 在三维空间中的笛卡尔坐标为（x_i，y_i，z_i）（$i=1$，2，3，4），GPS 接收机 M 的待求位置坐标为（x，y，z），接收机 M 测量到的卫星 T_i 信号的传输时间为 t_i。

可设 $\Delta t_1 = t_2 - t_1$，$\Delta t_2 = t_3 - t_1$，$\Delta t_3 = t_4 - t_1$，$L_1 = \Delta t_1 V$，$L_2 = \Delta t_2 V$，$L_3 = \Delta t_3 V$，则有

$$\sqrt{(x_2 - x)^2 + (y_2 - y)^2 + (z_2 - z)^2} - \sqrt{(x_1 - x)^2 + (y_1 - y)^2 + (z_1 - z)^2} = \Delta t_1 V = L_1 \tag{9-14}$$

$$\sqrt{(x_3 - x)^2 + (y_3 - y)^2 + (z_3 - z)^2} - \sqrt{(x_1 - x)^2 + (y_1 - y)^2 + (z_1 - z)^2} = \Delta t_2 V = L_2 \tag{9-15}$$

$$\sqrt{(x_4-x)^2+(y_4-y)^2+(z_4-z)^2}-\sqrt{(x_1-x)^2+(y_1-y)^2+(z_1-z)^2}=\Delta t_3 V=L_3 \tag{9-16}$$

若设

$$f_1(x,y,z)=\sqrt{(x_2-x)^2+(y_2-y)^2+(z_2-z)^2}-\sqrt{(x_1-x)^2+(y_1-y)^2+(z_1-z)^2}-L_1 \tag{9-17}$$

$$f_2(x,y,z)=\sqrt{(x_3-x)^2+(y_3-y)^2+(z_3-z)^2}-\sqrt{(x_1-x)^2+(y_1-y)^2+(z_1-z)^2}-L_2 \tag{9-18}$$

$$f_3(x,y,z)=\sqrt{(x_4-x)^2+(y_4-y)^2+(z_4-z)^2}-\sqrt{(x_1-x)^2+(y_1-y)^2+(z_1-z)^2}-L_3 \tag{9-19}$$

并令 $f_1(x,\ y,\ z)=f_2(x,\ y,\ z)=f_3(x,\ y,\ z)=0$，即可求解 x，y，z。

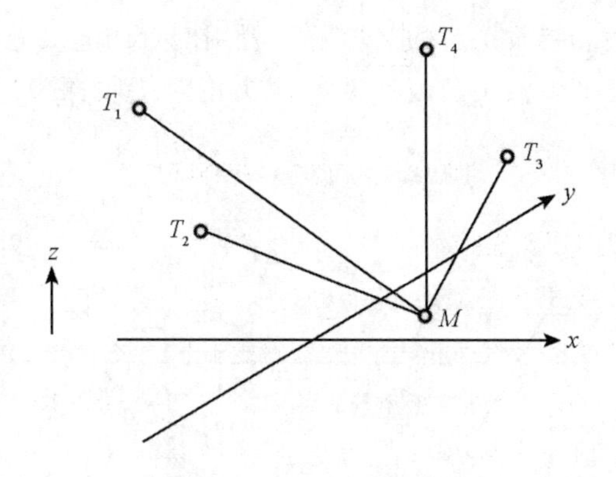

图9-4　三维空间四探头阵列

三、实验仪器及其主要技术参数

本实验使用DH6003模拟GPS卫星定位实验仪，实验器材主要包括实验平台和实验仪。平台上装有4只模拟卫星信号的超声波发射探头和代表物体的超声波信号接收探头，可以根据实验需要选择不同数量的发射探头开展实验，发射探头和接收探头的位置和高度均可以改变，平台提供标准极坐标和二维平面 X、Y 坐标，Z 方向的坐标信息可用配置的卷尺自行测量。

1. 实验平台

DH6003 实验平台如图 9－5 所示，实验平台使用说明如下：

（1）4 只超声波发射探头 T_1、T_2、T_3、T_4 位置通过改变磁性底座的位置来实现，磁性底座上贴有标尺，与对应的上下左右标尺配合指示发射探头 $X-Y$ 坐标位置；也可以将磁性底座放置在极坐标图上对应位置（有矩形标示）指示发射探头的极坐标；发射探头的 Z 坐标位置可以通过更换探头撑杆尺寸实现。

（2）超声波接收探头 M 安装在滑动导轨上，接收探头的 X 坐标位置通过手动左右移动滑动导轨实现，Y 坐标位置通过移动导轨上的滑块实现，Z 坐标位置可以通过调节可调伸缩撑杆实现；接收探头极坐标位置可以通过滑块上的指针指示。

（3）发射探头和接收探头的 Z 坐标位置用配置的卷尺进行测量。

（4）测量时要调整探头角度使发射探头正对接收探头，可通过配置的细杆辅助调节。

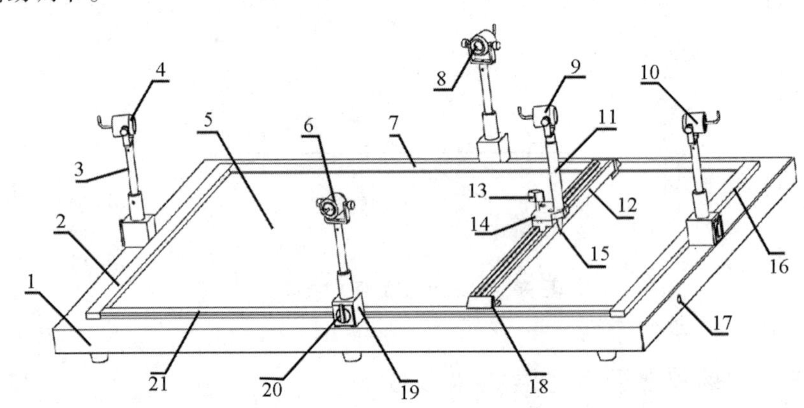

1—底板；2—左标尺；3—超声波发射探头撑杆（共两种尺寸可更换）；4—超声波发射探头 T_1；5—极坐标图；6—超声波发射探头 T_2；7—上标尺；8—超声波发射探头 T_4；9—超声波接收探头 M；10—超声波发射探头 T_3；11—可调伸缩撑杆；12—滑动导轨；13—滑块锁紧螺钉；14—滑块；15—超声波接收探头极坐标位置指针；16—右标尺；17—温度传感器插座（用连接线与实验仪相连）；18—超声波接收探头 X 坐标读取位置（右边沿与下标尺正交位置刻度即为对应 X 坐标）；19—磁性底座；20—磁性底座控制开关（顺时针转到“－”关闭磁性，逆时针转到“＋”，开启磁性即可固定）；21—下标尺。

图 9－5 实验平台

2. 实验仪

DH6003 实验仪面板如图 9 -6 所示，具体实验仪操作请参考操作说明书。

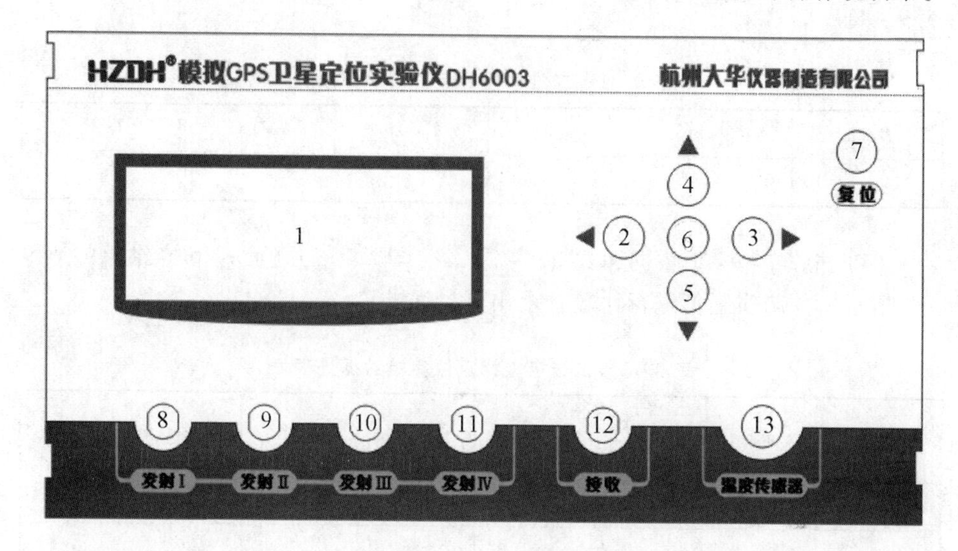

1—液晶显示屏；2、3—左右功能键；4、5—上下功能键；6—确认键；7—复位键（系统复位）；8 ~ 11—发射Ⅰ ~ 发射Ⅳ输出接口（分别与实验平台四只超声波发射探头 $T_1 \sim T_4$ 相连）；12—接收输入接口（与实验平台超声波接收探头相连）；13—温度传感器接口（与实验平台温度传感器接口相连）。

图 9 -6 实验仪面板图

四、实验内容与步骤

1. 二维极坐标定位实验（二探头）

（1）按照图 9 -1 所示，放置发射探头 T_1（0 cm，0°）在极坐标 O 点位置，放置发射探头 T_2（70 cm，0°），放置接收探头 M（60 cm，45°），发射探头选择短撑杆，则实际 $D = 70$ cm，$r_1 = 60$ cm，$\theta = 45°$，记入表 9 -1。

（2）将发射探头 T_1 和 T_2 分别与实验仪“发射Ⅰ”和“发射Ⅱ”相连，将接收探头 M 与实验仪“接收”相连，将实验平台的温度传感器插座与实验仪“温度传感器”对应相连；调节发射探头 M 的可调撑杆，使接收探头与发射探头 T_1 和 T_2 等高。

（3）利用实验仪测量接收探头 M 分别接收到发射探头 T_1 和 T_2 信号的时

间 t_1 和 t_2（如果测量时间值稳定不变，测量值即为显示值；如果测量时间值在大小两个值之间跳动，取最小值即可），并记录此时对应的环境温度 T，填入表 9－1。

表 9－1　二维极坐标定位实验数据表

D/cm	r_1/cm	θ/（°）	t_1/μs	t_2/μs	T/℃

（4）根据表 9－1 数据和式（9－1）～（9－4），测量 r_1 和 θ 结果如表 9－2 所示，并与实际值进行比较，求出测量误差。

表 9－2　二维极坐标定位实验数据处理表

<table>
<tr><td colspan="2">声速：$V = 331.45\sqrt{1+\dfrac{T}{273.16}}$（m/s）</td><td></td><td></td><td rowspan="2"></td></tr>
<tr><td colspan="2">时间差：$\Delta t = t_2 - t_1$（μs）</td><td></td><td></td></tr>
<tr><td rowspan="2">探头位置
极坐标</td><td>探头距离：$r_1 = V \times t_1$（cm）</td><td></td><td></td><td>误差：________</td></tr>
<tr><td>由 $r_1 = \dfrac{1}{2} \times \dfrac{D^2 - \Delta t^2 \cdot V^2}{\Delta tV + D\cos\theta}$，求出 θ</td><td></td><td></td><td>误差：________</td></tr>
</table>

2. 二维平面坐标定位实验（四探头）

（1）参照图 9－3 分别放置发射探头 $T_1 \sim T_4$（发射探头选择短撑杆）的坐标信息为 $T_1(-40\ \text{cm},0)$、$T_2(0,-30\ \text{cm})$、$T_3(40\ \text{cm},0)$、$T_4(0,30\ \text{cm})$，则 $a = 80$ cm，$b = 60$ cm；将接收探头 M 放置在平面内某一位置，对应的 X 和 Y 轴坐标数据为 M_x 和 M_y，填入表 9－3。

（2）将发射探头 $T_1 \sim T_4$ 分别与实验仪“发射Ⅰ”～“发射Ⅳ”对应相连，将接收探头 M 与实验仪“接收”相连，将实验平台的温度传感器插座与实验仪“温度传感器”对应相连；调节发射探头 M 的可调撑杆，使接收探头与发射探头 $T_1 \sim T_4$ 等高。

（3）利用实验仪测量接收探头 M 分别接收到发射探头 $T_1 \sim T_4$ 信号的时间 $t_1 \sim t_4$，并记录此时对应的环境温度 T，填入表 9－3。

表 9－3　二维平面坐标定位实验数据表

a/cm	b/cm	M_x/cm	M_y/cm	t_1/μs	t_2/μs	t_3/μs	t_4/μs	T/℃

(4) 根据表 9－3 数据和式 (9－9) ～ (9－13)，测量 M 的坐标 (x, y)，将数据填入表 9－4，并与实际值 M_x 和 M_y 进行比较，求出测量误差。

表 9－4　二维平面坐标定位实验数据处理表

声速 $V = 331.45\sqrt{1+\dfrac{T}{273.16}}$ (m/s)	
$\Delta t_x = t_1 - t_3$ (μs)	
$L_x = \Delta t_x V$ (cm)	
$\Delta t_y = t_2 - t_4$ (μs)	
$L_y = \Delta t_y V$ (cm)	
$A = \left(\dfrac{a^2}{L_x^2} - 1\right)$	
$B = \left(\dfrac{L_x^2}{4} - \dfrac{a^2}{4}\right)$ (cm²)	
$C = \left(\dfrac{b^2}{L_y^2} - 1\right)$	
$D = \left(\dfrac{L_y^2}{4} - \dfrac{b^2}{4}\right)$ (cm²)	
$y^2 = \dfrac{AD+B}{1-AC}$ (cm²)	
$x^2 = Cy^2 + D$ (cm²)	
联立式 (9－9) 求得：x = ________ cm	误差：________ cm
联立式 (9－10) 求得：y = ________ cm	误差：________ cm

3. 三维空间的 GPS 模拟（四探头）

(1) 参照图 9－3 和图 9－4 放置发射探头 $T_1 \sim T_4$（发射探头选择长撑杆）的坐标信息分别为 T_1 (－40 cm, 0, 41 cm)、T_2 (0, －30 cm, 41 cm)、T_3 (40 cm, 0, 41 cm)、T_4 (0, 30 cm, 41 cm)；将接收探头 M 放置在平面内某一位置，对应坐标为 M (x, y, z)，记入表 9－5。

(2) 将发射探头 $T_1 \sim T_4$ 分别与实验仪"发射Ⅰ"～"发射Ⅳ"对应相

连，将接收探头 M 与实验仪“接收”相连，将实验平台的温度传感器插座与实验仪“温度传感器”对应相连。

（3）利用实验仪测量接收探头 M 分别接收到发射探头 $T_1 \sim T_4$ 信号的时间 $t_1 \sim t_4$，并记录此时对应的环境温度 T，填入表 9－5。

表 9－5　三维空间的 GPS 模拟数据表

M_x/cm	M_y/cm	M_z/cm	t_1/μs	t_2/μs	t_3/μs	t_4/μs	T/℃

（4）根据表 9－5 数据和式（9－17）～（9－19），可以使用 Matlab 软件进行梯度法求解，测得定位点 M 的坐标（x，y，z），将数据填入表 9－6，并与实际值 M_x、M_y、M_z 进行比较，求出测量误差。

表 9－6　三维空间的 GPS 模拟数据处理表

声速 $V = 331.45\sqrt{1+\frac{T}{273.16}}$（m/s）	
$\Delta t_1 = t_2 - t_1$（μs）	
$L_1 = \Delta t_1 V$（cm）	
$\Delta t_2 = t_3 - t_1$（μs）	
$L_2 = \Delta t_2 V$（cm）	
$\Delta t_3 = t_4 - t_1$（μs）	
$L_3 = \Delta t_3 V$（cm）	
联立式（9－17）～（9－19），求得 x，y，z 如下：	
x = ________ cm	误差：________ cm
y = ________ cm	误差：________ cm
z = ________ cm	误差：________ cm

注：空间 Z 方向测量误差较大，主要受超声传感器本身发散角较大的影响；而 X 和 Y 方向测量由于存在测量补偿，基本误差可以控制在 ±1 cm 左右。

五、实验注意事项

1. 传感器与各发射器要按照正确的序号连接，检查线路准确后才可通电。

2. 各发射器距离选择要适中。

六、思考题

1. 从测量原理、仪器组成和信息特点来讨论声源定位和 GPS 定位的相同点和不同点。

2. GPS 定位误差来源于哪些方面？声源定位误差呢？

3. 为什么要采用 4 颗卫星才能精确进行三维空间定位？

4. 能否用次声波代替超声波来模拟 GPS 定位实验？使用超声波有哪些优势？

【技术应用】

GPS（如图 9－7 所示）是一个由覆盖全球的 24 颗卫星组成的卫星系统，它位于距地表 20 200 km 的上空，各卫星均匀分布在 6 个轨道面上（每个轨道面 4 颗），轨道倾角为 55°。这个系统可以保证在任意时刻，地球上任意一点都可以同时观测到 4 颗卫星，以确保卫星可以随时采集该观测点的经纬度和高度，以便实现导航、定位、授时等功能，并能绘制保持良好定位解算精度的几

图 9－7　美国全球定位系统

何图像。GPS 卫星产生两组电码，一组称为 C/A 码，另一组称为 P 码（Precise Code，10 123 MHz）。P 码频率较高、不易受干扰、定位精度高，故受美国军方管制，并设有密码，一般民间无法解读，主要为美国军方服务。C/A 码通过人为采取措施而刻意降低精度后，主要开放给民间使用。

全球定位系统的主要用途有：陆地应用，包括车辆导航、应急反应、大气物理观测、地球物理资源勘探、工程测量、变形监测、地壳运动监测、市政规划控制等；海洋应用，包括远洋船最佳航程航线测定、船只实时调度与导航、海洋救援、海洋探宝、水文地质测量以及海洋平台定位、海平面升降监测等；航空航天应用，包括飞机导航、航空遥感姿态控制、低轨卫星定轨、导弹制导、航空救援和载人航天器防护探测等。

世界上有四大卫星导航系统，分别是美国的全球定位系统、中国的北斗卫星导航系统、欧洲的伽利略卫星导航系统和俄罗斯的格洛纳斯卫星导航系统。北斗卫星导航系统是中国着眼于国家安全和经济社会发展需要，自主建设、独立运行的卫星导航系统，是为全球用户提供全天候、全天时、高精度的定位、导航和授时服务，并具备短报文通信能力的国家重要空间基础设施。

第二部分　电磁学实验

实验10　太阳能电池物性测量

【技术概述】

太阳能电池技术是一种使用光电半导体进行光伏发电的技术。它具有能量回收期短、使用寿命长、应用范围广等优点。衡量太阳能电池性能的主要技术参数有短路电流、开路电压、最大输出功率、填充因子和转换效率，这些参数可以从太阳能电池的光特性曲线和暗特性曲线中得到。本实验通过测量光特性曲线与暗特性曲线得到太阳能电池的基本特性参数。

一、实验目的

1. 了解太阳能电池的基本结构和工作原理。
2. 掌握太阳能电池基本特性参数的测量原理和方法。

二、实验原理

1. 光伏效应

常见的太阳能电池从结构上看是一种浅结深、大面积的 PN 结，如图 10－1 所示，它的工作原理的核心是光伏效应。光伏效应是半导体材料的一种通性。当光照射到一块非均匀半导体上时，由于内建电场的作用，在半导体材料内部会产生电动势。如果构成适当的回路就会产生电流。这种电流称为光生电流，这种内建电场引起的光电效应就是光伏效应。

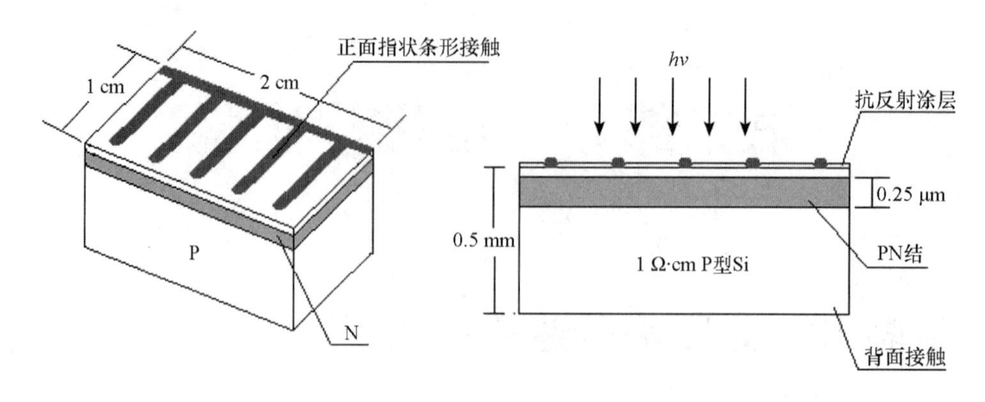

图 10－1　硅晶体 PN 结太阳能电池结构示意图

当 PN 结受光照时，样品对光子的本征吸收和非本征吸收都将产生光生载流子（电子－空穴对）。但能引起光伏效应的只能是本征吸收所激发的少数载流子。因 P 区产生的光生空穴、N 区产生的光生电子属多子，都被势垒阻挡而不能过结。只有 P 区的光生电子、N 区的光生空穴和结区的电子空穴对（少子）扩散到结电场附近时能在内建电场作用下漂移过结。光生电子被拉向 N 区，光生空穴被拉向 P 区，即电子空穴对被内建电场分离。这导致在 N 区边界附近有光生电子积累，在 P 区边界附近有光生空穴积累。它们产生一个与热平衡 PN 结的内建电场方向相反的光生电场，其方向由 P 区指向 N 区，此电场使势垒降低，其减小量即光生电势差，P 端正，N 端负。通过光照在界面层产生的电子－空穴对越多，电流越大。界面层吸收的光能越多，界面层即电池面积越大，在太阳能电池中形成的电流也越大。

2. 太阳能电池的暗特性曲线

如果没有光照，太阳能电池等价于一个 PN 结。通常把无光照情况下太阳能电池的电流电压特性叫作暗特性。简单的处理方式是把无光照情况下的太阳能电池等价于一个理想 PN 结，其电流电压关系为肖克莱方程

$$I = I_s\left[\exp\left(\frac{eU}{k_0 T}\right) - 1\right] \qquad (10-1)$$

式中，k_0为玻尔兹曼常数；e 为单位电荷；T 为热力学温度；U 为 PN 结两端电压；I_s为反向饱和电流，且

$$I_s \sim T^{3+\frac{\gamma}{2}}\exp\left(-\frac{E_g}{k_0 T}\right) \qquad (10-2)$$

其中，E_g为半导体材料的禁带宽度。由此可见，随着温度升高，反向饱

和电流随着指数因子 $\exp\left(-\frac{E_g}{k_0 T}\right)$ 迅速增大，且带隙越宽的半导体材料，这种变化越剧烈。图 10－2 给出了对某种商用太阳能电池板在室温（25℃）条件下实际测量得到的暗特性 $I-U$ 曲线。

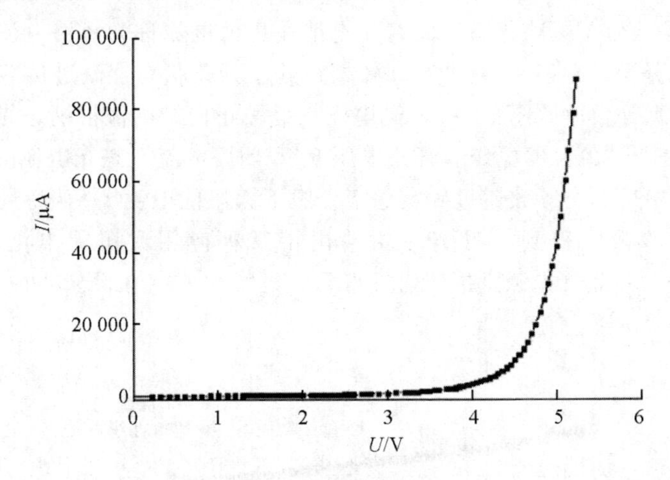

图 10－2　太阳能电池暗特性曲线

3. 太阳能电池的光特性曲线

在闭路情况下，光照作用时会有电流流过 PN 结，此时 PN 结相当于一个电源，其等效电路如图 10－3 所示。光电流 I_L 在负载上产生电压降，这个电压降可以使 PN 结正偏，正偏电压产生正偏电流 I_D。在反偏情况下，PN 结电流为

$$I = I_L - I_D = I_L - I_s\left[\exp\left(\frac{eU}{k_0 T} - 1\right)\right] \qquad (10-3)$$

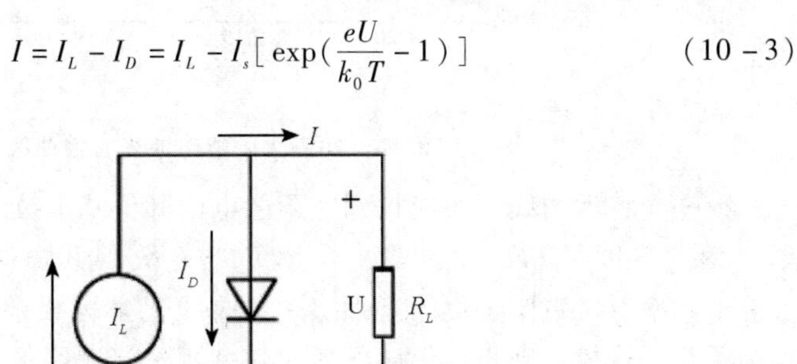

图 10－3　太阳能电池等效电路图

随着二极管正偏，空间电荷区的电场变弱，但是不可能变为零或者反偏。光电流总是反向电流，因此太阳能电池的电流总是反向的。

根据图 10－3 的等效电路图，有两种极端情况是在太阳能电池光特性分析中必须考虑的。一是负载电阻 $R_L=0$ 时，这种情况下加载在负载电阻上的电压也为零，PN 结处于短路状态，此时光电池输出的电流称为短路电流或者闭路电流 I_{sc}。二是负载电阻 $R_L\to\infty$ 时，外电路处于开路状态，流过负载电阻的电流为零，根据等效电路图 10－3，光电流正好被正向结电流抵消，光电池两端电压 U_{oc} 就是所谓的开路电压。开路电压 U_{oc} 和闭路电流 I_{sc} 是光电池的两个重要参数。实验中这两个参数通过确定稳定光照下太阳能电池 $I-U$ 特性曲线与电流、电压轴的截距得到。图 10－4 给出了某种商用太阳能电池板在室温（25℃）、150 W 氙灯光源直接照射下得到的光特性 $I-U$ 曲线、功率曲线和最大功率矩形示意图。

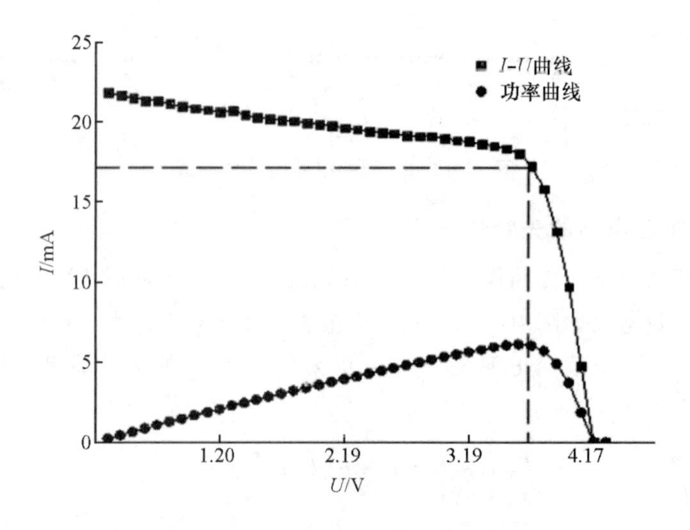

图 10－4　实测太阳能电池光特性曲线

根据光特性曲线，还能得到太阳能电池其他基本技术参数，如最大输出功率 P_m 和填充因子 FF。最大输出功率 $P_m=I_mU_m$，其物理含义是太阳能电池最大输出功率点，数学上是光特性 $I-U$ 曲线上坐标相乘的最大值点，I_mU_m 在 $I-U$ 关系中构成一个矩形，叫作最大功率矩形。闭路电流 I_{sc} 和开路电压 U_{oc} 也自然构成一个矩形，其面积为 $I_{sc}U_{oc}$，$\dfrac{I_mU_m}{I_{sc}U_{oc}}$ 就是填充因子 FF，它反映了太阳能电池对光的利用率，FF 越高，利用率越高，通常的填充因子为 0.7～0.8。

4. 太阳能电池转换效率

转换效率也是衡量太阳能电池性能的重要技术参数，它与电池的结构、结特性、材料性质、工作温度、放射性粒子辐射损伤和环境变化等有关。转换效率指在外部回路上连接最佳负载电阻时的最大能量转换效率，等于太阳能电池的输出功率 P_m 与入射到太阳能电池表面的能量 P_{in} 之比，即

$$\eta = \frac{P_m}{P_{\text{in}}} \times 100\% = \frac{I_m U_m}{P_{\text{in}}} \times 100\% \tag{10-4}$$

太阳能电池本质上是一个 PN 结，因而具有一个确定的禁带宽度，只有能量大于禁带宽度的入射光子才有可能激发光生载流子并继而发生光电转化。因此，入射到太阳能电池的太阳光只有光子能量高于禁带宽度的部分才会实现能量的转化。硅太阳能电池的最大效率是 28% 左右。对太阳能电池效率有影响的还有其他很多因素，如大气对太阳光的吸收、表面保护涂层的吸收与反射、串联电阻热损失等。综合考虑，太阳能电池的能量转换效率大致为 10% ~15%。

为了提高单位面积的太阳能电池电输出功率，可通过光学透镜集中太阳光。太阳光强度可以提高几百倍，闭路电流线性增大，开路电流指数式增大。不过具体的理论分析发现，太阳能电池的效率并不随着光照强度增大而急剧增大，只是轻微增大。但是考虑到透镜价格相对于太阳能电池低廉，因而透镜集中也是一个有优势的技术选择。

三、实验仪器及其主要技术参数

本实验选用杭州大华仪器制造有限公司生产的 DH6521A 型多功能太阳能电池综合特性测试仪，设备结构如图 10－5 所示。设备包括光源与太阳能电池、光路和温度控制装置外电路三个部分。

1. 光源与太阳能电池

采用高压氙灯光源，高压氙灯具有与太阳光相近的光谱分布特征。光源标称功率 150 W，出射光孔径为 50 mm，图 10－6 为氙灯电源，氙气灯作为光源也可以用作其他实验的研究；太阳能电池采用普通商用单晶硅太阳能电池，实物如图 10－7 所示，标称开路电压 4.5 V，受光面积 43 mm × 43 mm。

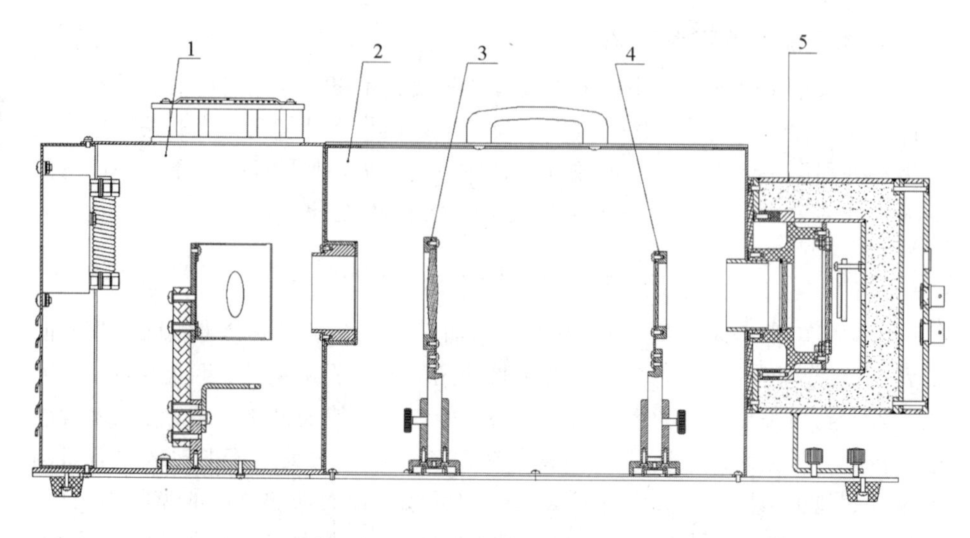

1—氙灯；2—光路；3—凸透镜；4—滤光片；5—温度控制箱

图 10－5　设备结构示意图

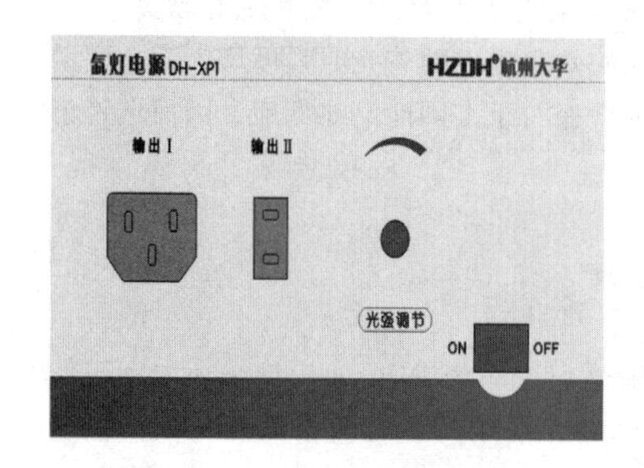

图 10－6　氙灯电源面板图

图 10－7　单晶硅太阳能电池板

2. 光路

本设备光路由有效通光孔径 ϕ56 mm 的准直透镜、组合式滤光片组成。准直透镜用于产生平行入射光束，光强度通过调节氙灯电压来实现，通过波长分别为 365 nm、405 nm、436 nm、546 nm、577 nm 的滤光片来产生近似的单色光，以研究太阳能电池的光谱响应特性。各部分均可以调节至实验所需要的最佳位置，调节凸透镜时，先将氙灯与光路部分对接，再将氙灯点亮，用万用表监视信号输入/输出口（为太阳能电池的输出口）的电源输出值，凸透镜起始位置在靠近光源处（入光口），当凸透镜调至某一合适位置，其输出电压值为最大，此时，该位置便为最佳位置。实验时，不要再去移动凸透镜。滤光片的位置靠近太阳能电池处（出光口）。

3. **温度控制装置及外电路电源**

本设备包括温度控制装置和直流电源，温度控制装置面板如图 10－8 所示，温度控制箱面板如图 10－9 所示，Pt100 温度变换器如图 10－10 所示，直流电源面板如图 10－11 所示。

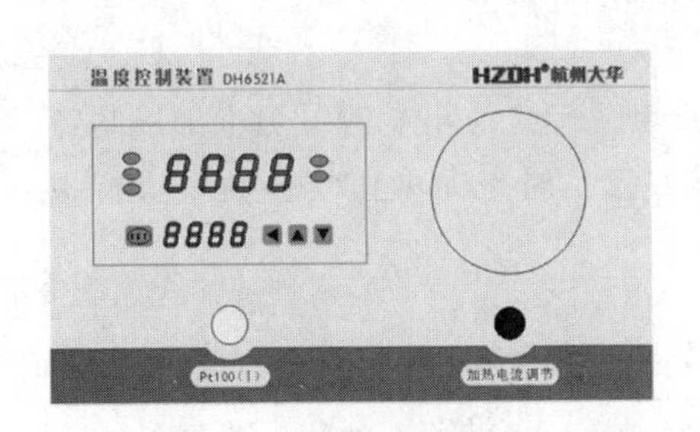

图 10－8　温度控制装置面板示意图

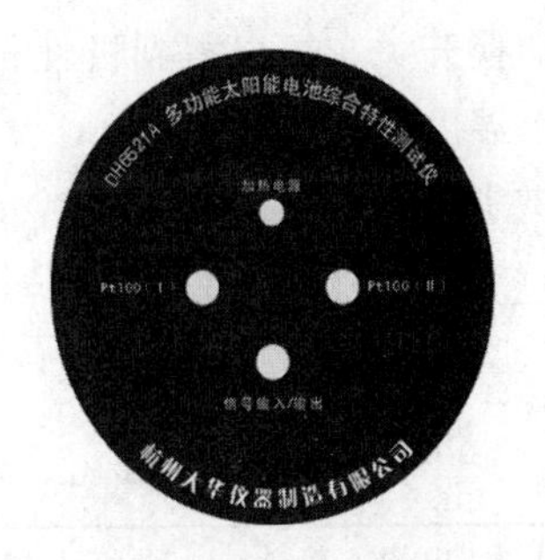

图 10－9　温度控制箱面板示意图

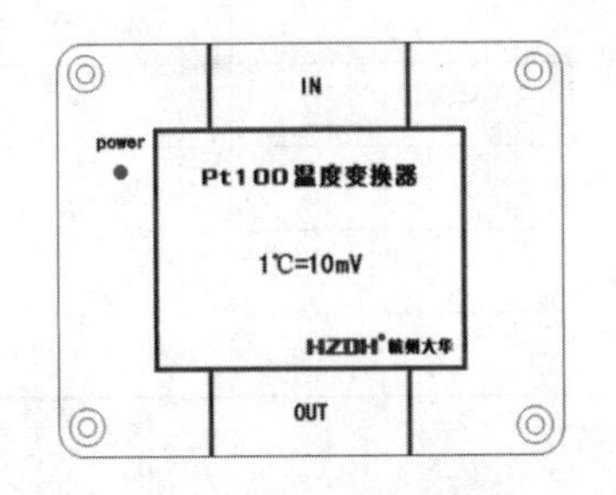

图 10－10　Pt100 温度变换器示意图

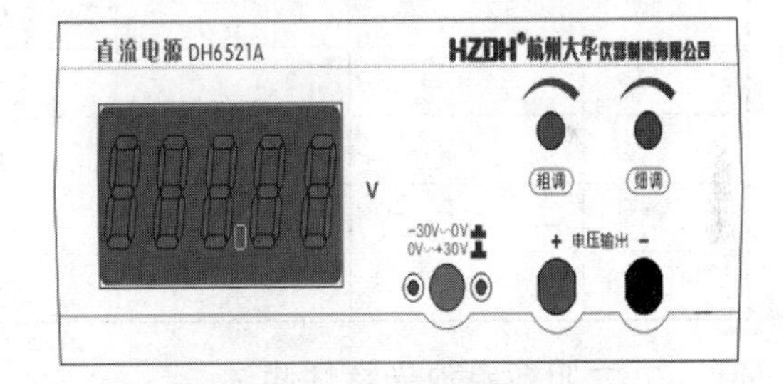

图 10－11　直流电源面板示意图

温控部分主要是用来研究温度对太阳能电池特性的影响。温度可在 25 ~ 80℃选择，加热电流可调。

太阳能电池特性测试部分包括太阳能电池暗特性、光特性的测试。暗特性测试电压范围 0 ~ ±30 V 用于暗特性的正偏、反偏测试。在光特性测试中，电流表量程 2 A，最小电流分辨率 1 μA，电压量程 30 V，最小电压分辨率 0.01 V。负载电阻变化范围 99 999.9 Ω。

四、实验内容与步骤

1. 太阳能电池暗特性测试

在全暗条件下，测量反偏电压 U 下通过太阳能电池的电流 I，电压范围 $-30\sim0$ V；测试正向偏压下通过太阳能电池的电流 I，电压范围 $0\sim30$ V（通过极性切换开关，可以得到极性相反的电压）。实验数据填入表 10－1。至少测量两个温度下的特性曲线。

测试中根据数据点规律适当分配数据点密集程度。汇总测试数据形成暗特性的 $I-U$ 曲线。根据理想 PN 结电流电压方程，对正向电压实验数据进行拟合，分析实验结果与理论结果的差异。

表 10－1　暗特性测试数据记录表格

反偏电压 $U_{正}$/V	电流 I_1/mA（室温）	电流 I_2/mA（40℃）	正向电压 $U_{负}$/V	电流 I_3/mA（室温）	电流 I_4/mA（40℃）
－30			0		
－27			3		
⋮			⋮		
－3			27		
0			30		

2. 太阳能电池光特性测试

（1）光路部分的高度调节。接好氙灯电源的连接线，打开氙灯电源，可以看到有一束光射进箱内，先将凸透镜与入光口的高度保持一致，再调节滤光片的高度与出光口的高度一致。

（2）光路最佳位置的调节。将电阻箱开路，微调凸透镜的前后左右位置，使其在数字万用表中的电压值显示为最大，滤光片位置可以不变，即贴在出光口上。加热部分有三个可用来调节水平的铜质螺钉，可使加热箱能与光路箱紧贴。

（3）光照实验内容。

①不加载滤光片、光强度最大条件下通过改变负载电阻来测试太阳能电池 $I-U$ 特性曲线，汇总数据形成 $I-U$ 特性曲线，然后根据特性曲线求解出开路

电压 U_{oc}、闭路电流 I_{sc}。

②不加载滤光片，在两种不同光强下测量 $I-U$ 特性，得到不同光强下的 $I-U$ 特性曲线、开路电压、闭路电流数据。

③最大光强下，加载不同滤光片，测量 $I-U$ 特性，得到不同单色光照情况下的 $I-U$ 特性曲线、开路电压、闭路电流数据。

④不同温度下（包括升温和降温实验）重复①，得到不同温度下的 $I-U$ 特性曲线、开路电压、闭路电流数据。

⑤数据采集部分详细操作参见软件的帮助说明文件。

对比光强度、滤光片、温度对太阳能电池的 $I-U$ 特性的影响，根据 $I-U$ 曲线计算出不同测量参数下的最大功率矩形的值，进而计算出填充因子。

五、思考题

1. 简述太阳能电池的工作原理。

2. 为了得到较高的光电转化效率，太阳能电池在高温下工作有利还是低温下工作有利?

3. 不同单色光下太阳能电池的光照特性有什么变化？为什么?

【技术应用】

随着部队数字化的发展，GPS、夜视仪、战场数据传输系统等大量数字化装备的配备，部队装备特别是单兵装备对电能的需求激增。这造成了两方面的影响：一是士兵需要携带大量的电池作为电源，负重大量增加，限制了士兵战斗力；二是战场环境复杂，充电电池难以进行充电，限制了数字化装备作战性能的发挥。

近几年，为减少士兵执行任务所需携带的电池数量，外军大力研发可折叠、便携式太阳能电池，为士兵随身携带的电子设备充电，如图 10－12 所示。美军研发出外形如细铜丝一般的太阳能电池，可随意弯曲，织入作战服后可以收集并存储太阳能，士兵穿戴上这种衣物后，白天行走时可收集太阳能，为携带的手机、传感器和其他设备充电，无须再背负沉重的电池，大大提高机动能力。日本研发出一种新型薄片状有机太阳能电池，厚度只有 3 μm，用电熨斗熨烫后粘贴到衣服上即可使用，且在 100 ℃高温下仍能保持性能不变，日本计划将其作为未来“智能衣服”中内嵌传感器的电源。

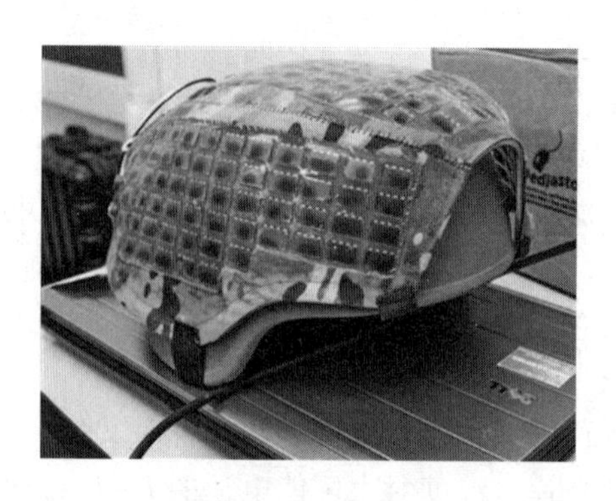

图 10－12　美军研发的可穿戴式太阳能电池板安装在头盔上

此外，太阳能电池在无人机领域的应用使得无人机的续航能力得到大幅提升，增加了无人机的持续作战能力，如图 10－13 所示为一款太阳能无人机。据报道，2018 年底，德国一个研究团队制造出一款太阳能无人机，可在大气平流层中停留，滞空时间长达 3 个月。与传统飞机相比，太阳能无人机无须携带任何燃料，利用太阳能电池产生的电量即可远距离飞行，夜间也能依靠白天储存的太阳能持续飞行。正因如此，太阳能无人机拥有十分广阔的应用前景，太阳能无人机只是外军在发展太阳能电池应用方面的一个缩影。

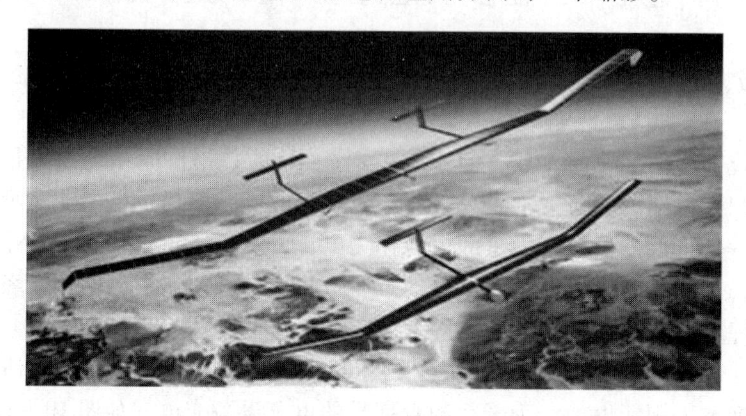

图 10－13　英国“西风”号太阳能无人机

实验 11　金属逸出功测量

【技术概述】

热电子发射技术是通过加热金属，使金属中电子的动能超过逸出功，产生大量逸出电子的技术。它在无线电广播、通信、雷达、遥控、遥测射电天文学等方面有着广泛应用。理查逊提出的热电子发射定律对无线电电子学的发展具有深远的影响。本实验依据理查逊公式进行金属逸出功的测量。

一、实验目的

1. 了解热电子发射规律并掌握逸出功的测量方法。
2. 用理查逊直线法分析阴极材料（钨）的电子逸出功。

二、实验原理

1. 电子逸出功

电子逸出功是指金属内部的电子为摆脱周围正离子对它的束缚而逸出金属表面所需要的能量。

根据固体物理中的金属电子理论，金属中的电子具有一定的能量，并遵从费米－狄拉克分布。在 $T=0$ 时，所有电子的能量都不能超过费米能量 W_f，即高于 W_f 的能级上没有电子，但是，当温度升高时，将有一部分电子获得能量而处在高于 W_f 的能级上。由于金属表面与真空之间有高度为 W_a 的位能势垒，金属中的电子则可以看作处于深度为 W_a 的势阱内运动的电子气体。如图 11－1 所示，若电子从金属表面逸出，必须从外界获得能量

$$W_0 = W_a - W_f \tag{11-1}$$

式中，W_0 称为逸出功，其单位常用电子伏特表示。$W_0 = e\varphi$，其中，e 为电子电量，φ 称为逸出电位（单位为 V）。

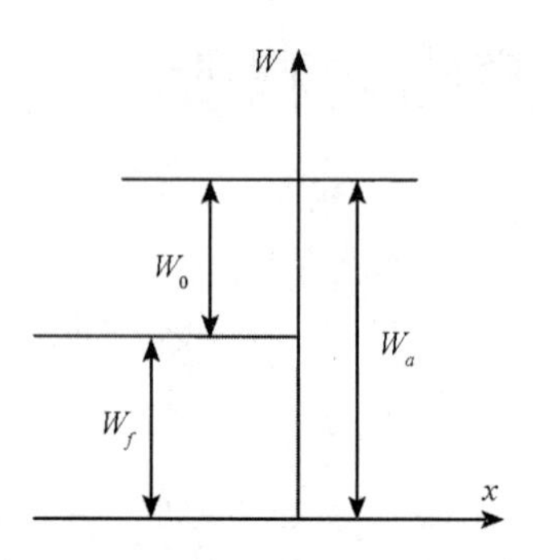

图 11－1　电子逸出功与 W_f 和 W_a 的关系

2. 热电子发射规律

根据电子获取能量的方法不同，电子发射的分类有：光电发射、热电子发射、二次电子发射、场效应发射。其中热电子发射是无线电电子学的基础。

在温度 $T \neq 0$ 时，金属内部部分电子获得大于逸出功的能量，从金属表面逃逸形成热电子发射电流。通常认为，在金属中处于体积 $v_x \mathrm{d}t\mathrm{d}y\mathrm{d}z$ 中，动量在 $p_x \sim p_x + \mathrm{d}p_x$，$p_y \sim p_y + \mathrm{d}p_y$，$p_z \sim p_z + \mathrm{d}p_z$ 范围的电子在 $\mathrm{d}t$ 时间都打在金属表面 $\mathrm{d}y\mathrm{d}z$ 面积上，$v_x \mathrm{d}t\mathrm{d}y\mathrm{d}z$ 体积中的电子和外部电子达到一种动态平衡。金属中电子遵从费米－狄拉克分布，在单位体积中处于 $\mathrm{d}p_x\mathrm{d}p_y\mathrm{d}p_z$ 范围的电子数为

$$\frac{2}{h^3} \cdot \frac{1}{\exp[(W - W_f)/kT] + 1} \mathrm{d}p_x \mathrm{d}p_y \mathrm{d}p_z \tag{11-2}$$

那么在 $v_x \mathrm{d}t\mathrm{d}y\mathrm{d}z$ 体积中的电子数为

$$\frac{2}{h^3} \cdot \frac{1}{\exp[(W - W_f)/kT] + 1} \mathrm{d}p_x \mathrm{d}p_y \mathrm{d}p_z v_x \mathrm{d}t\mathrm{d}y\mathrm{d}z \tag{11-3}$$

在单位时间内到达面积 $S = \mathrm{d}y\mathrm{d}z$ 上的电子数为

$$\frac{2}{h^3} \cdot \frac{1}{\exp[(W - W_f)/kT] + 1} S v_x \mathrm{d}p_x \mathrm{d}p_y \mathrm{d}p_z \tag{11-4}$$

热电子发射的电流为

$$I_s = e \int_{\sqrt{2mW_f}}^{\infty} \int_{-\infty}^{\infty} \int_{-\infty}^{\infty} D(p_x) \frac{2}{h^3} \cdot \frac{1}{\exp[(W - W_f)/kT] + 1} S v_x \mathrm{d}p_x \mathrm{d}p_y \mathrm{d}p_z \tag{11-5}$$

令 $D(p_x)=1-\bar{R}$，式（11－5）式的积分结果为

$$I_s=(1-\bar{R})\frac{4\pi mek^2}{h^3}T^2S\exp\left(-\frac{W-W_f}{kT}\right)$$

$$=AST^2\exp\left(-\frac{e\varphi}{kT}\right) \tag{11-6}$$

式中，$A=A_0$（$1-\bar{R}$），$A_0=\dfrac{4\pi mek^2}{h^3}$。式（11－6）就是金属的热电子发射公式，因为理查逊在 1905 年首次导出公式，故也称理查逊公式。式中的 A 是发射常数的理论值，$\bar{R}$ 是平均反射系数，与表面势垒形状有关。

3. 理查逊公式中各物理量的测量与处理

（1）A 和 S 的处理

尽管式（11－6）中的 A 为理论值，但金属表面的化学纯度和处理方法都将直接影响到 A 的测量值，而且金属表面粗糙，计算所得的电子发射面积与实际的有效发射面积 S 有差异。因此，物理量 A 和 S 实验上是难以直接测量的。

若将式（11－6）除以 T^2 再取对数，可得

$$\lg\left(\frac{I_s}{T^2}\right)=\lg(AS)-5.039\times10^3\ \frac{\varphi}{T} \tag{11-7}$$

尽管 A 和 S 在实验中难以测定，但它们对于选定材料的阴极是确定常数，故 lg（I_s/T^2）~$1/T$ 为线性。由直线斜率可以求得 φ，而直线截距 lg（AS）不影响斜率，这就避免了 A 和 S 不能准确测量的困难，此方法称为理查逊直线法。

采用理查逊直线法分析阴极材料电子逸出功时，仅需测量阴极材料温度 T 及对应的热电子发射电流 I_s。

（2）发射电流 I_s 的测量

只要阴极材料有热电子发射，则从实验阳极上可以收集到发射电流 I_s。事实上，由于发射出来的热电子必将在阴极与阳极之间形成空间电荷分布，这些空间电荷的电场将阻碍后续热发射电子到达阳极，从而影响发射电流的测量。为了消除空间电荷的积聚，保证从阴极发射出来的热电子能连续不断地飞向阳极，必须在阴极与阳极之间外添加一个加速电场 E_a。

由于外电场 E_a 的作用，必然助长热电子发射，或者说，在热电子发射过程中，外电场 E_a 降低了逸出功而增加了发射电流。因此，E_a 作用下测量的发射电流值并不是真正的 I_s，而是 I_s'（$I_s'>I_s$）。为真正获得 I_s（即零场发射电

流），必须对实验数据做相应处理。

当金属表面附近施加一外电场时，金属表面外侧的势垒将发生变化，从而减小电子逸出功，致使热电子发射电流密度增大，这种现象称为肖特基效应。外电场作用下金属表面势垒减小 $\Delta W_0 = \frac{1}{2}\sqrt{\frac{e^3 E_a}{\varepsilon_0 \pi}}$，外电场 E_a 作用下的逸出功为 $W'_0 = W_0 - \Delta W_0$，或 $e\varphi' = e\varphi - \frac{1}{2}\sqrt{\frac{e^3 E_a}{\varepsilon_0 \pi}}$。

代替式（11－6）中 $e\varphi$，即可获得外电场 E_a 作用下热电子的发射电流为

$$I_s' = I_s e^{4.39\sqrt{E_a}/T} \tag{11-8}$$

对上式两边取对数可得

$$\lg I_s' = \lg I_s + \frac{4.39}{2.303T}\sqrt{E_a} \tag{11-9}$$

若把阳极看作圆柱形，并与阴极共轴，则有 $E_a = \frac{U_a - U_a'}{r_1 \ln(r_2/r_1)}$，式中，$r_1$ 和 r_2 分别为阴极和阳极的半径，U_a 为阳极电压，U_a'为接触电位差。在一般情况下，$U_a \gg U_a'$，从而 $U_a - U_a' \approx U_a$，式（11－9）可以写成

$$\lg I_s' = \lg I_s + \frac{4.39}{2.303T} \cdot \frac{1}{\sqrt{r_1 \ln(r_2/r_1)}}\sqrt{U_a} \tag{11-10}$$

由式（11－10）可得，在选定温度条件下，$\lg I_s' \sim \sqrt{U_a}$为线性关系。由直线的截距可求零场发射电流 I_s。

（3）温度 T 的测量

温度 T 出现在热电子发射公式（11－6）的指数项中，它的误差对实验结果影响很大，因此，实验中准确地测量阴极温度非常重要。有多种测量温度的方法，但常用通过测量阴极加热电流 I_f 来确定阴极温度 T。对于纯钨丝，加热电流与阴极温度关系已有精确计算，并已列成表或绘制成 $T \sim I_f$ 关系曲线，由阴极电流测量值 I_f，可以直接查出对应的阴极温度 T。

应该注意，阴极材料的纯度或金属表面环境都影响加热电流与阴极温度的对应关系。有时对实验用具体的阴极材料，采用预先经过准确测量获得的温度 T 与加热电流 I_f 拟合公式，实验时通过测量加热电流 I_f 推算出阴极温度 T。

三、实验仪器及其主要技术参数

本实验使用的仪器有 DH0507 型金属逸出功综合测定仪和标准真空二

极管。

为了测量钨的电子逸出功，将钨丝作为“理想”二极管材料，阳极做成与阴极共轴的圆柱，把阴极发射面限制在温度均匀的一定长度内而又可以近似地把电极看成是无限长的无边缘效应的理想状态。为了避免阴极的冷端效应（两端温度较低）和电场不均匀等边缘效应，在阳极两端各加装一个保护（补偿）电极，它们与阳极同电位但与阳极绝缘。在测量设计上，保护电极的电流不包含在被测热电子发射电流中。在阳极上开一小孔（辐射孔），通过它可以观察到阴极，以便用观测高温计测量阴极温度。图 11－2 是实验线路原理示意图。

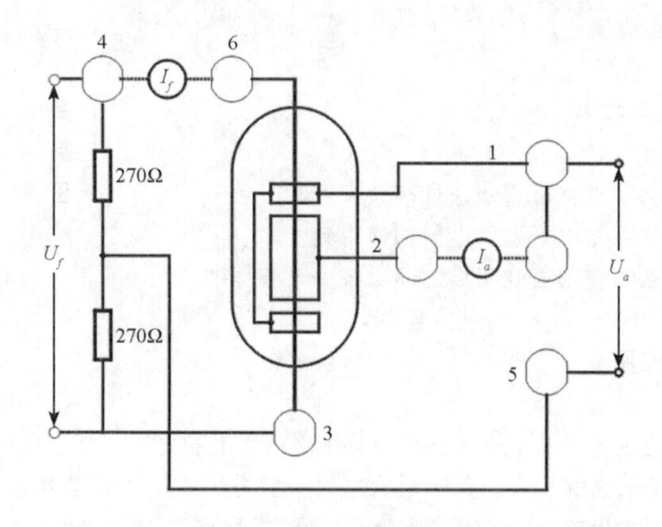

图 11－2 逸出功测量实验线路

本实验使用已定标的“理想”二极管。在本实验温度范围内，阴极温度 T 与阴极（灯丝）电流 I_f 的关系为 $T=920.0+1\ 600I_f$，测得 I_f 即可求得对应的阴极温度 T，为了保证实验温度的稳定，要求使用恒流源对灯丝供电。

四、实验内容与步骤

1. 按图 11－2 连接好实验电路；脚 4 和脚 3 之间连接灯丝电压 U_f，脚 4 和脚 6 之间串接灯丝电流表 I_f，脚 1 和脚 2 之间串接阳极电流表 I_a（用于测量阳极电流 I_s'），脚 1 和脚 5 之间连接阳极电压 U_a。

2. 分别取灯丝电流为 0.600 A、0.625 A、0.650 A、0.675 A、0.700 A、

0.725 A、0.750 A 和0.775 A，进行一次测量。对应的灯丝温度按 $T=920.0+1\ 600I_f$ 求得。

3. 对应每一灯丝电流 I_f，测量阳极电压 U_a 分别为25V、36V、49V、64V、81V、100V、121V 和144V 时对应的阳极电流 I_s'。阳极电压调节方法：先“粗调”，再“细调”。每次改变电流时要等待几分钟，电流不再变化时，表明此时温度已经稳定。

4. 作 $\lg I_s' \sim \sqrt{U_a}$ 图，采用曲线拟合方法求出直线截距 I_s'，即可得到在不同灯丝温度时零场热电子发射电流 I_s。

5. 作 $\lg\ (I_s/T^2) \sim 1/T$ 图，曲线拟合数据分析。从直线斜率可求出钨的电子逸出功及实验误差。

五、思考题

1. 为什么用理查逊直线法处理数据？
2. 零电场下热电子发射电流如何得到？
3. 为什么要在阳极和阴极之间添置一个外加电压？

【技术应用】

电子枪是热发射电子原理的重要应用之一，电子枪是产生、加速及汇聚高能量密度电子束流的装置。在电子枪里，一般采用钨作为灯丝，通电加热后，灯丝表面产生大量的热电子，在阳极和阴极之间的高压电场作用下，热电子逐渐加速并向阳极方向高速移动，同时获得很高的动能。其具体速度值取决于加速电压的高低，一般可以达到光速的三分之二左右。灯丝材料是限制电子枪的发射能力和寿命的关键之处。灯丝必须选用逸出功低的材料，才能使电子更容易脱离束缚。同时，灯丝必须选用熔点高、电阻率大的材料，才能保证灯丝被加热到1 000 ℃以上时还能正常工作。

针对灯丝材料研究的一个重要方向是含钪型阴极，它是利用不同新型材料制备技术将钪掺杂或镀膜到阴极材料中，实现高发射电流密度、高功函数、高熔点的含钪型阴极。例如，2011 年，北京真空电子技术研究所利用三极直流溅射方法制备了新型薄膜钪型阴极。该阴极在1 000 ℃的工作温度下，可支取86 A/cm^{2}的发射电流密度。这种薄膜钪型阴极在很大程度上简化了覆膜工艺，降低了成本，有效提高了阴极生产的一致性和可靠性。

经过数十年的技术积累，热阴极的技术应用已经相当成熟，然而其自身固有的劣势限制了热阴极在微波真空电子器件的应用，如热阴极响应时间长、造价成本高、效率低、功耗大、容易损坏。面对这些问题，一种新型电子发射技术成为解决热阴极弊端的最佳方案之一——场致发射阴极。场致发射阴极主要分为两类：一类是以石墨烯、碳纳米管和一些高熔点金属为代表的材料型阴极；另一类是以锥尖阵列、跑道型等为代表的结构型阴极。其中，碳纳米管在作为场致发射阴极材料时所表现出的稳定性和寿命时间的优势，都是其他大部分场致发射阴极所不具备的，其发射的电流密度均值可达到 1.5 A/cm^2，最大电流密度为 12 A/cm^2，因此碳纳米管可以作为大部分真空电子器件的场致发射材料，适用前景和范围广阔。

实验12 电表（电流计）改装与校准技术

【技术概述】

电表改装与校准技术是在精确测量电表内阻和满度电流的基础上，对电表进行改装以满足不同需求的技术。通常电表由于其本身性能限制只能测量有限大小的电流或电压，而实际工作中往往需要测量数值较大的电流或电压，故需要对电表加以改装，扩大其测量范围。本实验通过对电表的简单改装，掌握电表的改装方法，并更好地理解电表工作原理。

一、实验目的

1. 测量表头内阻 R_g 及满度电流 I_g。

2. 掌握将100 μA表头改成较大量程的电流表和电压表的方法。

3. 设计一个 $R_{中}=10\ \text{k}\Omega$ 的欧姆表，要求 E 在1.35～1.6V范围内使用并能调零。

4. 用电阻器校准欧姆表，画校准曲线，并根据校准曲线用组装好的欧姆表测未知电阻。

5. 学会校准电流表和电压表的方法。

二、实验原理

常见的磁电式电流计主要构成部分包括置于永磁场中可以转动的线圈、用来产生机械反力矩的游丝、指针和永磁铁。当电流通过线圈时，载流线圈在磁场中产生磁力矩 $M_{磁}$，使线圈转动，带动与之相连的指针偏转。线圈偏转角度与通过的电流成正比，所以可由指针的偏转直接指示出电流值。电流计的使用首先要测定表头内阻 R_g 和满度电流 I_g。

1. 表头内阻 R_g 及满度电流 I_g 的测量

电流计允许通过的最大电流称为电流计的量程，用 I_g 表示，电流计的线圈有一定内阻，用 R_g 表示，I_g 与 R_g 是两个表示电流计特性的重要参数。R_g 的阻值很小，且封装于电流计内部，无法直接测量得到，需要采用其他方法测量，常用方法有半电流法和替代法。

（1）半电流法

半电流法也称中值法。测量原理图见图 12－1。当被测电流计接在电路中时，调节电源电压或 R_W 使电流计满偏，再将十进位电阻箱与电流计并联作为分流电阻。然后改变电阻箱阻值，当电流计指针指示到中间值，且通过调电源电压和 R_W 使得标准表读数（总电流强度）仍保持不变，此时分流电阻值就等于电流计的内阻。

（2）替代法

替代法测量原理图见图 12－2。用十进位电阻箱替代接入电路中的被测电流计，且调节电阻值，当电路中的电压不变，且电路中的电流（标准表读数）与接入被测电流计时的电流一致时，电阻箱的电阻值即为被测电流计内阻。替代法是一种运用很广的测量方法，具有较高的测量准确度。

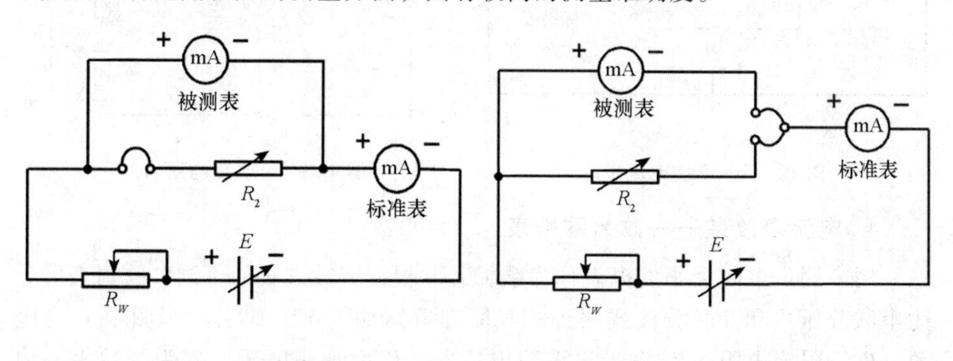

图 12－1　中值法　　　　图 12－2　替代法

2. 电流表改装——增大量程

根据电阻并联规律可知，如果在表头两端并联上一个阻值适当的电阻 R_2，如图 12－3 所示，可使超出表头量程的部分电流从 R_2 上分流通过。这种由表头和并联电阻 R_2 组成的整体（图中虚线框住的部分）就是改装后的电流表。如需将量程扩大 n 倍，则由 $I_gR_g=(n-1)\ I_gR_2$ 得

$$R_2=R_g/(n-1) \tag{12-1}$$

用电流表测量电流时，电流表应串联在被测电路中，所以要求电流表应有

较小的内阻。另外，在表头上并联阻值不同的分流电阻，便可制成多量程的电流表。

3. 电流表改装——改为电压表

一般表头能承受的电压很小，不能用来测量较大的电压。为了测量较大的电压，可以给表头串联一个阻值适当的电阻 R_M，如图 12－4 所示，使表头上不能承受的那部分电压降落在电阻 R_M上。这种由表头和串联电阻 R_M组成的整体就是电压表，串联的电阻 R_M叫作扩程电阻。选取不同大小的 R_M，就可以得到不同量程的电压表。由图 12－4 可求得扩程电阻值为

$$R_M = \frac{U}{I_g} - R_g \qquad (12-2)$$

用电压表测电压时，电压表总是并联在被测电路上，为了不因并联电压表而改变电路中的工作状态，要求电压表应有较大的内阻。

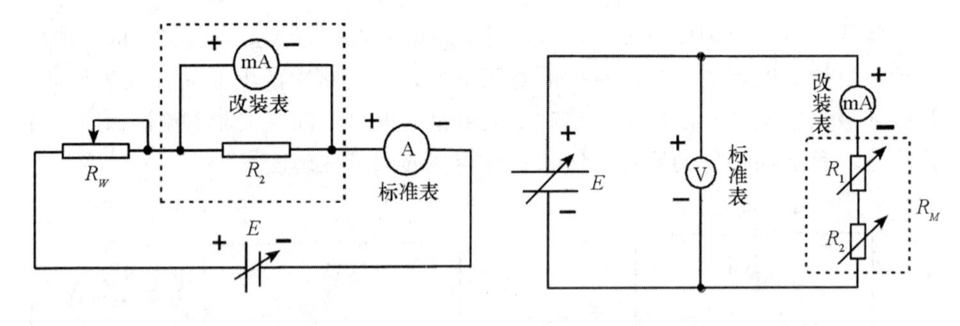

图 12－3　改装电流表　　图 12－4　改装电压表

4. 电流表改装——改为欧姆表

用来测量电阻大小的电表称为欧姆表。根据调零方式的不同，欧姆表可分为串联分压式和并联分流式两种，其原理电路如图 12－5 所示。图中 E 为电源，R_3为限流电阻，R_W为调“零”电位器，R_x为被测电阻，R_g为等效表头内阻。图 12－5（b）中，R_G与 R_W一起组成分流电阻。

欧姆表使用前先要调“零”点，即 a、b 两点短路（相当于 $R_x=0$）时，调节 R_W的阻值，使表头指针正好偏转到满度。可见，欧姆表的零点就是在表头标度尺的满刻度处，与电流表和电压表的零点正好相反。

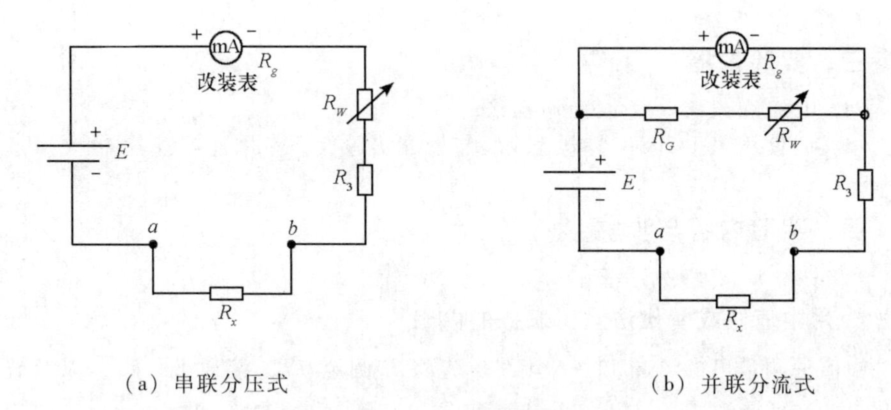

（a）串联分压式　　　　（b）并联分流式

图 12－5　改装欧姆表

在图 12－5（a）中，当 a、b 端接入被测电阻 R_x后，电路中的电流为

$$I=\frac{E}{R_g+R_W+R_3+R_x} \tag{12-3}$$

对于给定的表头和线路来说，R_g、R_W、R_3都是常量。由此可见，当电源端电压 E 保持不变时，被测电阻和电流值有一一对应的关系。即接入不同的电阻，表头就会有不同的偏转读数，R_x越大，电流 I 越小。短路 a、b 两端，即 $R_x=0$ 时，电流计指针满偏，此时

$$I=\frac{E}{R_g+R_W+R_3}=I_g \tag{12-4}$$

当 $R_x=R_g+R_W+R_3$时，有

$$I=\frac{E}{R_g+R_W+R_3+R_x}=\frac{1}{2}I_g \tag{12-5}$$

这时指针在表头的中间位置，对应的阻值为中值电阻，显然 $R_{中}=R_g+R_W+R_3$。

当 $R_x=\infty$（相当于 a、b 开路）时，$I=0$，即指针在表头的机械零位。所以欧姆表的标度尺为反向刻度，且刻度是不均匀的，电阻 R 越大，刻度间隔愈密集。将表头的刻度预先按标准电阻值划分，就可以实现电流表对电阻值的直接测量。

欧姆表在使用过程中，电池的端电压会有所改变，而表头的内阻 R_g及限流电阻 R_3为常量，故要求 R_W跟着 E 的变化而改变，以满足调“零”的要求，设计时用可调电源模拟电池电压的变化，范围取 1.3～1.6V 即可。

三、实验仪器

本实验使用 DH4508B 型电表改装与校准实验仪，专用连接线若干。

四、实验内容与步骤

1. 用中值法或替代法测出表头的内阻

中值法测量可参考图 12－6 接线。先将 E 调至 0V，接通 E、R_W，以及被改装表和标准电流表后，先不接入电阻箱 R（断开虚线），调节 E 和 R_W 使改装电流计满偏，记住标准表的读数 I，此电流即为改装电流计的满度电流；再接入电阻箱 R（连接虚线）。改变 R 数值，使被测表头指针从满度 100 μA 降低到 50 μA 处。注意调节 E 或 R_W，使标准电流表的读数 I 保持不变，此时电阻值为电流计内阻。

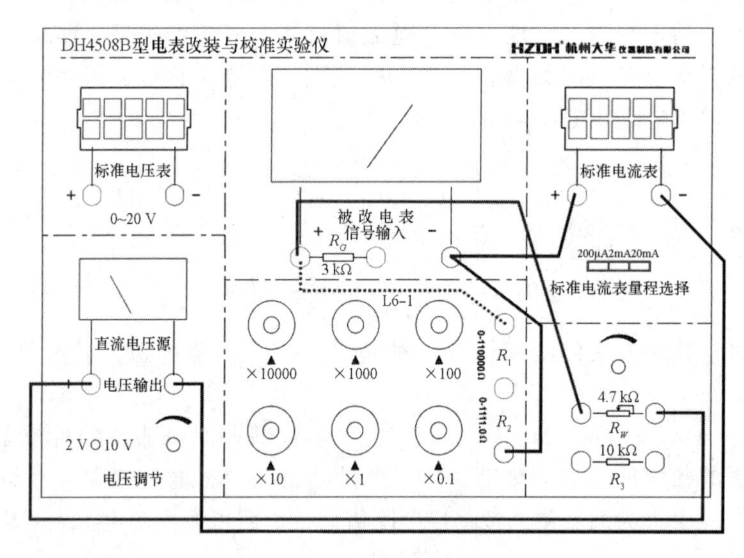

图 12－6　中值法测量表头内阻

替代法测量可参考图 12－7 接线（图中将 L7－1 连接，将 L7－2 断开）。先将 E 调至 0V，接通 E、R_W，以及被改装表和标准电流表后，调节 E 和 R_W 使改装电流计满偏，记录标准表的读数，此值即为被改装电流计的满度电流；再断开接到改装电流计的接线，转接到电阻箱 R（图中将 L7－1 断开，将 L7－2

连接起来），调节 R 使标准电流表的电流保持刚才记录的数值。这时电阻箱 R 的数值即为被测电流计内阻。

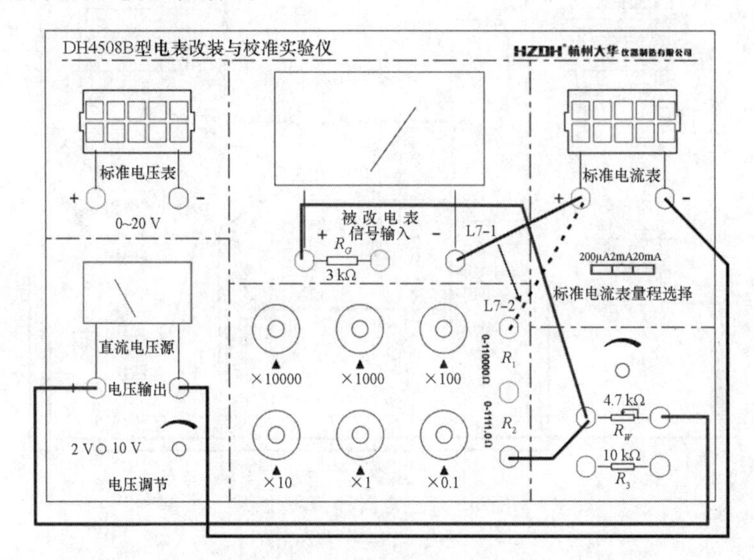

图 12－7　替代法测量表头内阻

2. 将一个量程为 100 μA 的电流计改装成 1 mA（或自选）量程的电流表

（1）根据电路参数，估计 E 值大小，并根据式（12－1）计算出分流电阻值。

（2）参考图 12－8 接线，先将 E 调至 0 V，检查接线正确后，调节 E 和滑动变阻器 R_W，使改装表指到满量程，这时记录标准表读数（注意：R_W 作为限流电阻，阻值不要调至最小值）。然后每隔 0.2 mA 逐步减小读数直至零点，再按原间隔逐步增大到满量程，每次记下标准电流表相应的读数，记录于表12－1。

（3）以改装表读数为横坐标，标准表由大到小及由小到大调节时两次读数的平均值为纵坐标，在坐标纸上画出电流表的校正曲线，并根据两表最大误差的数值定出改装表的准确度等级。

（4）重复以上步骤，将 100 μA 电流计改成 10 mA 电流计，可按每隔 2 mA 测量一次（可选做）。

（5）将 R_G 和电流计串联，作为一个新的表头，重新测量一组数据，并比较扩流电阻有何异同（可选做）。

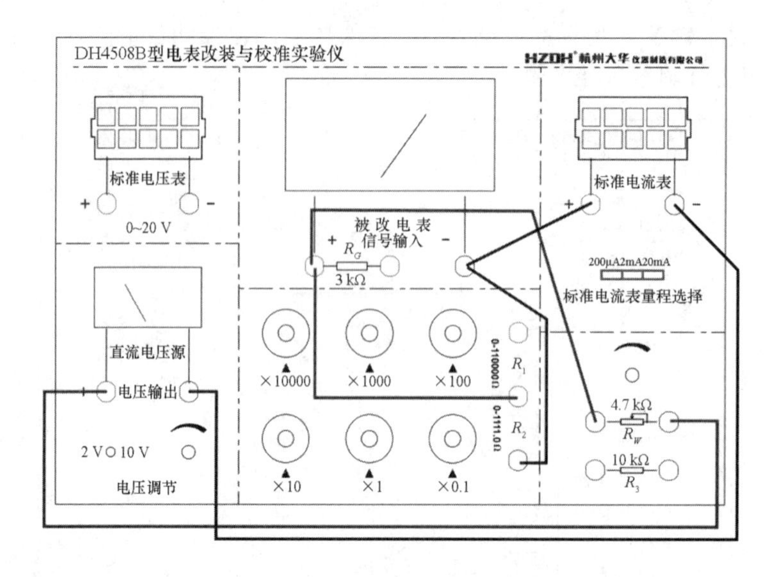

图 12－8　电流计量程改装

表 12－1　电流计量程改装数据记录

改装表读数/μA	标准表读数/mA			误差 ΔI/mA
	减小时	增大时	平均值	
20				
40				
60				
80				
100				

3. 将一个量程为 100 μA 的电流计改装成 1.5 V（或自选）量程的电压表

（1）根据电路参数估计 E 的大小，根据式（12－2）计算扩程电阻 R_M 的阻值，可用电阻箱 R 进行实验。按图 12－9 进行连线，先调节 R 值至最大值，再调节 E；用标准电压表监测到 1.5 V 时，再调节 R 值，使改装表指示为满度。

（2）用数显电压表作为标准表来校准改装的电压表。调节电源电压，使改装表指针指到满量程（1.5 V），记下标准表读数。然后每隔 0.3 V 逐步减小改装表读数直至零点，再按原间隔逐步增大到满量程，每次记下标准表相应的读数，记录于表 12－2。

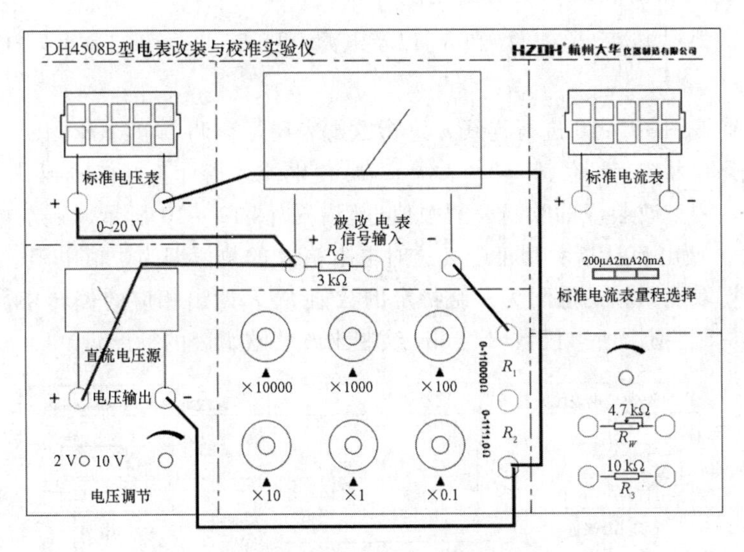

图 12－9　改装电压表

表 12－2　电流计改装为电压表数据记录

改装表读数/V	标准表读数/V			示值误差 ΔU/V
	减小时	增大时	平均值	
0.3				
0.6				
0.9				
1.2				
1.5				

（3）以改装表读数为横坐标，标准表由大到小及由小到大调节时两次读数的平均值为纵坐标，画出电压表的校正曲线，并根据两表最大误差的数值定出改装表的准确度等级。

（4）重复以上步骤，将 100 μA 电流计改成 10 V 电压表，可按每隔 2 V 测量一次（可选做）。

（5）将 R_G 和电流计串联，作为一个新的电流计，重新测量一组数据，并比较扩程电阻有何异同（可选做）。

4. 改装欧姆表及标定表面刻度

（1）根据电流计参数 I_g 和 R_g 以及电源电压 E，选择 R_W 为 4.7 kΩ，R_3 为 10 kΩ。

（2）按图 12－10 进行连线，进行欧姆表调零。调节电源 $E=1.5$ V，调节电阻箱阻值为零（即使 $R_x=0$），调节 R_W 使电流计指针正好偏转到满度。

（3）测量改装成的欧姆表的中值电阻。如图 12－10 所示，调节电阻箱 R（即 R_x），使电流计指示到正中，这时电阻箱 R 的数值即为中值电阻。

（4）取电阻箱的电阻为一组特定的数值 R_{xi}，读出相应的偏转格数，记录于表 12－3。利用所得读数 R_{xi}、div 绘制出改装欧姆表的标度盘。

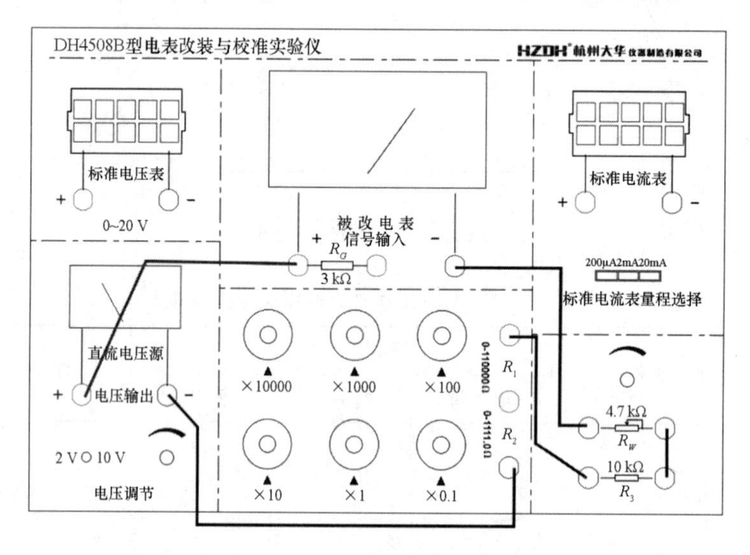

图 12－10　改装欧姆表（串联分压式）

表 12－3　电流计改装为欧姆表数据记录

$E=$________V，$R_中=$________Ω

R_{xi}/Ω	$\frac{1}{5}R_中$	$\frac{1}{4}R_中$	$\frac{1}{3}R_中$	$\frac{1}{2}R_中$	$R_中$	$2R_中$	$3R_中$	$4R_中$	$5R_中$
偏转格数/div									

（5）确定改装欧姆表的电源使用范围。短接 a、b 两测量端，将工作电源

调至 0 ~ 2 V 一挡，调节 $E=1\text{V}$ 左右，先将 R_W 逆时针调到底，调节 E 直至电流计满偏，记录 E_1 值；接着将 R_W 顺时针调到底，再调节 E 直至电流计满偏，记录 E_2 值，$E_1 \sim E_2$ 值就是欧姆表的电源使用范围。

（6）按图 12－5（b）进行连线，设计一个并联分流式欧姆表并进行连线、测量。试与串联分压式欧姆表比较，有何异同（可选做）。

五、思考题

1. 测量电流计内阻应注意什么？是否还有别的办法来测定电流计内阻？能否用欧姆定律来进行测定？能否用电桥来进行测定？

2. 设计 $R_{中}=10\ \text{k}\Omega$ 的欧姆表，现有两个量程 100 μA 的电流表，其内阻分别为 2 500 Ω 和 1 000 Ω，你认为选哪个较好？

3. 若要制作一个线性量程的欧姆表，有什么方法可以实现？

实验 13　混沌保密通信技术

【技术概述】

混沌保密通信技术是利用混沌和混沌同步实现保密通信的技术。所谓混沌同步是指两个或多个混沌系统，在一定的耦合影响下，系统的状态输出趋于相近，进而完全相等。本实验通过观察并测量混沌电路特性，对混沌通信技术的基础进行简单的了解。

一、实验目的

1. 观察非线性电路的混沌现象。
2. 了解混沌数字加密和通信的原理和方法。

二、实验原理

混沌保密通信的基本思想是利用混沌信号作为载波，将传输信号隐藏在混沌载波之中；或者通过符号动力学分析赋予不同的波形以不同的信息序列，在接收端利用混沌的属性或同步特性解调出所传输的信息，因此收发双方的混沌同步是整个系统实现的关键。

1. 混沌通信技术

混沌同步通信保密技术可以分为：混沌掩盖技术、混沌参数调制技术和混沌键控技术。混沌掩盖技术属于混沌模拟通信，混沌参数调制和混沌键控技术属于混沌数字通信技术。

（1）混沌掩盖技术

混沌掩盖又称混沌遮掩或混沌隐藏，是较早提出的一种混沌保密通信方式。其基本思想是在发送端利用混沌信号作为一种载体来隐藏信号或遮掩所要传送的信息，在接收端则将同步后的混沌信号去掩盖，从而恢复有用信息。

在混沌掩盖技术中的掩盖方式主要有相乘、相加或加乘结合几种方式，可以表示如下：

相乘

$$s_i(t)=s(t)x(t) \tag{13-1}$$

相加

$$s_i(t)=s(t)+x(t) \tag{13-2}$$

比例加乘

$$s_i(t)=(1+ks(t))x(t) \tag{13-3}$$

相加方法，假设 $x(t)$ 为发送机的输出混沌信号，即传输信号，$s(t)$ 为要传送的信息信号。经过混沌掩盖后，$s_i(t)=s(t)+x(t)$成为新的传输信号，接收端与 $x(t)$ 同步的混沌信号解调出：$s_0=s_i-x(t)=s(t)+x(t)-x(t)=s(t)$，即可恢复信息信号，实现混沌掩盖的目的。

只有通过混沌同步解调，才可以得到发送的信息信号并由此达到保密的效果。这种通信方式的实现程度完全依赖于混沌系统同步的实现程度。实现混沌同步的方法有驱动-响应同步法、主动-被动同步法、基于耦合的同步法、误差反馈同步法、自适应同步法、DB 同步法（又称差拍同步法）、神经网络同步方法、变量反馈微扰同步法以及冲击同步法等。由上可知，对保密通信来说，传输信号的幅值一般都较小，这样才可以保证混沌信号不偏离原有的混沌轨迹。但是由于传输信号的幅值较小，导致方案容易受到信道噪声的干扰。另外，它是利用非线性动力学预测技术将掩盖在混沌信号下的传输信号提取出来，因此还不能提供高质量的通信服务。这种方案只适用于慢变信号，还不能很好地处理快变信号和时变信号。

（2）混沌参数调制技术

混沌参数调制技术的基本思想是利用发送端所传输的信号来调制混沌系统的参数，在接收端利用混沌同步信号提取出相应的混沌系统参数，进而恢复出所传输的信号。

（3）混沌键控技术

混沌键控技术的实现主要可分两类。一类是利用所发送的数字信号调制发送端混沌系统的参数使其在两个值中切换，信息便被编码在两个混沌吸引子中，接收端由两个相同类型的混沌系统构成，其参数分别固定为这两个值之一。信息发送间隔内，通过检测各混沌系统的同步误差，以判决出所发送信息。在混沌键控技术中，由于解调一般是通过对误差信号的判别来实现的，因而无法得到最优的判决门限。另一类是利用混沌系统在实现同相同步的同时还可以实现反相同步以及奇异非混沌吸引子同步等方式实现混沌键控通信。

（4）混沌扩频通信

由于混沌信号具有宽带、类噪声、难于预测的特点，并且对初始条件十分敏感，因而可以产生性能良好的扩频序列。混沌系统对初始条件和参数十分敏感是指当给一个混沌系统两个非常接近的初始条件或参数时，系统经过几次迭代后，输出的结果可以完全不相关。也就是说，初始条件的微小变化，就能产生完全不相关的信号。因此混沌系统可以非常方便地产生大量的不相关信源。另外，由于从序列的有限长度不可能导出系统的初始条件，从而起到了保密通信的作用。混沌序列具有 M 序列一样的随机特性，但其产生比 M 序列方便，仅需模型参数和初始条件，无须进行任何存储，同时混沌序列是非周期序列，具有逼近于高斯白噪声的统计特性、理想的自相关特性、互相关特性、高保密性和强抗干扰特性等特性，并且混沌序列数目众多，更适合于作扩频通信的扩频码。因此常用混沌序列取代 M 序列进行扩频通信，建立系统模型图。

2. 非线性电路与非线性动力学

混沌是非线性动力系统的固有特性，是非线性系统普遍存在的现象。非线性电路中的混沌现象图形明显，重复性好，非常适用于非线性电路混沌实验。

一般的非线性电路如图 13－1 所示，其中 R_2 是一个有源非线性负阻器件，电感器 L_1 与电容器 C_1 构成一个损耗可以忽略的谐振回路，可变电阻 R_1 与电容器 C_2 串联将振荡器产生的正弦信号移相输出。如图 13－2 所示是 R_2 的伏安特性曲线，可以看出加在此非线性元件上的电压与通过它的电流极性是相反的，当电压增大时，通过它的电流却减小，因而将此元件称为非线性负阻元件。

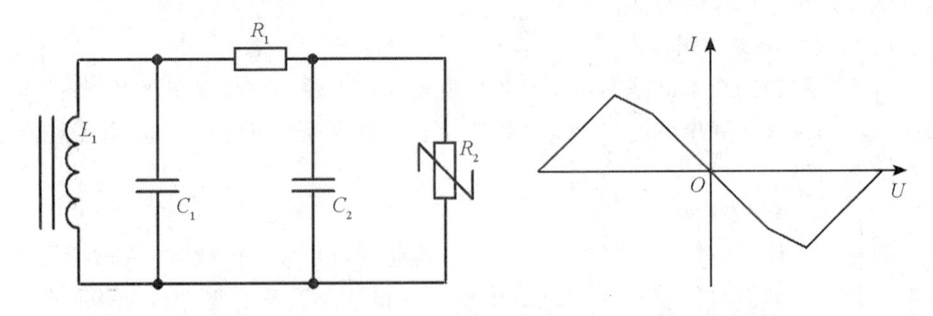

图 13－1　非线性电路图　　**图 13－2　非线性负阻元件的伏安特性曲线**

图 13－1 所示电路的非线性动力学方程为

$$C_2\frac{\mathrm{d}U_{C_2}}{\mathrm{d}t}=G(U_{C_1}-U_{C_2})-gU_{C_2} \tag{13-4}$$

$$C_1\frac{\mathrm{d}U_{C_1}}{\mathrm{d}t}=G(U_{C_2}-U_{C_1})+I_L \tag{13-5}$$

$$L\frac{\mathrm{d}I_L}{\mathrm{d}t}=-U_{C_1} \tag{13-6}$$

式中，U_{C_1}、U_{C_2}是 C_1、C_2上的电压；I_L是电感 L_1上的电流；$G=1/R_1$为电导；g 为 U 的函数。如果 R_2是线性的，则 g 为常数，电路就是一般的振荡电路，得到的解是正弦函数，电阻 R_1的作用是调节 C_1和 C_2的相位差，把 C_1和 C_2两端的电压分别输入到示波器的 x、y 轴，则显示的图形是椭圆。(思考：如果 R_2 是非线性的，又会看见什么现象呢?)

实际电路中 R_2是非线性元件，它的伏安特性如图 13－3 所示，是一个分段线性的电阻，整体呈现为非线性。gU_{C_2}是一个分段线性函数。由于 g 总体是非线性函数，上述三元非线性方程组没有解析解。若用计算机编程进行数据计算，当取适当电路参数时，可观察到模拟实验的混沌现象。

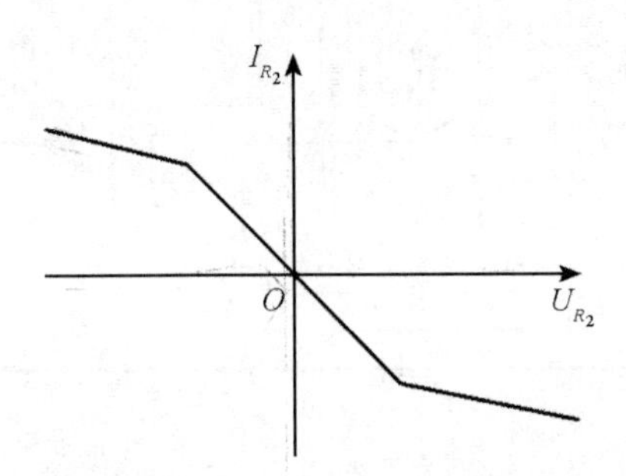

图 13－3　非线性电阻伏安特性曲线

除数学模拟方法外，更直接的方法是用示波器来观察混沌现象，实验电路如图 13－4 所示，其中非线性电阻是电路的关键。电路中，L 和 C_1并联构成振荡电路，W_1、W_2和 C_2的作用是分相，使 CH_1 和 CH_2两处输入示波器的信号产生相位差，即可得到 x、y 两个信号的合成图形，双运放 TL072 的前级和后级正、负反馈同时存在，正反馈的强弱与比值 $R_3/(W_1+W_2)$、$R_4/(W_1+W_2)$有关，负反馈的强弱与比值 R_2/R_1、R_5/R_4有关。当正反馈大于负反馈时，振荡电路才能维持振荡。若调节 W_1、W_2时正反馈就发生变化，TL072 就处于振荡状态而表现出非线性。图 13－5 所示为 TL072 与六个电阻组成的一个等效非线性电阻，它的伏安特性大致如图 13－4 所示，它的作用是使振动周期产生分岔和混沌等一系列非线性现象。

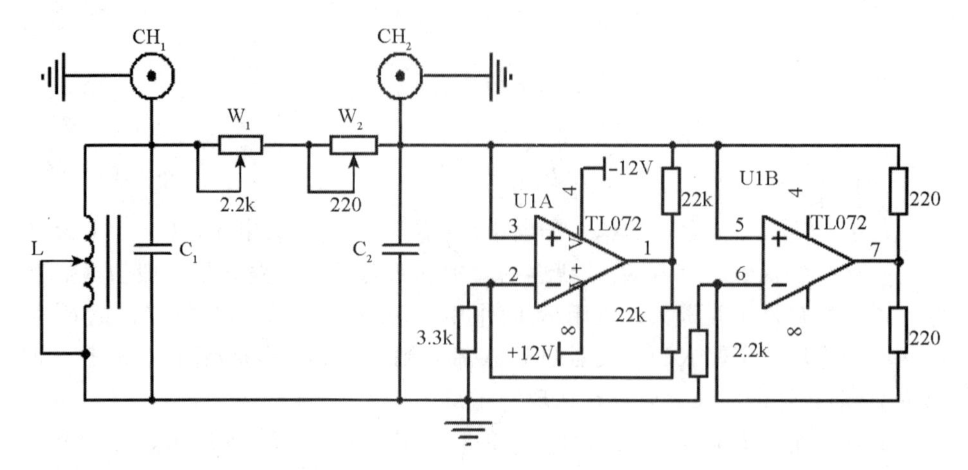

图 13－4　非线性电路原理图

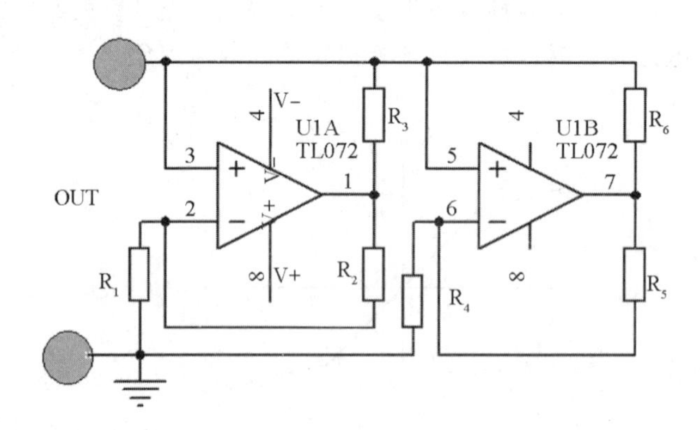

图 13－5　有源非线性负阻元件电路图

3. 实验现象的观察

把图 13－4 中的 CH_1 和 CH_2 接入示波器，将示波器调至 $CH_1 - CH_2$ 波形合成挡，调节可变电阻器的阻值，可以从示波器上观察到一系列现象。最初仪器刚打开时，电路中有一个短暂的稳态响应现象。这个稳态响应被称作系统的吸引子（attractor）。这意味着系统的响应部分虽然初始条件各异，但仍会变化到一个稳态。在本实验中，对于初始电路中的微小正负扰动，各对应于一个正负的稳态。当电导继续平滑增大，到达某一值时，可以发现响应部分的电压和电流开始周期性地回到同一个值，产生了振荡。这时就说观察到了一个单周期吸引子（period-one attractor）。它的频率取决于电感与非线性电阻组成的回路的特性。

再增加电导（这里的电导值为 $1/(W_1+W_2)$）时，就可观察到一系列非线性的现象，先是电路中产生了一个不连续的变化：电流与电压的振荡周期变成了原来的两倍，也称分岔（bifurcation）。继续增加电导，还会发现二周期倍增到四周期，四周期倍增到八周期。如果精度足够，当连续地越来越小地调节时，就会发现一系列永无止境的周期倍增，最终在有限的范围内会成为无穷周期的循环，从而显示出混沌吸引子（chaotic attractor）的性质。

需要注意的是，对应于前面所述的不同初始稳态，调节电导会导致两个不同的但是确定的混沌吸引子，这两个混沌吸引子是关于零电位对称的。

实验中很容易观察到倍周期和四周期现象。再有一点变化，就会导致一个单漩涡状的混沌吸引子，较明显的是三周期窗口。观察到这些窗口表明得到的是混沌的解，而不是噪声。在调节的最后，可以看到吸引子突然充满了原本两个混沌吸引子所占据的空间，形成了双漩涡混沌吸引子（double scroll chaotic attractor）。由于示波器上的每一点对应着电路中的每一个状态，出现双混沌吸引子就意味着电路在这个状态时，最终会到达哪一个状态完全取决于初始条件。

在实验中，尤其需要注意的是，由于示波器的扫描频率选择不符合的原因，可能无法观察到正确的现象，那么就须仔细分析，可以通过调节示波器的不同扫描频率挡来观察现象，以期得到最佳的扫描图像。

三、实验仪器及其主要技术参数

实验中使用 DH6501 型非线性混沌实验仪，如图 13－6 所示。

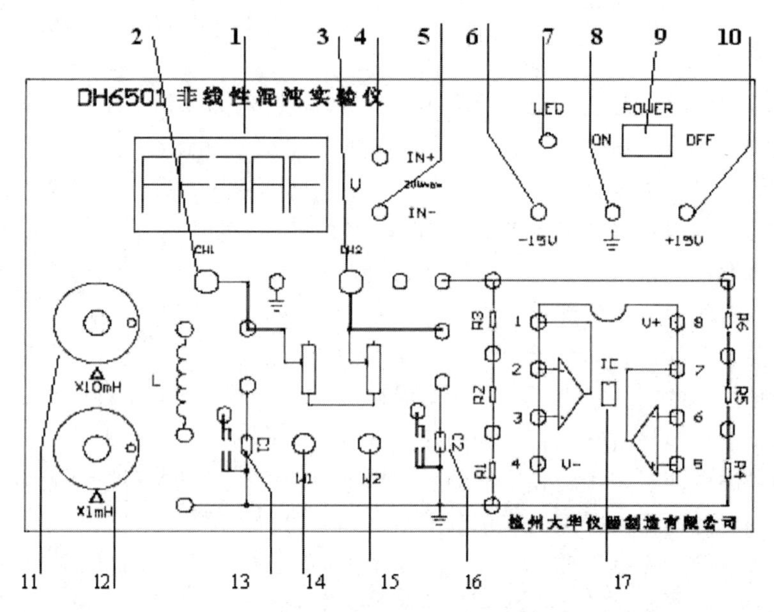

1—20V 数字电压表；2—示波器 CH_1 通道输入；3—示波器 CH_2 通道输入；4—20V 数字电压正向输入端；5—20V 数字电压反向输入端；6— -15V 电源输出；7—电源指示灯；8— ±15V 电源；9—电源开关；10— +15V 电压输出；11—电感“×10 mH”挡波段开关；12—电感“×1 mH”挡波段开关；13—LC 振荡电容；14—移相可调电阻 W_1；15—移相可调电阻 W_2；16—RC 移相电容；17—双运算放大器 TL072。

图 13-6　DH6501 型非线性混沌实验仪

实验仪主要参数如下：

1. 直流稳压输出：电压范围 ±15 V，提供运算放大器工作电压。
2. 四位半数字电压表：量程为 0～19.999 V，分辨率为 1 mV。
3. 工作电压：(220　10%) V。
4. 仪器功率：<15 W。
5. 可调电位器：W_1 为（2.2k　5%）Ω，W_2 为（220　5%）Ω。
6. 电容：C_1 为（0.1　10%）μF，C_2 为（0.01　10%）μF。
7. 电感：×10 mH 1%，×1 mH 2%。

四、实验内容与步骤

1. 混沌现象的观察

（1）按照电路原理图 13－7 进行接线，注意运算放大器的电源极性不要接反。

（2）用同轴电缆将 Q9 插座 CH_1 连接双踪示波器 CH_1 道（即 X 轴输入）；Q9 插座 CH_2 连接双踪示波器 CH_2 通道（即 Y 轴输入）。

①调节示波器相应的旋钮使其在 Y—X 状态工作，即 CH_2 输入的大小反映在示波器的水平方向；CH_1 输入的大小反映在示波器的垂直方向。

②CH_2 输入和 CH_1 输入可放在 DC 态或 AC 态，并适当调节输入增益 V/DIV波段开关，使示波器显示大小适度、稳定的图像。

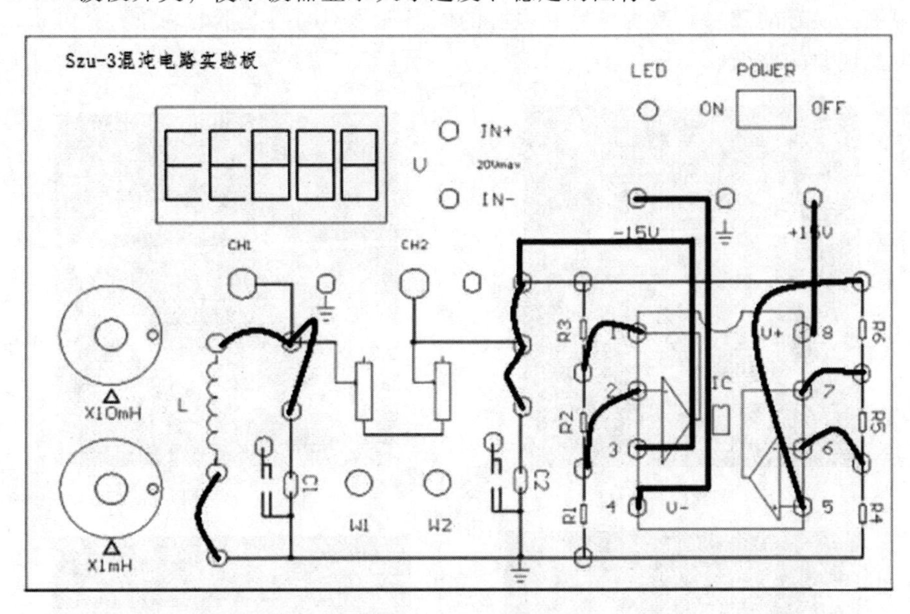

图 13－7　连线图

（3）检查接线无误后即可打开电源开关，电源指示灯点亮，此时电压表无须接入电路。

（4）非线性电路混沌的现象观测：

①首先把电感值调到 20 mH 或 21 mH。

②右旋细调电位器 W_2 到底，左旋或右旋 W_1 粗调多圈电位器，使示波器出现一个圆圈，近似略斜向的椭圆，如图 13－8（a）所示。

③左旋多圈细调电位器 W_2 少许，示波器会出现二倍周期分岔，如图 13－8（b）所示。

④再左旋多圈细调电位器 W_2 少许，示波器会出现三倍周期分岔，如图 13－8（c）所示。

⑤再左旋多圈细调电位器 W_2 少许，示波器会出现四倍周期分岔，如图 13－8（d）所示。

⑥再左旋多圈细调电位器 W_2 少许，示波器会出现双吸引子（混沌）现象，如图13－8（e）所示。

⑦观测的同时可以调节示波器相应的旋钮，来观测不同状态下，Y 轴输入或 X 轴输入的相位、幅度和跳变情况。

⑧电感的选择对实验现象的影响很大，只有选择合适的电感和电容才可能观测到最好的效果。改变电感和电容的值来观测不同情况下的现象，并分析产生此现象的原因。

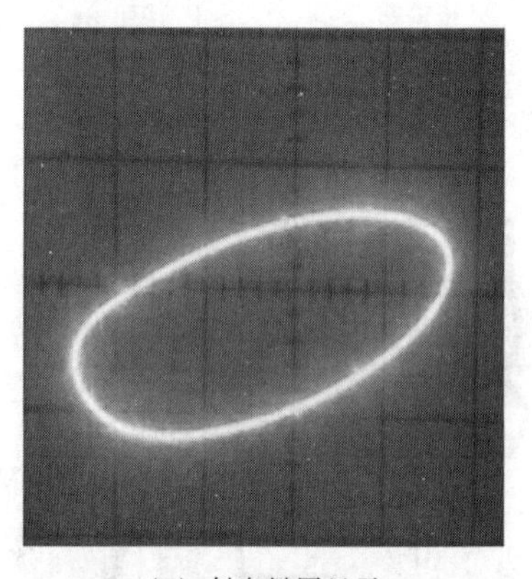

（a）斜向椭圆显示

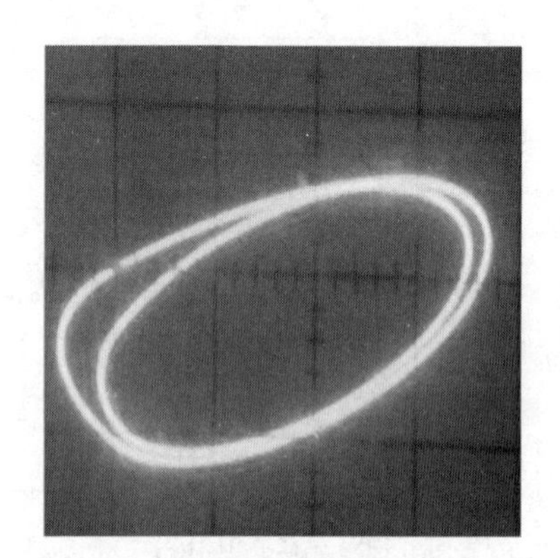

（b）二倍周期分岔

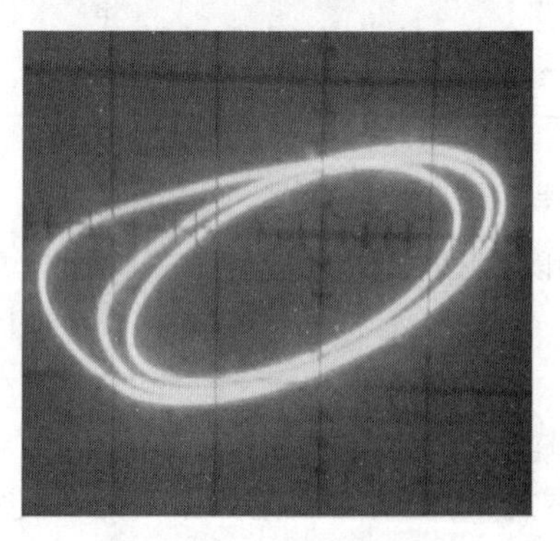

（c）三倍周期分岔

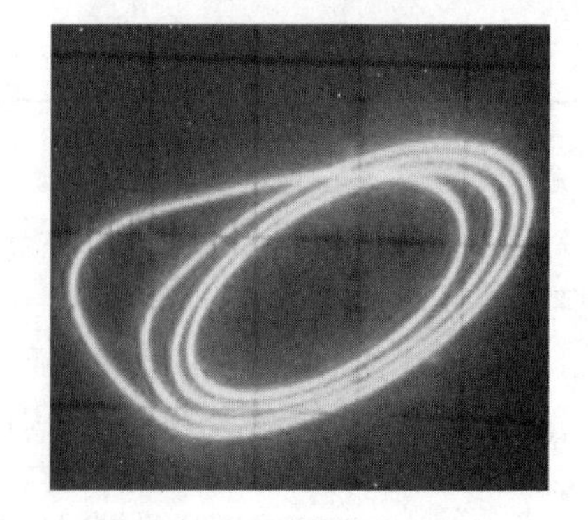

（d）四倍周期分岔

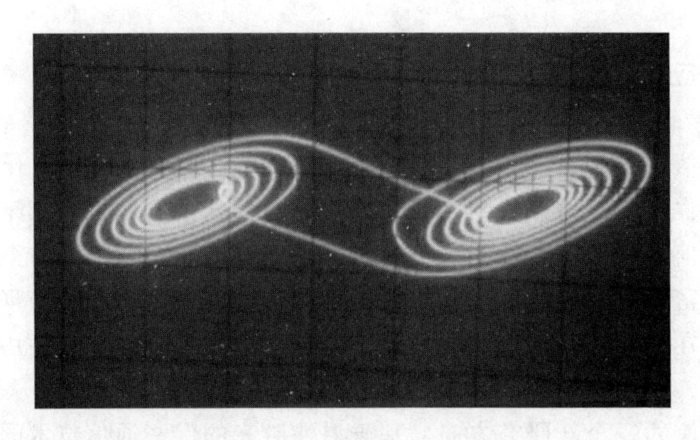

(e) 双吸引子

图 13－8　非线性电路混沌现象

2. 有源非线性负阻伏安特性的测量

(1) 测量原理如图 13－9 所示，其中电流表用一般的四位半数字万用表，注意数字电流表的正极接电压表的正极。

(2) 检查接线无误后即可开启电源。

(3) 将电阻箱电阻由 99 999.9 Ω 起由大到小调节，记录电阻箱的电阻、数字电压表以及电流表上的对应读数，并画出非线性负阻的伏安特性曲线（即 $I-U$ 曲线，通过曲线拟合做出分段曲线）。

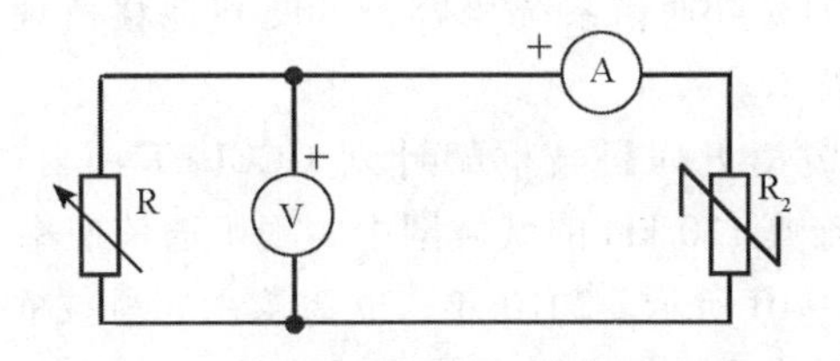

图 13－9　非线性负阻伏安特性测量电路图

五、思考题

1. 混沌保密通信的关键是什么？
2. 简述倍周期分岔、混沌、奇怪吸引子等概念的物理含义。
3. 非线性负阻元件在本实验中的作用是什么？

【技术应用】

随着通信技术和互联网逐渐向“万物互联”发展，网络的开放性、互连性、共享性程度必然增强，随之而来的信息通信安全问题也会越来越多，因此提高信息通信系统的安全性能刻不容缓。早期混沌保密通信的研究是利用混沌电路进行保密通信，但它所产生的混沌信号带宽不够，也无法与现在的光通信直接兼容。在1997年，当时还在佐治亚理工学院的Rajarshi Roy用混沌激光器之间的同步，实现了用混沌光信号（载波）对信息进行隐藏，从此开辟了混沌光保密通信的一个新研究方向，基于混沌激光的保密通信技术的研究也迎来了高潮。如今，混沌激光的应用已经深入到混沌保密通信、高速物理随机数产生、高速随机密钥分配、激光雷达，以及光时域反射仪（OTDR）等领域。

混沌激光保密通信的强大优势能为通信系统提供真正的物理层安全。混沌激光保密通信的优点有：

（1）它是硬件加密。用收、发激光器的结构参数作为密钥，避免了算法加密的安全隐患；

（2）它加解密的速度很快，因为它靠的是激光器的响应速度；

（3）它靠激光器输出的混沌波形来隐藏信息，而不再是单光子，且传输距离长；

（4）它与现行的光纤通信系统兼容，可便利地移植现有光纤通信技术中放大、波分复用等技术。

2005年，在欧盟第五届科技框架计划OCCULT项目的资助下，德、法、英等七国研究者在雅典120 km的城域网中实现了通信速率1 Gb/s的混沌激光保密通信，如图13－10所示。2010年，欧盟第六届科技框架计划PICASSO项目完成了外腔反馈混沌半导体激光器的光子集成，并在法国贝桑松100 km的城域网中完成了10 Gb/s的混沌保密通信实验。

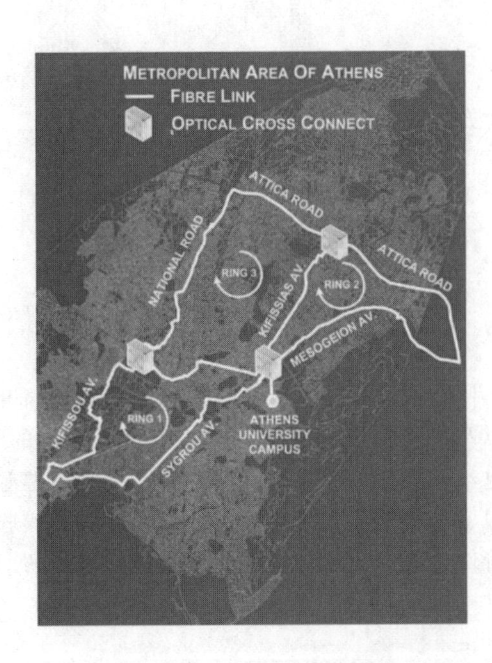

实验发送的图像

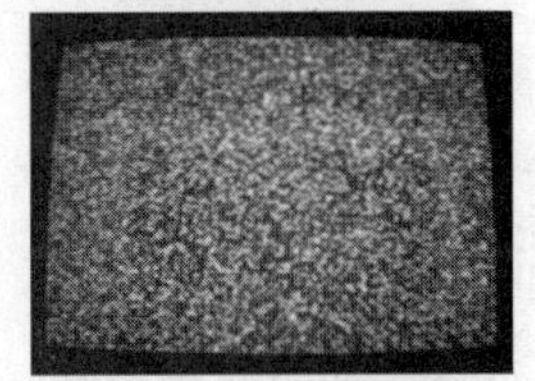
窃听者收到的图像

合法接收者收到的图像

图 13 - 10　雅典城域网中进行的混沌激光保密通信实验

实验 14　等离子体物理特性测量

【技术概述】

等离子体技术是利用等离子体完成一定工业生产目标或进行科学研究的技术。等离子体是由电子和离子以及中性粒子构成的在宏观上呈电中性的气体。不同参数范围的等离子体用途也不一样，如受控热核聚变实验中的高温等离子体、机械加工中的等离子体弧焊、材料表面处理中的冷等离子体。本实验通过观察直流放电等离子体的物理特性，对等离子体激发原理进行初步了解。

一、实验目的

1. 了解直流放电产生等离子体的原理和方法。
2. 掌握等离子体基本参数的测量方法。
3. 测量直流放电等离子体的基本物理特性。

二、实验原理

1. 气体放电

气体放电可以采用多种能量激励形式，如直流、微波、射频等。其中直流放电因为结构简单、成本低而受到广泛应用。在两电极端接入直流电，电极之间产生电场，置于电场中气体的电子和离子向相反方向运动可形成电流，电流随电压上升达到饱和。再增加电压形成暗放电，接近气体击穿时形成电晕放电。电子在外加电场中加速，其能量超过中性原子电离电位时，电子与中性原子的碰撞产生电离，新产生的电子与因碰撞丢失了能量的离子都被电场加速，在随后的碰撞中电子－离子对数量迅速增加，导致气体击穿，此过程称为雪崩效应。气体击穿后通常表现为辉光放电。继续增高电压，若电源内阻足够低，阴极电流密度超过正常值，阴极发热并发射二次电子即过渡到电弧放电，常见于电弧焊、等离子体炬中。

在辉光放电条件下，不需要外部电离源，放电可自持进行，故又称为自持辉光放电。经典的直流低气压放电在辉光放电区被明暗相间地分为八个区域，如图 14－1 所示。

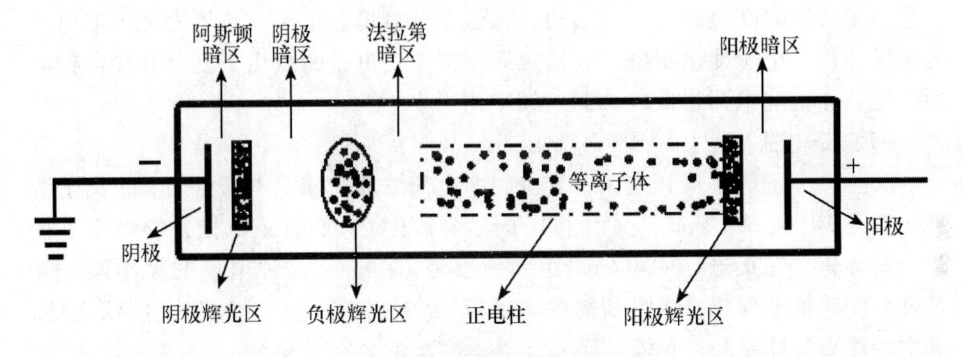

图 14－1　直流低气压辉光放电

（1）阿斯顿暗区

紧靠在阴极右边的阿斯顿暗区，是一个有强电场和负空间电荷的薄区域。它含有慢电子，这些慢电子正处于从阴极出来向前的加速过程中。在这个区域里，电子密度和能量太低，不能激发气体，所以出现了暗区。

（2）阴极辉光区

紧靠在阿斯顿暗区右边的是阴极辉光区。这种辉光在空气放电时通常是微红色或橘黄色，是由离开阴极表面溅射原子的激发，或外部进入的正离子向阴极移动形成的。这种阴极辉光有一个相当高的离子密度。阴极辉光的轴向长度取决于气体类型和气体压力。阴极辉光有时紧贴在阴极上，并掩盖阿斯顿暗区。

（3）阴极暗区

这是在阴极辉光的右边比较暗的区域，这个区域内有一个中等强度电场，有正的空间电荷和相当高的离子密度。

（4）负极辉光区

紧靠在阴极暗区右边的是负极辉光区，在整个放电过程中它的光强度最亮。负辉光中电场相当低，它通常比阴极辉光长，并在阴极侧最强。在负辉光区内，几乎全部电流由电子运载，电子在阴极区被加速产生电离，在负辉光区产生强激发。

(5) 阴极区

阴极和阴极暗区至负辉光区之间的边界之间的区域叫作阴极区。大部分功率消耗在辉光放电的极区。在这个区域内，被加速电子的能量高到足以产生电离，使负辉光区和负辉光右面的区域产生雪崩。

(6) 法拉第暗区

这个区紧靠在负辉光区的右边，在这个区域里，由于在负辉光区里的电离和激发作用，电子能量很低。在法拉第暗区中，电子密度由于复合和径向扩散而降低，净空间电荷很低，轴向电场也相当小。

(7) 正电柱

又称等离子区、正辉光区，其空间净电荷浓度为零，电子密度和正离子浓度一般为 $10^{10}\sim10^{12}/cm^3$，又由于电子迁移率很高，所以正电柱在导电率上接近于良导体。在正电柱中电场很小，一般是 1V/cm，这种电场的大小刚好满足在它的阴极端保持准中性所需的电离度。空气中正电柱为均匀或层状光柱，其中的等离子体呈粉红色至蓝色，也是本实验的研究对象。

(8) 阳极辉光区

阳极辉光区是在正电柱的阳极端的亮区，光强度比正电柱稍强一些，在各种低气压辉光放电中并不总有。它是阳极鞘层的边界。

(9) 阳极暗区

阳极暗区在阳极辉光区和阳极之间，它是阳极鞘层，有一个负的空间电荷，是在电子从正电柱向阳极运动中引起的，其电场高于正电柱的电场。

2. 等离子体的基本参数

等离子体的主要特点是气体高度电离。在极限情况下，气体的所有中性粒子被电离，在等离子区内带正电和带负电的粒子浓度几乎相等，因而形成的空间净电荷实际上为0。对于等离子体可用拉普拉斯方程式表述为

$$\nabla^2 V=4\pi(P^+-P^-)=0 \tag{14-1}$$

在等离子体中带电粒子包括：带正电的离子、带负电的电子、电子和中性粒子复合而成的负离子。描述等离子体特性的基本参量主要有：密度、温度、德拜长度以及振荡频率。

等离子体密度指单位体积内（一般以 cm^3 为单位）某带电粒子的数目。例如，300 km 高度电离层的电子密度约为 $10^6/cm^3$。通常用 n_i 表示离子浓度，用 n_e 表示电子密度。

对于平衡态等离子体（高温等离子体），温度是各种粒子热运动的平均量度；对于非平衡态等离子体（低温等离子体），由于电子、离子可以达到各自

的平衡态，故要用双温模型予以描述。一般用 T_i 表示离子温度，用 T_e 表示电子温度。

等离子体频率即等离子体振荡频率。等离子体振荡这种集体效应的频率，其大小表示等离子对电中性破坏反应的快慢。在离子体区可以观察到等离子体集体振荡现象。当等离子体中出现局部电荷分离后，会在局部产生电子过剩。它将产生一个电场，迫使电子向外运动，因此，不足将代替过剩，一个新的反向电场又将它拉回，过剩又重新出现，这种不断出现的过程就形成了等离子内部电子的集体振荡。这种振荡由于正离子质量大，可以认为是固定不动的，它们仅构成均匀正离子背景，对外呈现某一特定频率的高频场。可以用简化的图像（图 14－2）来讨论等离子体振荡是怎么来的。

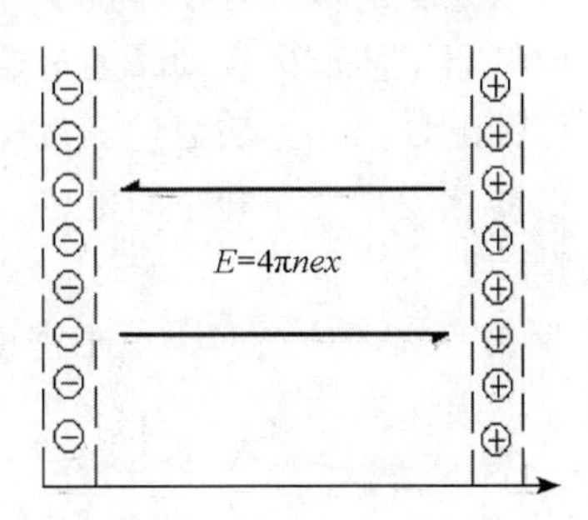

图 14－2　等离子体振荡

设两平面间的体积充满着均匀的等离子体，并且该体积中在很短的时间内产生了垂直于边界平面的电场 E，电子移动距离为 x，重离子的移动相对于电子的移动可忽略不计，n 为电子浓度，e 为电子电荷，则有

$$E = 4\pi nex \tag{14-2}$$

而每个电子的作用力则为

$$F = Ee = 4\pi ne^2 x \tag{14-3}$$

此时电子运动的方程式可写成

$$m\frac{\mathrm{d}^2 x}{\mathrm{d}t^2} = -4\pi ne^2 x \tag{14-4}$$

等离子体是含有足够数量的正、负自由带电粒子，可以导电，且其动力学行为是受电磁力支配的一种物质状态。式（14－4）为振荡方程，振荡频率为

$$\omega_{pe} = \left(\frac{4\pi ne^2}{m_e}\right)^{1/2} = 6\times10^4 n_e 1/2(\mathrm{rad}\cdot\mathrm{s}^{-1}) \tag{14-5}$$

式中，ω_{pe} 称为等离子体的电子振荡频率。

德拜长度是等离子体内电荷被屏蔽的半径，表示等离子体内能保持电中性的最小尺度。当所讨论的尺度大于德拜长度时，可以将等离子体看作是整体电中性的。当正负电荷置于等离子体内部时，会吸引周围的异性粒子，在其周围形成一个异号电的“鞘层”，从而屏蔽超过德拜长度范围电荷的影响。电子的德拜长度为

$$\lambda_D = \left(\frac{\varepsilon_0 kT_e}{ne^2}\right)^{1/2} \tag{14-6}$$

3. 等离子体参数的静电探针测量原理

静电探针测量等离子体参数的方法是由朗缪尔在1924年提出，故又称为朗缪尔探针。将一根与装置壁绝缘的探针置于等离子体中，由于等离子体与探针之间的相互作用会对局域等离子体产生扰动，通过这种扰动来获取局域等离子体参数的方法就是静电探针测量。此方法通过测量探针的伏安特性来推算出被测量等离子体的温度、密度、能量分布和空间电位。

使用静电探针需要满足：

（1）被测空间是电中性的等离子体空间，电子密度 n_e 和离子浓度 n_i 相等，电子与离子的速度满足麦克斯韦速度分布；

（2）探针周围形成的空间电荷鞘层厚度比探针面积的线度小，这样可忽略边缘效应，近似认为鞘层和探针的面积相等；

（3）电子和正离子的平均自由程比鞘层厚度大，这样可忽略鞘层中粒子碰撞引起的弹性散射、粒子激发和电离现象；

（4）探针材料与气体不发生化学反应；

（5）探针表面没有热电子和次级电子的发射。

双探针结构的探针电流 I 为

$$I = i + \tanh\left(\frac{eU}{2kT_e}\right) \tag{14-7}$$

式中，i 为电子电流；U 为探针电压；T_e 为等离子体电子温度；$e = 1.6 \times 10^{-19}$ C，为单位电荷；$k = 1.38 \times 10^{-23}$，为玻尔兹曼常数。

当探针电压超过等离子体电位时，探针表面鞘层将限制电子或离子达到探针，探针电流不再增大，此时探针电流为离子饱和流 $I_i = \frac{1}{4} en_e S \overline{v_e}$，其中 n_e 为电子密度，$\overline{v_e} = \sqrt{\frac{8kT_e}{\pi m_e}}$ 为电子平均速度，S 为探针表面积。双探针的工作示意图与伏安特性曲线如图14－3所示。

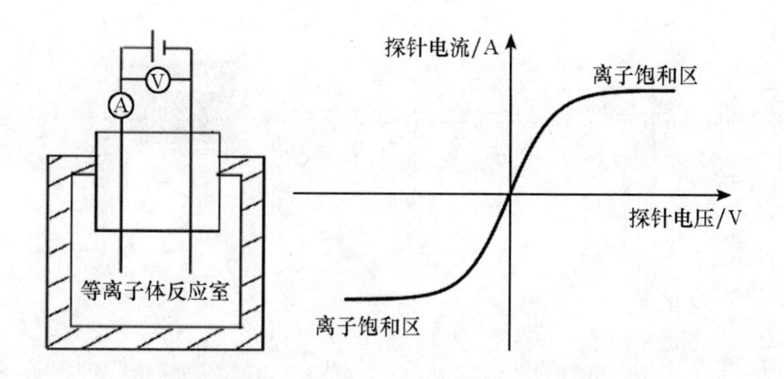

图 14－3 双探针工作示意图（左）与理想双探针伏安特性曲线（右）

将式（14－7）对 U 微分，且离子电流基本上不随 U 变化，在探针电流为零时得

$$\left.\frac{\mathrm{d}I}{\mathrm{d}U}\right|_{I=0}=\frac{eI_i}{2kT_e} \tag{14-8}$$

由此可以看到，利用实验测得的双探针特性曲线，求出 $I=0$ 处的斜率和离子饱和流，就可以分别求得等离子体电子温度和电子密度：

$$T_e=\frac{eI_i}{2k\left.\frac{\mathrm{d}I}{\mathrm{d}U}\right|_{I=0}} \tag{14-9}$$

$$n_e=\frac{4I_i}{eS\sqrt{\frac{8kT_e}{\pi m_e}}} \tag{14-10}$$

三、实验仪器及其主要技术参数

本实验使用 DH2006 直流辉光等离子体实验装置进行实验。该装置包括可拆卸的气体放电管、控制及测量系统、真空系统、进气系统和水冷系统等部分，具有结构合理、调节方便、测量参数多等特点。控制面板如图 14－4 所示。

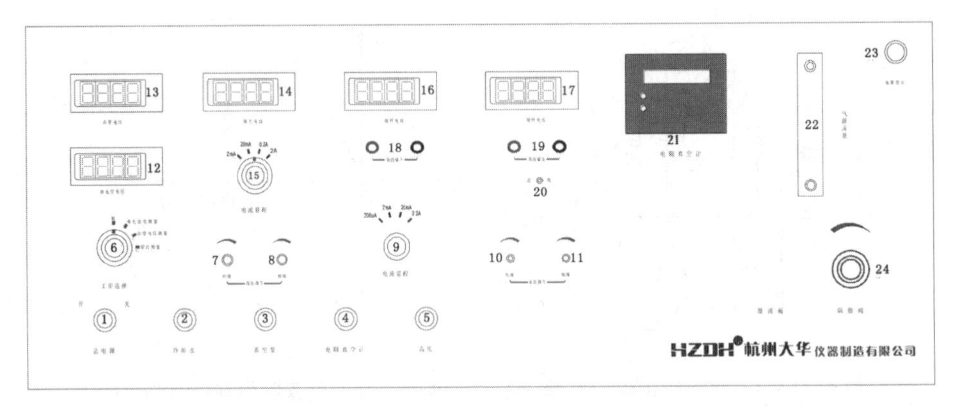

1—总电源开关；2—冷却水电源开关；3—真空泵电源开关；4—电阻真空计开关；5—高压电源开关；6—工作选择开关；7—高压调节粗调旋钮；8—高压调节细调旋钮；9—探针电流量程旋钮；10—探针电压粗调旋钮；11—探针电压细调旋钮；12—放电管电压表；13—击穿电压显示表；14—辉光电流测量表；15—辉光电流量程旋钮；16—探针电流表；17—探针电压表；18—探针电流输入端；19—探针电压输出端；20—电压输出换向开关；21—电阻真空计；22—转子流量计；23—总电源指示灯；24—高真空隔膜阀。

图 14－4　DH2006 直流辉光等离子体实验装置控制面板示意图

实验仪器的主要参数如下：

1. 工作电压：AC 220（1 ±5%）V，50 Hz。
2. 整机功率：≥1.5 kW。
3. 电极距离：20 ~ 230 mm 可调。
4. 工作气压：10 ~ 200 Pa。
5. 工作电压：0 ~ 1 500 V 连续可调，电压稳定度 1%。
6. 放电电流：10^{-6} ~ 0.3 A 可测。
7. 探针工作电压：0 ~ ±100 V，稳定度 0.5%。
8. 探针电流测量范围：0 ~ 20 mA。
9. 直流可调磁场：0 ~ 500 mT。
10. 直流恒流源：0 ~ 3 A。

四、实验内容与步骤

1. 辉光等离子体伏安特性曲线的测量

（1）选择 3 个不同的工作气压，在没有外加磁场的作用下，测量辉光放电阶段的放电电压、电流，记录实验数据。绘制电压 - 电流曲线，分析工作气压对伏安特性曲线的影响机制。

（2）取步骤（1）相同的工作气压，在外加磁场的作用下，测量辉光放电阶段的放电电压、电流，记录实验数据。自主分析其中的差异。

具体实验步骤如下：

①检查仪器的完整性，连接好所有的管路，安装好放电管部件，注意拧紧放电管固定螺帽和极板密封螺帽；

②将高压输出电源线接至放电管两端的正负极板上，注意此时操作应确保电源在关闭状态；

③安装并连接好 1403DI 双路直流可调稳流电源；

④检查水箱里有无冷却水，接通总电源；

⑤关闭转子流量计，打开隔膜阀，并依次接通冷却水电源、真空泵电源，抽取本底真空约 5 min，接通电阻真空计电源；

⑥打开转子流量计，调节气体流量到一定值，调节隔膜阀将气压稳定在所需工作气压，打开高压电源，并将工作模式调至辉光放电测量；

⑦缓慢增加电压大小，同时根据电流值大小，选择合适的电流量程，记录此时电压和电流的测量结果，要求每隔 20 V 记录一组数据，共 20 组；

⑧根据测量数据，绘制 $I-U$ 特性曲线，分析实验结果。

2. 辉光等离子体参数测量

（1）在电极距离一定的情况下，选择一定的气压和直流功率，采用朗缪尔双探针测量 $I-U$ 变化数据。

（2）根据测量数据绘制探针伏安特性曲线，利用公式计算出等离子体的电子温度和电子密度（探针表面积为 0.04 cm^2）。

具体实验步骤如下：

①将双探针与电流表和电压表串联；

②插上总电源线，接通总电源开关；

③关闭进气气源流量计旋钮，打开隔膜阀，并依次打开冷却水开关、真空泵电源开关，抽取本底真空，真空泵工作约 5 min 后接通电阻真空计电源，测量放电管内真空；

④调节气源流量至适当值，同时通过调节隔膜阀和微调阀流量，将气压稳定在所需工作气压，将工作选择打到辉光放电测量，缓慢调节高压，调节电压到所需功率；

⑤打开探针电压，缓慢调节电压，根据电流值大小，改变电流测量量程，

并依次记录下 $I-U$ 关系数据；

⑥将探针电压调为零，并关闭探针电压，将探针电源输出线反过来与探针电流表和探针电压表串联；

⑦重复上述过程，依次记录 $U-I$ 关系数据。

五、思考题

1. 直流辉光等离子体放电的主要区域包含哪些？
2. 简要说明静电探针测量方法的工作原理。
3. 参数测量实验中，直流功率和气压是否会影响测量结果？为什么？

【技术应用】

等离子体科学涵盖了受控热核聚变、低温等离子体物理及应用、国防和高技术应用、天体和空间等离子体物理等分支领域，在能源、材料、信息、环保、国防、微电子、半导体、航空、航天、冶金、生物医学、造纸、化工、纺织、通信等领域有广泛的应用。等离子体研究对人类面临的能源、材料、信息、环保等许多全局性问题的解决具有重大意义。

磁约束核聚变作为实现受控热核聚变的首选途径之一，其研究重点在于提高磁约束等离子体的约束性能。我国自主研发建造的世界上首个全超导托卡马克核聚变实验装置（EAST）在长时间稳定约束等离子体方面走在世界前列，如图 14-5 为 EAST 实验装置。2016 年，中国 EAST 物理实验获重大突破，实现在国际上电子温度达到 5000 万℃持续时间最长的等离子体放电。2017 年，EAST 在全球首次实现了超过 100 s 的稳态长脉冲高约束等离子体运行。2018 年，EAST 在 10 MW 加热功率下实现了 1 亿℃高温等离子体放电。

等离子体隐身是等离子体技术在军事方面重要应用之一。等离子体隐身是指产生并利用在飞机、舰船等武器装备表面形成的等离子云来实现规避电磁波探测的一种隐身技术。当等离子体振荡频率小于入射电磁波频率时，电磁波能够进入等离子体并在其中传播，在传播过程中，部分能量传给等离子体中的带电粒子，被带电粒子吸收，而自身能量逐渐衰减，从而让装备实现隐身。等离子体隐身的主要技术难题在于产生满足隐身需求的等离子体，现阶段要产生满足条件的等离子体需要庞大笨重的设备，但飞机、舰船的载重能力有限，难以实现等离子体隐身的有效应用。

图 14－5　EAST 实验装置全貌

实验15　热电偶温度传感器技术

【技术概述】

热电偶温度传感器技术是一种利用温差电效应将温度变化量转换为热电势大小而进行温度测量的技术，是一种应用广泛的间接测温技术，具有使用方便、结构简单、精度高、测量范围大、惯性小等特点。本实验测量温差电偶的温差电动势曲线，利用恒温热源进行定标，并利用定标后的热电偶温度传感器测量液体的温度。

一、实验目的

1. 理解温差电现象。
2. 掌握热电偶测温的基本原理和方法。
3. 学习热电偶定标基本方法。

二、实验原理

1. 温差电效应

温差电偶是利用温差电效应制作的测温元件，在温度测量与控制中有广泛的应用。如图15－1所示，用两种不同的金属构成一个闭合电路，并使两接点处于不同温度 t 和 t_0，则电路中将产生温差电动势，并且有温差电流流过，这种现象称为温差电效应。

2. 热电偶

如图 15－2 所示，将两种金属串接在一起，其两端可以和仪器相连进行测温的元件称为热电偶，又称温差电偶。热电偶的温差电动势与两接头温度之间的关系比较复杂，但是在一定温差范围内可以近似认为温差电动势 ε_t 与温度差 $t-t_0$ 成正比，即

$$\varepsilon_t = c(t - t_0) \tag{15-1}$$

式中，t 为热端的温度；t_0 为冷端的温度；c 称为温差系数或温差电偶常量。温差系数取决于组成温差电偶材料的性质：

$$c = (k/e)\ln(n_{0A}/n_{0B}) \tag{15-2}$$

式中，k 为玻耳兹曼常量；e 为电子电量；n_{0A} 和 n_{0B} 分别为两种金属单位体积内的自由电子数目。

温差电偶的测温范围可达 －270～2 500 ℃，不同的温差电偶测量的温度范围有所不同。

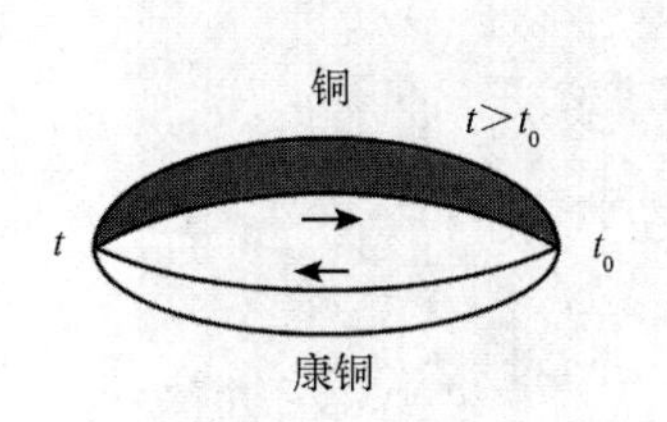

图 15－1　温差电效应

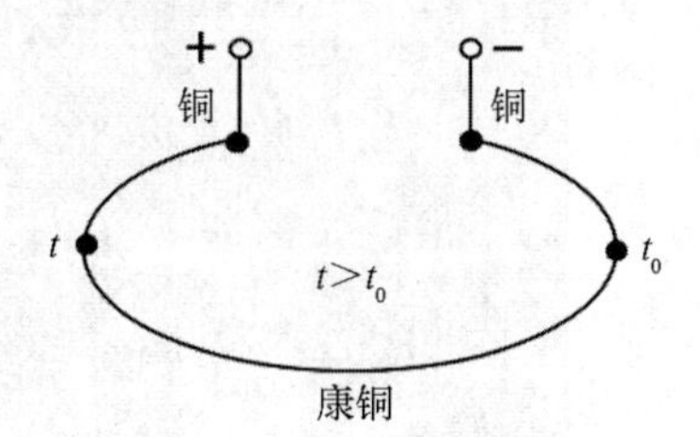

图 15－2　热电偶结构图

3. 热电偶的定标

热电偶在使用前需要定标，定标的方法一般有固定点法和比较法两种。

固定点法需要利用几种合适的纯物质。在一定气压下，将这些纯物质的沸点和熔点温度作为已知温度，测出热电偶在这些温度下对应的电动势，得到热电偶校准曲线。

定标时把冷端浸入冰水共存的保温杯中，热端插入恒温加热器中，恒温加热盘可恒温在 50～120 ℃之间。用数字万用表测定出对应点的温差电动势。以电动势 ε 为纵轴，以热端温度 t（50 ℃、60 ℃、70 ℃、80 ℃、90 ℃、100 ℃）为横轴，做出热电偶的定标曲线。有了定标曲线，就可以利用热电偶测温度。仍将冷端保持在原来的温度（$t_0=0$ ℃），将热端插入待测物中，测出此时的温差电动势，再由定标曲线，查出待测温度。

比较法是用被校热电偶与标准热电偶去测同一温度，被校热电偶测得的热

电势由标准热电偶所测的热电势校准，在被校热电偶的使用范围内改变温度，进行逐点校准，得到被校热电偶的校准曲线。

三、实验仪器

本实验使用铜－康铜热电偶、YJ－WH－IV 材料与器件温度特性综合实验仪、保温杯、数字万用表。

YJ－WH－IV 材料与器件温度特性综合实验仪由实验仪主机和相应的实验装置及实验模板组成，如图 15－3 所示。

图 15－3　实验仪器组成

YJ－WH－IV 材料与器件温度特性综合实验仪由温度控制和实验电源两部分组成，温度控制部分有两个数字温度表，上方的数字温度表显示设定温度，其大小由加热温度粗选、加热温度细选和制冷温度粗选、制冷温度细选旋钮进行调节；下方的数字温度表显示测量温度（恒定温度），其测量对象由恒温电缆输入。加热制冷开关用来控制加热和制冷的电源，加热制冷选择开关用来切换半导体制冷片的工作电流方向，选择加热或制冷功能，其指示灯用来指示控温状态。

四、实验内容与步骤

1. 测量温差电动势

（1）按照图15－4所示连接好实验装置，打开电源开关将热电偶热端置于加热制冷装置的恒温腔中，将热电偶冷端置于保温杯的冰水混合物中，用数字万用表（选择200 mV）测量出热电偶的温差电动势。

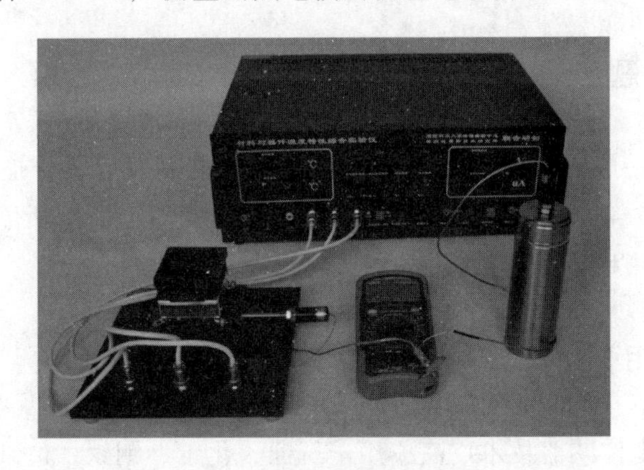

图15－4　仪器连接图

（2）设定恒温温度，如果恒温温度低于室温，则恒温选择为制冷，顺时针调节“制冷温度粗选”和“制冷温度细选”到所需温度（如0.00 ℃）；打开加热/制冷开关，恒温指示灯发亮（制冷状态），同时观察恒温腔温度的变化。当恒温加热盘温度达到恒温状态时，恒温指示开关指示灯闪烁或变暗，待恒温腔温度不再变化后比较恒定温度与设定温度的差别 Δt，根据 Δt 的大小仔细微调制冷温度细选旋钮，使恒定温度稳定在所需温度（如0.00 ℃），用数字万用表测量出所选择温度时的温差电动势。

如果恒温温度高于室温，则恒温选择为加热，操作方法参考制冷。

2. 热电偶定标

选择恒温腔的温度为10.00 ℃、20.00 ℃、30.00 ℃、…、90.00 ℃、100.00 ℃，热电偶冷端不变，测量不同温度下的温差电动势，做出热电偶的定标曲线。

3. 利用热电偶测温

将冷端置于保温杯中，将热端插入待测物中，测出此时的温差电动势，再由定标曲线，查出待测温度。

五、实验注意事项

1. 实验时需要等恒温腔温度稳定。
2. 数字万用表选择 200 mV 挡。
3. 由于传热需要一段时间，需要等数字万用表数值不变时再测量。

六、思考题

1. 热电偶一般由两种金属构成，但实际应用中为了便于连线，通常在热电偶回路中接入第三种材料，第三种材料的接入是否会影响所测量的电动势？
2. 如何利用比较法进行热电偶的定标？

【技术应用】

热电偶温度传感器技术广泛应用于石油、化工、钢铁、造纸、热电、核电等行业的高温测量，如图 15－5 所示为某类型的热电偶传感器。适于制作热电偶的材料有 300 多种，其中广泛应用的有 40～50 种。国际电工委员会向世界各国推荐 8 种热电偶作为标准化热电偶。我国标准化热电偶也有 8 种：铂铑 10－

图 15－5　热电偶传感器

铂（分度号为 S）、铂铑 13 - 铂（R）、铂铑 30 - 铂铑 6（B）、镍铬 - 镍硅（K）、镍铬 - 康铜（E）、铁 - 康铜（J）、铜 - 康铜（T）和镍铬硅 - 镍硅（N）。

铂铑 10 - 铂热电偶（S）。铂铑丝为正极，纯铂丝为负极，热电性能好，抗氧化性强，宜在氧化性、惰性气氛中连续使用。在所有的热电偶中，它的准确度等级最高，通常用作标准或测量高温的热电偶，其使用温度范围广（0 ~ 1 600 ℃），均质性及互换性好。该热电偶价格昂贵，热电势较小，需配灵敏度高的显示仪表。长期使用温度为 1 400 ℃以下。

镍铬 - 镍硅热电偶（K）。镍铬为正极，镍硅为负极，使用温度范围宽（50 ~ 1 300 ℃），高温下性能较稳定，热电动势和温度的关系近似线性，价格便宜，是目前用量最大的一种热电偶。该热电偶适于在氧化性、惰性气氛中连续使用，短期使用温度为 1 200 ℃以下，长期使用温度为 1 000 ℃以下。

镍铬 - 康铜热电偶（E）。镍铬为正极，康铜为负极，最大特点是在常用热电偶中热电动势最大，灵敏度最高，适宜在 250 ~ 870 ℃范围内的氧化性或惰性气氛中使用，尤其适宜在 0 ℃以下使用。在湿度大的情况下，较其他热电偶耐腐蚀。

铜 - 康铜热电偶（T）。纯铜为正极，康铜为负极，在金属热电偶中准确度最高，热电丝均匀性好，使用温度范围为 - 200 ~ 350 ℃。

热电偶温度传感器的不足：热电偶传感器的灵敏度普遍较低，容易受到外部环境的信号干扰，容易被前置放大器温度漂移所影响，因此热电偶传感器不适宜用于测量很微小的温度变化。

实验 16　铂热电阻温度传感器技术

【技术概述】

铂热电阻温度传感器技术是一种利用金属铂丝电阻值随温度变化的特性，将温度测量转换为电阻值测量的技术，具有稳定性好、热响应时间短、使用范围广、安装方便、寿命长等特点。本实验测量铂热电阻温度特性曲线，并利用铂热电阻温度传感器测量液体的温度。

一、实验目的

1. 了解金属电阻与温度的关系。
2. 掌握金属铂电阻温度系数的测定原理与方法。

二、实验原理

金属电阻是与温度相关的物理量，一般来说，温度不同，导体内晶格点阵的热运动不同，对晶格点阵的规律性有所破坏，对自由电子的阻碍增加，电阻增大。在通常温度下，金属电阻与温度之间存在着近似线性的关系

$$R = R_0(1 + \alpha t) \tag{16-1}$$

式中，R 为温度 t 时的电阻；R_0为 0 ℃时的电阻；α 为电阻温度系数，其物理意义是当温度改变 1℃，电阻值的相对变化。严格来说，α 也是和温度相关的函数，但在一定温度范围内，α 的变化很小，可以近似看成常数。而对于半导体，一般温度升高时，自由电子数量增加，电阻减小，电阻温度系数为负值。

利用电阻与温度的变化，可以通过测量电阻间接测量温度，制成温度传感器。一般能够用于制作热电阻温度传感器的金属材料必须具备以下特性：电阻

温度系数要尽可能大和稳定，电阻值与温度之间应具有良好的线性关系；电阻率高，热容量小，反应速度快；材料的复现性和工艺性好，价格低；在测量范围内物理和化学性质稳定。目前应用最广的材料是铂和铜。

在 0～630.74 ℃范围内，金属铂电阻与温度的关系可以表示为

$$R = R_0(1 + At + Bt^2) \tag{16-2}$$

而在 −200～0 ℃的温度范围内则可以表示为

$$R = R_0[1 + At + Bt^2 + C(t - 100)t^3] \tag{16-3}$$

式中，A、B、C 为温度系数，由实验测量得到，通常 $A = 3.908\ 02 \times 10^{-3}$ ℃$^{-1}$，$B = -5.801\ 95 \times 10^{-7}$ ℃$^{-2}$，$C = -4.273\ 50 \times 10^{-12}$ ℃$^{-4}$。

要确定电阻 R 与温度 t 的关系，首先要确定 R_0 的数值，R_0 值不同时，R 与 t 的关系不同。目前国内一般工业用标准铂电阻 R_0 值有 10 Ω、100 Ω 和 500 Ω 等，并将电阻值 R 与温度的相应关系统一列成表格，称其为铂电阻的分度表，分度号分别用 Pt 10、Pt 100 和 Pt 500 等表示。其中，Pt 100 分度表如表 16－1 所示。

表 16－1　Pt 100 分度表（0～109 ℃）

温度/℃	0	1	2	3	4	5	6	7	8	9
	电阻值/Ω									
0	100	100.39	100.78	101.17	101.56	101.95	102.34	102.73	103.12	103.51
10	103.9	104.29	104.68	105.07	105.46	105.85	106.24	106.63	107.02	107.4
20	107.79	108.18	108.75	108.96	109.35	109.73	110.12	110.51	110.9	111.28
30	111.67	112.06	112.45	112.83	113.22	113.61	114.99	114.38	114.77	115.15
40	115.54	115.93	116.31	116.7	117.08	117.47	117.85	118.24	118.62	119.01
50	119.4	119.78	120.16	120.55	120.93	121.32	121.7	122.09	122.47	122.86
60	123.24	123.62	124.01	124.39	124.77	125.16	125.54	125.92	126.31	126.69
70	127.07	127.45	127.84	128.22	128.6	128.98	129.37	129.75	130.13	130.51
80	130.89	131.27	131.66	132.04	132.42	132.8	133.18	133.56	133.94	134.32
90	134.7	135.08	135.46	135.84	136.22	136.6	136.98	137.36	137.74	138.12
100	138.5	138.88	139.26	139.64	140.02	140.39	140.77	141.315	141.53	141.91

铂热电阻在常用的热电阻中准确度较高，国际温标 ITS－90 中还规定，将

具有特殊构造的铂电阻作为 -259.66 ~ 961.78 ℃标准温度计使用。铂电阻广泛用于 -200 ~ 850 ℃范围内的温度测量，工业中通常工作在600 ℃以下。

在实验中，由于 B、C 的系数比 A 小很多，一般情况可忽略不计，可将电阻与温度看成线性关系。热电阻除常用的铂丝之外，还有铜、镍、铁、铁 - 镍、钨、银等金属材料都可制成热电阻。

三、实验仪器

本实验使用 YJ - WH - IV 材料与器件温度特性综合实验仪（如图 16 - 1 所示）、Pt 100 温度传感器、数字万用表。

图 16 - 1　YJ - WH - IV 材料与器件温度特性综合实验仪

四、实验内容与步骤

1. 测量 Pt 100 的温度特性曲线

（1）安装好实验装置，连接好电缆线，打开电源开关，将金属电阻 Pt 100 置于恒温腔中，用数字万用表 200 Ω 挡测量出金属电阻 Pt 100 的阻值。

（2）设定恒温温度，如果恒温温度低于室温，则恒温选择为制冷，顺时针调节“制冷温度粗选”和“制冷温度细选”到所需温度（如 0.00 ℃），打开加热/制冷开关，恒温指示灯发亮（制冷状态），同时观察恒温腔温度的变化。当恒温加热盘温度达到恒温状态时，恒温指示开关指示灯闪烁或变暗，待恒温腔温度不再变化后比较恒定温度与设定温度的差别 Δt，根据 Δt 的大小仔细微调制冷温度细选旋钮，使恒定温度稳定在所需温度（如0.00 ℃），用数字万用表测量出所选择温度时金属电阻Pt 100的阻值。

如果恒温温度高于室温，则恒温选择为加热，操作方法参考制冷。

（3）重复以上步骤，选择恒温腔的温度为10.00 ℃、20.00 ℃、30.00 ℃、…、90.00 ℃、100.00 ℃，分别用数字万用表测量出所选择温度下金属电阻Pt 100的阻值，根据上述实验数据，绘出铂热电阻温度特性曲线，通过图解法得到Pt 100的电阻温度系数。

2. 利用Pt 100测量未知温度

将Pt 100放置在未知温度热源中，测量电阻值，计算热源温度。

五、实验注意事项

1. 供电电源插座必须良好接地。
2. 在整个电路连接好之后才能打开电源开关。
3. 严禁带电插拔电缆插头。

六、思考题

1. 目前在热电阻中，使用广泛的是铂热电阻和铜热电阻，查找资料说明它们各有什么特性？
2. 导体电阻温度系数是否都为正值？金属电阻温度系数是否都为正值？

【技术应用】

铂热电阻使用比较广泛的是Pt 10和Pt 100，测温范围均为 −200 ~ 850 ℃。Pt 10的感温元件是用较粗的铂丝绕制而成，耐温性能明显优于Pt 100，主要用于650 ℃以上的温区。Pt 100的分辨率比Pt 10的大一个数量级，对二次仪表的要求相应低一个数量级，因此在650 ℃以下温区测温多选用Pt 100。影响铂热电阻使用温区的主要因素之一是感温元件骨架材质，常见的有陶瓷元件、玻璃元件、云母元件，感温元件由铂丝分别绕在相应材质骨架上，再经过复杂的工艺加工而成。由于骨架材料本身的性能不同，陶瓷元件适用于850 ℃以下温区，玻璃元件适用于550 ℃以下温区。近年来，市场上出现了大量的厚膜和薄膜铂热电阻感温元件，厚膜铂热电阻元件是用铂浆料印刷在玻璃或陶瓷底板上；薄膜铂热电阻元件（如图 16－2 所示）是用铂浆料溅射在玻璃或陶瓷底板上，再经光刻加工而成。这类感温元件仅适用于－70～500 ℃温区，但这种感温元件省料，可机械化大批量生产，效率高，价格便宜。

图 16－2　薄膜铂热电阻元件（与硬币大小相比更小）

实验 17　PN 结温度传感器技术

【技术概述】

PN 结温度传感器技术是一种利用二极管、三极管 PN 结的正向电压随温度变化特性而实现温度测量的技术，具有体积小、响应快、线性好、使用方便等特点。本实验测量并描绘 PN 结在不同电流情况下的正向压降随温度的变化，得到 PN 结的正向压降随工作电流和温度变化特性，利用该特性即可实现温度测量。

一、实验目的

1. 了解 PN 结正向压降随温度变化的关系。
2. 测绘 PN 结正向压降温度变化曲线。
3. 学习用 PN 结正向压降测量温度的方法。

二、实验原理

热电偶、热敏电阻和测温电阻器等温度传感器都有各自的优缺点，例如，热电偶适用温度范围宽，但灵敏度低且需要参考温度；热敏电阻灵敏度高、热响应快、体积小，缺点是非线性，且一致性较差，这对于仪表的校准和调节均感不便；测温电阻如铂电阻有精度高、线性好的优点，但灵敏度低且价格较贵。而 PN 结温度传感器则有灵敏度高、线性较好、热响应快、体小轻巧和易集成化等优点，应用日益广泛。

将 P 型半导体和 N 型半导体制作在同一块半导体基片上，在它们的交界面就形成空间电荷区，称为 PN 结。PN 结一边是 P 区，一边是 N 区。只有当 P 区电位高于 N 区电位，PN 结才导通，且是从 P 区到 N 区的导通，否则会产生反向截止。当P区加正向电压时，P区的空穴在电源正极的排斥下向N区移动，到N区后又在电源负极的吸引下向负极移动，形成正向电流 I_F。

理想PN结的正向电流 I_F 和正向压降 U_F 成指数关系

$$I_F = I_s \exp\left(\frac{qU_F}{kT}\right) \tag{17-1}$$

式中，q 为电子电荷；k 为玻尔兹曼常数；T 为绝对温度；I_s 为反向饱和电流，与PN结材料的禁带宽度以及温度有关。同时，可以证明

$$I_s = CT^r \exp\left(-\frac{qU_{g(0)}}{kT}\right) \tag{17-2}$$

式中，C 是与结面积、掺质浓度等有关的常数，r 通常取3.4，$U_{g(0)}$ 为绝对零度时PN结材料的导带底和价带顶的电势差。

由式（17-1）、式（17-2）可得正向电流和温度函数的表达式为

$$U_F = U_{g(0)} - \left(\frac{k}{q}\ln\frac{C}{I_F}\right)T - \frac{kT}{q}\ln T^r = U_1 + U_{n1} \tag{17-3}$$

其中 $U_1 = U_{g(0)} - (\frac{k}{q}\ln\frac{C}{I_F})T$，$U_{n1} = -\frac{kT}{q}\ln T^r$。式（17-3）即为PN结温度传感器的基本方程。在固定 I_F 的情况下，从式（17-3）可以看出正向压降只随温度 T 变化。其中 U_1 随温度 T 线性变化，但 U_{n1} 随温度 T 非线性变化。

下面分析非线性项 U_{n1} 的影响。设温度由 T_1 变为 T 时，正向电压由 U_{F1} 变为 V_F，由式（17-3）可得

$$U_F = U_{g(0)} - (U_{g(0)} - U_{F1})\frac{T}{T_1} - \frac{kT}{q}\ln\left(\frac{T}{T_1}\right)^r \tag{17-4}$$

如果按照线性温度响应，U_F 取如下形式

$$U_{理想} = U_{F1} + \frac{\partial U_{F1}}{\partial T}(T - T_1) \tag{17-5}$$

$\frac{\partial U_{F1}}{\partial T}$ 为 $U_F - T$ 曲线的斜率，且不随温度 T 改变。由式（17-3）可得

$$\frac{\partial U_{F1}}{\partial T} = -\frac{U_{g(0)} - U_{F1}}{T_1} - \frac{k}{q}r \tag{17-6}$$

所以

$$\begin{aligned} U_{理想} &= U_{F1} + \left(-\frac{U_{g(0)} - U_{F1}}{T_1} - \frac{k}{q}r\right)(T - T_1) \\ &= U_{g(0)} - (U_{g(0)} - U_{F1})\frac{T}{T_1} - \frac{k}{q}(T - T_1)r \end{aligned} \tag{17-7}$$

由理想线性温度响应式（17-7）和实际响应式（17-4）相比较，可得

实际响应对线性的理论偏差为

$$\Delta U = U_{理想} - U_F = -\frac{k}{q}(T - T_1)r + \frac{kT}{q}\ln\left(\frac{T}{T_1}\right)^r \qquad (17-8)$$

设 $T_1 = 300$ K，$T = 310$ K，由式（17－8）可得 $\Delta U = 0.048$ mV，而相应的 U_F的改变量约为 20 mV，因此误差较小。不过当温度变化范围增大时，U_F温度响应的非线性误差将有所递增，这主要由于 r 因子变化所致。

在恒流供电条件下，PN 结的 U_F对 T 的依赖关系主要取决于线性项 U_1，即正向压降几乎随温度升高而线性下降，这就是 PN 结测温的理论依据。

上述结论仅适用于杂质全部电离、本征激发可以忽略的温度区间（对于通常的硅二极管来说，温度范围为 －50～150 ℃）。如果温度低于或高于上述范围，由于杂质电离因子减小或本征载流子迅速增加，$U_F - T$ 关系将产生新的非线性变化，与 PN 结的材料相关。

三、实验仪器

本实验使用 YJ－WH－IV 材料与器件温度特性综合实验仪（如图 17－1 所示）、实验装置、PN 结温度传感器、PN 结数字温度计设计实验模板、数字万用表。

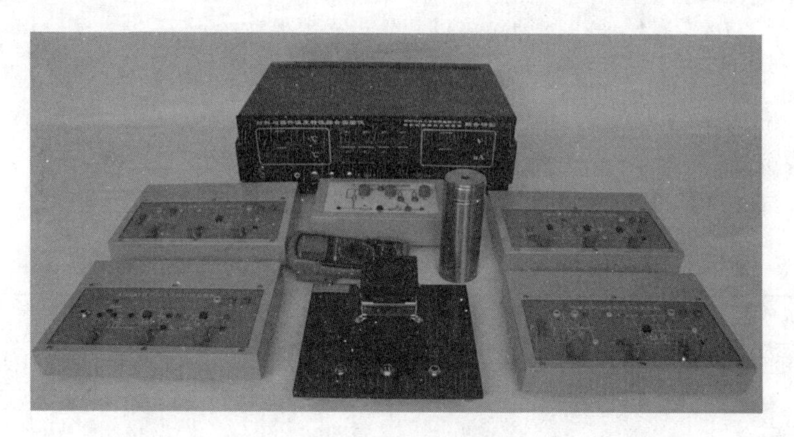

图 17－1　YJ－WH－IV 材料与器件温度特性综合实验仪

四、实验内容与步骤

1. 安装好实验装置，连接好电缆线，打开电源开关，将 PN 结温度传感器置于恒温腔中，将实验装置电缆线与实验仪主机相连。

2. 将 PN 结温度传感器接入 PN 结数字温度计设计实验模板 PN 接口，并用导线与数字电压表相连，电压测量选择 2 V 挡，用导线将实验仪恒流输出与 PN 结相连，恒流调节到 100 μA。

3. 设定恒温温度，如果恒温温度低于室温，则恒温选择为制冷，顺时针调节“制冷温度粗选”和“制冷温度细选”到所需温度（如 0.00 ℃），打开加热/制冷开关，恒温指示灯发亮（制冷状态），同时观察恒温腔温度的变化。当恒温加热盘温度达到恒温状态时，恒温指示开关指示灯闪烁或变暗，待恒温腔温度不再变化后比较恒定温度与设定温度的差别 ΔT，根据 ΔT 的大小仔细微调制冷温度细选旋钮，使恒定温度稳定在所需温度（如 0.00 ℃），记下对应 PN 结正向压降 U_1；再将 PN 结恒流调节到 50 μA，保持温度不变，记下对应的 PN 结正向压降 U_1'。

如果恒温温度高于室温，则恒温选择为加热，操作方法参考制冷。

4. 重复以上步骤，选择恒温腔的温度为 10.00 ℃、20.00 ℃、30.00 ℃、…、90.00 ℃、100.00 ℃时，分别测量出其对应的正向压降 U_2、U_3、U_4、U_5、U_6、U_7、U_8、U_9、U_{10}、U_{11}值和 U_2'、U_3'、U_4'、U_5'、U_6'、U_7'、U_8'、U_9'、U_{10}'、U_{11}'。

5. 描绘 $\Delta U-T$ 曲线，求出 PN 结正向压降随温度变化的灵敏度 S（mV/℃），即曲线斜率。

6. 如表 17 – 1 所示，记录实验数据，比较两组测量结果。

表 17 – 1　实验数据记录表格

I_F	参数	1	2	3	……	10	11
100μA	T_R	0℃	10℃	20℃		90 ℃	100 ℃
	U_F						
	ΔU	0					
	S						

（续表）

I_F	参数	1	2	3	……	10	11
50μA	T'_R						
	U'_F						
	$\Delta U'$	0					
	S'						

五、实验注意事项

1. 供电电源插座必须良好接地。
2. 在整个电路连接好之后才能打开电源开关。
3. 严禁带电插拔电缆插头。

六、思考题

1. 测 $U_{F(0)}$ 或 $U_{F(T_R)}$ 的目的何在？为什么实验要求测 $\Delta U-T$ 曲线而不是 U_F-T曲线？

2. 测 $\Delta U-T$ 为何按 ΔU 的变化读取 T，而不是按自变量 T 读取 ΔU？

3. 在测量 PN 结正向压降和温度的变化关系时，是温度高时 $\Delta U-T$ 线性好，还是温度低时好？

4. 测量时，为什么温度必须在 $-50\sim150$ ℃范围内？

【技术应用】

PN 结温度传感器具有体积小、响应快、线性好、使用方便等特点，在粮食储运、冷藏、供暖、石油、化工、印染温度检测以及医疗等领域都具有广泛应用。

1. 冷藏和供暖温度检测的应用

应用配置 PN 结温度传感器的温度测控仪表，操作者可在办公室里直接从仪表上监测冷库各个部位的温度，同时将值打印下来，减少了食品污染和职工患职业病的机会。锅炉安装配置 PN 结温度传感器的温度测控仪表，能进行自动巡回检测、自动打印记录，并随时监测锅炉的温度，避免或减少意外事故的发生，提高工业自动化水平。

2. 石油、化工、印染温度检测的应用

在石油、化工、印染等行业中，测温条件苛刻，测温范围一般在 -50～150 ℃ 之间，有时需要用 2 m 长的温度计才能测出深处的温度，操作人员要爬到高处去观看，忍受高温及有毒气体的侵袭，影响操作者的健康，而且精度低、误差大，产品质量也不能保证。由于 PN 结温度传感器有较好的互换性，其连接导线可按实际需要设计尺寸，易于弯曲折叠，方便安装，操作人员可以在方便、安全的地方，随时从配套仪表上读出被测区域的精确温度。

实验18　热敏电阻温度传感器技术

【技术概述】

热敏电阻温度传感器技术是一种利用热敏元件电阻值随温度变化的特性，将温度测量转换为电阻值测量的技术，具有灵敏度高、体积小、易加工、稳定性好、过载能力强、使用方便等特点。电阻与温度一般不具备线性关系。本实验测量并描绘热敏电阻温度特性曲线，得到热敏电阻温度特性，通过测量热敏电阻阻值即可得到该热敏电阻的温度。

一、实验目的

1. 了解热敏电阻阻值随温度的变化关系。
2. 研究热敏电阻温度特性。

二、实验原理

金属导体的电阻与温度相关，通常电阻随温度的增加而升高。而热敏电阻是一种电阻随温度变化而敏感变化的半导体元件。热敏电阻在一定温度范围内，电阻率 ρ 随温度 t 的变化而显著变化，如图 18－1 所示。热敏电阻温度传感器能将温度的变化转换成电量的变化。热敏电阻通常可分为三类：负温度系数热敏电阻（NTC）、正温度系数热敏电阻（PTC）和临界温度热敏电阻（CTR）。PTC 和 CTR 型热敏电阻在某些温度范围内，其电阻值会产生急剧变化，适合于某些狭窄温度范围内一些特殊应用，而 NTC 型热敏电阻可用于较宽温度范围的测量。

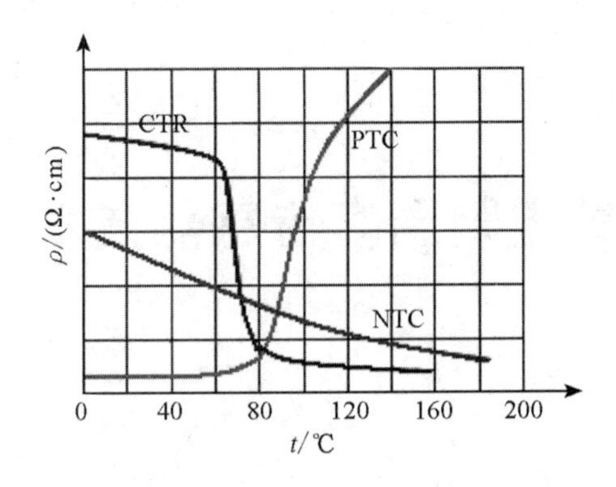

图 18－1　热敏电阻温度特性曲线

与金属电阻相比，热敏电阻具有以下特点：①电阻温度系数大，温度测量的灵敏度也比较高；②体积小，比如目前最小的珠状热敏电阻的尺寸可达 Φ 0.2 mm，因此热容量也很小，可进行点温度或表面温度以及快速变化温度的测量；③电阻值大（$10^2 \sim 10^5\ \Omega$），因此可以忽略线路导线电阻和接触电阻等的影响，特别适用于远距离的温度测量和控制；④制造工艺比较简单，价格便宜。热敏电阻的温度测量范围较窄。

NTC 型热敏电阻通常是由一些金属氧化物，如钴、锰、镍、铜等的氧化物，采用不同比例的配方，经高温烧结而成，然后采用不同的封装形式制成珠状、片状、杆状、垫圈状等各种形状。NTC 型热敏电阻值与温度的关系可以用经验公式表示为

$$R_T = A\mathrm{e}^{B/T} \tag{18-1}$$

式中，R_T为温度 T（绝对温度）时的电阻值；A 和 B 为与热敏电阻的材料和结构有关的常数。由式（18－1）可得到当温度为 T_0时的电阻值为

$$R_0 = A\mathrm{e}^{B/T_0} \tag{18-2}$$

从式（18－1）和式（18－2）可得

$$R_T = R_0\mathrm{e}^{B(1/T-1/T_0)} \tag{18-3}$$

其中常数 B 可以通过实验来测定。将上式两边取对数得

$$\ln R_T = \ln R_0 + B(1/T - 1/T_0) \tag{18-4}$$

从式（18－4）可以看出，$\ln R_T$与 $1/T$ 呈线性关系，通过图解法可以得到常数 B。

对式（18－4）两边微分，可得

$$\mathrm{d}R_T/R_T = -(B/T^2)\mathrm{d}T \tag{18-5}$$

定义热敏电阻的温度系数为

$$\alpha_T = (1/R_T) \times (\mathrm{d}R_T/\mathrm{d}T) = -B/T^2 \tag{18-6}$$

由式（18-6）可以看出，α_T随温度降低而迅速增大。热敏电阻的温度系数α_T一般是与温度相关的函数，决定热敏电阻在工作范围内的温度灵敏度。通过测量热敏电阻的R_T随温度T的变化，做出R_T-T曲线，通过温度T点做曲线切线可以得到$\mathrm{d}R_T/\mathrm{d}T$，进而可以得到温度系数$\alpha_T$。

三、实验仪器

本实验使用YJ-WH-IV材料与器件温度特性综合实验仪（如图18-2所示）、热敏电阻和数字万用表。

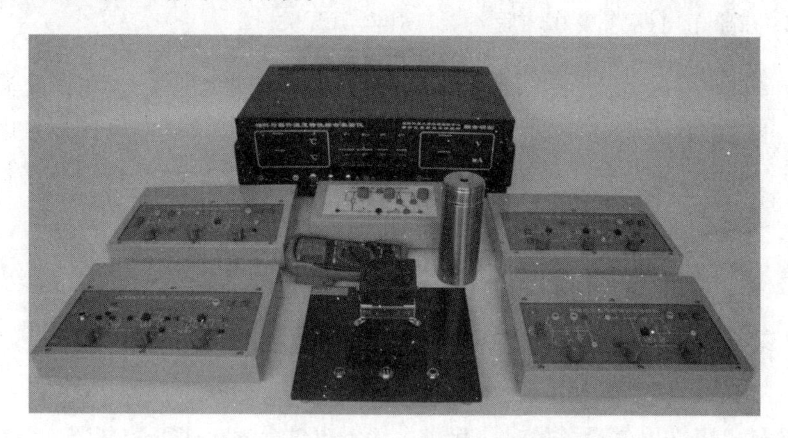

图18-2 YJ-WH-IV材料与器件温度特性综合实验仪

四、实验内容与步骤

1. 安装好实验装置，连接好电缆线，打开电源开关，将NTC热敏电阻置于恒温腔中，数字万用表调至20 kΩ挡，测量出NTC热敏电阻的阻值。

2. 设定恒温温度，如果恒温温度低于室温，则恒温选择为制冷，顺时针调节“制冷温度粗选”和“制冷温度细选”到所需温度（如0.00 ℃），打开加热/制冷开关，恒温指示灯发亮（制冷状态），同时观察恒温腔温度的变化。当恒温加热盘温度达到恒温状态时，恒温指示开关指示灯闪烁或变暗，待恒温腔温度不再变化后比较恒定温度与设定温度的差别Δt，根据Δt的大小仔细微调制冷温度细选旋钮，使恒定温度稳定在所需温度（如 0.00 ℃）。用数字万用表测量出所选择温度时热敏电阻的阻值。

如果恒温温度高于室温，则恒温选择为加热，操作方法参考制冷。

3. 重复以上步骤，选择恒温腔的温度为 10.00 ℃、20.00 ℃、30.00 ℃、…、90.00 ℃、100.00 ℃，分别用数字万用表测量出所选择温度下热敏电阻的阻值。

4. 根据上述实验数据，绘出 $R-t$ 曲线和 $\ln R_T$ 与 $1/T$ 关系曲线。

五、实验注意事项

1. 供电电源插座必须良好接地。
2. 在整个电路连接好之后才能打开电源开关。
3. 严禁带电插拔电缆插头。

六、思考题

1. 实验过程中有哪些因素影响实验测量精度？
2. 如何利用热敏电阻和非平衡电桥实现温度的测量？

【技术应用】

热敏电阻在电气设备的过热保护、无触点继电器、恒温控制器、自动增益控制、电机启动、时间延迟电路、温度补偿等方面具有广泛应用。

1. 抑制浪涌电流

开关电源电路、照明电路等在开机瞬间都会有极大的浪涌脉冲电流。在开关打开时，交流部分的线路上会呈现非常低的阻抗值，此时线路中若没有保护元件，其浪涌电流可达正常工作电流的 10 ~ 100 倍，烧断保险丝或损坏电路。利用 NTC 热敏电阻的电流 - 电压特性和电流 - 时间特性将它与负载串联，可有效地抑制浪涌电流。在交流线路上或是在桥式整流器的直流输出处串联 NTC 热敏电阻，当电源开关打开时，NTC 热敏电阻处于冷态状态，电阻值较大，可有效抑制流经电阻体的浪涌脉冲电流，在浪涌脉冲电流和工作电流的双重作用下，NTC 热敏电阻温度就会上升，由于其本身具有负温度系数之特性，温度升高，电阻值急剧下降。在稳态负载电流下，其电阻值将会很小，只有冷态状态下的 1/20 ~ 1/50，对电流的限制作用会较小，消耗的功率很小，不会影响到整个电源的效率。

2. 温度补偿

在各种交直流电路中，大部分的元器件都是正温度系数特性的，如线圈、LCD 显示屏、晶体管、石英振荡器等。精密电路受到温度影响后，会产生零点温度漂移或灵敏度温度漂移，如果要在较广的温度范围内具有良好的工作状态，可以利用一个或多个 NTC 热敏电阻与之配合使用，利用 NTC 热敏电阻的负温度特性，可抵消温度对电路中元件特性的影响，起到温度补偿的作用，使电路可在较宽的温度范围内稳定工作。NTC 热敏电阻器在温度补偿中表现出来的稳定性、跟踪性、可靠性，可降低温度补偿电路设计的复杂性，降低电路成本，使元件获得良好的温度适应性。

3. 温度测量与控制

随着家电、日常用品、办公用品的智能化及自动化，各种测量和控制更为精密和高效，人们工作更方便、生活更舒适，在这过程中，温度信息的获取非常重要。NTC 热敏电阻在测温中具有以下特点：①灵敏度较高，其电阻温度系数要比铂、铜电阻大 10 ~ 50 倍，能较容易地检测出 0.1% ℃ 的温度变化；②工作温度范围宽，常温器件适用于 −55 ~ 300 ℃ 温度范围；③体积小，能够测量其他温度计无法测量的空隙、腔体及生物体内血管的温度；④使用方便，电阻值可在 $10^2 \sim 10^6\ \Omega$ 间任意选择；⑤易加工成复杂的形状，可大批量生产；⑥稳定性好，价格低廉。热敏电阻温度测量和控温在电子温度计、热水器、空调以及冰箱等设备中广泛采用。

实验 19 集成温度传感器 AD590 的温度特性测量

【技术概述】

集成温度传感器是将作为感温器件的晶体管及其外围电路集成在同一芯片上的集成化温度传感器。与分立温度传感器相比，具有线性关系好、不需要参考点、抗干扰能力强、互换性好等优点。本实验测量并描绘集成温度传感器 AD590 的电压随温度变化关系，得到 AD590 的温度特性。

一、实验目的

1. 了解常用的集成温度传感器的基本原理和温度特性的测量方法。
2. 学习用集成温度传感器 AD590 测量温度。

二、实验原理

集成温度传感器按输出量不同可分为电压型和电流型两大类。电压型传感器的特点是直接输出电压，且输出阻抗低，易于和控制电路接口。而电流型传感器准确度更高，其中的典型代表是 AD590，其灵敏度为 1 μA/K。它是一种两端器件，使用非常方便，且抗干扰能力很强。

AD590 是美国 ANALOG DEVICES 公司的单片集成两端感温电流源，其输出电流与绝对温度成比例。其温度测量是通过硅晶体管的基本性能来实现的。一般二极管的基本方程为

$$I = I_s \cdot (e^{\frac{qU_{bc}}{kT}} - 1) \approx I_s e^{qU_{bc}/kT} \tag{19-1}$$

式中，I 为通过二极管的电流；I_s 为二极管的反向饱和电流；U_{bc} 为二极管 b、c 两端电压；q 为电子电荷量；k 为玻尔兹曼常数。由式（19－1）可得

$$I/I_s \approx e^{qU_{bc}/kT}$$

$$U_{bc} = \frac{kT}{q \cdot \ln(I/I_s)} \tag{19-2}$$

由式（19－2）可知 U_{bc} 与绝对温度 T 成正比。

AD590 集成温度传感器工作电压范围宽（5～30 V）、使用温度范围大（－55～150 ℃）、电流输出线性极好（在使用温度范围内非线性误差可小于 ±0.5 ℃），且用激光微调技术可使定标精度高达 ±0.5 ℃。

SL590 是仿 AD590 的产品，除具有上述优点外，还具有适应电源波动的特性，即电源电压可以从 5 V 变化到 150 V，输出电流的变化小于 1 μA，所以它广泛用于高精度温度计和温度计量等方面。

电流与电压的转换：如图 19－1 所示，实验模板中与 AD590 串联的取样电阻 R_1＝10 kΩ，那么取样灵敏度为 10 mV/K。

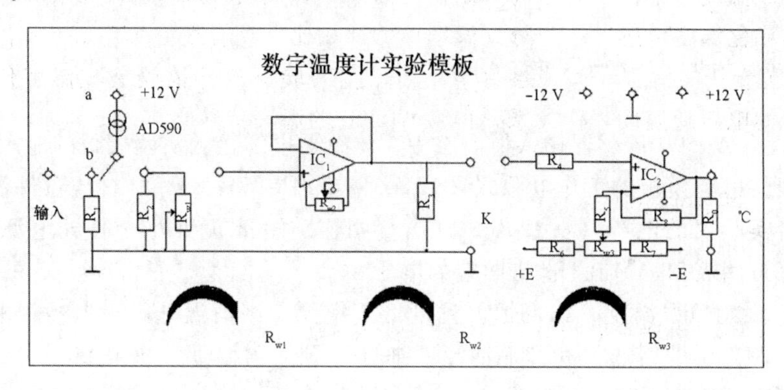

图 19－1　实验模板

三、实验仪器

本实验使用 YJ－WH－IV 材料与器件温度特性综合实验仪（如图 19－2 所示）、实验模板和数字万用表。

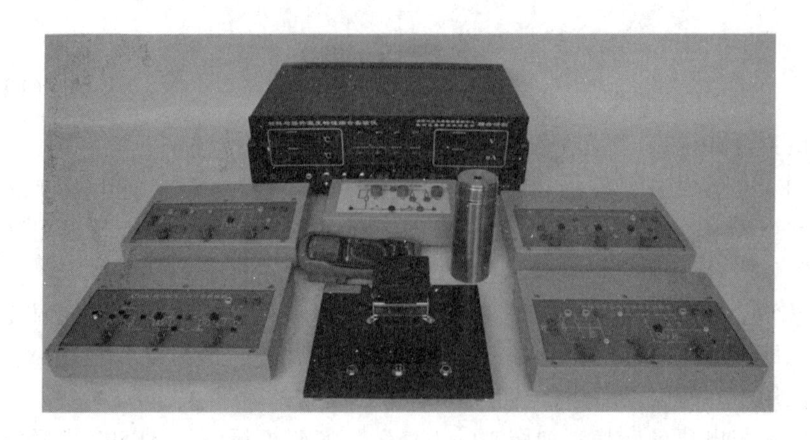

图 19－2　YJ－WH－IV 材料与器件温度特性综合实验仪

四、实验内容与步骤

1. 将 AD590 传感器插入恒温腔中，传感器电缆接入实验模板的输入端口，用导线将实验模板的工作电源（±12 V）与 YJ－WH－IV 材料与器件温度特性综合实验仪的电源（±12 V）输出端相连，短接 b 和 R_1。打开电源开关，用数字万用表 20 V 挡测量 R_1 两端的电压。

2. 设定恒温温度，如果恒温温度低于室温，则恒温选择为制冷，顺时针调节“制冷温度粗选”和“制冷温度细选”到所需温度（如 0.00 ℃），打开加热制冷开关，恒温指示灯发亮（制冷状态），同时观察恒温腔温度的变化。当恒温加热盘温度达到恒温状态时，恒温指示开关指示灯闪烁或变暗，待恒温腔温度不再变化后比较恒定温度与设定温度的差别 Δt，根据 Δt 的大小仔细微调制冷温度细选旋钮，使恒定温度稳定在所需温度（如 0.00 ℃）。用数字万用表测量出所选择温度时 R_1 两端的电压。

如果恒温温度高于室温，则恒温选择为加热，操作方法参考制冷。

3. 重复以上步骤，选择恒温腔的温度为 10.00 ℃、20.00 ℃、30.00 ℃、…、90.00 ℃、100.00 ℃，分别用数字万用表测量出所选择温度下 R_1 两端的电压。

4. 根据上述实验数据，绘出 $U-t$ 关系图，求直线的斜率。

五、实验注意事项

1. 供电电源插座必须良好接地。
2. 在整个电路连接好之后才能打开电源开关。
3. 严禁带电插拔电缆插头。

六、思考题

1. AD590 如何实现温度测量？
2. 实验中如何实现 1 μA 电流到 1 mV 电压的转换？

【技术应用】

AD590 适用于 150 ℃以下、采用传统电气温度传感器的任何温度检测。基于低成本的单芯片集成电路及无须支持电路的特点，AD590 成为一种很有吸引力的许多温度测量应用的备选方案。应用 AD590 时，无须线性化电路、精密电压放大器、电阻测量电路和冷结补偿。

除温度测量外，AD590 还可用于分立器件的温度补偿或校正、与绝对温度成比例的偏置、流速测量、液位检测以及风速测定等。AD590 可以裸片形式提供，适合受保护环境下的混合电路和快速温度测量。

AD590 特别适合远程检测应用。它提供高阻抗，电流输出，对长线路上的压降不敏感。任何绝缘良好的双绞线都适用，与接收电路的距离可达到几十米。这种输出特性还便于 AD590 实现多路复用：输出电流可以通过一个 CMOS 多路复用器切换，或者电源电压可以通过一个逻辑门输出切换。

实验20　电磁感应法磁场测量技术

【技术概述】

电磁感应法磁场测量技术是以电磁感应定律为基础测量磁场的一种经典磁场测量技术，具有测量磁场范围大、线性度好等特点。本实验采用电磁感应法，用探测线圈探测并描绘圆线圈及亥姆霍兹线圈磁感应强度分布。

一、实验目的

1. 掌握电磁感应法测量磁场的原理与方法。
2. 测量圆线圈和亥姆霍兹线圈轴线上的磁场分布。
3. 了解圆线圈和亥姆霍兹线圈磁场分布特点。

二、实验原理

工业生产和科学研究的许多领域都要涉及磁场测量问题，如磁探矿、地质勘探、磁性材料研制、磁导航、同位素分离、电子束和离子束加工装置、受控热核反应以及人造地球卫星等。磁场测量技术发展很快，目前常用的测量磁场的方法有十多种，较常用的有电磁感应法、核磁共振法、霍尔效应法、磁通门法、光泵法、磁光效应法、磁膜测磁法以及超导量子干涉器法等。电磁感应法是一种以电磁感应定律为基础的经典磁场测量方法。

1. 电磁感应法磁场测量原理

设由交流信号驱动的线圈产生的交变磁场，其磁场强度瞬时值可表示为

$$B_i = B_m \sin\omega t \qquad (20-1)$$

式中，B_m 为磁感应强度的峰值，其有效值记作 B；ω 为角频率。

磁场的探测由放置在交变磁场中的探测线圈完成。通过探测线圈的有效磁

通量为

$$\Phi = NSB_m \cos\theta \sin\omega t \tag{20-2}$$

式中，N 为探测线圈的匝数；S 为线圈的截面积；θ 为线圈法线 n 与 B_m 之间的夹角，如图 20-1 所示。

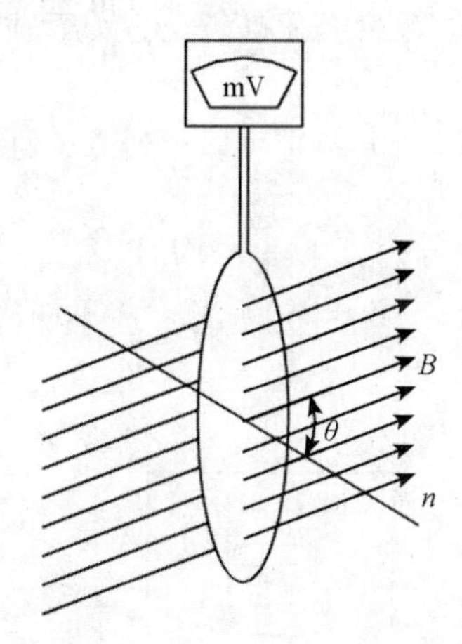

图 20-1　电磁感应法磁场测量原理图

如果线圈固定，由于磁场交变，磁通量发生变化，根据电磁感应定律，探测线圈产生的感应电动势为

$$\varepsilon = -\frac{\mathrm{d}\Phi}{\mathrm{d}t} = -NS\omega B_m \cos\theta \cos\omega t = -\varepsilon_m \cos\omega t \tag{20-3}$$

式中，$\varepsilon_m = NS\omega B_m \cos\theta$ 是线圈法线和磁场成 θ 角时，感应电动势的幅值。当 $\theta = 0$，$\varepsilon_{\max} = NS\omega B_m$ 时，感应电动势的幅值最大。用数字式毫伏表测量此时线圈的电动势，则毫伏表的示值（有效值）$U_{\max}$ 为$\frac{\varepsilon_{\max}}{\sqrt{2}}$，则

$$B = \frac{B_m}{\sqrt{2}} = \frac{U_{\max}}{NS\omega} \tag{20-4}$$

式中，B 为磁感应强度的有效值。

抛移线圈法、旋转线圈法和振动线圈法通过探测线圈的移动与转动，可以探测恒定磁场。

2. 探测线圈的设计

实验中由于磁场的不均匀性，要求探测线圈尽可能小。实际的探测线圈又不可能做得很小，否则会影响测量灵敏度。一般设计的线圈长度 L 和外径 D

有 $L=2D/3$ 的关系，线圈的内径 d 与外径 D 有 $d\leqslant D/3$ 的关系，如图 20－2 所示。线圈在磁场中的等效面积为

$$S=\frac{13}{108}\pi D^2 \tag{20－5}$$

这样的线圈测得的平均磁感应强度可以近似看成是线圈中心点的磁感应强度。

将式（20－5）代入式（20－4）可以得到磁场的测量公式

$$B=\frac{54}{13\pi^2 ND^2 f}U_{\max} \tag{20－6}$$

本实验中，$D=0.012$ m，$N=1\ 000$ 匝。将不同的频率 f 代入式（20－6）就可得出 B 值。

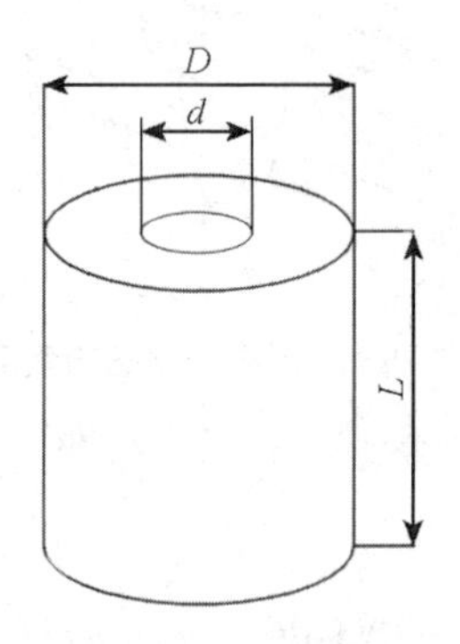

图 20－2　探测线圈示意图

3. 圆线圈与亥姆霍兹线圈磁场分布

对于一半径为 R，通以电流 I 的圆线圈，轴线上磁感应强度的计算公式为

$$B=\frac{\mu_0 N_0 IR^2}{2(R^2+x^2)^{3/2}} \tag{20－7}$$

式中，N_0 为圆线圈的匝数；x 为轴上某一点到圆心 O 的距离；μ_0 为真空磁导率，$\mu_0=4\pi\times10^{-7}$ H/m。轴线上磁场的分布如图 20－3 所示。

本实验中，$N_0=400$ 匝，$R=105$ mm，当 $f=120$ Hz，$I=60$ mA（有效值）时，在圆心处磁感应强度为 $B=0.144$ mT。

两个相同线圈彼此平行且共轴就构成了亥姆霍兹线圈，线圈上通以同方向电流 I。理论计算证明：线圈间距 a 等于线圈半径 R 时，两线圈合磁场在轴上（两线圈圆心连线）附近较大范围内是均匀的，如图 20－4 所示。这种均匀磁场在实际工程和科学实验中应用十分广泛。

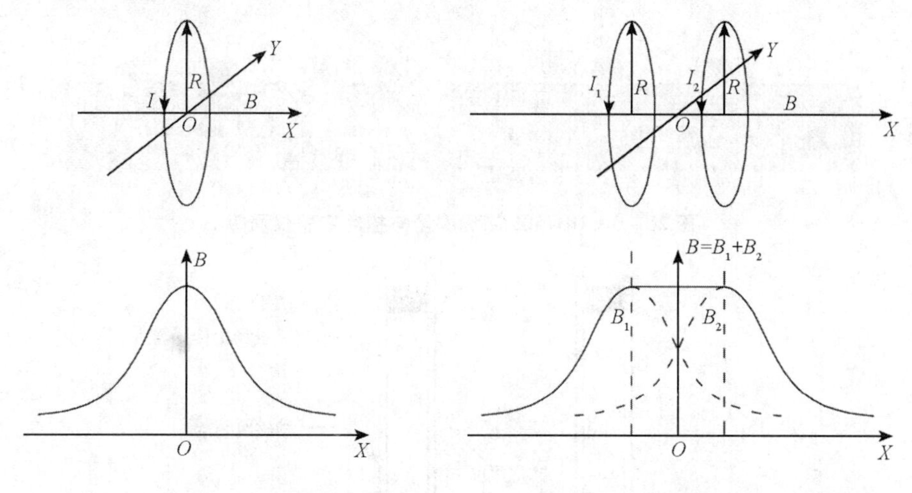

图 20－3　单个圆环线圈磁场分布　　　　图 20－4　亥姆霍兹线圈磁场分布

设 Z 为亥姆霍兹线圈中轴线上某点离中心点 O 处的距离，则亥姆霍兹线圈轴线上该点的磁感应强度为

$$B' = \frac{1}{2}\mu_0 NIR^2\left\{\left[R^2+\left(\frac{R}{2}+Z\right)^2\right]^{-3/2}+\left[R^2+\left(\frac{R}{2}-Z\right)^2\right]^{-3/2}\right\} \tag{20-8}$$

在亥姆霍兹线圈轴线上中心 O 处，$Z=0$，磁感应强度为

$$B_0' = \frac{\mu_0 NI}{R}\times\frac{8}{5^{3/2}} = 0.715\ 5\,\frac{\mu_0 NI}{R} \tag{20-9}$$

实验中 $N_0=400$ 匝，$R=105$ mm，当 $f=120$ Hz，$I=60$ mA（有效值）时，在中心 O 处 $Z=0$，可算得亥姆霍兹线圈（两个线圈的合成）的磁感应强度为 $B=0.206$ mT。

三、实验仪器及其主要技术参数

本实验采用 DH4501 磁场测量与描绘实验仪（如图 20－5 所示）。仪器主要由励磁线圈架和磁场测量仪两部分组成。移动装置横向可移动距离为 250 mm，纵向可移动距离为 70 mm，如图 20－6 所示；励磁线圈参数：半径为 105 mm，匝数为 400 匝，线圈中心间距为 105 mm；亥姆霍兹线圈架部分有一传感器盒，盒中装有用于测量磁场的感应线圈，匝数为 1 000 匝。

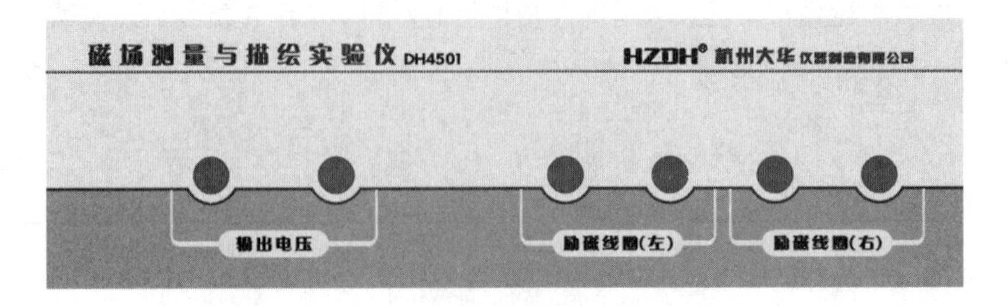

图 20－5　DH4501 磁场测量与描绘实验仪面板

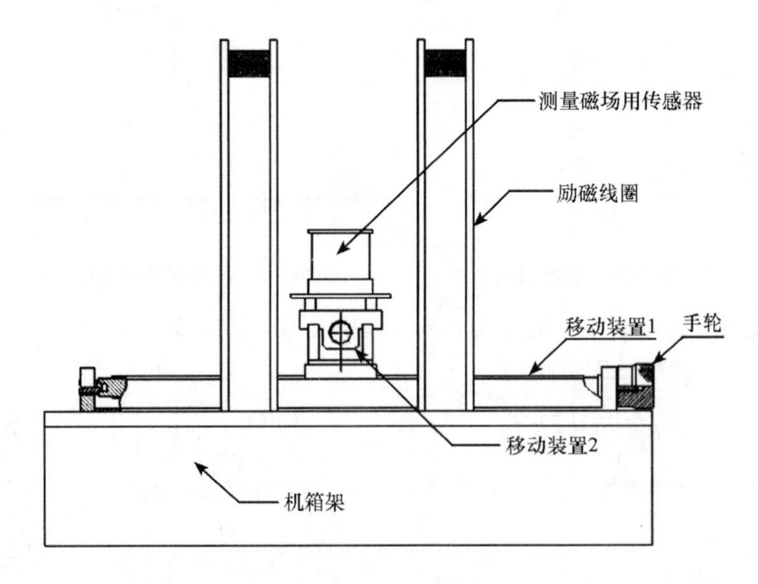

图 20－6　亥姆霍兹线圈架部分

磁场测量仪部分如图 20－7 所示，其主要参数如下：

频率范围：20～200 Hz。频率分辨率：0.1 Hz。测量误差：1%。

对于正弦波：

输出电压幅度：最大 20 Vp－p。输出电流幅度：最大 200 mA。

数显毫伏表电压测量范围：0～20 mV。测量误差：1%。三位半 LED 数显。

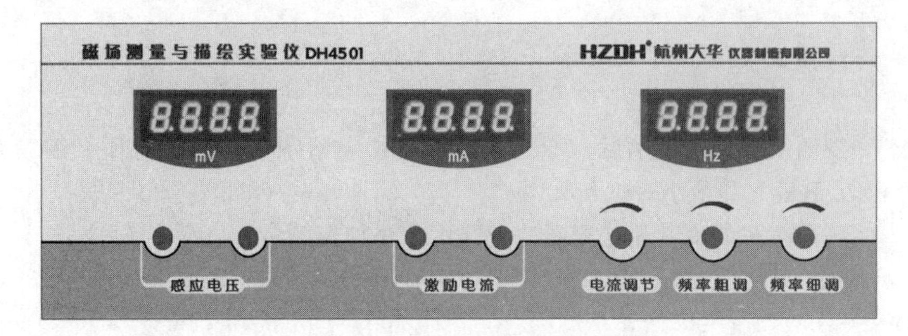

图 20－7 DH4501 磁场测量与描绘实验仪面板

四、实验内容与步骤

1. 测量圆电流线圈轴线上磁场的分布

正确连接仪器。调节频率调节电位器，使频率表读数为 120 Hz。调节磁场实验仪的电流调节电位器，使励磁电流有效值为 $I=60$ mA。调节探测线圈法线方向使其与圆电流线圈轴线平行。以圆电流线圈中心为坐标原点，每隔 10 mm 测一个 U_{max} 值，测量过程中注意保持励磁电流不变。

2. 测量亥姆霍兹线圈轴线上磁场的分布

把磁场实验仪的两个线圈串联起来，构成亥姆霍兹线圈，接到磁场测试仪的励磁电流两端。调节频率调节电位器，使频率表读数为 120 Hz。调节磁场实验仪的电流调节电位器，使励磁电流有效值为 $I=60$ mA。以两个圆线圈轴线上的中心点为坐标原点，每隔 10 mm 测一个 U_{max} 值。

3. 测量亥姆霍兹线圈沿径向的磁场分布

以两个圆线圈轴线上的中心点为坐标原点，转动探测线圈径向移动手轮，每移动 10 mm 测量一个数据，按正、负方向测到边缘为止，记录数据并做出磁场分布曲线图。

五、实验注意事项

1. 仪器连接正确。
2. 仪器使用时，避免周围有强烈磁场源以及铁磁材料。
3. 实验要迅速，以免仪器通电时间过长对实验造成影响。

六、思考题

1. 探测线圈放入磁场后，不同方向上毫伏表指示值不同，与什么因素有关？指示值最大和最小表示什么？
2. 亥姆霍兹线圈其他位置磁感应强度大小如何测量？
3. 分析圆电流磁场分布的理论值与实验值的误差产生的原因是什么？

【技术应用】

电磁感应法磁场测量技术磁场测量范围大、精度高，技术成熟，在磁性材料测量、空间磁场测量的领域具有广泛应用。电子积分器和电压－频率转换器的应用使得电磁感应法磁场测量技术的测量范围达到 $10^{-13}\sim10^{3}$ T，测量精度约为0.01%～3%。根据探测线圈相对于被测磁场的变化关系，电磁感应法可以分为固定线圈法、抛移线圈法、旋转线圈法和振动线圈法，本实验应用的是固定线圈法。固定线圈法最为简单，一般用于测量交变磁场。

1. 抛移线圈法

抛移线圈法主要用于测量恒定磁场的磁感应强度。当把探测线圈由磁场所在位置迅速移至没有磁场作用的位置时，线圈中感应电动势的积分值与线圈所在位置的磁感应强度成正比。

2. 旋转线圈法和振动线圈法

旋转线圈和振动线圈也用于测量恒定磁场的磁感应强度。旋转线圈法测量范围为 $10^{-8}\sim10$ T，误差约为0.01%～1%。振动线圈法测量误差约为1%。

实验 21　冲击法磁场测量技术

【技术概述】

冲击法磁场测量技术是一种应用冲击电流计进行磁场测量的技术，也是一种电磁感应法磁场测量技术。冲击电流计结构简单，操作方便，应用广泛。本实验利用数字积分式冲击电流计测量并描绘螺线管磁感应强度分布。

一、实验目的

1. 了解冲击电流计的工作原理，并掌握其使用方法。
2. 学会用冲击法测定螺线管内轴向磁场分布。

二、实验原理

本实验采用冲击法测量螺线管磁感应强度，测量电路如图 21－1 所示，N_2 为探测线圈，放置在螺线管 N_1 内，可左右移动。螺线管内通常为匀强磁场，其大小为 B，方向沿轴向。设螺线管截面积为 S，探测线圈的匝数为 N_2，则通过探测线圈的磁通量为 $\Phi_0 = BN_2S$。若使螺线管电流 I 迅速反向，变为 $-I$，此时通过探测线圈的磁通量迅速变为 $\Phi_\tau = -BN_2S$，磁通变化量为 $\Delta\Phi = \Phi_\tau - \Phi_0 = -2BN_2S$。

根据法拉第电磁感应定律，在此过程中探测线圈两端产生感应电动势，于是有脉冲电流流过电流计。可以证明，脉冲电流所迁移的电量 q 与磁通变化量 $\Delta\Phi$ 成正比，且为

$$q_B = \frac{1}{R}(\Phi_0 - \Phi_\tau) \tag{21-1}$$

即

$$q_B = \frac{2BN_2S}{R} \tag{21-2}$$

式中，R 为电流计回路中的总电阻。

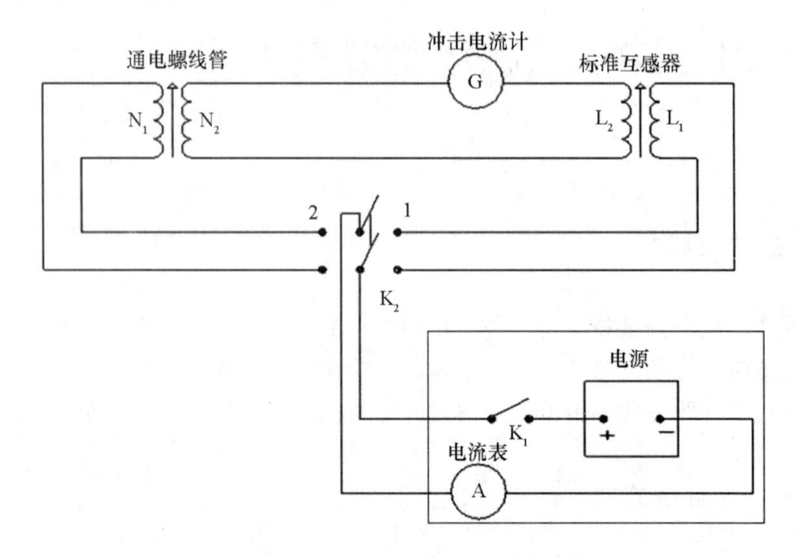

图 21－1　实验测量电路图

为了测量 R，实际测量线路中要接入标准互感器。互感器由两个线圈组成，一个初级线圈 L_1，另一个次级线圈 L_2（接在电流计回路中），当把开关合向 L_1时，即有电流 I_M流过 L_1，此时通过次级线圈的磁通量为

$$\Phi_0 = MI_M \tag{21-3}$$

式中，M 为互感器的互感量，其值根据公式 $M=(L-K)/2$ 确定。这里 K 为互感器常数，为初、次级两个线圈自感量之和（即 $K=L_1+L_2$），L 为互感器读数盘的读数。

当初级线圈中的电流变化为 $\mathrm{d}I$ 时，次级线圈的磁通变化为 $\mathrm{d}\Phi = M\mathrm{d}I$，在次级线圈两端产生的感应电动势为

$$\varepsilon = \frac{\mathrm{d}\Phi}{\mathrm{d}t} = \frac{M\mathrm{d}I}{\mathrm{d}t} \tag{21-4}$$

流过电流计的脉冲电流为

$$i = -\frac{1}{R}\cdot\frac{M\mathrm{d}I}{\mathrm{d}t} \tag{21-5}$$

使初级线圈中的电流迅速反向，由 I 变为 $-I$，在此过程中，次级线圈向电流计迁移的电量为

$$q_M = \int_0^{\tau} i\mathrm{d}t = \int\left(-\frac{M}{R}\frac{\mathrm{d}I}{\mathrm{d}t}\right)\mathrm{d}t = \int_I^{-I}\left(-\frac{M}{R}\right)\mathrm{d}I = \frac{2}{R}MI_M \qquad (21-6)$$

由式（21-2）及式（21-6）可得

$$B = \frac{MI_M q_B}{N_2 S q_M} \qquad (21-7)$$

式中，q_M 为把 L_1 接入电路中测得的电量；q_B 为把螺线管接入电路中测得的电量，单位为 10^{-8} C。

实验中测量的是长直螺线管，根据毕奥 - 萨伐尔定律，对于长度为 $2L$、匝数为 N_1、半径为 R 的螺线管，离螺线管轴向中心点 x 处的磁感应强度为

$$B = \frac{\mu_0 nI}{2}\left(\frac{x+L}{\sqrt{R^2+(x+L)^2}} - \frac{x-L}{\sqrt{R^2+(x-L)^2}}\right) \qquad (21-8)$$

式中，μ_0 为真空磁导率，匝密度 $n = N_1/2L$。

螺线管轴向中心点（$x=0$）处的磁感应强度为

$$B_0 = \frac{\mu_0 nIL}{\sqrt{R^2+L^2}} = \frac{\mu_0 N_1 I}{2\sqrt{R^2+L^2}} \qquad (21-9)$$

三、实验仪器及其主要技术参数

本实验需要使用 DQ-3 型数字积分式冲击电流计（如图 21-2 所示）、MBH-4 型标准互感器、螺线管、探测线圈、冲击法测量磁场电源、双刀双掷开关等仪器设备。

DQ-3 型数字积分式冲击电流计采用数字积分电路，对冲击电流进行积分运算，重复性好，仪器受时间和温度的影响小。仪器主要测量短时间脉冲电流迁移的电荷量，可以很方便地测量电容器储存的电量，也可以间接地测得电容量大小。此外借助标准互感器，标出本仪器的冲击常数，可用于测量磁通量、磁场强度、磁感应强度等物理量。

DQ-3 型数字积分式冲击电流计主要参数如下：

量程	分辨率	测量误差
$0 \sim 200.0 \times 10^{-9}$ C	0.1×10^{-9} C	≤1%
$0 \sim 20.00 \times 10^{-6}$ C	0.01×10^{-6} C	≤1%
$0 \sim 2.000 \times 10^{-6}$ C	0.001×10^{-6} C	≤1%

图 21－2　DQ－3 型数字积分式冲击电流计

标准互感器 MBH－4：L_1 为 10 mH，L_2 为 10 mH，互感值 M 为 2.83 mH。

螺线管的探测线圈：匝数 $N_2=1\,500$ 匝，$S=1.2\times10^{-4}\ \mathrm{m}^2$。

螺线管内的线圈：匝数 $N_1=1\,800$ 匝，$R=0.021$ m，$L=0.091$ m。

四、实验内容与步骤

1. 按图 21－1 连接各仪器。

2. 打开稳压电源，把双刀双掷开关 K_2 合向互感器的 L_1，合上开关 K_1（即按下稳压电源上“正向”按键），调节电源输出，使电流表读数为 500 mA（即 I_M），断开 K_1（即按下稳压电源上“断”按键）。

3. 合上冲击电流计电源开关，挡位选择 200nC 挡，并按“复位”键复位冲击电流计。

4. 将探测线圈调节到螺线管任意位置处，按下稳压电源上“正向”按键，记录电流计读数 q_{M0}，然后按下稳压电源上“断”按键，记录电流计读数 q_{M1}，$q_M=q_{M1}-q_{M0}$，重复三次测量。

5. 将双刀双掷开关 K_2 合向螺线管 N_1，同时合上开关 K_1，将探测线圈移动尺调节到坐标 0 处，按下稳压电源上“断”按键，电流保持原来的 0.5A 不变，复位电流计，按下稳压电源上“正向”按键，记录电流计读数 q_{B0}，然后按下稳压电源上“断”按键，记录电流计读数 q_{B1}，$q_B=q_{B1}-q_{B0}$，重复三次测量。

6. 每隔 1cm 或者 0.5cm 调节移动尺位置以改变探测线圈的位置，测量不同位置磁感应强度，并绘制螺线管轴向磁场分布曲线。

五、实验注意事项

1. 冲击电流计使用前预热 15 min。

2. 开关 K_2 换向时要迅速，不能停顿。
3. 螺线管和互感器不能靠太近。

六、思考题

1. 如果次级回路总电阻与探测器总电阻不一致，对实验有何影响？
2. 如果流经电流计的电流过大，对实验有何影响？
3. 如何利用冲击电流计和电容充放电测量高电阻？

【技术应用】

冲击法是电磁测量的基本方法之一，不仅可以测量磁感应强度、互感系数、磁通量等磁学量，而且可以测量电阻、电容等电学量。

工业上常用元件的电阻值为兆欧量级，而且要求该元件耐高压。很多常用的测量方法对高电阻不能准确测量，如便携式惠斯通电桥由于受本身绝缘性能和灵敏度的限制，测量上限仅 $10^6\,\Omega$ 左右，对更高阻值的电阻不再适用。冲击电流计是测高电阻的重要途径之一，其测量范围可达 $10^8 \sim 10^{13}\,\Omega$。

实验22　磁阻传感器技术与地磁场测量

【技术概述】

磁阻传感器技术是一种利用坡莫合金等材料磁化各向异性的磁阻效应，将磁场强度、位置、角度、磁力等物理量转化为传感器输出电压变化从而实现测量的传感器技术，具有设备体积小、磁场测量范围大、功耗低、成本低等特点。本实验通过磁阻传感器测量亥姆霍兹线圈的磁感应强度，标定磁阻传感器，利用标定的磁阻传感器测量地磁场大小和方向。

一、实验目的

1. 掌握磁阻传感器原理及其应用。
2. 学习磁感应强度测量系统的标定方法。

二、实验原理

1. 磁阻传感器

磁阻传感器是利用磁阻效应发展起来的一种器件。磁阻效应是英国物理学家威廉·汤姆逊（William Thomson）在1856年发现的。汤姆逊发现铁、钴、镍及其合金等磁性金属，在外加磁场平行于磁体内部磁化方向时，电阻几乎不随外加磁场变化，而当外加磁场偏离金属的内部磁化方向时，这些金属的电阻减小，这就是各向异性的磁阻效应。

利用磁阻效应可以发展磁阻传感器。以 HMC1021Z 型磁阻传感器为例，该传感器由长而薄的铁镍合金制成的一维磁电阻器件构成。磁电阻器件利用半导体工艺，将铁镍合金薄膜附着在硅片上，如图 22－1 所示。薄膜的电阻率 ρ（θ）与磁化强度 M 和电流 I 的夹角 θ 相关

$$\rho(\theta)=\rho_{\perp}+(\rho_{/\!/}-\rho_{\perp})\cos^2\theta \tag{22-1}$$

式中，$\rho_{/\!/}$、$\rho_{\perp}$ 分别为电流 I 平行于或垂直于 M 时的电阻率。

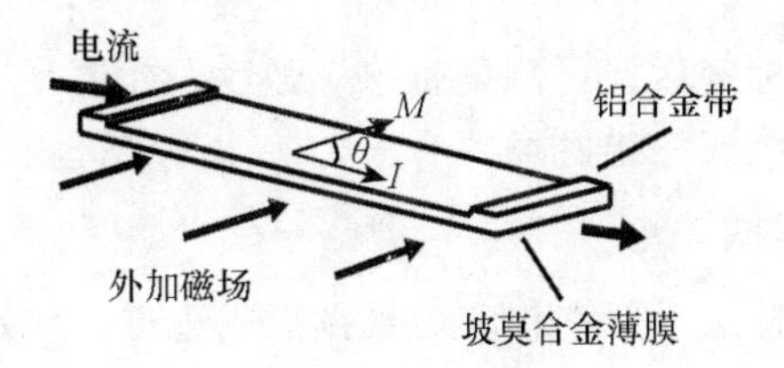

图 22－1　磁阻传感器示意图

如果沿着铁镍合金方向通以电流 I，并在垂直电流方向施加外磁场时，铁镍合金的阻值会产生较大的变化，通过对电阻的测量可以测量出磁场大小。在硅片上还有两条铝制电流带，一条是置位与复位带，当传感器遇到强磁场产生磁饱和现象时可以用来置位或复位极性；另一条是偏置磁场带，用于产生一个偏置磁场，补偿环境磁场中的弱磁场部分，使磁阻传感器输出与磁感应强度呈线性关系。四条铁镍合金磁电阻组成一个非平衡电桥，非平衡电桥输出后接到集成运算放大器上，将信号放大输出，形成一个磁阻传感器，如图 22－2 所示。由于四个磁电阻电流方向不相同，当存在外界磁场时，会引起电阻值变化，输出电压 U_{out}，且

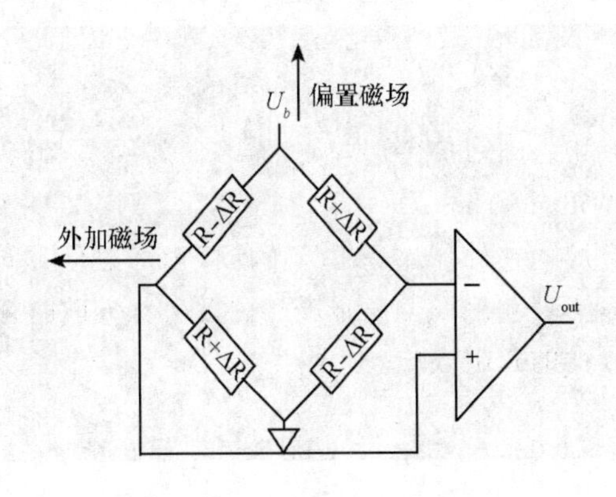

图 22－2　磁阻传感器非平衡电桥示意图

$$U_{out} = \left(\frac{\Delta R}{R}\right) \times U_b \qquad (22-2)$$

式中，U_b为工作电压。

对于一定的工作电压，输出电压与外界磁场的磁感应强度成正比关系

$$U_{out} = U_0 + KB \qquad (22-3)$$

式中，K 为传感器的灵敏度；B 为待测磁感应强度；U_0 为零磁场下的输出电压。

磁阻传感器在标定后即可测量磁感应强度，如果利用二维和三维磁阻传感器，还可以测量二维或三维磁场。

2. 亥姆霍兹线圈

磁阻传感器的标定一般利用亥姆霍兹线圈进行。亥姆霍兹线圈由两个相同的圆线圈同轴放置组成，当两个圆线圈通以相同电流，在其轴线中心点附近产生较宽范围的均匀磁场区，当圆线圈中心间距为线圈半径时，均匀磁场宽度最大，其磁感应强度为

$$B = \frac{\mu_0 NI}{R} \cdot \frac{8}{5^{3/2}} \qquad (22-4)$$

式中，N 为线圈匝数；I 为线圈流过的电流强度；R 为亥姆霍兹线圈半径；μ_0 为真空磁导率。

3. 地磁场

地磁场（如图 22－3 所示）磁感应强度与海拔、经纬度等相关，磁场方向也较为复杂。地磁场磁感应强度方向的水平投影与正北方向的夹角称为磁偏角，即磁子午圈与地子午圈的夹角；地磁场磁力线与地球水平面之间的夹角称

图 22－3　地磁场示意图

为磁倾角。磁偏角、磁倾角与经纬度等相关，表 22 - 1 给出了北半球磁偏角与经纬度的关系，表 22 - 2 给出了北半球磁倾角与经纬度的关系。通过磁阻传感器可以测量出地磁场的大小和磁倾角。

表 22 - 1　北半球磁偏角与经纬度的关系

纬度/(°)	经度/(°)							
	70	80	90	100	110	120	130	140
5	-3.575	-3.116	-1.763	-0.280	0.472	0.553	1.020	2.567
15	-1.602	-1.526	-0.913	-0.395	-0.550	-1.148	-1.165	0.098
25	0.122	-0.092	-0.147	-0.593	-1.764	-3.227	-3.929	-3.116
35	2.526	1.937	1.011	-0.653	-3.095	-5.618	-7.075	-6.694
45	6.343	5.154	2.936	-0.436	-4.547	-8.283	-10.380	-10.194
55	12.189	10.219	6.223	0.431	-5.961	11.115	-13.675	13.367

表 22 - 2　北半球磁倾角与经纬度的关系

纬度/(°)	经度/(°)							
	70	80	90	100	110	120	130	140
5	-6.902	-7.988	-8.490	-7.952	-6.810	-6.135	-6.223	-6.118
15	17.148	16.206	15.730	15.988	16.516	16.450	15.626	14.917
25	37.576	36.995	36.719	36.821	36.870	36.261	34.920	33.508
35	52.942	52.796	52.798	52.871	52.638	51.700	50.062	48.222
45	64.183	64.509	64.827	64.948	64.552	63.416	61.647	59.667
55	72.603	73.372	74.005	74.227	73.774	72.580	70.864	69.007

三、实验仪器及其主要技术参数

本实验所用到的仪器为 DH4515A 型磁阻效应和地磁场实验仪（如图 22 - 4 所示），主要由数字式可调恒流源、磁阻传感器、亥姆霍兹线圈、角度盘、直流电压表等组成，主要参数如下：

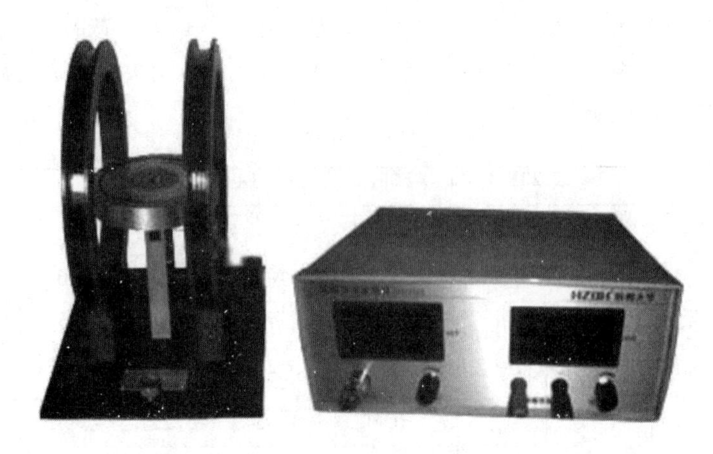

图 22 - 4　DH4515A 磁阻传感器与地磁场实验仪

1. 数字式可调恒流源

电流范围 0 ~ 300.0 mA，稳定度 ≥ 0.1%。

2. 磁阻传感器

工作电压 5 V，灵敏度 50 V/T，量程 -6.0 ~ 6.0 Gs（$1\mathrm{Gs} = 10^{-4}\mathrm{T}$）。

3. 亥姆霍兹线圈

$R = 100$ mm，单个线圈匝数 N 为 500 匝，线圈中心间距为 100 mm，当电流为 10 mA 时，磁感应强度 B 为 0.045 mT。

4. 角度盘

角度旋转范围 0° ~ 360°，游标盘读数，精度 0.1°。

5. 直流电压表

量程 200.00 mV，分辨率 0.01 mV。

四、实验内容与步骤

1. 利用亥姆霍兹线圈标定磁阻传感器

调节磁阻传感器的管脚方向和亥姆霍兹线圈产生的磁感应强度的方向平行，即角度盘刻度调节到 $\theta = 0°$。利用水准仪调节转盘至水平。调节励磁电流为零，重复按下复位键 5 次以上，进行电压调零。增大励磁电流，记录下励磁电流正向时输出电压 $U_{正}$ 和励磁电流反向时输出电压 $U_{反}$，将数据填于表 22 - 3。

注意：读数前重复按复位键 5 次以上，读数稳定不变之后再读取。

计算平均电压 $\bar{U}=|U_{正}-U_{反}|/2$，利用逐差法计算出灵敏度 $K=\Delta\bar{U}/\Delta B$。

表 22-3　磁阻传感器标定数据表

I_B/mA	测量电压值		平均 $\bar{U}$/mV
	$U_{正}$/mV	$U_{反}$/mV	
50			
100			
150			
⋮			
400			

2. 测量地磁场的水平分量 $B_{0//}$、磁感应强度 B_0 和磁倾角 β

拆除亥姆霍兹线圈与直流电源的连线。旋转转盘，分别记下传感器输出的最大电压 U_1 和最小电压 U_2，计算出地磁场的水平分量 $B_{0//}=|U_1-U_2|/2K$。

将磁阻传感器敏感轴方向（针脚方向）设置为与当地地磁场的水平分量 $B_{0//}$ 方向平行（角度盘 $\theta=0°$，转动底板使磁阻传感器输出最大电压或最小电压）。再将转盘向下转 90°，使转盘方向与磁力线共面，转动转盘角度，分别记下传感器输出最大电压和最小电压时转盘指示值 β_1 和 β_2，同时记录此最大读数 U_1' 和最小读数 U_2'，并计算出当地地磁场的磁感应强度 $B_0=|U_1'-U_2'|/2K$。磁倾角 $\beta=(\beta_1+\beta_2)/2$ 或 $\beta=\arccos(B_{0//}/B_0)$。

五、实验注意事项

使用磁性传感器时，应尽量避免铁质材料和可以产生磁性的材料在传感器附近出现，同时注意传感器相互间距离，即要避免仪器之间的磁串扰。

六、思考题

1. 简述磁阻传感器的基本工作原理。

2. 在测量地磁场时，如有一枚铁钉处于磁阻传感器周围，则对测量结果将产生什么影响？

3. 在磁阻传感器标定过程中，地磁场是否会对标定结果产生影响？

【技术应用】

磁阻传感器常用于非接触式的磁力测量、位移测量、角度测量、磁场测量等方面，在工业、交通、仪器仪表、医疗器械、探矿等领域具有广泛应用。

目前广泛应用的卫星导航定位系统在复杂环境下，会被地形、地物等遮挡，信号减弱，导航精度大大降低甚至不能使用，此外在静止状态时卫星导航也不能获取航向等信息。在军事对抗中，导航卫星信号也可能出于某些原因而关闭，因此对卫星导航定位系统具有补偿和补充作用的导航系统不可或缺。惯性导航装置寻北精度高，但是价格昂贵、体积大、寻北时间长、对环境条件要求高（如需要车辆停止，且无振动等）。应用磁阻传感器的电子罗盘对卫星导航系统具有重要的辅助作用。

目前广泛应用的是三维电子罗盘，它由三维磁阻传感器、双轴倾角传感器和单片机构成。三维磁阻传感器用来测量地球磁场，双轴倾角传感器是在磁力仪非水平状态时进行补偿；单片机处理磁力仪和倾角传感器的信号以及数据输出和软铁、硬铁补偿。磁力仪采用三个互相垂直的磁阻传感器，每个轴向上的传感器检测在该方向上的地磁场强度。向前方向（称为 x 方向）的传感器检测地磁场在 x 方向的矢量值；向右或 y 方向的传感器检测地磁场在 y 方向的矢量值；向下或 z 方向的传感器检测地磁场在 z 方向的矢量值。每个方向的传感器灵敏度都已根据在该方向上地磁场的分矢量调整到最佳点，并具有非常低的横轴灵敏度。传感器产生的模拟输出信号进行放大后送入单片机进行处理。

当仪器发生倾斜时，方位值的准确性将要受到很大的影响，该误差的大小取决于仪器所处的位置和倾斜角的大小。为减少该误差的影响，采用双轴倾角传感器来测量俯仰角和侧倾角，这个俯仰角被定义为由前向后方向的角度变化；侧倾角则为由左到右方向的角度变化。电子罗盘将俯仰角和侧倾角的数据经过转换计算，将磁力仪在三个轴向上的矢量由原来的位置“拉”回到水平的位置。

电子罗盘（如图 22－5 所示）输出的数字信号可直接送到自动舵，控制船舶、车辆、飞行器的操纵，很多无人驾驶装备，如无人坦克，都装备有电子罗盘（如图 22－6 所示）。

图 22－5　霍尼韦尔公司高精度磁阻电子罗盘

图 22－6 俄罗斯无人驾驶坦克

当然，电子罗盘的原理是测量地球磁场，如果在使用的环境中有除地球以外的磁场且这些磁场无法有效屏蔽，那么电子罗盘的使用就有很大的问题，这时只能考虑使用陀螺来测定航向。

实验23　巨磁阻传感器技术

【技术概述】

巨磁阻传感器技术是一种利用铁磁质与非铁磁质交替叠置结构材料中电阻值因磁场变化而急剧变化的巨磁阻效应进行物理量测量的技术，具有设备体积小、可靠性高、功耗小、成本低以及输出信号更强等特点。本实验通过巨磁阻传感器测量亥姆霍兹线圈的磁感应强度，标定巨磁阻传感器，利用标定的巨磁阻传感器测量通电导线的磁感应强度。

一、实验目的

1. 了解巨磁阻效应原理及应用。
2. 学习巨磁阻传感器的标定方法。

二、实验原理

1. 巨磁阻效应

1988年法国物理学家阿尔贝·费尔（Albert Fert）和德国物理学家彼得·格伦贝格尔（Peter Grunberg）分别独立发现在磁性多层膜如Fe/Cr和Co/Cu等中（铁磁层被纳米厚度的非铁磁层隔开），当改变磁场强度时，薄膜的电阻下降近一半，即磁电阻比率达到50%，这就是巨磁阻（giant magnetoresistance，GMR）效应。上述两位物理学家因为巨磁阻效应的发现获得了2007年诺贝尔物理学奖。巨磁阻效应一般认为是载流电子的不同自旋状态与磁场的作用不同，导致的电阻值的变化。如图23-1所示，FM为铁磁材料层，NM为非铁磁材料层，材料内黑色箭头为磁化方向，材料外箭头为载流子自旋取向。每个电子都有自旋运动，在磁性导体中，电子与磁性导体中原子的磁碰撞概率

（自旋相关的散射）取决于电子自旋与磁性原子磁矩的相对取向。当自旋方向与磁化方向相同时，电子散射率低，穿过磁层的电子多，电阻小；当自旋方向与磁化方向相反时，电子散射率高，穿过磁层的电子少，电阻变大。当无外磁场或弱磁场时，两个 FM 层磁化方向反平行，如图 23－1 右图所示，自旋向上或向下的电子都会在一个 FM 层中具有高电阻；而铁磁材料在足够外磁场作用下，两个 FM 层磁化方向会与外磁场一致，如图 23－1 左图所示，则总有一个方向自旋的电子呈现低电阻特性，总电阻降低。巨磁阻效应只有在纳米尺度的薄膜结构中才能观测出来，而当赋以特殊的结构设计，这种效应还可以调整以适应各种不同的性能需要。

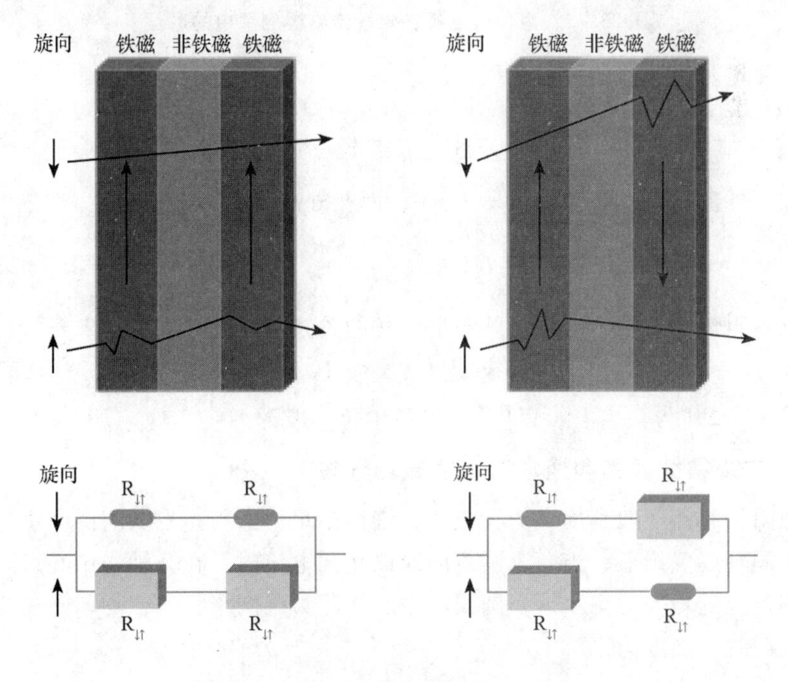

图 23－1　两流模型来解释 GMR 机制

2. 巨磁电阻传感器技术原理

巨磁电阻传感器将四个巨磁阻器件构成惠斯通电桥结构，可以减少外界环境对传感器输出稳定性的影响，增加传感器灵敏度，如图 23－2 所示。在传感器电流输入端加一稳压电压 U_{CC}，输出端输出电压信号。

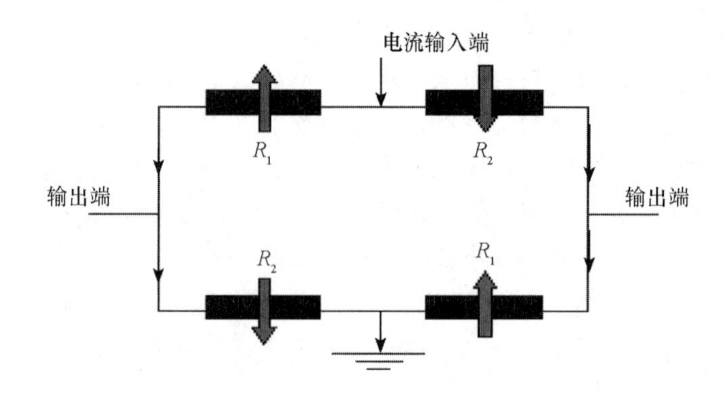

图 23－2　惠斯通电桥在磁场传感器应用中的原理

巨磁电阻传感器的输出电压

$$U=U_{CC}\cdot\frac{R_1}{R_1+R_2}-U_{CC}\cdot\frac{R_2}{R_1+R_2}\tag{23-1}$$

在无外磁场时，若 $R_1=R_2$，$U=0$；而在外磁场作用下，有

$$U=U_{CC}\cdot\frac{R_1-R_2}{R_1+R_2}\tag{23-2}$$

巨磁阻传感器输出电压与外磁场变化的关系可以用灵敏度 δ 来表示

$$\delta=\Delta U/(\Delta B\cdot U_{CC})\tag{23-3}$$

式中，ΔU 为输出电压变化量；ΔB 单位一般为 Gs（$1\ \mathrm{Gs}=10^{-4}\mathrm{T}$）。

3. 亥姆霍兹线圈和通电直导线磁场分布

磁阻传感器一般利用亥姆霍兹线圈进行标定。亥姆霍兹线圈由两个相同的圆线圈同轴放置组成，当两个圆线圈通以相同电流时，在其轴线中心点附近产生较宽范围的均匀磁场区。当圆线圈中心间距为线圈半径时，均匀磁场宽度最大，其磁感应强度为

$$B=\frac{\mu_0 NI}{R}\cdot\frac{8}{5^{3/2}}\tag{23-4}$$

式中，μ_0 为真空磁导率；N 为线圈匝数；I 为流过线圈的电流强度；R 为亥姆霍兹线圈半径。

对于无限长载流直导线，利用安培环路定理很容易得到其磁感应强度分布

$$B=\frac{\mu_0 I}{2\pi r}\tag{23-5}$$

式中，I 为通电导线中的电流大小；r 为点到通电导线之间的距离。

三、实验仪器及其主要技术参数

本实验所用到的仪器为 DH－GMR－3 型巨磁阻效应实验仪（如图 23－3 所示），主要包括数字式可调恒流源、巨磁阻传感器、亥姆霍兹线圈、角度盘、直流电压表、通电导线盘等。

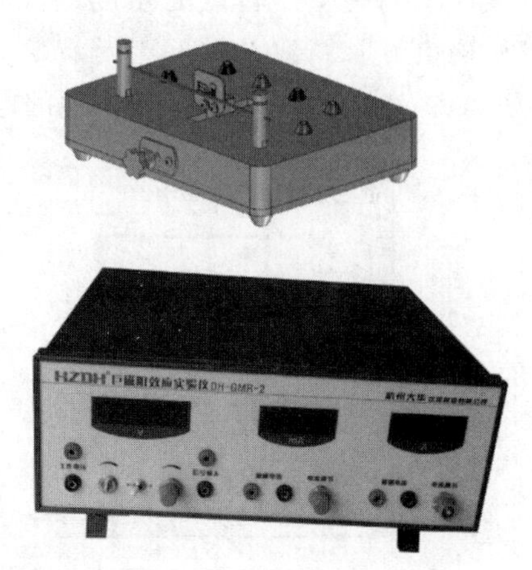

图 23－3　DH－GMR－3 巨磁阻效应实验仪

相关仪器的主要技术参数如下：

1. 巨磁阻传感器

线性范围：－8.0～＋8.0 Gs；饱和磁场 15 Gs（$1\ \text{Gs}=10^{-4}\text{T}$）；传感器工作电源：4V～15V 连续可调。

2. 亥姆霍兹线圈

$R=110$ mm，单个线圈匝数 N 为 500 匝，当线圈中心间距为 110 mm，电流为 10 mA 时，磁感应强度 B 为 0.041mT；线圈间距可调。

3. 数字式可调恒流源

0～0.3 A，最大电压 24 V。

4. 被测直导线电流

0～10.00 A；最小分辨率 10 mA。

四、实验内容与步骤

1. 巨磁阻传感器标定

如图 23－4 所示，连接好仪器，将可移动线圈固定在 110 mm 处（满足 $R=L$）；将传感器转盘的角度刻度转到 0 刻度上，调节工作电压为 5 V，将“励磁电流”调到 300 mA。静置 3 min 后，将“励磁电流”调节到 0 mA，消除巨磁传感器由于磁滞效应产生的电势漂移。输出电压调零。

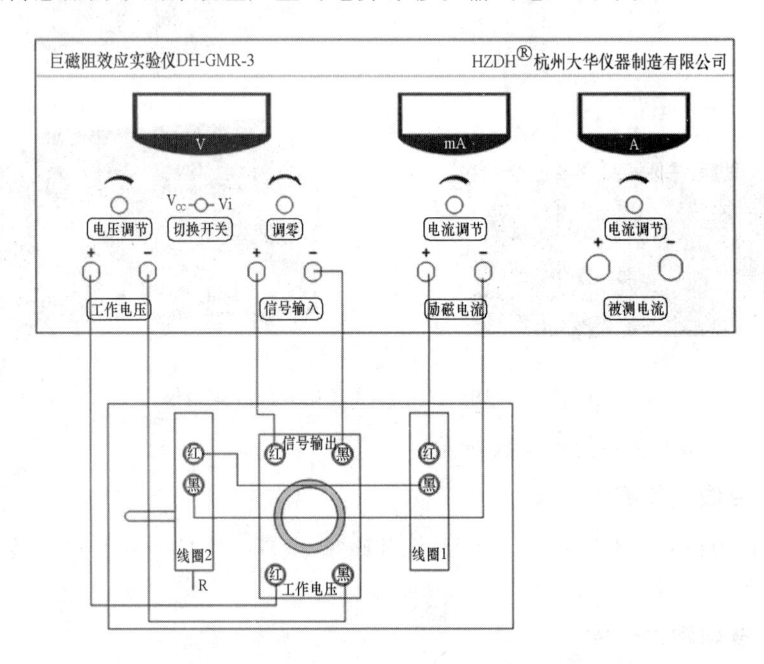

图 23－4　巨磁阻传感器标定接线示意图

分别测量工作电压 5 V、10 V、15 V 情况下，逐渐增加励磁电流、增大外加磁场，记录传感器电压随励磁电流的变化（见表 23－1）。

励磁电流反向，重复上述输出电压调零步骤，分别测量工作电压 5 V、10 V、15 V 情况下，逐渐增加励磁电流、增大外加磁场，记录传感器电压随励磁电流的变化。

计算正向磁场和反向磁场时输出电压平均值 $\bar{U}=(U_{正}+U_{反})/2$。以亥姆霍兹线圈磁感应强度 B 为横坐标，传感器输出电压均值为纵坐标，做出传感器特性输出曲线，观察其 S 形的饱和曲线，寻找线性区域，用图解法计算出灵敏度。对比分析不同工作电压下的灵敏度，寻找规律。

表 23－1　巨磁阻传感器灵敏度测量数据表格

I_B/mA	$U_{cc}=5$ V			$U_{cc}=10$ V			$U_{cc}=15$ V		
	$U_{正}$/mV	$U_{反}$/mV	$\bar{U}$/mV	$U_{正}$/mV	$U_{反}$/mV	$\bar{U}$/mV	$U_{正}$/mV	$U_{反}$/mV	$\bar{U}$/mV
0									
20									
40									
…									
300									

2. 用巨磁阻传感器测量通电导线中电流大小

按照图 23－5 连接好仪器。直导线盘有一个巨磁阻传感器，与“巨磁阻传感器标定”实验中的传感器基本相同，因此直接采用其传感器的灵敏度。

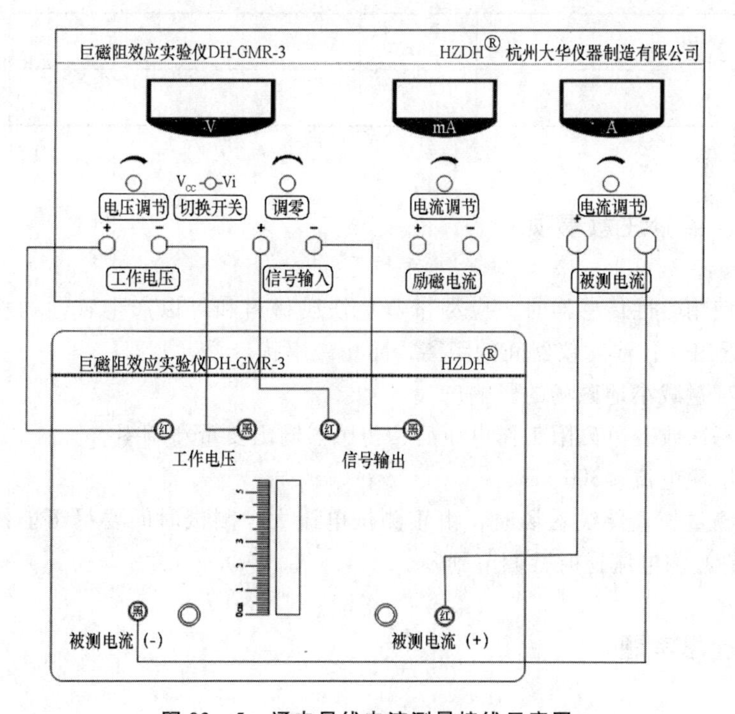

图 23－5　通电导线电流测量接线示意图

调节工作电压为 15 V，静置 3 min 后，通过“调零”电位器对“输入信号”进行调零。调节丝杆，记录传感器到通电导线的距离。调节被测电流大小，每隔 0.5 A 记录一次传感器输出电压值（见表 23－2）。根据传感器灵敏度计算磁感应强度和被测电流，并计算百分误差。

表 23－2 通电导线电流测量数据表格

$l=$ ______ cm

$I_{理论}$/A							
U/mV							

3. 用巨磁阻传感器测量通电导线磁场分布

改变传感器位置，每隔 2 mm 测量一次磁感应强度值（见表 23－3），根据测量的数据做出磁感应强度随距离变化曲线。

表 23－3 通电导线磁感应强度测量数据表格

l/cm							
U/mV							

五、实验注意事项

1. 使用磁性传感器时，应尽量避免铁质材料和可以产生磁性的材料在传感器附近出现；注意仪器间的距离，防止磁串扰。
2. 尽量减小地磁场的影响。
3. 每次改变巨磁阻工作电压后，传感器输出要重新调零。
4. 励磁电流≤300 mA。
5. 测量长直导线磁场时，由于测试电流大，测试时间要尽可能短，测试完毕后将被测电流逆时针调节到零。

六、思考题

1. 简述巨磁阻传感器的基本工作原理。

2. 在巨磁阻传感器标定过程中，地磁场是否会对标定结果产生影响？

3. 如何减小地磁场对实验的影响？

4. 巨磁阻传感器测量直导线电流误差较大，试分析原因。

【技术应用】

巨磁阻效应传感器应用广泛，例如数控机床、汽车测速、非接触开关、旋转编码器等。在军事上具有广泛的应用，例如超微磁场探测器、地磁场探测传感器、航天器磁场方位传感器等。

1. 巨磁阻效应在数据存储领域的应用

计算机硬盘是通过磁介质来存储信息的。一块密封的计算机硬盘内部包含若干个磁盘片，磁盘片的每一面都被以转轴为轴心、以一定的磁密度为间隔划分成多个磁道，每个磁道又被划分为若干个扇区。而磁盘片上的磁涂层由数量众多的、体积极为细小的磁颗粒组成，若干个磁颗粒组成一个记录单元来记录1bit 信息，即0 或1。磁盘片的每个磁盘面都相应有一个磁头。当磁头“扫描”过磁盘面的各个区域时，各个区域中记录的不同磁信号就被转换成电信号，电信号的变化进而被表达为0 和1，成为所有信息的原始译码。磁头的大小影响磁盘的存储密度。最早的磁头采用锰铁磁体制成，通过电磁感应的方式读写数据。这种磁头的磁致电阻的变化仅为1% ~2%，读取数据要求一定强度的磁场，且磁道密度不能太大。巨磁阻效应自从被发现以来就被用于开发研制用于硬磁盘的体积小而灵敏的数据读出头。存储单字节数据所需的磁性材料尺寸大为减少，从而使得磁盘的存储能力得到大幅度的提高，开启了磁盘大容量、小型化的革命。如图23 -6 所示为某大容量硬盘结构图。

巨磁阻效应在数据领域还可以发展巨磁阻随机存取存储器（MRAM）。这种存储器采用纳米制造技术制造多层膜巨磁阻单元及输入/输出信号的写入线（层）。存储单元以高电阻状态（铁磁层磁矩反平行）和低电阻状态（铁磁层磁矩平行）分别代表信息1 和0。与半导体存储器类似，用电检测由磁化状态变化产生的电阻值之差进行信息读出。MRAM 潜在的重要优点是非易失性，具有抗辐射能力强、寿命长、容量大、高速存取、成本低、集成度高等特点，在军事和航天等领域具有广泛应用前景。

2. 巨磁阻角度传感器

巨磁阻感应单元阻值会随着外界磁场方向改变而改变，可以进行角度探

图 23－6　大容量硬盘

测。图 23－7 为巨磁阻角度传感器感应单元结构原理图，四个独立的巨磁阻感应单元组成一个惠斯通电桥，箭头方向代表参考层磁化方向。对于单核角度传感器，总共有两个惠斯通电桥，分别用来检测磁场正弦和余弦变化。其中 U_X

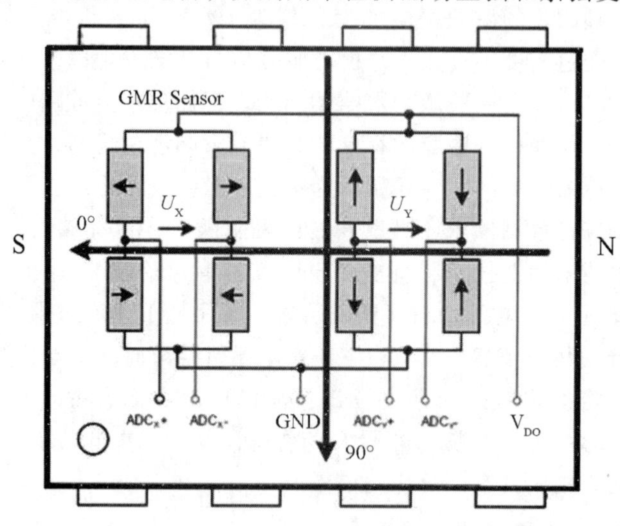

图 23－7　巨磁阻角度传感器原理图

代表输出余弦信号，而 U_Y 代表输出正弦信号。正弦或者余弦信号能检测 180°范围，通过正弦和余弦信号求正切值，再通过反正切计算后便可以检测 360°范围的角度变化。

3. 巨磁阻传感器在医学及生物磁场传感器领域的应用

人体中存在着各种形式的机械运动，它们是机体完成必要生理功能的前提和保证，因此检测这些生物机械运动，无论对基础医学还是对临床医学来讲，都具有十分重要的意义。高灵敏度及集成化的巨磁阻传感器的出现为这些机械运动和病变部位的非接触式探测提供了方便。各种各样的细胞、蛋白质、抗体、病原体、病毒、DNA 可以用纳米级的磁性小颗粒来标记，进而再用高灵敏度的巨磁阻传感器来探测它们的具体位置。巨磁阻传感器还可用于医学及临床分析、DNA 分析、环境污染监测等领域。高灵敏度的巨磁阻传感器也可用在脑电图、心电图等高精度的仪器设备上，诊断类似于脑肿瘤病变的问题。利用巨磁阻传感器可以检测眼球运动、眼睑运动，有助于定量评价和研究困倦、视力疲劳现象，以及诊断某些眼科疾病。

实验 24　霍尔传感器法测定杨氏模量

【技术概述】

霍尔传感器作为如今应用范围最广的传感器之一，具有精度高、线性度好、带宽高、测量范围广等优点。将霍尔传感器应用于杨氏模量的测量中，通过霍尔位置传感器的输出电压与位移量线性关系的定标和微小位移量的测量，对传统的弯曲法加以改进，有利于联系科研和生产实际，更好地掌握测量微小位移量的新方法和霍尔传感器的工作原理。

一、实验目的

1. 熟悉位置传感器的特征和工作原理。
2. 掌握弯曲法测量固体材料的杨氏模量。

二、实验原理

1. 霍尔位置传感器

霍尔元件置于磁感应强度为 B 的磁场中，在垂直于磁场方向通以电流 I，则与这二者垂直的方向上将产生霍尔电势差 U_H，其大小为

$$U_H = KIB \tag{24-1}$$

式中，K 为元件的霍尔灵敏度。如果保持霍尔元件的电流 I 不变，而使其在一个均匀梯度的磁场中移动，则输出的霍尔电势差变化量为

$$\Delta U_H = KI\frac{\mathrm{d}B}{\mathrm{d}Z}\Delta Z \tag{24-2}$$

式中，ΔZ 为位移量，此式说明若$\frac{\mathrm{d}B}{\mathrm{d}Z}$为常数，则 ΔU_H 与 ΔZ 成正比。

为实现均匀梯度的磁场，可以如图 24－1 所示，将两块相同的磁铁（磁铁截面积及表面磁感应强度相同）相对放置，即 N 极与 N 极相对，两磁铁之间留一等间距间隙，霍尔元件平行于磁铁放在该间隙的中轴上。间隙大小要根据测量范围和测量灵敏度要求而定，间隙越小，磁场梯度就越大，灵敏度就越高。磁铁截面要远大于霍尔元件，以尽可能减小边缘效应的影响，提高测量精确度。

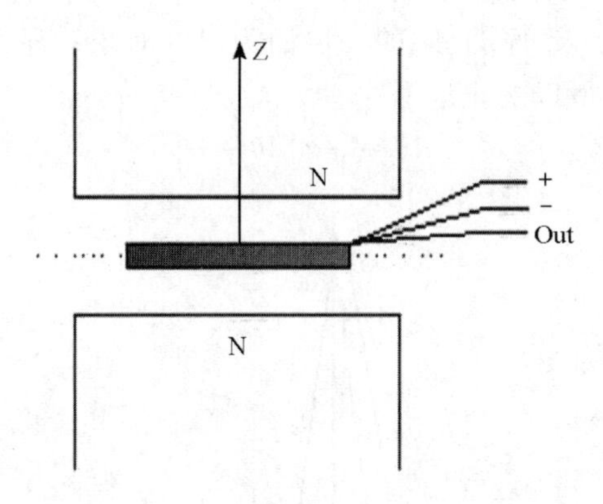

图 24－1　霍尔元件工作原理示意图

若磁铁间隙内中心截面处的磁感应强度为零，霍尔元件处于该处时，输出的霍尔电势差应该为零。当霍尔元件偏离中心沿 Z 轴发生位移时，由于磁感应强度不再为零，霍尔元件就产生相应的电势差输出，其大小可以用数字电压表测量。由此可以将霍尔电势差为零时元件所处的位置作为位移参考零点。

霍尔电势差与位移量之间存在一一对应关系，当位移量较小（<2 mm）时，这一一对应关系具有良好的线性。

2. 弯曲法测量杨氏模量

固体、液体及气体在受外力作用时，形状与体积会发生或大或小的改变，这种改变统称为形变。当外力不太大，因而引起的形变也不太大时，撤掉外力，形变就会消失，这种形变称之为弹性形变。弹性形变分为长变、切变和体变三种。

一段固体棒，在其两端沿轴方向施加大小相等、方向相反的外力 F，其长度 l 发生改变 Δl，以 S 表示横截面面积，称$\frac{F}{S}$为应力，相对长变$\frac{\Delta l}{l}$为应变。在弹性限度内，根据胡克定律有

$$\frac{F}{S}=Y\cdot\frac{\Delta l}{l} \tag{24-3}$$

式中，Y 称为杨氏模量，其数值与材料性质有关。

在横梁发生微小弯曲时，梁中存在一个中性面，面上部分发生压缩，面下部分发生拉伸，所以整体说来，可以理解横梁长度发生改变，即可以用杨氏模量来描述材料的性质。

如图 24－2 所示，虚线表示弯曲梁的中性面，易知其既不拉伸也不压缩，取弯曲梁长为 $\mathrm{d}x$ 的一小段，设其曲率半径为 $R(x)$，所对应的张角为 $\mathrm{d}\theta$，再取中性面上部距离为 y、厚为 $\mathrm{d}y$ 的一层面为研究对象，那么，梁弯曲后其长变为 $[R(x)-y]\mathrm{d}\theta$，所以变化量为

$$[R(x)-y]\mathrm{d}\theta-\mathrm{d}x \tag{24-4}$$

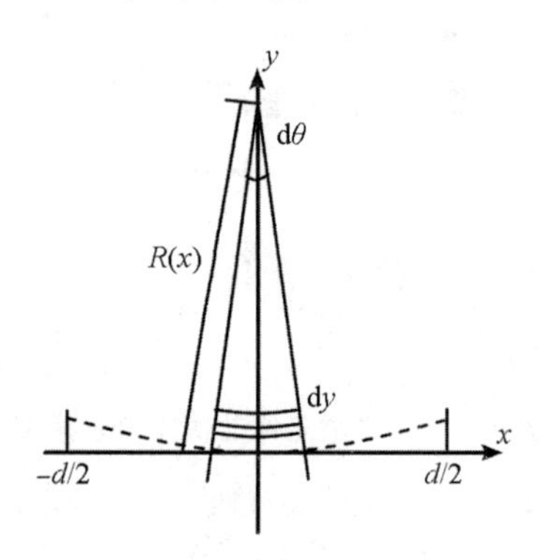

图 24－2　横梁弯曲示意图

又有 $\mathrm{d}\theta=\dfrac{\mathrm{d}x}{R(x)}$，所以

$$[R(x)-y]\mathrm{d}\theta-\mathrm{d}x=[R(x)-y]\frac{\mathrm{d}x}{R(x)}-\mathrm{d}x=-\frac{y}{R(x)}\mathrm{d}x \tag{24-5}$$

其中应变为 $\varepsilon=-\dfrac{y}{R(x)}$，根据胡克定律有 $\dfrac{\mathrm{d}F}{\mathrm{d}S}=-Y\dfrac{y}{R(x)}$。又 $\mathrm{d}S=b\mathrm{d}y$（b 为横梁宽度），故有

$$\mathrm{d}F(x)=-\frac{Yby}{R(x)}\mathrm{d}y \tag{24-6}$$

对中性面的转矩为

$$\mathrm{d}\mu(x)=|\mathrm{d}F|y=\frac{Yb}{R(x)}y^2\mathrm{d}y \tag{24-7}$$

积分得

$$\mu(x)=\int_{-\frac{a}{2}}^{\frac{a}{2}}\frac{Yb}{R(x)}y^2\mathrm{d}y=\frac{Yba^3}{12R(x)} \tag{24-8}$$

对梁上各点，有

$$\frac{1}{R(x)}=\frac{y''(x)}{[1+y'(x)^2]^{\frac{3}{2}}} \tag{24-9}$$

因梁的弯曲微小，也就是 $y'(x)=0$，所以有

$$R(x)=\frac{1}{y''(x)} \tag{24-10}$$

梁平衡时，梁在 x 处的转矩应与梁右端支撑力 $\frac{Mg}{2}$ 对 x 处的力矩平衡，因此

$$\mu(x)=\frac{Mg}{2}\left(\frac{d}{2}-x\right) \tag{24-11}$$

式中，d 为横梁的长度。

根据式（24－8）、式（24－10）、式（24－11）可以得到

$$y''(x)=\frac{6Mg}{Yba^3}\left(\frac{d}{2}-x\right) \tag{24-12}$$

据所讨论问题的性质有边界条件：$y(0)=0$；$y'(0)=0$。

解上面的微分方程得到

$$y(x)=\frac{3Mg}{Yba^3}\left(\frac{d}{2}x^2-\frac{1}{3}x^3\right) \tag{24-13}$$

将 $x=\frac{d}{2}$ 代入上式，得右端点的 y 值为

$$y=\frac{Mgd^3}{4Yba^3} \tag{24-14}$$

又 $y=\Delta Z$，所以杨氏模量为

$$Y=\frac{d^3Mg}{4a^3b\Delta Z} \tag{24-15}$$

三、实验仪器及其主要技术参数

实验装置如图 24－3 所示。

主要技术参数：

1. 读数显微镜

JC－10 型显微镜，放大倍数 20 倍，分度值 0.01 mm，测量范围 0～6 mm。

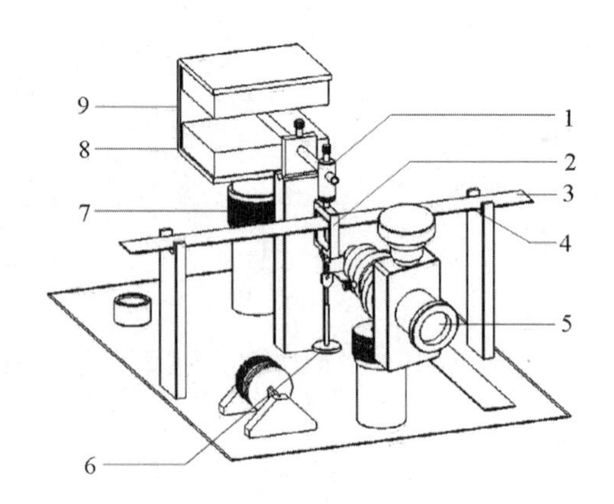

1—铜杠杆（顶端装有 SS495A 型集成霍尔传感器）；2—铜刀口上的基线；
3—横梁；4—刀口；5—读数显微镜；6—砝码；7—三维调节架；
8—磁铁（N 极相对放置）；9—磁铁盒。

图 24－3　霍尔位置传感器测定杨氏模量实验装置示意图

2. 砝码

10.0 g、20.0 g 两种。

3. 三位半数字面板表

量程 1：0～199.9 mV，分辨率 0.1 mV。

量程 2：0～1.999 V，分辨率 1 mV。

4. 霍尔位置传感器

灵敏度大于 250 mV/mm，线性范围 0～2 mm。

四、实验内容与步骤

1. 仪器调节

（1）调节三维调节架的上下前后位置的调节螺丝，使集成霍尔位置传感器探测元件处于磁铁中间位置。

（2）用水准器观察是否在水平位置，若偏离，用底座螺丝调节到水平位置。

（3）调节霍尔位置传感器的毫伏表。磁铁盒上可上下调节螺丝使磁铁上下移动，当毫伏表读数值很小时，停止调节固定螺丝，最后调节调零电位器使毫伏表读数为零。

(4) 调节读数显微镜，使眼睛能清晰观察十字线及分划板刻度线和数字。然后移动读数显微镜前后距离，使能清晰看到铜刀上的基线。转动读数显微镜的鼓轮使刀口架的基线与读数显微镜内十字刻度线吻合，记下初始读数值。

2. 霍尔位置传感器的定标

检查杠杆的水平、刀口的垂直、挂砝码的刀口处于梁中间，要防止外来因素（如风）的影响，杠杆安放在磁铁的中间，注意不要与金属外壳接触，一切正常后加砝码，使铜梁弯曲产生位移 ΔZ；精确测量传感器信号输出端的数值与固定砝码架的位置 Z 的关系，也就是用读数显微镜对传感器输出量进行定标，测量数据记入表 24－1 中，并用作图法求 k 和$\frac{Mg}{Z}$。

表 24－1　测量数据一

M/g	10.0	20.0	30.0	40.0	50.0	60.0	70.0	80.0
$Z_1/10^{-2}$ mm								
$Z_2/10^{-2}$ mm								
$\bar{Z}/10^{-2}$ mm								
U_1/mV								
U_2/mV								
$\bar{U}$/mV								

3. 铜片杨氏模量的测量

用相应测长仪测量横梁的长度 d、宽度 b 以及厚度 a，测量数据记入表 24－2 中。

表 24－2　测量数据二

参数	1	2	3	4	5	均值	不确定度
长度 d/cm							
厚度 a/mm							
宽度 b/cm							

利用 $Mg \sim Z$ 的关系，求出铜片样品的杨氏模量。

4. 铁片杨氏模量的测量

利用 k 的值及 $Mg \sim Z$，$Mg \sim U$ 关系计算铁片的杨氏模量。测量数据记入表 24－3 中。

表 24－3　测量数据三

M/g	20	40	60	80	100	120
$Z_1/10^{-2}mm$						
$Z_2/10^{-2}mm$						
$\bar{Z}/10^{-2}mm$						
U_1/mV						
U_2/mV						
$\bar{U}/mV$						

用相应测长仪测量横梁的长度 d、宽度 b 以及厚度 a，测量数据记入表 24－4中。

表 24－4　测量数据四

参数	1	2	3	4	5	均值	不确定度
长度 d/cm							
厚度 a/mm							
宽度 b/cm							

利用 $Mg \sim Z$ 的关系，求出铁片样品的杨氏模量。

五、思考题

1. 霍尔器件是如何精确测量微小位移的？
2. 当悬挂点不在中点而是偏移 Δd 时，会对测量结果产生怎样的影响？

【技术应用】

霍尔传感器采用非接触的方式对电学量型和非电学量型参数进行测量，因为灵敏度高、输出幅度大、温度漂移小、工作寿命长、可靠性安全性高等诸多特点，且对电源稳定性的要求不高，所以在仪器、仪表、汽车、电力、计算机等行业应用广泛，同时也在航空航天、军事装备等国防军事领域扮演着重要角色。

在航天飞行器的电源系统中，霍尔传感器的使用能够实时跟踪电源的电流、电压、功率变化情况，检测供电线路的过负荷、短路及断路等故障信息，使得飞行器能够根据所检测到的供电网络的综合信息，自主做出迅速的判断和处理，确保系统及设备正常工作，保证飞行器按照既定目标稳定飞行、可靠工作。

霍尔传感器在军事武器装备方面也有很广泛的应用（如图 24－4 所示），如军用电源系统电流检测、舰船警戒探测系统电源检测保护、船舶中的霍尔行程开关、飞机雷达天线的限位传感器、军用车辆发动机转速检测、导弹发射控制的霍尔角度传感器等。霍尔传感器的使用能够提供安全可靠的检测手段，提高武器装备自主监控的能力，最终实现智能检测、智能排除故障的功能。

图 24－4　霍尔传感器在军事中的应用

实验 25　磁阻尼与滑动摩擦系数测定

【技术概述】

磁阻尼效应是指在磁场中移动的线圈会产生感应电流，当外部电路闭合时，磁场对感应电流产生安培力，形成与原来转动方向相反的力偶矩，对线圈的转动起阻尼作用。磁阻尼效应是电磁学中的重要概念，它所产生的机械效应在工业中有很广泛的应用，如避震器、张力控制器等。本实验测量斜面磁性滑块的运动参数，对磁阻尼现象进行初步了解。

一、实验目的

1. 观察了解磁阻尼现象。
2. 求出磁阻尼系数和滑动摩擦系数，用最小二乘法和图解法处理数据。

二、实验原理

本实验利用在非铁磁质良导体制作的斜面上滑动的磁性滑块，来产生磁阻尼现象。当磁性滑块在非铁磁质良导体斜面上匀速下滑时，滑块受到的阻力除滑动摩擦力 F_S 外，还有磁阻尼力 F_B。

当滑块滑动时，在斜面上产生涡流，滑块与斜面接触的截面不变，其等效线度为 l。设磁性滑块在斜面处产生的磁感应强度为 B，当滑块以匀速度 v 下滑时，可看作斜面相对于滑块向上运动而切割磁感应线。由电磁感应定律可知，在斜面上切割磁感应部分将产生电动势 $\varepsilon = Blv$。如果把由于磁感应产生的电流流经斜面部分的等效电阻设为 R，则感应电流应与速度 v 成正比，即为 $I = \frac{Blv}{R}$，此时斜面所受到的安培力 F 正比于电流 I，即 $F \propto I$。而滑块受到的磁

阻尼力 F_B 就是斜面所受安培力 F 的反作用力，方向与滑块运动方向相反。由此推出：F_B 应正比于 v，可表达为 $F = Kv$（K 为常数，将它称为磁阻尼系数）。因为滑块是匀速运动的，故它在平行于斜面方向应达到力平衡，从而有

$$W\sin\theta = Kv + \mu W\cos\theta \tag{25-1}$$

式中，W 为滑块所受重力；θ 为斜面与水平面的倾角；μ 为滑块与斜面间的滑动摩擦系数。若将式（25－1）的两边同时除以 $W\cos\theta$，可得方程

$$\tan\theta = \frac{K}{W} \cdot \frac{v}{\cos\theta} + \mu \tag{25-2}$$

显然，$\tan\theta$ 和 $\frac{v}{\cos\theta}$ 呈线性关系，所以只需要做出 $\tan\theta - \frac{v}{\cos\theta}$ 直线图，即可得斜率 a 和截距 b 的值，再根据

$$K = aW \tag{25-3}$$

$$\mu = b \tag{25-4}$$

即可求得磁阻尼系数 K 和滑动摩擦系数 μ。

三、实验仪器及其主要技术参数

本实验用到的仪器有多功能计时器 DHTC－3B（如图 25－1 所示）和测试架。

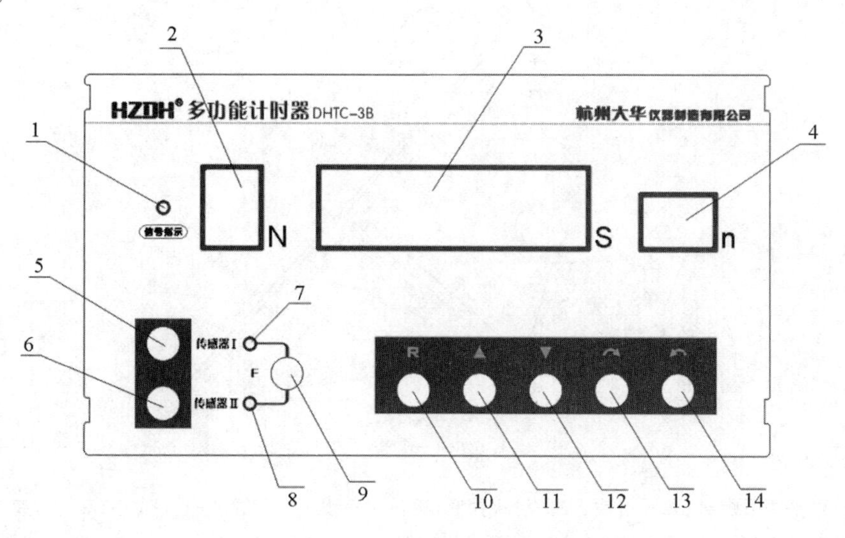

图 25－1 多功能计时器面板功能图

计时器的功能构造说明如下：

1. 信号指示灯：当传感器接收到触发信号后会闪烁一下。

2. 数据组数编号，N 从 0 ~ 9，共计 10 组。

3. 计时时间显示窗，单位 s，自动量程切换。

4. 测试次数 n 设定：在单传感器模式下，启动测试，当传感器接收到触发信号后开始计时，此单元将动态显示触发次数，当计满 n 次后，测试完成，显示测试总时间 t；在双传感器模式下，n 默认为“2”，启动测试，n 显示为“0”，当传感器Ⅰ触发后，n 显示为“1”并开始计时，当传感器Ⅱ触发后，n 显示为“2”并结束计时。

5/6. 传感器Ⅰ和传感器Ⅱ接口。

7/8. 传感器工作状态指示灯。

9. 传感器切换功能键：传感器Ⅰ工作模式、传感器Ⅱ工作模式和双传感器工作模式。

10. 系统复位键，按键后将返回仪器开机时的状态。

11/12. 上下键，可用来设定次数 n 或查看数据组数 N。

13. 开始键，启动计时功能。

14. 返回键。

测试架结构组成如图 25－2 所示。

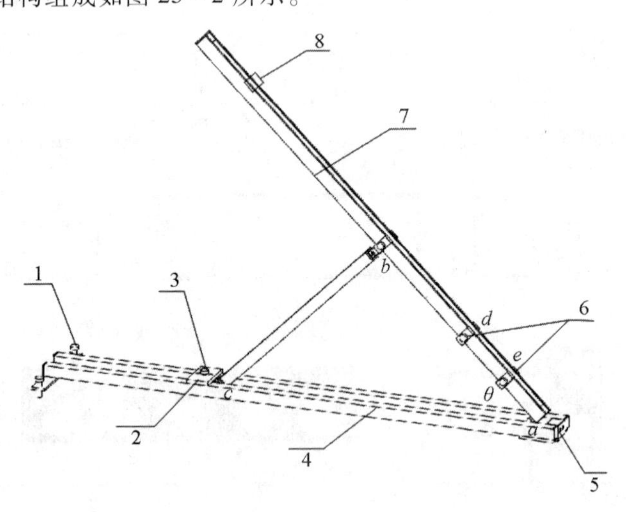

1—水平调节螺钉；2—滑块；3—滑块锁紧螺钉；4—水平支架；5—传感器接口（传感器Ⅰ和传感器Ⅱ分别对应 d 和 e 处，为霍尔传感器）；6—传感器；7—导轨；8—磁性滑块。

图 25－2　测试架图

仪器主要技术参数如下：

1. 多功能计时器：计时范围0.000～999.99 s，自动量程切换；计时次数1～99次可设定；数据存储组数10组。

传感器模式：单传感器模式和双传感器模式。

2. 磁性滑块样品：直径约18 mm，厚约6 mm，质量约11 g。

3. 导轨角度θ可调范围：0°～90°连续可调。

4. 导轨总长约1.1m，调节支架长度bc为0.500 m，滑槽宽约27 mm，d、e两点间距为0.25 m。

四、实验内容与步骤

1. 调节水平调节螺钉，确保滑块从斜面导轨下滑时，能保持直线下滑且不与导轨侧面相碰。

2. 调节斜面导轨为某一倾角，磁性滑块N面向下（注意：只有N极面对霍尔开关时，计时器才能计时；标有“上”的一面为S极，须朝上放置）。

3. 将滑块从斜面导轨5个不同高度h_1，h_2，h_3，h_4，h_5点滑下，在表25－1中记录磁性滑块通过d、e两点计时器测得的时间t。

表25－1　磁阻尼现象观察数据

两点距离	斜面倾角	滑块从不同的高度滑下经过d、e两点时间t/s					平均时间
ac/m	θ/(°)	h_1	h_2	h_3	h_4	h_5	$\bar{t}$/s

4. 改变斜面导轨倾角，重复上述实验，得出斜面导轨倾角在多大范围内，磁性滑块均能做匀速运动。

5. 由表25－1实验结果确定磁性滑块做匀速直线运动时斜面倾角θ的范围，在该范围内改变不同θ值，测量磁性滑块下滑速度v和倾角θ的关系数据，并记录在表25－2内。

表 25－2　磁阻尼及滑动摩擦系数测量

序号	两点距离 ac/m	θ/（°）	t/s	$\tan\theta$	$\cos\theta$	v/(m·s^{-1})	($v/\cos\theta$)/(m·s^{-1})

6. 根据表 25－2 中数据，做 $\tan\theta - v/\cos\theta$ 关系直线图，根据曲线拟合得出直线的斜率 a 以及截距 b。

7. 根据 $K = amg$ 和 $\mu = b$ 求出磁阻尼系数 K 以及滑动摩擦系数 μ。

五、思考题

1. 磁阻尼是如何产生的？
2. 当斜面落满灰尘时，对实验有何影响？

【技术应用】

利用磁阻尼现象的电磁阻尼器，在冶金、机械、航空等领域有着广泛应用。一般根据产生阻尼磁场方式的不同，将电磁阻尼器分为永磁式、电励磁式两种。

永磁式电磁阻尼器具有结构简单、无源节能等特点，更容易制成被动式阻尼器。随着应用领域的不断扩展，对电磁制动器的安全可靠性、低噪声、低功耗、抗振能力、环境适应性等提出了更高要求。永磁式制动器因其独特的优势受到越来越广泛关注，德国 BINDER、中国台湾 STEKI、美国 Warner 等公司对永磁式电磁阻尼器投入了大量研究，其产品的阻尼力矩从 0.4 N·m 到 160 N·m 不等。如图 25－3 所示为中国台湾 STEKI 公司生产的永磁式电磁阻尼器。

图 25－3　STEKI 生产的永磁式电磁阻尼器

随着使用环境多样化，永磁式电磁阻尼器难以满足快速性、灵敏性和稳定性等要求。电磁阻尼器的技术发展，使得其主动调节能力可以灵活方便地控制阻尼力输出，因此能够有效适用于复杂多变的环境，从而在汽车和轨道交通等方面得到广泛应用。

实验 26　磁滞回线测量

【技术概述】

磁滞效应指磁性材料被外磁场磁化后，即使磁场减弱或消失，磁性材料中的磁力并不会回到原来的起点或零点，部分磁力将永久性地滞留在铁块之中。不同磁性材料的磁化特征不同，而磁滞回线和基本磁化曲线能反映磁性材料的主要磁化特征。按磁滞回线的不同，磁性物质又可分为硬磁物质、软磁物质和矩磁物质三种。本实验通过测量给定铁磁物质的磁滞回线，来加深对材料磁特性的认识和理解。

一、实验目的

1. 观察铁磁物质的磁滞现象。
2. 掌握磁滞、磁滞回线和磁化曲线的概念。
3. 学会用示波法测绘基本磁化曲线和磁滞回线。

二、实验原理

1. 磁化曲线

如果在由电流产生的磁场中放入铁磁物质，则磁场将明显增强，此时铁磁物质中的磁感应强度比单纯由电流产生的磁感应强度增大百倍，甚至千倍以上。铁磁物质内部的磁场强度 H 与磁感应强度 B 有如下的关系

$$B = \mu H \qquad (26-1)$$

对于铁磁物质而言，磁导率 μ 并非常数，而是随 H 的变化而改变的物理量，即 $\mu = f(H)$，为非线性函数，B 与 H 也是非线性关系，所以如图 26 - 1 所示，B 与 H 的关系曲线即为磁化曲线。

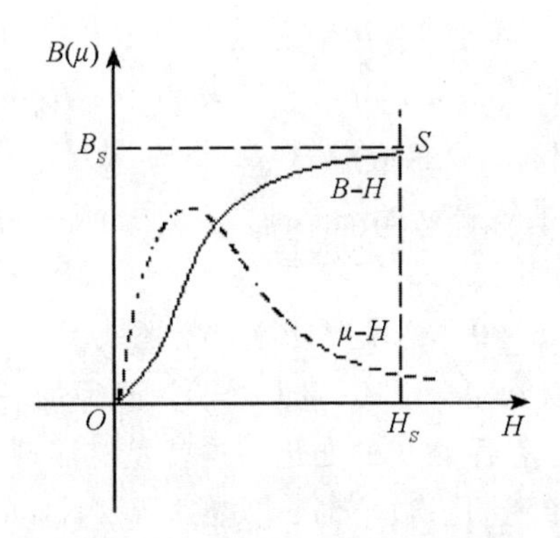

图 26－1　磁化曲线和 $\mu-H$ 曲线

2. **磁滞回线**

铁磁材料的磁化过程为：在未被磁化时的状态称为去磁状态，这时若在铁磁材料上加一个由小到大的磁化场，则铁磁材料内部的磁场强度 H 与磁感应强度 B 也随之变大。但当 H 增加到一定值（H_s）后，B 几乎不再随 H 的增加而增加，说明磁化已达饱和，从未磁化到饱和磁化的这段磁化曲线称为材料的起始磁化曲线。如图 26－1 中的 OS 段曲线所示。

当铁磁材料的磁化达到饱和之后，如果将磁化场减少，则铁磁材料内部的 B 和 H 也随之减少，但其减少的过程并不沿着磁化时的 OS 段退回。如图 26－2 所示，可知当磁化场撤销，$H=0$ 时，磁感应强度仍然保持一定数值 $B=B_r$，此磁场称为剩磁。

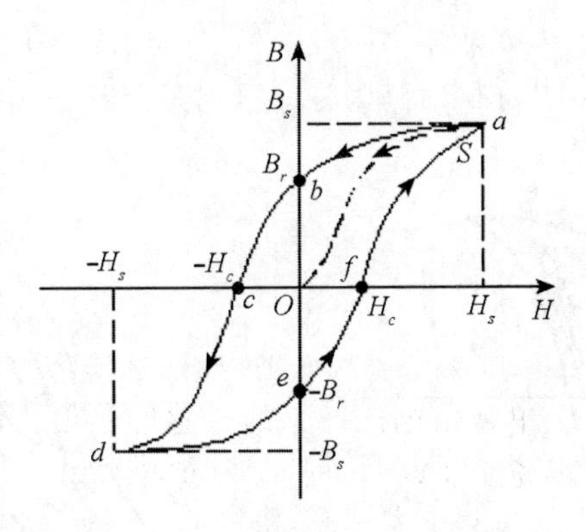

图 26－2　起始磁化曲线与磁滞回线

若要使被磁化的铁磁材料的磁感应强度 B 减少到 0，必须加上一个反向磁场并逐步增大。当铁磁材料内部反向磁场强度增加到 $H=H_c$ 时（图 26－2 上

的 c 点)，磁感应强度 B 才是0，达到退磁。图 26－2 中的 bc 段曲线为退磁曲线，H_c 为矫顽磁力。如图 26－2 所示，当 H 按 $O \to H_s \to O \to -H_c \to -H_s \to O \to H_c \to H_s \to O$ 的顺序变化时，B 相应沿 $O \to B_s \to B_r \to O \to -B_s \to -B_r \to O \to B_s$ 的顺序变化。图中的 Oa 段曲线称起始磁化曲线，所形成的封闭曲线 $abcdefa$ 称为磁滞回线。由图 26－2 可知：

（1）当 $H=0$ 时，$B \neq 0$，这说明铁磁材料还残留一定值的磁感应强度 B_r。

（2）若要使铁磁物质完全退磁，即 $B=0$，必须加一个反方向磁场 H_c。

（3）B 的变化始终落后于 H 的变化，这就是磁滞现象。

（4）H 上升与下降到同一数值时，铁磁材料内的 B 值并不相同，退磁化过程与铁磁材料过去的磁化经历有关。

当从初始状态 $H=0$，$B=0$ 开始周期性地改变磁场强度的幅值时，在磁场由弱到强地单调增加过程中，可以得到面积由小到大的一簇磁滞回线，如图 26－3 所示。其中最大面积的磁滞回线称为极限磁滞回线。

由于铁磁材料磁化过程的不可逆性及具有剩磁的特点，在测定磁化曲线和磁滞回线时：首先，必须将铁磁材料预先退磁，以保证外加磁场 $H=0$，$B=0$；其次，磁化电流在实验过程中只允许单调增加或减少，不能时增时减。在理论上，要消除剩磁 B_r，只需通一反向磁化电流，使外加磁场正好等于铁磁材料的矫顽磁力即可。但实际上，矫顽磁力的大小通常并不知道，因而无法确定退磁电流的大小。从磁滞回线得到启示，如果使铁磁材料磁化达到磁饱和，然后不断改变磁化电流的方向，与此同时逐渐减少磁化电流，直到为零，则该材料的磁化过程中就是一连串逐渐缩小而最终趋于原点的环状曲线，如图 26－4 所示。当 H 减小到零时，B 亦同时降为零，达到完全退磁。

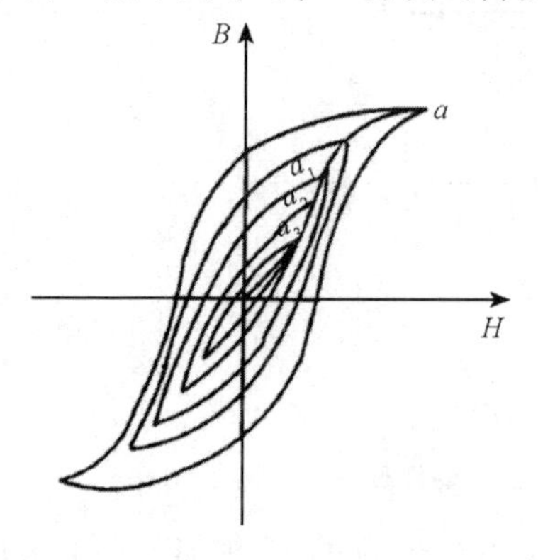

图 26－3　磁滞回线簇

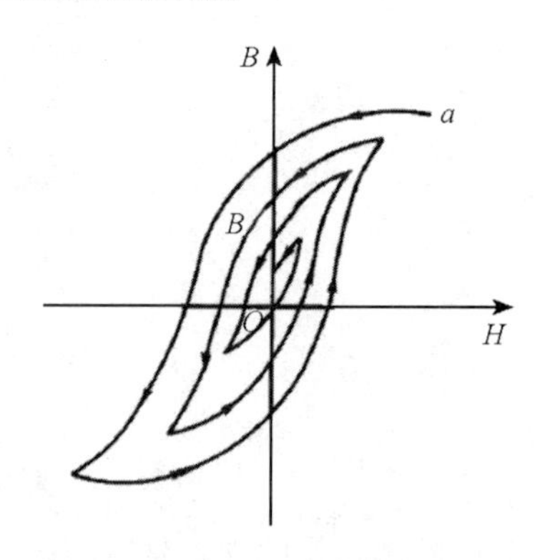

图 26－4　退磁过程

实验表明，经过多次反复磁化后，$B-H$ 的量值关系将形成一个稳定的闭合的磁滞回线。通常以这条曲线来表示实验材料的磁化性质。这种反复磁化的过程称为“磁锻炼”。本实验使用交变电流，所以每个状态都经过充分的“磁锻炼”，随时可以获得磁滞回线。

把图 26－3 中原点 O 和各个磁滞回线的顶点 a_1，a_2，…，a 所连成的曲线称为铁磁材料的基本磁化曲线。不同的铁磁材料其基本磁化曲线是不相同的。为了使样品的磁特性可以重复出现，也就是指所测得的基本磁化曲线都是由原始状态（$H=0$，$B=0$）开始，在测量前必须进行退磁，以消除样品中的剩余磁性。

在测量基本磁化曲线时，每个磁化状态都要经过充分的“磁锻炼”。否则，得到的 $B-H$ 曲线即为开始介绍的起始磁化曲线，两者不可混淆。

3. 示波器显示 $B-H$ 曲线的原理线路

本实验研究的铁磁物质是一个环状式样（如图 26－5 所示）。在式样上绕有励磁线圈 N_1 匝和测量线圈 N_2 匝。若在线圈 N_1 中通过磁化电流 i_1 时，此电流在式样内产生磁场，根据安培环路定律有 $HL=N_1 i_1$，其中 L 为环状式样的平均磁路长度（图 26－5 中的虚线）。示波器测量 $B-H$ 曲线的实验线路如图 26－6所示，由图可知示波器 X 轴偏转板输入电压为 $U_x=U_R=i_1 R_1$，故

$$U_x=\frac{LR_1}{N_1}H \qquad (26-2)$$

也就是说，在交变磁场下，任一时刻示波器中的电子束在 X 轴的偏转量都正比于磁场强度 H。

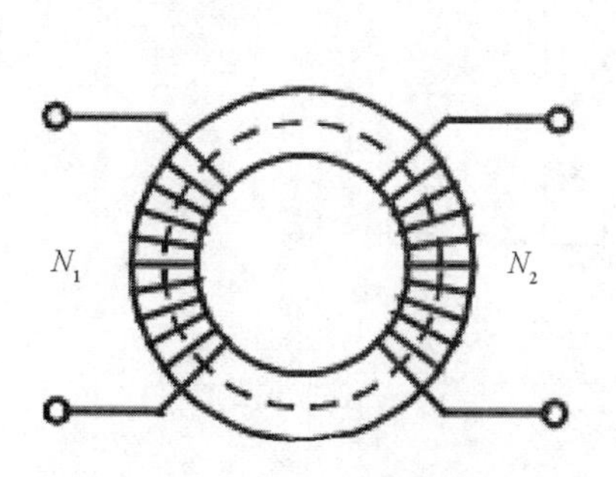

图 26－5　环状铁磁物质式样

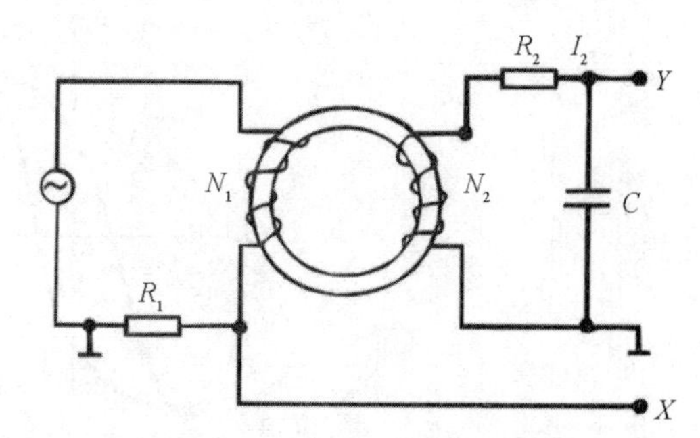

图 26－6　示波器测量 $B-H$ 曲线实验线路

为了测量磁感应强度 B，在次级线圈 N_2 上串联一个电阻 R_2 与电容 C 构成一个回路，同时 R_2 与 C 又构成一个积分电路。取电容 C 两端电压 U_c 至示波器

Y 轴输入，若适当选择 R_2 和 C 使 $R_2 \gg 1/\omega C$，则

$$I_2 = \frac{E_2}{\left[R_2^2 + \left(\frac{1}{\omega C}\right)^2\right]^{\frac{1}{2}}} \approx \frac{E_2}{R_2} \tag{26-3}$$

式中，ω 为电源的角频率；E_2 为次级线圈的感应电动势。

因交变的磁场 H 的样品中产生交变的磁感应强度 B，则

$$E_2 = N_2 \frac{\mathrm{d}Q}{\mathrm{d}t} = N_2 S \frac{\mathrm{d}B}{\mathrm{d}t} \tag{26-4}$$

式中，$S = \frac{(D_2 - D_1)\ h}{2}$ 为环式样的截面积。设磁环厚度为 h，则

$$U_y = U_c = \frac{Q}{C} = \frac{1}{C}\int I_2 \mathrm{d}t = \frac{1}{CR_2}\int E_2 \mathrm{d}t = \frac{N_2 S}{CR_2}\int \mathrm{d}B = \frac{N_2 S}{CR_2}B \tag{26-5}$$

式（26－5）表明，接在示波器 Y 轴输入的 U_y 正比于 B。

R_2C 构成的电路在电子技术中称为积分电路，表示输出的电压 U_c 是感应电动势 E_2 对时间的积分。为了如实绘出磁滞回线，要求：（1）$R_2 \gg 1/2\pi fc$；（2）在满足上述条件下，U_c 振幅很小，不能直接绘出大小适合需要的磁滞回线。为此，需将 U_c 经过示波器 Y 轴放大器增幅后输至 Y 轴偏转板上。这就要求在实验磁场的频率范围内，放大器的放大系数必须稳定，不会带来较大的相位畸变。事实上示波器难以完全达到这个要求，因此在实验时经常会出现如图 26－7 所示的畸变。观测时将 X 轴输入选择“AC”挡，Y 轴输入选择“DC”挡，并选择合适的 R_1 和 R_2 的阻值，可避免这种畸变，得到最佳磁滞回线图形。

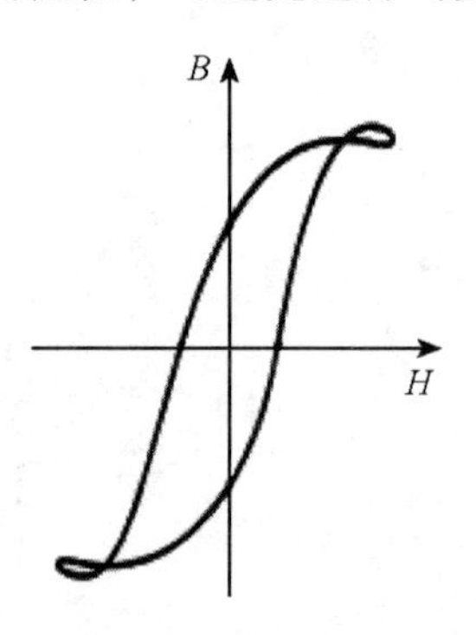

图 26－7　畸变的磁滞回线

这样，在磁化电流变化的一个周期内，电子束的径迹将描出一条完整的磁滞回线。适当调节示波器 X 和 Y 轴增益，再由小到大调节信号发生器的输出

电压，即能在屏上观察到由小到大扩展的磁滞回线图形。逐次记录其正顶点的坐标，并在坐标纸上把它连成光滑的曲线，就得到样品的基本磁化曲线。

为了定量研究磁化曲线和磁滞回线，还需要对示波器进行定标。定标公式为

$$H = \frac{N_1 S_X}{L R_1} X \qquad (26-6)$$

$$B = \frac{R_2 C S_Y}{N_2 S} Y \qquad (26-7)$$

式中，R_1、R_2 为已知电阻；C 为已知电容；S_X、S_Y 分别为 X 轴灵敏度（V/格）和 Y 轴的灵敏度（V/格）；X、Y 为示波器显示格数（分正负向读数）。

三、实验仪器及其主要技术参数

本实验使用的仪器为动态法磁滞回线实验仪 DH4516C（如图 26－8 所示），由功率信号源、可调标准电阻、标准电容和接口电路等组成。测试样品有两种，除磁滞损耗不同外其他参数相同；信号源的频率在 20～250 Hz 之间

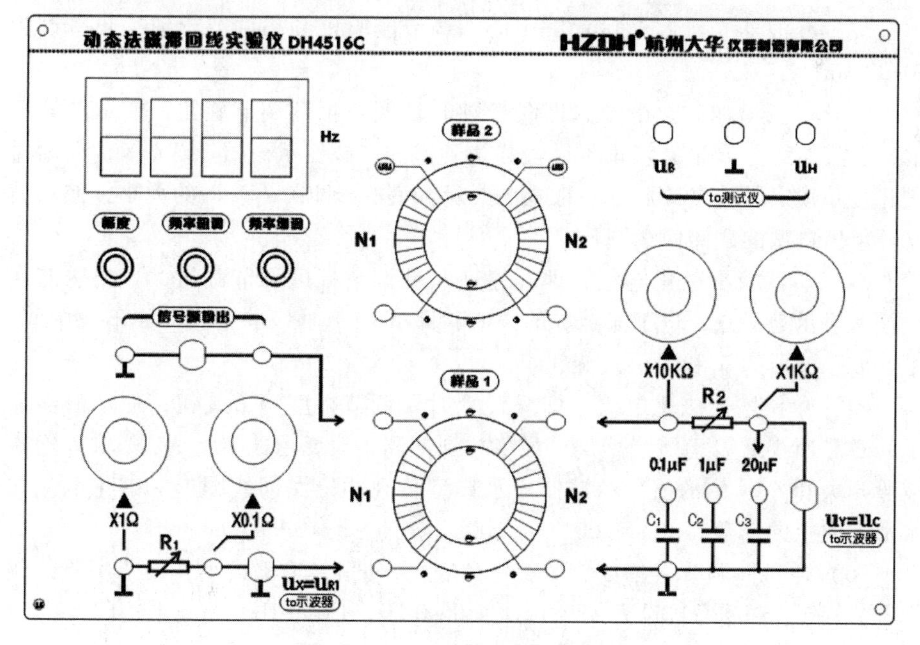

图 26－8　磁滞回线实验仪面板

可调；可调标准电阻 R_1 的调节范围为 0.1 ~ 11Ω；R_2 的调节范围为 1 ~ 110 kΩ；标准电容有 0.1μF、1μF、20μF 三挡可选；接口电路包括 u_X、u_Y接示波器的 X 和 Y 通道，u_B、u_H接 DH4516C 测试仪，可自动测量 H、B、H_C、B_R等参数，连接计算机后可用计算机做磁滞回线曲线，并测量 H、B、H_C、B_R等参数。

四、实验内容与步骤

1. 观察两种样品在 25 Hz、50 Hz、100 Hz、150 Hz 交流信号下的磁滞回线。

（1）按图 26 - 6 所示的原理线路接线。

①逆时针调节幅度调节旋钮到底，使信号输出最小。

②调节示波器显示工作方式为 $X - Y$ 方式。

③示波器 X 输入为 AC 方式，测量采样电阻 R_1的电压。

④示波器 Y 输入为 DC 方式，测量积分电容的电压。

⑤选择样品 1 先进行实验。

⑥接通示波器和 DH4516C 型动态磁滞回线实验仪电源，适当调节示波器辉度，以免荧光屏中心受损。预热 10 min 后开始测量。

（2）示波器光点调至显示屏中心，调节实验仪频率调节旋钮，频率设为 50.00 Hz。

（3）单调增加磁化电流，即缓慢顺时针调节幅度调节旋钮，使示波器显示的磁滞回线上 B 值缓慢增加，最终达到饱和。改变示波器上 X、Y 输入增益段开关并锁定增益电位器（一般为顺时针到底），调节 R_1、R_2的大小，使示波器显示出典型的磁滞回线图形。

（4）单调减小磁化电流，即缓慢逆时针调节幅度调节旋钮，直到磁滞回线最后显示为一点，位于显示屏的中心，即 X 和 Y 轴线的交点，如不在中间，可调节示波器的 X 和 Y 位移旋钮。

（5）单调增加磁化电流，即缓慢顺时针调节幅度调节旋钮，使示波器显示的磁滞回线上 B 值缓慢增加，最终达到饱和，改变示波器上 X、Y 输入增益波段开关和 R_1、R_2的值，示波器显示典型美观的磁滞回线图形。磁化电流在水平方向上的读数为（ -5.00， +5.00）格。

（6）逆时针调节（幅度调节旋钮到底），使信号输出最小，调节实验仪频率调节旋钮，频率分别设为 25.00 Hz、100.0 Hz、150.0 Hz，重复上述(3) ~ (5)的操作，比较磁滞回线形状的变化。

（7）换实验样品 2，重复上述（2）~（6）步骤，观察 25.00 Hz、50.00 Hz、100.0 Hz、150.0 Hz 时的磁滞回线，并与样品 1 进行比较，有何异同。

2. 测磁化曲线和动态磁滞回线，用样品 1 进行实验。

（1）在实验仪上接好实验线路，逆时针调节幅度调节旋钮到底，使信号输出最小。将示波器光点调至显示屏中心，调节实验仪频率调节旋钮，频率设为 50.00 Hz。

（2）将样品 1 退磁。

①单调增加磁化电流，使示波器显示典型的磁滞回线图形。此后，保持示波器上 X、Y 输入增益波段开关和 R_1、R_2 值固定不变并锁定增益电位器（一般为顺时针到底），以便进行 H、B 的标定。

②单调减小磁化电流，直到示波器最后显示为一点，位于显示屏的中心。

3. 磁化曲线的测量，即测量不同磁滞回线顶点的连线。

单调增加磁化电流，即缓慢顺时针调节幅度调节旋钮，磁化电流在 X 方向读数为 0、0.20、0.40、0.60、0.80、1.00、2.00、3.00、4.00、5.00，单位为格，记录磁滞回线顶点在 Y 方向上读数，单位为格，见表 26－1。根据实验结果做出磁化曲线。

表 26－1　磁化曲线的测量

序号	1	2	3	4	5	6	7	8	9	10
X/格	0	0.20	0.40	0.60	0.80	1.00	2.00	3.00	4.00	5.00
Y/格										

4. 动态测量磁滞回线。

在磁化电流 X 方向上的读数为（－5.00，＋5.00）格时，记录示波器显示的磁滞回线在 X 坐标为－5.00 至 5.00 格（选取合适间隔）时，相对应的 Y 坐标；在 Y 坐标为－5.00 至 5.00 格（选取合适间隔）时，相对应的 X 坐标，记录于表 26－2。根据实验结果做出磁滞回线。

表 26－2　动态法测量磁滞回线

X/格	Y/格	Y/格	X/格
5.00		5.00	
4.00		4.00	

（续表）

X/格	Y/格	Y/格	X/格
⋮		⋮	
-4.00		-4.00	
-5.00		-5.00	

五、思考题

1. 什么是磁滞现象？
2. 实验过程中为什么要退磁？如何将铁磁材料退磁？

【技术应用】

超导量子干涉仪（SQUID）是一种能测量微弱磁信号的极其灵敏的仪器。它是基于超导体的磁滞现象，使用被一薄势垒层分开的两块超导体构成一个约瑟夫森隧道结，当含有约瑟夫森隧道结的超导体闭合环路被适当大小的电流偏置后，会呈现一种宏观量子干涉现象，即隧道结两端的电压是该闭合环路环孔中的外磁通量变化的周期性函数，从而实现微弱磁信号的测量。

SQUID 作为探测器，可以测量出 10^{-11} Gs（1 Gs = 10^{-4}T）的微弱磁场，仅相当于地磁场的一百亿分之一，比常规的磁强计灵敏度高几个数量级。作为灵敏度极高的磁传感器，超导量子干涉仪可用于生物磁测量（主要是心磁和脑磁，如图 26－9 所示）、无损探伤、大地电磁测量等。

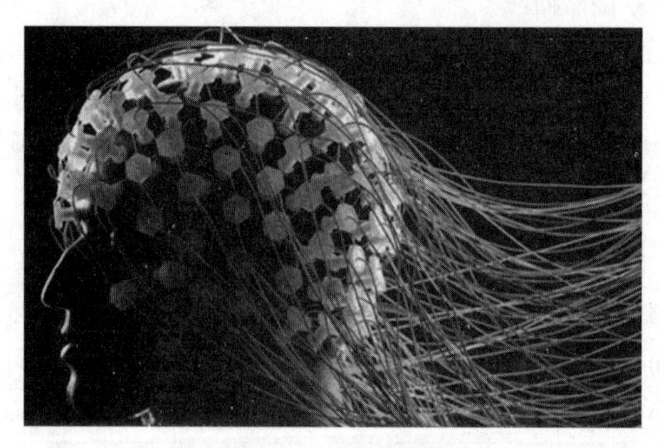

图 26－9　脑磁测量

实验 27　核磁共振技术

【技术概述】

核磁共振技术是利用核磁共振原理，依据所释放的能量在物质内部不同结构环境中不同的衰减，通过外加梯度磁场检测所发射出的电磁波，即可得知构成这一物体原子核的位置和种类的技术，在此技术上进一步可发展成为核磁共振成像技术。核磁共振技术具有深入物质内部而不破坏样品，且测量迅速准确、分辨率高等优点，在物理、化学、生物、临床诊断、计量科学和石油分析与勘探等许多领域得到重要应用。本实验通过测量不同样品的核磁共振参数，对核磁共振原理进行初步了解。

一、实验目的

1. 了解核磁共振的实验基本原理。
2. 学习利用核磁共振测量纵向磁场和质子的旋磁比。

二、实验原理

1. 核磁共振

自旋角动量不为零的原子核具有与之相联系的核自旋磁矩，简称核磁矩，其大小为

$$\mu = g\frac{e}{2M}p \tag{27-1}$$

式中，e 为质子的电荷；M 为质子的质量；g 是一个由原子核结构决定的因子，称为原子核的 g 因子；p 为原子核自旋角动量。对不同种类的原子核，g 的数值不同。值得注意的是，g 可能是正数，也可能是负数。因此，核磁矩

的方向可能与核自旋角动量方向相同，也可能相反。

由于核自旋角动量在任意给定的 z 方向只能取 $2I+1$ 个离散的数值，因此核磁矩在 z 方向也只能取 $2I+1$ 个离散的数值。

$$\mu_z = g\frac{eh}{2m}p \tag{27-2}$$

原子核的核矩通常用 $\mu_N = e\hbar/2M$ 作为单位，μ_N 称为核磁子。采用 μ_N 作为核磁矩的单位以后，μ_z 可记为 $\mu_z = gm\mu_N$。与角动量本身的大小为 $\sqrt{I(I+1)}\hbar$ 相对应，核磁矩本身的大小为 $g\sqrt{I(I+1)}\mu_N$。除了用 g 因子表征核的磁性质，通常还引入另一个可以由实验测量的物理量 γ，γ 定义为原子核的磁矩与自旋角动量之比，即

$$\gamma = \frac{\mu}{p} = \frac{ge}{2M} \tag{27-3}$$

可写成 $\mu = \gamma p$，相应地有 $\mu_z = \gamma p_z$。

当不存在外磁场时，每一个原子核的能量都相同，所有原子核处在同一能级。当施加一个外磁场 B 后，为了方便起见，通常把 B 的方向规定为 z 方向，外磁场 B 与磁矩的相互作用能为

$$E = -\boldsymbol{\mu}\cdot\boldsymbol{B} = -\mu_z B = -\gamma p_z B = -\gamma m\hbar B \tag{27-4}$$

因此量子数 m 取值不同，核磁矩的能量也就不同，从而原来简并的同一能级分裂为 $2I+1$ 个子能级。由于在外磁场中各个子能级的能量与量子数 m 有关，因此量子数 m 又称为磁量子数。这些不同子能级的能量虽然不同，但相邻能级之间的能量间隔 $\Delta E = \gamma\hbar B$ 却是一样的。而且，对于质子而言，$I=1/2$，因此，m 只能取 $m=1/2$ 和 $m=-1/2$ 两个数值，施加磁场前后的能级分别如图 27－1 中的（a）和（b）所示。

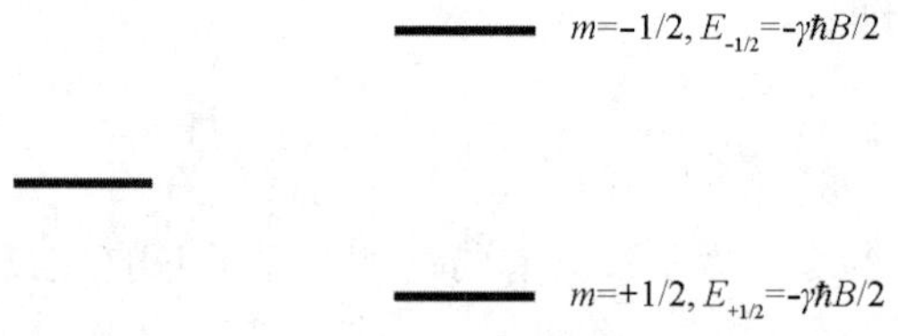

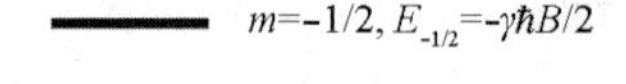

图 27－1　外加磁场下质子的能级分裂

施加外磁场 B 后，原子核在不同能级上的分布服从玻尔兹曼分布，显然处在下能级的粒子数要比上能级的多，其差数由 ΔE 大小、系统的温度和系统

的总粒子数决定。这时，若在与 B 垂直的方向上再施加一个高频电磁场，通常为射频场，当射频场的频率满足 $h\nu=\Delta E$ 时，会引起原子核在上下能级之间跃迁，但由于一开始处在下能级的核比在上能级的要多，因此净效果是往上跃迁的比往下跃迁的多，从而使系统的总能量增加，这相当于系统从射频场中吸收了能量。上述跃迁称为共振跃迁，简称为共振。显然，共振时要求 $h\nu=\Delta E=\gamma\hbar B$，从而要求射频场的频率满足共振条件

$$\nu=\frac{\gamma}{2\pi}B \tag{27-5}$$

如果频率的单位用 Hz，磁场的单位用 T（特斯拉），对裸露的质子而言，经过大量测量得到 $\gamma/2\pi=42.577\ 469\ \mathrm{MHz/T}$。但是对于原子或分子中处于不同基团的质子，由于不同质子所处的化学环境不同，受到周围电子屏蔽的情况不同，$\gamma/2\pi$ 的数值将略有差别，这种差别称为化学位移。对于温度为 25℃ 时球形容器中水样品的质子，$\gamma/2\pi=42.577\ 469\ \mathrm{MHz/T}$，本实验可采用这个数值作为很好的近似值。通过测量质子在磁场 B 中的共振频率 ν_H 可实现对磁场的校准，即

$$B=\frac{\nu_H}{\gamma/2\pi} \tag{27-6}$$

反之，若 B 已经校准，通过测量未知原子核的共振频率 ν，便可求出原子核的 γ 值（通常用 $\gamma/2\pi$ 值表征）或 g 因子

$$\frac{\gamma}{2\pi}=\frac{\nu}{B} \tag{27-7}$$

$$g=\frac{\nu/B}{\mu_N/h} \tag{27-8}$$

其中 $\mu_N/h=7.622\ 591\ 4\ \mathrm{MHz/T}$。

2. 共振现象的观察

通过上述讨论，要发生共振必须满足 $\nu=(\gamma/2\pi)B$。为了观察到共振现象，通常有两种方法：一种是固定 B，连续改变射频场的频率，这种方法称为扫频方法；另一种是固定射频场的频率，连续改变磁场的大小，这种方法称为扫场方法。在被测恒磁场 B 上叠加一同方向低振幅、低频率的扫描磁场 $B_S\cos\omega_S t$，这两个磁场之和构成纵向场，即纵向场为 $B_0=B+B_S\cos\omega_S t$。实验中纵向场是周期变化的，共振条件也将周期性地得到满足，如图 27－2 所示。若在某一频率 ω 下发生核磁共振的磁场为 B_Z^0，则共振条件在调制场的一个周期内被满足两次。

如果磁场的变化不是太快，而是缓慢通过与频率 ν 对应的磁场时，经检波放大后，在示波器上观察到如图 27－3（a）所示的曲线，称为吸收曲线，这种曲线具有洛伦兹型曲线的特征。但是，如果扫场变化太快，得到的将是如图 27－3（b）所示的带有尾波的衰减振荡曲线。然而，扫场变化的快慢是相对具体样品而言的。例如，本实验采用的扫场为频率 50 Hz、幅度在 $10^{-5} \sim 10^{-3}$ T 的交变磁场，对固态的聚四氟乙烯样品而言是变化十分缓慢的磁场，其吸收信号将如图 27－3（a）所示，而对于液态的水样品而言却是变化太快的磁场，其吸收信号将如图 27－3（b）所示，而且磁场越均匀，尾波中振荡的次数越多。

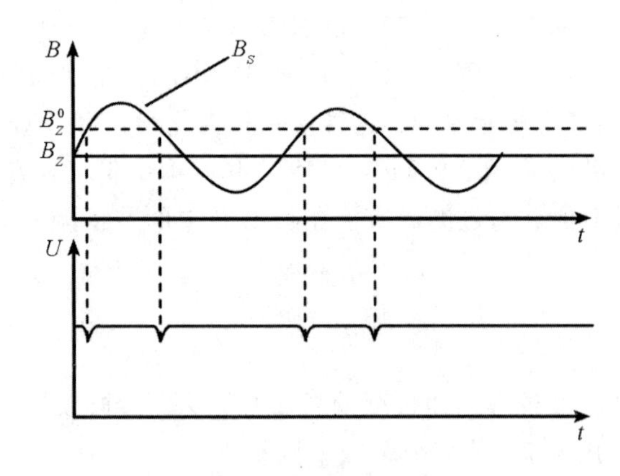

图 27－2　共振电压与磁场关系

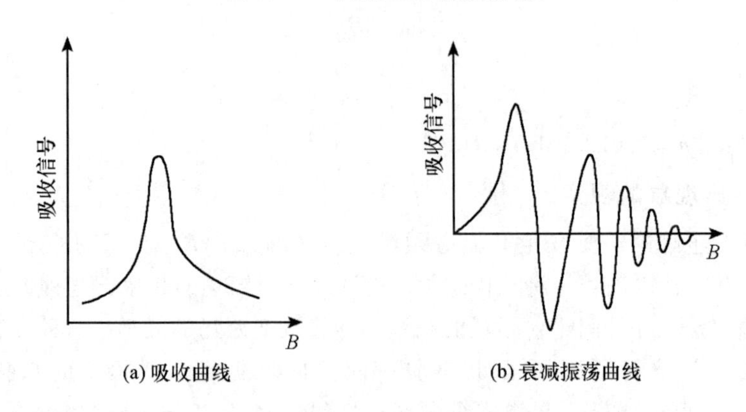

(a) 吸收曲线　　(b) 衰减振荡曲线

图 27－3　核磁共振的吸收信号

三、实验仪器及其主要技术参数

实验装置的连线示意图如图 27 - 4 所示，它由永久磁铁、扫场线圈、DH2002A 型核磁共振仪、探头、DH2002A 型核磁共振仪电源、数字频率计、示波器等组成。

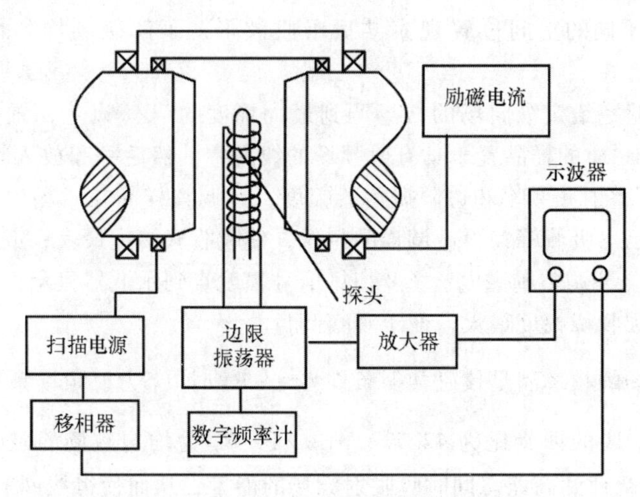

图 27 - 4 实验装置连线示意图

永久磁铁：磁铁中心磁场 B_0 约 0.48 T，在磁场中心（5 mm^3）范围内，均匀性优于 10^{-5}。

扫场线圈：交变磁场幅度在 10^{-5} ~ 10^{-3} T，磁场幅度可通过调节核磁共振仪电源面板上的扫场电流电位器调节。

样品：水（掺有硫酸铜），聚四氟乙烯。

四、实验内容与步骤

1. 使用不同样品，寻找氢原子核的吸收峰，测量纵向磁场、质子的旋磁比 γ。

（1）调节射频频率使 ^1H、^{19}F 共振，观察共振吸收峰随扫场幅度及射频偏振场频率的变化，记录共振谱。

（2）用核磁共振法精确测定纵向磁场强度 B。

（3）测量质子的旋磁比 γ（用高斯计测得样品所在处的磁感应强度），根

据共振频率 f_0 和磁场 B，计算出 γ，并与理论值比较。

2. 改变条件观察核磁共振信号的变化。

（1）调节边限振荡器的工作点以改变射频场 $B'\cos\omega t$ 的强度，观察共振信号的变化，从而了解饱和现象。

（2）扫场信号频率 ω 不变，改变扫场幅度（相当于改变扫场速度），观察核磁共振信号的变化。

（3）在不同的空间位置观察共振吸收波形，了解磁场均匀性对尾波的影响。

可将实验室给定纵向场的扫场调到最大幅度的70%以上，置样品于磁极中心（将含有 ^1H 的样品置于具有射频场的线圈中，然后一起放入均匀磁场 B_Z 中），交替调整射频频率和边限振荡器幅度，并调整样品在磁场中的位置，直到示波器显示出吸收峰；再微调样品位置，使吸收峰幅度最大；或给定射频频率 ω 值后，交替调整励磁电流 I 及扫场信号幅度直到示波器显示出吸收峰；仔细微调，使吸收峰幅度最大，便于观察测量。

当射频场的频率满足核磁共振条件 $f=\dfrac{\gamma}{2\pi}B_Z$ 时（f 为射频场频率，$\dfrac{\gamma}{2\pi}$ 为原子核回旋比，^1H 的回旋比为 42.577 MHz /T，B_Z 为均匀磁场的磁感应强度），^1H 从低能态跃迁到高能态同时吸收射频场的能量，从而使得线圈的 Q 值降低，产生共振信号。当射频的频率固定为 f_0 时，在磁场 B_Z 扫过共振点 B_Z^0 时产生共振信号（B_Z^0 为 f_0 所对应的共振磁场）。

五、思考题

1. 产生核磁共振需要什么条件？
2. 扫频方法和扫场方法在操作上有什么区别？需要注意什么？

【技术应用】

核磁共振成像（nuclear magnetic resonance imaging，NMRI）是利用核磁共振原理，依据所释放的能量在物质内部不同结构环境中衰减不同，通过外加梯度磁场检测所发射出的电磁波，即可得知构成这一物体原子核的位置和种类，据此可以绘制成物体内部的结构图像。利用水分子中氢原子的核磁共振现象，可以获取人体内水分子分布的信息，从而精确绘制人体内部结构，进行医学诊断。如图 27－5 所示为人体头部的核磁共振成像。

电子技术、磁体技术、计算机技术、超导技术、低温技术是促进 NMRI 发展的重要技术。未来 NMRI 的发展方向将在以下几个方面进行：一是提高磁体的磁场强度，使生物大分子的结构研究有重大突破；二是发展三维核磁共振技术，建立大分子的三维模型；三是发展固体的核磁共振技术，研究分子结构特征和动态特征。

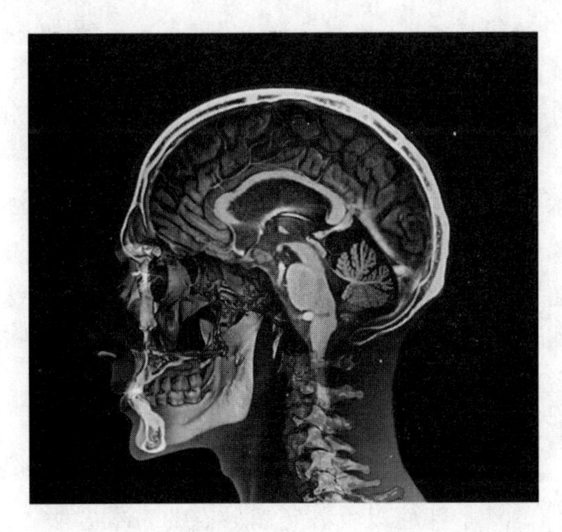

图 27－5　人体头部的核磁共振成像

实验 28　高温超导材料转变温度测定

【技术概述】

高温超导技术是将高温超导材料广泛应用于能源、国防、交通、医疗等领域，可以实现相关领域关键突破的技术。超导材料开始失去电阻时的温度称为超导转变温度或超导临界温度，超导临界温度是限制超导材料应用的关键因素。本实验通过测量超导样品的电特性参数，对超导材料进行初步了解。

一、实验目的

1. 了解超导体的基本特性以及判定超导态的基本方法。
2. 掌握用测量超导体电阻 - 温度关系测定转变温度的方法。

二、实验原理

1911 年，荷兰科学家卡麦林 · 翁纳斯（K. Onnes）利用液氦所能达到的极低温条件，指导其学生（Gilles Holst）进行金属在低温下电阻率的研究，发现在温度稍低于 4. 2 K 时水银（Hg）的超导现象。超导体的超导转变温度或超导临界温度通常用 T_C表示。一些金属（如 Pb，T_C = 7. 2 K）、金属间化合物（如 A15 结构的 Nb_3Ge，T_C = 23. 2 K）等上千种材料都具有超导电性。

超导现象发现以后，实验和理论研究以及应用都有很大发展，但是临界温度的提高一直很缓慢。1986 年以前，经过 75 年的努力，临界温度只达到 23. 2 K。此外，在 1986 年以前，超导现象的研究和应用主要依赖于液氦作为制冷剂。由于氦气昂贵、液化氦的设备复杂，条件苛刻，加上 4. 2 K 的液氦温度是接近于绝对零度的极低温区等因素，都大大限制了超导的应用。为此，探索高临界温度超导材料成为人们梦寐以求的目标。

1987 年初液氮温区超导体的发现震惊了整个世界，人们称之为 20 世纪最重大的科学技术突破之一，它预示着一场新的技术革命，同时也为凝聚态物理学提出了新的课题。

超导体有许多特性，其中最主要的电磁性质之一是零电阻现象。在 T_C 以上，超导体和正常金属都具有有限的电阻值，这种超导体处于正常态。由正常态向超导态的过渡是在一个有限的温度间隔里完成的，即有一个转变宽度 ΔT_C，它取决于材料的纯度和晶格的完整性。理想样品的 $\Delta T_C \leqslant 10^{-3}$ K。基于这种电阻变化，可以通过电测量来确定 T_C。通常把样品的电阻降到转变前正常态电阻值一半时的温度定义为超导体的临界温度 T_C。

本实验是基于零电阻特性，用点测法测量超导转变温度 T_C，从而对零电阻现象有一感性认识。具体做法是使样品通一恒定电流，测量其阻值随温度变化，当温度降到 T_C 时阻值突然降到仪器分辨率不能检测的情况，从而定出 T_C。

三、实验仪器及其主要技术参数

实验装置利用伏安法测试超导样品的电阻随温度变化（$R-T$ 关系曲线），其结构如图 28－1 所示，主要包括超导样品架、液氮杜瓦瓶、电阻温度计、电源、$X-Y$ 记录仪等部分。通常将样品架连同整根德银管合称为探棒，超导样品和温度计装在样品架上。样品架放置在探棒的可拆卸圆铜套内，铜套阻挡了液氮直接接触超导样品，冷量由外壁紫铜端通过紫铜块传到样品上。超导样品用强力胶粘于导热性良好的微晶片上（也可用环氧板），载片与紫铜块间也涂以热导脂。超导样品和铂电阻温度计的电阻测量均采用四端引线，两根电流线、两根电压线，以减少测量误差。

超导样品和温度计的供电电源分别由室温的测试电源提供，铂电阻温度计的工作电流恒定为 1.00 mA，样品电流为 1～10 mA，由仪器面板的电位器调节。图 28－2 为实验线路图。

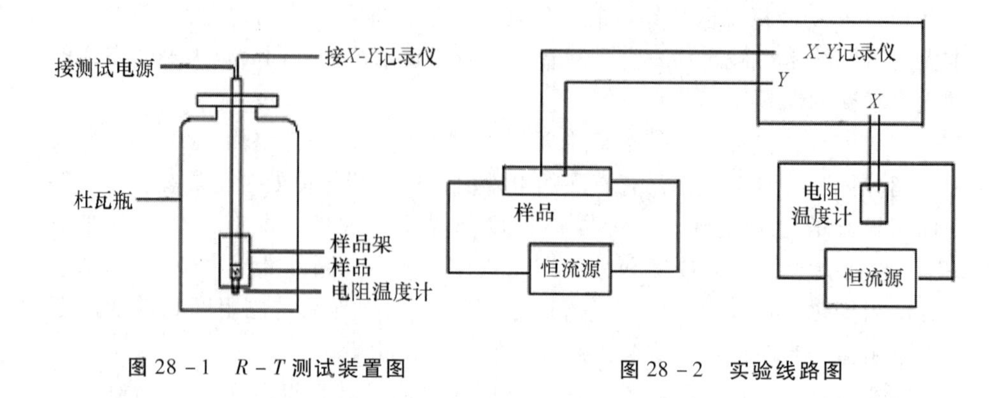

图 28－1　R－T 测试装置图　　　　图 28－2　实验线路图

四、实验内容与步骤

1. 超导样品制作（可选）

（1）带好白手套，用镊子从干燥缸将约为 20 cm×5 cm×2 cm 的钇钡铜氧超导块取出。

（2）用 0.8 mm 或 1 mm 的钻头在样品表面上打 4 个浅穴（千万别打穿!）。

（3）用酒精擦干表面尘粒。

（4）用细银丝或漆包铜丝（ϕ0.05 mm）作引线，用铟粒把引线头压在浅穴上，并用镊子柄轻轻压紧。

（5）用小锉刀在 2～3 中间轻轻锉去一层，让它尽量变薄，但不能锉断，再用酒精擦去表面尘粒。

（6）把样品胶粘在与样品差不多大小的胶木板上（可用强力黏合胶），增加牢固度。

①把带有样品的胶木板放在探测头样品架上，并用烙铁把样品引线的另一端焊到样品架的铆钉上。如果样品引线不用铟粒压紧，也可用导电胶把引线一端胶粘在浅穴上，然后放在 220 ℃烘箱内 3 h，进行固化。注意粘点要小，不能让引线翘起来。

实验室可提供现成样品，只要把样品从干燥缸取出来后，把 4 根引线焊接到样品架相应的铆钉焊点上。焊接装配如图 28－3 所示。

②把铂电阻温度计放在探测头样品架紫铜块样品附近，并把温度计的两个引线焊到样品架的 5、6 两个铆钉接点上。最后把探测头的套筒装上并旋紧。

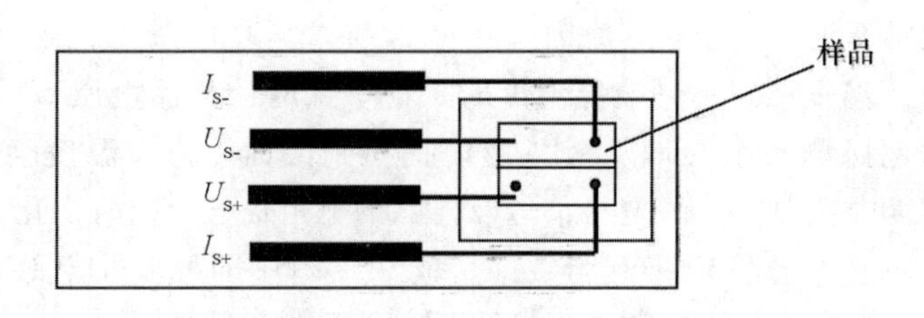

图 28－3　超导样品焊接装配图

2. 连接样品与测量仪器

将制作的样品与测量仪器按图 28－2 所示连接起来。

3. 实验测量

本实验的目的是测量超导材料的转变温度 T_C，也就是在常气压环境下超导体从非超导态变为超导态时的温度，可通过检测其电阻随温度变化的方法来判定其转变温度。

实验中要测量电阻及温度两个量。样品的电阻用四端法测量，通以恒定电流，测量 2、3 两端的电压信号。由于电流恒定，电压信号的变化即能反映电阻的变化。

温度用铂电阻温度计测量，它的电阻会随温度变化而变化，比较稳定，线性也较好。实验时通以恒定的 1.00 mA 电流，测量温度计两端电压随温度变化情况，从表中可查到其对应的温度。

温度的变化是利用液氮杜瓦瓶空间的温度梯度来获得。样品及温度计的电压信号可从数字显示表中读得，也可用计算机自动记录和处理。

手动测量操作方法（自动测量方法详见仪器使用说明书）：

（1）连接样品，调节样品电流 $I_S = 5.0$ mA，调节温度计电流 $I_T = 1.00$ mA。

（2）调节样品电压信号，以获得约为几十毫伏的输出信号。因室温时处在最高温度，这时信号为最大值。如果调节不到几十毫伏，说明有问题，需要检查接线、电流供给、样品断否等，排除问题后再进行下一步实验。

（3）小心地把探测头浸入杜瓦瓶内，待样品温度达到液氮温度后（一般等待 10～15 min），观察此时样品出现的信号是否处于零附近（因此时温度最低，电阻应为 0，但因放大器噪声也被放大，会存在本底信号），注意此时不能再改变放大倍数，放大倍数挡位置应与高温时一致。如电阻信号小，与高温时的电阻信号相差大，则可进行数据测量；如果此时电压信号仍很大，与高温时一样，则属不正常，需检查原因。

（4）样品温度稳定达到液氮温度时，记下此时的样品电压 U_S 及温度电压 U_T 值，然后把探测头小心地从液氮瓶内提拉到液面上方，温度会慢慢升高，在这变化过程中，温度计的电压信号及样品的电阻信号会同时变化，同时记录这两者变化的值，记下 50～60 个数据。做 U_S-U_T 图即可求得转变温度 T_C。在过程中要耐心观察，特别在转变温度附近，需多测些数据。

（5）如时间允许可从高温到低温再测量一次，观察两条曲线是否重合，解析原因。

（6）实验结束，进行整理工作。

①实验结束后关掉仪器电流，用热吹风把探测头吹干。

②旋开探测头的外罩，把样品吹干，使其表面干燥无水气。

③用烙铁把样品与样品架连接的四个焊点焊开，取出样品，用滤纸包好，放回干燥箱内，以备下组实验者使用。

五、思考题

1. 什么是超导现象？
2. 超导材料有哪些主要特性？
3. 实验过程中如何判断样品是否进入超导态？

【技术应用】

超导材料具有三个基本特性：完全电导性、完全抗磁性、通量量子化。

完全电导性即零电阻性，利用超导材料零电阻性来制作超大规模集成电路元件间的互连线元器件，可有效解决集成电路上元件和连线的散热问题，降低能耗，大大提高芯片的运算速度，如图 28－4 所示。例如，将超导数据处理器与外存储芯片组装成约瑟夫森式计算机，能获得高速处理能力，其处理速度相当于大型计算机的 15 倍。但是，目前这种组件计算机的电路必须在低温下工作。

超导材料的完全抗磁性是指在磁场强度低于临界值的情况下，磁力线无法穿过超导体，超导体内部磁场为零的现象。将超导材料放在一块永久磁体的上方，由于磁体的磁力线不能穿过超导体，磁体和超导体之间会产生排斥力，使超导体悬浮在磁体上方。利用这种磁悬浮效应，可用超导材料来制造超导磁悬浮列车，如图 28 - 5 所示。

超导材料的通量量子化又称约瑟夫森效应，指当两层超导体之间的绝缘层薄至原子尺寸时，电子对可以穿过绝缘层产生隧道电流的现象，即在超导体 - 绝缘体 - 超导体结构可以产生超导电流。用超导材料制作的超导单电子晶体管，就是利用约瑟夫森效应实现了新颖的效果。

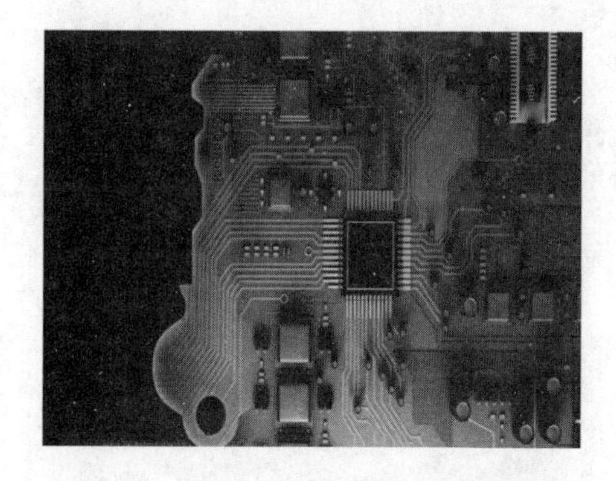

图 28 - 4　超导材料制作的集成电路图

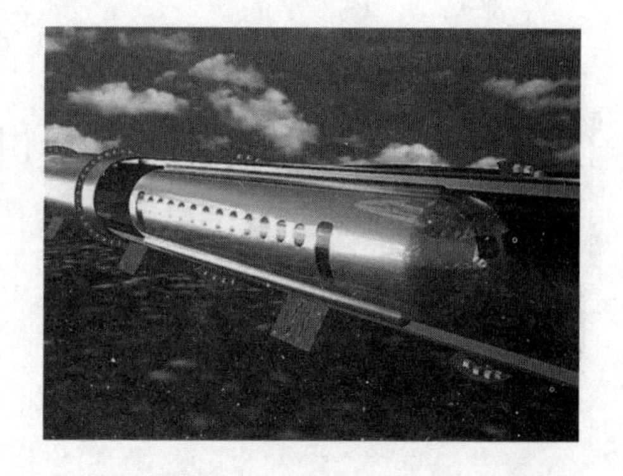

图 28 - 5　超导磁悬浮列车概念图

第三部分　光学实验

实验 29　光敏电阻特性测试

【技术概述】

实验 29 至实验 36 为光电探测器系列实验。光电探测器是基于光电效应，将光信号转换为电信号的一种传感器，可组成光电探测系统，广泛应用于仪器仪表、自动控制、精密测量及办公自动化、宇航和广播电视等各个领域。光电探测器主要有光敏电阻、光电二极管、光电晶体管、光电耦合器、集成光电传感器、光电池和图像传感器等。研究光电探测器的基本特性，如光电特性、伏安特性、光谱特性、时间响应特性等，为理解和应用光电探测系统奠定基础。

一、实验目的

1. 掌握光敏电阻工作原理与基本特性。
2. 学习光敏电阻特性测试的方法。
3. 了解光敏电阻的基本应用。

二、实验原理

1. 光敏电阻的结构与工作原理

光敏电阻又称光导管，它几乎都是用半导体材料制成的光电器件。光敏电阻没有极性，纯粹是一个电阻器件，使用时既可加直流电压，也可加交流电压。无光照时，光敏电阻值（暗电阻）很大，电路中电流（暗电流）很小。

当光敏电阻受到一定波长范围的光照时，它的阻值（亮电阻）急剧减小，电路中电流迅速增大。一般希望暗电阻越大越好，亮电阻越小越好，此时光敏电阻的灵敏度高。实际上，光敏电阻的暗电阻值一般在兆欧量级，亮电阻值在几千欧以下。

光敏电阻的结构简单，其结构示意图如图 29－1 所示。图 29－1（a）为金属封装的硫化镉光敏电阻的结构图。在玻璃底板上均匀地涂上一层薄薄的半导体物质，称为光导层。半导体的两端装有金属电极，金属电极与引出线端相连接，光敏电阻就通过引出线端接入电路。为了防止周围介质的影响，在半导体光敏层上覆盖了一层漆膜，漆膜的成分应使它在光敏层最敏感的波长范围内透射率最大。为了提高灵敏度，光敏电阻的电极一般采用梳状图案，如图 29－1（b）所示。图 29－1（c）为光敏电阻的接线图。

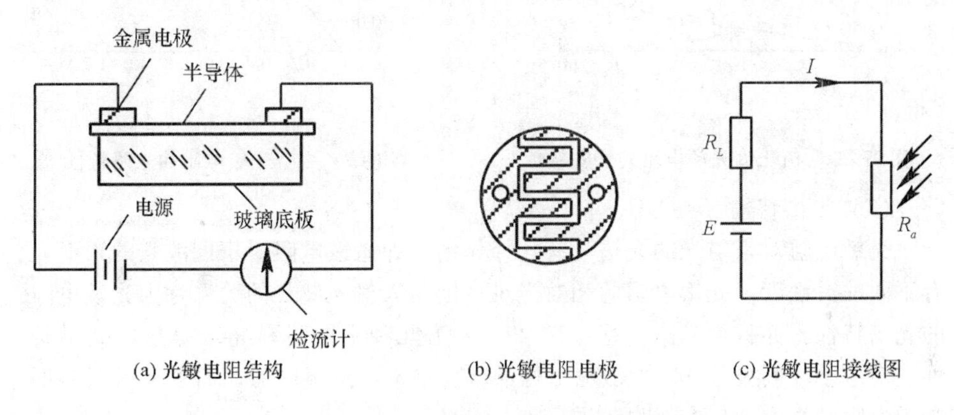

图 29－1　光敏电阻结构示意图

2. **光敏电阻的主要参数**

（1）光敏电阻在不受光照射时的阻值称为暗电阻，此时流过的电流称为暗电流。

（2）光敏电阻在受光照射时的电阻称为亮电阻，此时流过的电流称为亮电流。

（3）亮电流与暗电流之差称为光电流。

3. **光敏电阻的基本特性**

（1）伏安特性

在一定照度下，流过光敏电阻的电流与光敏电阻两端电压的关系称为光敏电阻的伏安特性。光敏电阻在一定的电压范围内，其 $I-U$ 曲线为直线，如图

29－2 所示。

（2）光照特性

光敏电阻的光照特性是描述光电流 I 和光照强度之间的关系，不同材料的光照特性是不同的，绝大多数光敏电阻光照特性是非线性的，如图 29－3 所示。

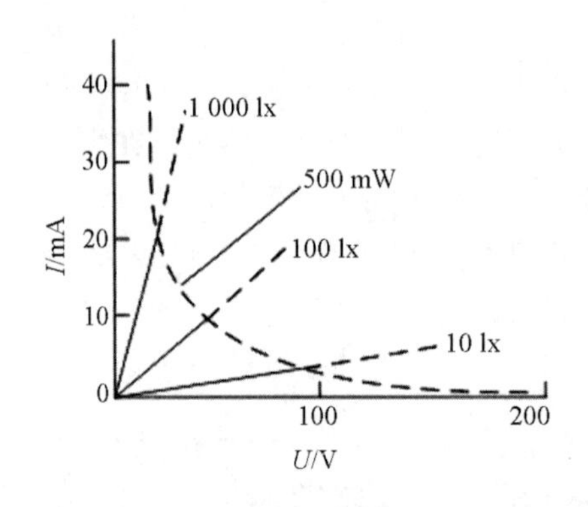

图 29－2　硫化镉光敏电阻的伏安特性

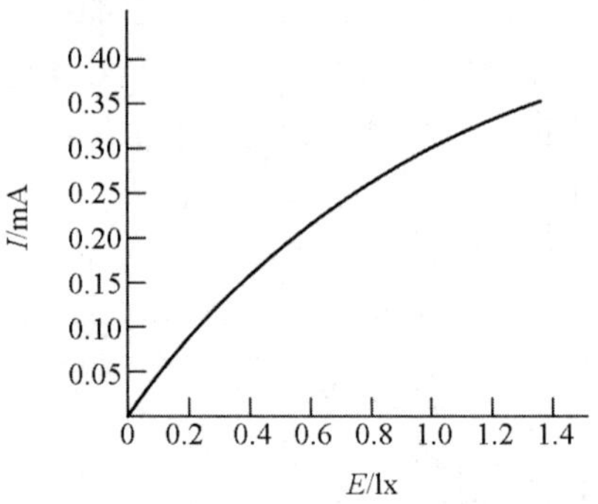

图 29－3　光敏电阻的光照特性

（3）光谱特性

光敏电阻对入射光的光谱具有选择作用，即光敏电阻对不同波长的入射光有不同的灵敏度。光敏电阻的相对光灵敏度与入射光波长的关系称为光敏电阻的光谱特性，亦称为光谱响应。图 29－4 为几种不同材料光敏电阻的光谱特性。对应于不同波长 λ，光敏电阻的灵敏度（S_r）是不同的，而且不同材料的光敏电阻其光谱响应曲线也不同。

（4）时间特性

实验证明，光敏电阻的光电流不能随着光强改变而立刻变化，即光敏电阻产生的光电流有一定的惰性，这种惰性通常用时间常数表示。大多数光敏电阻的时间常数都较大，这是它的缺点之一。不同材料的光敏电阻具有不同的时间常数（ms 数量级），因而它们的频率特性也各不相同，如图 29－5 所示。

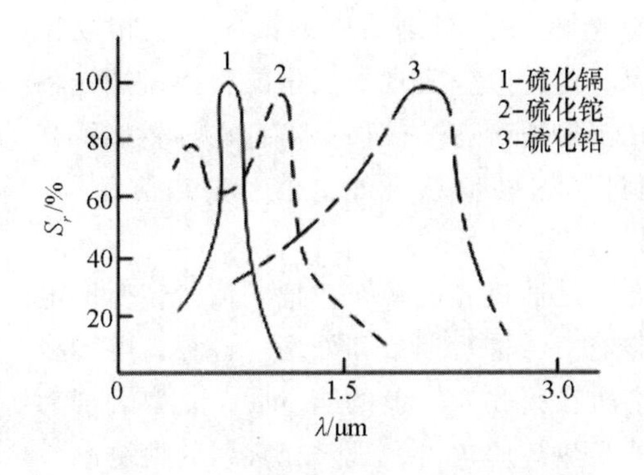

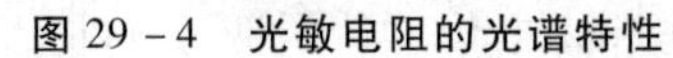
图 29-4　光敏电阻的光谱特性

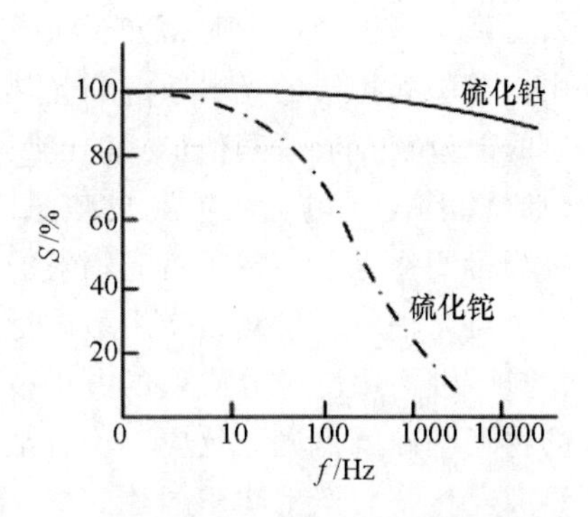

图 29-5　光敏电阻的频率特性

三、实验仪器与其主要技术参数

本实验采用 GCGDTC-C 型光电探测器特性测试实验平台。光电传感器的主要种类如表 29-1 所列。

表 29-1　光电传感器的种类

光电传感器类型	光电传感器实例
PN 结	PN 光电二极管（材料采用 Si、Ge、GaAs）
	PIN 光电二极管（材料采用 Si）
	雪崩光电二极管（材料采用 Si、Ge）
	光电晶体管（光电达林顿管）（材料采用 Si）
	集成光电传感器和光电晶闸管（材料采用 Si）
非 PN 结	光电元件（材料采用 CdS、CdSe、Se、PbS）
	热电元件（材料采用 PZT、$LiTaO_3$、$PbTiO_3$）
其他类	色敏传感器（材料采用 Si、α-Si）
	固体图像传感器（材料采用 Si，有 CCD 型、MOS 型、CPD 型三种）
	位置检测用元件（PSD）（材料采用 Si）
	光电池（光电二极管）（材料采用 Si）

从表 29-1 可知光电传感器所采用的材料大部分为半导体材料。当辐射光

入射到某些半导体上时，光子（或者说电磁波）与物质中的微粒产生相互作用，会引起物质的光电效应和光热效应。这种效应实现了能量的转换，把光辐射的能量转变成了其他形式的能量，光辐射所带有的被检测信息也转变成了其他能量形式（电、热等）的信息。通过对这些信息（如电信息、热信息等）进行检测，也就实现了对光辐射的检测。

对光辐射的检测，使用最广泛的方法是通过光电转换，把光信号转变成电信号，继而用已十分成熟的电子技术对电信号进行测量和处理。各种光电转换的物理基础就是光电效应。也有某些物质在吸收光辐射的能量后，主要表现为温度变化，会产生物质的热效应，这种光热效应也可实现对光辐射的检测。

光电探测器特性测试实验平台包含主台体和光电传感器两部分，主台体为必配部分，光电器件的封装为选配部分。电路 PCB 板镶嵌于台体内，光通路组件可置于台体左上角，台体右侧为负载区，右下角为标准信号发生区，台体斜面镶嵌有表头及电源，台体配有抽屉。整个实验系统采用模块化设计，包括光源驱动单元、信号发生单元、信号测试单元、光源指示单元等。配备有 0 ~ 15 V，0 ~ 200 V，－1000 ~ 0 V 三种可调的直流电压源，可为光电器件提供偏置电压。本实验仪器各表头显示单元和各种调节单元都放在面板上，做实验时只需要简单连线即可实现相应的功能，连线、调节、观察和记录都很方便。实验箱还配备 51 ~ 20 MΩ 电阻，可供学生配合其他元件自己动手搭建实验平台，提高学生动手动脑能力。如图 29－6、图 29－7 所示分别为实验平台中的表头与电源模块、负载模块与光路组件。

图 29－6　GCGDTC－C 型光电探测器特性测试实验平台表头与电源模块部分

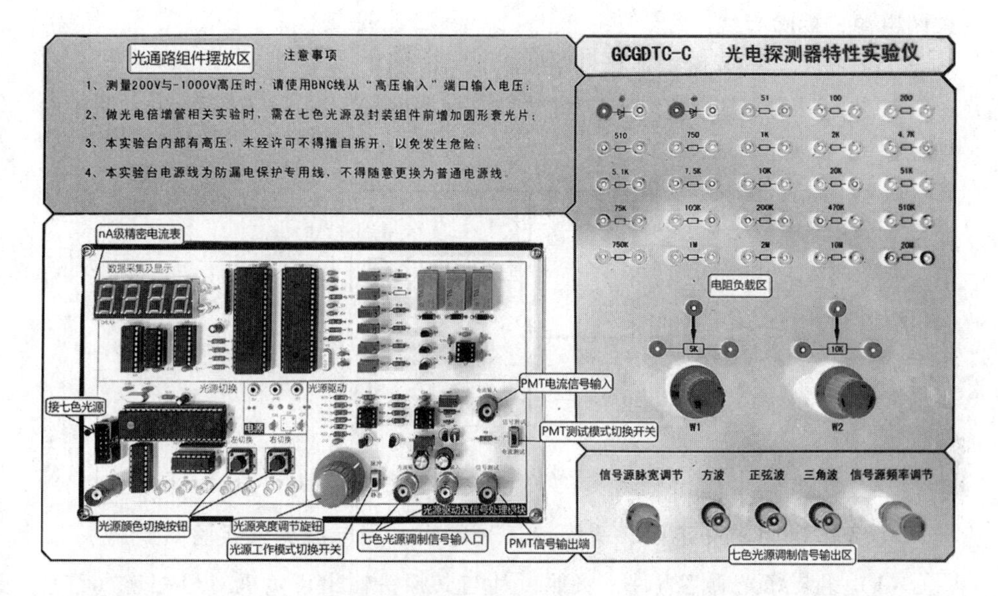

图 29－7　GCGDTC－C 型光电探测器特性测试实验平台负载模块与光路组件部分

结构封装引脚：光敏电阻红色与黑色输出不分正负极；光电二极管红色为 P 极，黑色为 N 极；光电三极管红色为 C 极，黑色为 E 极；硅光电池红色为正极，黑色为负极；PIN 光电二极管红色为 P 极，黑色为 N 极；APD 光电二极管红色为 P 极，黑色为 N 极；色敏传感器红色为 P 极，黑色为 N 极；照度计探头红色为正极，黑色为负极。

四、实验内容与步骤

1. 光敏电阻的暗电阻、暗电流测试实验（选做）

（1）将光敏电阻完全置入黑暗环境中（将光敏电阻装入光通路组件，不通电即为完全黑暗），使用万用表测试光敏电阻引脚输出端，即可得到光敏电阻的暗电阻 $R_{暗}$。

（2）组装好光通路组件，将照度计与其探头输出正负极对应相连（红色为正极，黑色为负极），将光源调制单元 J_2 与光通路组件光源接口使用彩排数据线相连。

（3）将单刀双掷开关 S_2 拨到“静态”，将光照度调节旋钮逆时针旋到底。

（4）将 0 ~ 15 V 可调电源正负极与电压表头对应相连，打开电源调到 12 V，关闭电源，拆除导线。

（5）按图 29－8 所示连接电路，R_L 取 10 MΩ。

（6）打开电源，记录电压表的读数，使用欧姆定理 $I=U/R$ 得出支路中的电流值 $I_{暗}$。

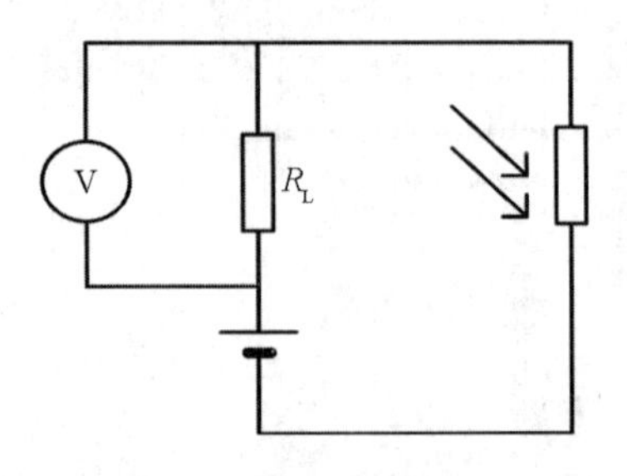

图 29－8　光敏电阻暗电流测试电路

2. 光敏电阻的亮电阻、亮电流、光电阻、光电流测试实验（选做）

（1）组装好光通路组件，将照度计与其探头输出正负极对应相连（红色为正极，黑色为负极），将光源调制单元 J_2 与光通路组件光源接口使用彩排数据线相连。

（2）将单刀双掷开关 S_2 拨到“静态”，通过左右切换按钮，将光源颜色切换为白色。

（3）打开电源，缓慢调节光照度调节电位器，直到光照为 300 lx（约为环境光照），使用万用表测试光敏电阻引脚输出端，即可得到光敏电阻的亮电阻 $R_{亮}$。

（4）将直流电源两极与电压表两端相连，调节 0～15 V 可调电源到 12 V，关闭电源。

（5）按图 29－9 所示连接电路，R_L 取 5.1 kΩ。

（6）打开电源，记录此时电流表的读数，即光敏电阻在 300 lx 时的亮电流 $I_{亮}$。

（7）亮电阻与暗电阻之差为光电阻，$R_{光}=R_{暗}-R_{亮}$，光电阻越大，灵敏度越高。

（8）亮电流与暗电流之差为光电流，$I_{光}=I_{亮}-I_{暗}$，光电流越大，灵敏度越高。

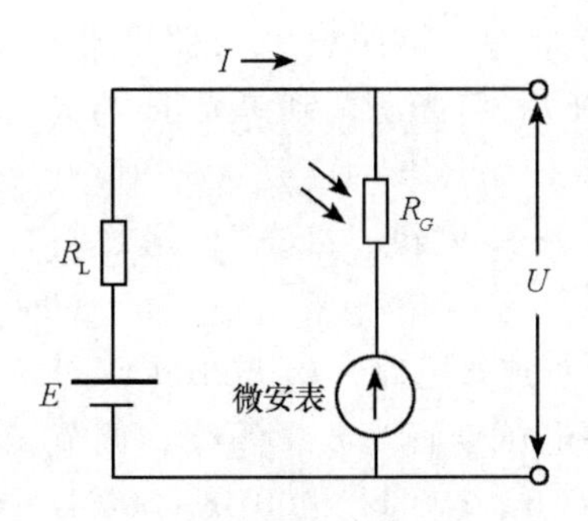

图 29－9　光敏电阻测量电路

3. 光敏电阻伏安特性测试实验

光敏电阻伏安特性即为光敏电阻两端所加的电压与光电流之间的关系。

（1）组装好光通路组件，将照度计探头输出正负极对应相连（红色为正极，黑色为负极），将光源调制单元 J_2 与光通路组件光源接口使用彩排数据线相连。

（2）将单刀双掷开关 S_2 拨到“静态”，通过左右切换按钮，将光源颜色切换为白色。

（3）按图 29－9 所示连接电路，直流电源选用 0～15 V 可调电源，R_L 取 510 Ω，直流电源电位器调至最小。

（4）打开电源，将光照度设置为 200 lx 不变，调节电源电压，分别测得电压表显示为 0 V、2 V、4 V、6 V、8 V、10 V 时的光电流，填入表 29－2。

（5）按照上述步骤（4），改变光源的光照度为 400 lx，分别测得偏压为 0 V、2 V、4 V、6 V、8 V、10 V 时的光电流，并填入表 29－2。

表 29－2　光敏电阻伏安特性表

偏压/V	0	2	4	6	8	10
光电流 Ⅰ（200 lx）						
光电流 Ⅱ（400 lx）						

（6）根据表中所测得的数据，在同一坐标轴中做出 $U-I$ 曲线，并进行分析。

4. 光敏电阻的光电特性测试实验

在一定的电压作用下，光敏电阻的光电流与光照度的关系称为光电特性。

（1）组装好光通路组件，将照度计与照度计探头输出正负极对应相连（红色为正，黑色为负极），将光源调制单元 J_2 与光通路组件光源接口用彩排数据线相连。

（2）将单刀双掷开关 S_2 拨到“静态”，通过左右切换按钮，将光源颜色切换为白色。

（3）按图 29－9 所示连接电路，R_L 取 100 Ω。

（4）打开电源，将电压设置为 8 V 不变，调节光照度电位器，依次测试出光照度在 100 lx、200 lx、300 lx、400 lx、500 lx、600 lx、700 lx、800 lx、900 lx 时的光电流，并填入表 29－3。

表 29－3　光敏电阻光电特性表

光照度/lx	100	200	300	400	500	600	700	800	900
电压 U									
光电流 I									
光电阻（U/I）									

（5）根据测试所得到数据，描出光敏电阻的光电特性曲线。

5. 光敏电阻的光谱特性测试实验

用不同材料制成的光敏电阻有不同的光谱特性。当不同波长的入射光照到光敏电阻的光敏面上，光敏电阻就有不同的灵敏度。

（1）组装好光通路组件，将照度计与照度计探头输出正负极对应相连（红色为正，黑色为负极），将光源调制单元 J_2 与光通路组件光源接口用彩排数据线相连。

（2）将将单刀双掷开关 S_2 拨到“静态”，将光源颜色切换到白色。

（3）打开电源，缓慢调节光照度调节电位器到最大，依次切换不同颜色的光源，记录照度计所测数据，并将最小值 E 作为参考。

（4）切换到 D2 亮，缓慢调节电位器直到照度计显示为 E，使用万用表测试光敏电阻的输出端，将测试所得的数据填入表 29－4。

（5）依次将光源切换到 D3、D4、D5、D6、D7 亮，分别测试出橙光、黄光、绿光、蓝光、紫光在光照度 E 下时光敏电阻的阻值，填入表 29－4。

表 29－4　光敏电阻光谱特性表

波长/nm	红（630）	橙（605）	黄（585）	绿（520）	蓝（460）	紫（400）
光电阻						

（6）根据测试所得到的数据，做出光敏电阻的光谱特性曲线。

6. 光敏电阻时间特性测试（选做）

（1）组装好光通路组件，将照度计与照度计探头输出正负极对应相连（红色为正极，黑色为负极），将光源调制单元 J_2 与光通路组件光源接口用彩排数据线相连，将台体右下角的方波输出用 BNC 线连接到光源调制板的方波输入，正弦波输入用 BNC 线连接到示波器第一通道（正弦波输入与方波输入两个接口在台体内部是并联的）。

（2）将单刀双掷开关 S_2 拨到“脉冲”，通过左右切换按钮，将光源颜色切换为白色。

（3）打开电源，将 0～15 V 可调电源调到 6 V，关闭电源。

（4）按图 29－9 所示连接电路，R_L 取 10 kΩ，示波器的测试点应为光敏电阻两端。

（5）打开电源，白光对应的发光二极管亮，其余的发光二极管不亮。缓慢调节直流电源电位器，用示波器的第二通道测量光敏电阻组件的输出。

（6）观察示波器两个通道信号的变化，并做出实验记录（描绘出两个通道的 $U-T$ 曲线）。

（7）缓慢增大输入脉冲的信号宽度，观察示波器两个通道信号的变化，并做出实验记录（描绘出两个通道的 $U-T$ 曲线），拆去导线，关闭电源。

五、实验注意事项

1. 实验之前，仔细阅读光电探测器特性测试实验平台说明，弄清实验仪器各部分的功能及拨位开关的意义。

2. 当电压表和电流表显示为“1_ ”时说明超过量程，应更换为合适量程。

3. 连线之前保证电源关闭。在测量光敏电阻的暗电流时，应先将光敏电阻置于黑暗环境中 30 min 以上，否则电压表的读数会较长时间后才能稳定。

六、思考题

1. 为什么测光敏电阻亮电阻和暗电阻要经过 10 s 后再读数？
2. 如何控制光源照射到光敏电阻上的光强大小？
3. 实验中忽略了哪些因素？应如何考虑这些因素对实验的影响？

【技术应用】

光电传感器是各种光电检测系统中实现光电转换的关键元件，它是一种以光电效应为理论基础，实现把光信号（红外、可见及紫外光辐射）转变成电信号的器件。光电传感器一般由光源、光学通路和光电元件三部分组成。它可用于检测直接引起光量变化的非电量，如光强、光照度、辐射测温、气体成分分析等；也可用来检测能转换成光量变化的其他非电量，如零件直径、表面粗糙度、应变、位移、振动、速度、加速度，以及物体的形状、工作状态的识别等。光电传感器具有非接触、响应快、精度高、性能可靠等特点，而且可测参数多，传感器的结构简单，形式灵活多样，因此，光电传感器在检测和控制中应用非常广泛，如工业自动化装置和机器人。微电子技术、光电半导体技术、光导纤维技术以及光栅技术的发展，使得光电传感器的应用与日俱增。以下是几种常用光电器件：

1. 光电二极管

光电二极管有 4 种类型：PN 结型（也称 PD）、PIN 结型、雪崩型和肖特基结型。普通的二极管由 PN 结组成，用得最多的是用硅材料制成的 PN 结型，它的价格也最便宜。其他几种响应速度高，主要用于光纤通信及计算机信息传输。如 PIN 二极管主要用在 RF 领域，从低频到高频的应用都有，用作 RF 开关和 RF 保护电路。

2. 光敏电阻

光敏电阻是利用具有光电导效应的材料（如 Si、Ge 等本征半导体与杂质半导体，如 CdS、CdSe、PbO）制成的电导率随入射光辐射量变化而变化的器件，也被称为光电导器件。光敏电阻具有体积小、坚固耐用、价格低廉、光谱响应范围宽等特点，广泛应用于微弱辐射信号的检测技术领域。光敏电阻与整流滤波电路、继电器控制单元、触电开关执行电路构成光敏开关，用于自动路灯开关、火焰探测报警器、燃气器具中的脉冲点火控制器等。如图 29 - 10 为燃气热水器的高压打火确认原理图。

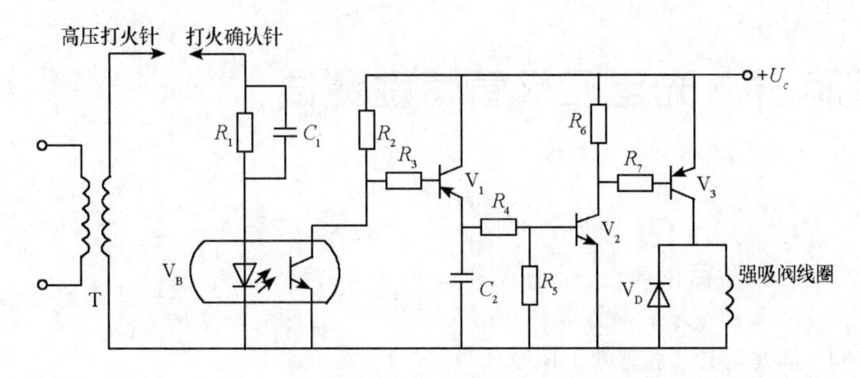

图 29 - 10　燃气热水器的高压打火确认原理图

由于燃气是易燃、易爆气体，对燃气器具中的点火控制器的要求是安全、稳定、可靠。为此电路中有这样一个功能，即打火确认针产生火花，才可以打开燃气阀门，否则燃气阀门关闭，这样就保证使用燃气器具的安全性。在高压打火时，火花电压可达 1 万多伏，这个脉冲高电压对电路工作影响极大。为了使电路正常工作，采用光电耦合器 VB 进行电平隔离，大大增加了电路抗干扰能力。当高压打火针对打火确认针放电时，光电耦合器中的发光二极管发光，耦合器中的光敏三极管导通，经 V_1、V_2、V_3 放大，驱动强吸电磁阀，将气路打开，燃气碰到火花即燃烧。若高压打火针与打火确认针之间不放电，则光电耦合器不工作，V_1 等不导通，燃气阀门关闭。

3. 光电池

光电池主要有两种应用：一是作为光电探测器件，具有频率响应高、光电流随光照度线性变化等特点；二是组成电池组，将太阳能转化为电能，实际应用中，把硅光电池经串联、并联组成电池组。

4. 光电倍增管

光电倍增管具有极高的灵敏度。在输出电流小于 1mA 的情况下，它的光电特性在很宽的范围内具有良好的线性关系。光电倍增管的这个特点，使它多用于微光测量。

实验 30 光电二极管特性测试

一、实验目的

1. 掌握光电二极管的工作原理与基本特性。
2. 掌握光电二极管特性测试的方法。
3. 了解光电二极管的基本应用。

二、实验原理

光电二极管的结构和普通二极管相似，只是它的 PN 结装在管壳顶部，光线通过透镜制成的窗口，可以集中照射在 PN 结上。如图 30－1 所示为光电二极管示意图，图 30－1（a）是其结构示意图和图形符号。光电二极管在电路中通常处于反向偏置状态，如图 30－1（b）所示。

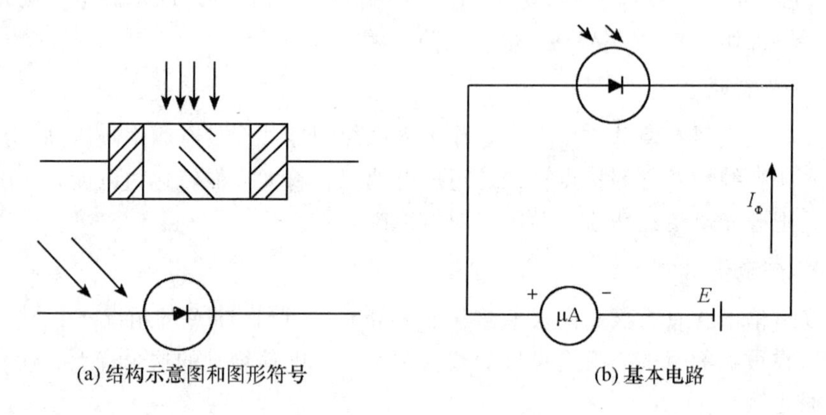

图 30－1 光电二极管示意图

PN 结加反向电压时，反向电流的大小取决于 P 区和 N 区中少数载流子的浓度，无光照时 P 区中少数载流子（电子）和 N 区中的少数载流子（空穴）

都很少，因此反向电流很小。但是当光照射 PN 结时，只要光子能量 $h\nu$ 大于材料的禁带宽度，就会在 PN 结及其附近产生光生电子 - 空穴对，从而使 P 区和 N 区少数载流子浓度大大增加，它们在外加反向电压和 PN 结内电场作用下定向运动，分别在两个方向上渡越 PN 结，使反向电流明显增大。如果入射光的照度改变，光生电子 - 空穴对的浓度将相应变动，通过外电路的光电流强度也会随之变动，光电二极管就把光信号转换成了电信号。

实验装置原理框图如图 30 - 2 所示，但是在实际操作过程中，光电二极管和光电三极管的暗电流非常小，只有 nA 数量级。因此，实验操作过程中对电流表的要求较高，本实验采用电路中串联大电阻的方法，将图 30 - 2 中的 R_L 改为 20 MΩ，再利用欧姆定律计算出支路中的电流，即为所测器件的暗电流

$$I_{暗} = \frac{U}{R_L} \tag{30-1}$$

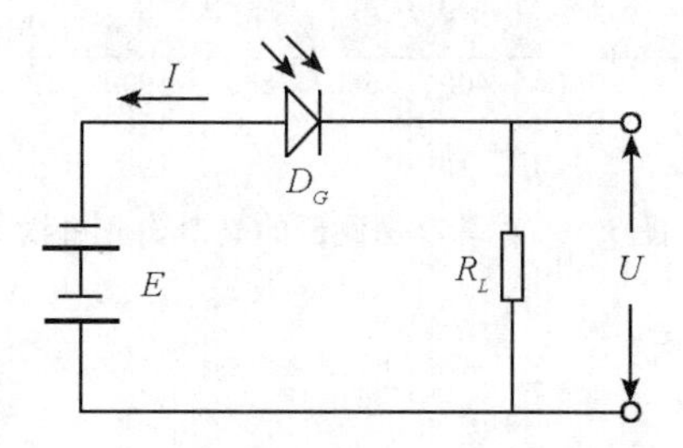

图 30 - 2　光电二极管暗电流测试电路图

当不同波长的入射光照到光电二极管上，光电二极管就有不同的灵敏度。本实验仪采用高亮度 LED（白、红、橙、黄、绿、蓝、紫）作为光源，产生 400 ~ 630 nm 离散光谱。

光谱响应度 $\Re(\lambda)$ 是光电探测器对单色入射辐射的响应能力，$\Re(\lambda)$ 定义为在波长为 λ、单位入射功率光的照射下，光电探测器输出的信号电压或电流信号，即

$$\Re_U(\lambda) = \frac{U(\lambda)}{P(\lambda)} \text{或} \ \Re_I(\lambda) = \frac{I(\lambda)}{P(\lambda)} \tag{30-2}$$

式中，$P(\lambda)$ 为波长为 λ 时的入射光功率；$U(\lambda)$ 为光电探测器在入射光功率 $P(\lambda)$ 作用下的输出信号电压；$I(\lambda)$ 为输出用电流表示的输出信号电流。

本实验所采用的方法是基准探测器法，在相同光功率的辐射下，有

$$\Re(\lambda) = \frac{UK}{U_f}\Re_f(\lambda) \tag{30-3}$$

式中，U_f 为基准探测器显示的电压值；K 为基准电压的放大倍数；$\Re_f(\lambda)$ 为基准探测器的响应度。在测试过程中，U_f 取相同值，则实验所测试的响应度大小由 $U\Re_f(\lambda)$ 的大小确定。图 30－3 为基准探测器的光谱响应曲线。

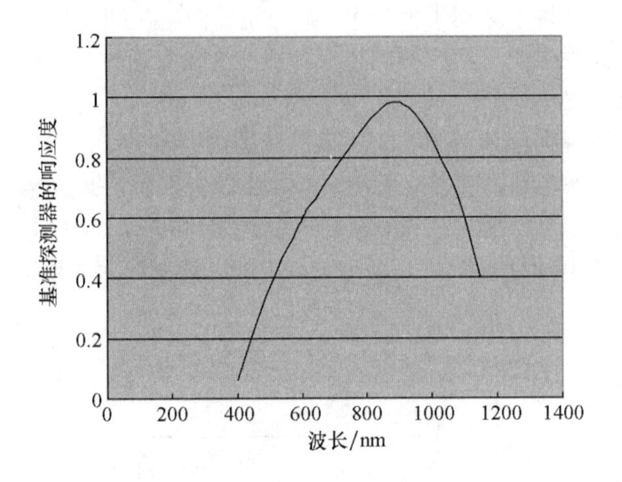

图 30－3　基准探测器的光谱响应曲线

三、实验仪器

本实验采用 GCGDTC－C 型光电探测器特性测试实验平台，详见实验 29。

四、实验内容与步骤

1. 光电二极管暗电流测试（选做）

（1）装好光通路组件，将照度计与照度计探头输出正负极对应相连（红色为正极，黑色为负极），将光源调制单元 J_2 与光通路组件光源接口用彩排数据线相连。

（2）将将单刀双掷开关 S_2 拨到“静态”，将光照度调至最小。

（3）“光照度调节”调到最小，连接好照度计，直流电源调至最小，打开照度计，此时照度计的读数应为 0。

（4）选用 0～15 V 可调电源，将电压表直接与电源两端相连，打开电源调节直流电源电位器，使得电压输出为 15 V，关闭电源。

（5）按图 30－2 所示连接电路，负载 R_L 选择 20 MΩ。

（6）打开电源开关，等电压表读数稳定后测得负载电阻 R_L 上的压降 $U_{暗}$，则暗电流 $L_{暗}=U_{暗}/R_L$。所得的暗电流即为偏置电压在 15V 时的暗电流。

2. 光电二极管光电流测试（选做）

（1）组装好光通路组件。

（2）将单刀双掷开关 S_2 拨到“静态”，通过左右切换按钮，将光源颜色切换为白色。

（3）按图 30－4 所示连接电路，直流电源选择 0～15V 可调电源，R_L 取 1 kΩ。

（4）打开电源，缓慢调节光照度调节电位器，直到光照为 300 lx（约为环境光照），缓慢调节 0～15 V 可调电源直至电压表显示为 6 V，读出此时电流表的数值，即为光电二极管在偏压 6 V、光照 300 lx 时的光电流。

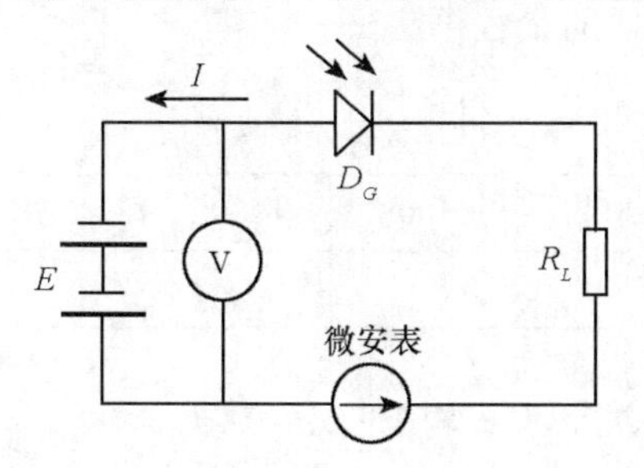

图 30－4 光电二极管光电流测试原理图

3. 光电二极管光照特性

（1）在“光电二极管光电流测试”实验中步骤（1）、（2）、（3）的基础上，将“光照度调节”旋钮逆时针调至最小值。打开电源，调节 0～15 V 电源电位器，直到显示值为 8 V 左右，顺时针调节旋钮，增大光照度值，分别记下不同照度下对应的光生电流值，填入表 30－1。

表 30－1 光电二极管光照特性表

光照度/lx	0	100	300	500	700	900
光生电流/μA						

（2）将“光照度调节”旋钮逆时针调节到最小值位置后关闭电源。

（3）将以上连接的电路中改为如图 30－5 所示连接（即零偏压）。

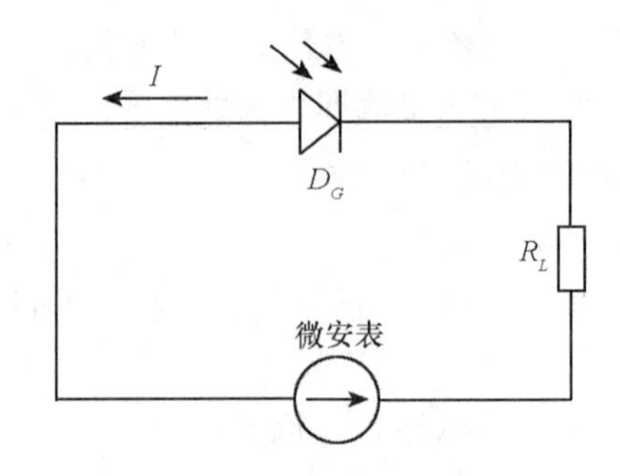

图 30－5　光电二极管光照特性测试原理图

（4）打开电源，顺时针调节光照度旋钮，增大光照度值，分别记下不同光照度下对应的光生电流值，填入表 30－2。若电流表或照度计显示为“1_ ”，说明超出量程，应改为合适的量程再测试。

表 30－2　光电二极管光照特性表（零偏压）

光照度/lx	0	100	300	500	700	900
光生电流/μA						

（5）根据表 30－1、表 30－2 中的实验数据，在同一坐标轴中做出两条曲线，并进行比较。

4. 光电二极管伏安特性测试

实验装置原理如图 30－6 所示。

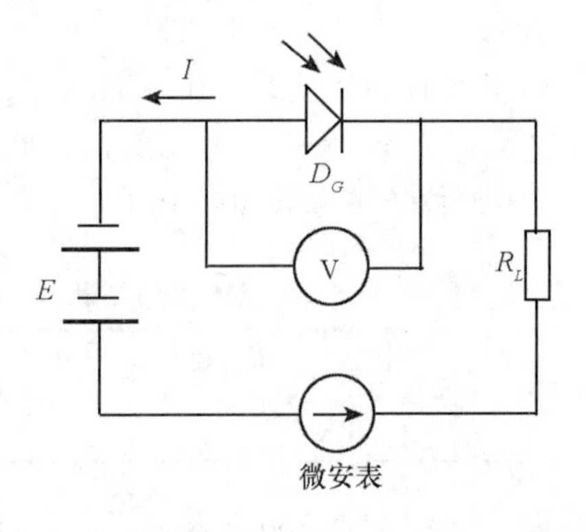

图 30－6　光电二极管伏安特性实验原理图

（1）按图 30－6 连接电路，电源选 0～15 V 可调电源，负载 R_L 选择 2 kΩ。

（2）打开电源，顺时针调节光照度调节旋钮，使照度值为 500 lx，保持光照度不变，调节 0 ~ 15 V 可调电源电位器，记录反向偏压为 0 V、2 V、4 V、6 V、8 V、10 V、12 V 时的电流表读数，填入表 30 - 3，关闭电源。

表 30 - 3 光电二极管伏安特性表

偏压/V	0	- 2	- 4	- 6	- 8	- 10	- 12
光生电流/μA							

（3）根据上述实验结果，做出 500 lx 光照度下的光电二极管伏安特性曲线。

（4）重复上述步骤。分别测量光电二极管在 300 lx 和 800 lx 光照度下，不同偏压下的光生电流值，在同一坐标轴做出伏安特性曲线并进行比较。

5. 光电二极管时间响应特性测试

（1）组装好光通路组件，将照度计与照度计探头输出正负极对应相连（红色为正极，黑色为负极），将光源调制单元 J_2 与光通路组件光源接口用彩排数据线相连，将台体右下角的方波输出用 BNC 线连接到光源调制板的方波输入，正弦波输入用 BNC 线连接到示波器第一通道（正弦波输入与方波输入两个接口在台体内部是并联的）。

（2）将单刀双掷开关 S_2 拨到“脉冲”，通过左右切换按钮，将光源颜色切换为白色。

（3）按图 30 - 7 所示连接电路，电源选用 0 ~ 15 V 可调电源，负载 R_L 选择 200 kΩ。

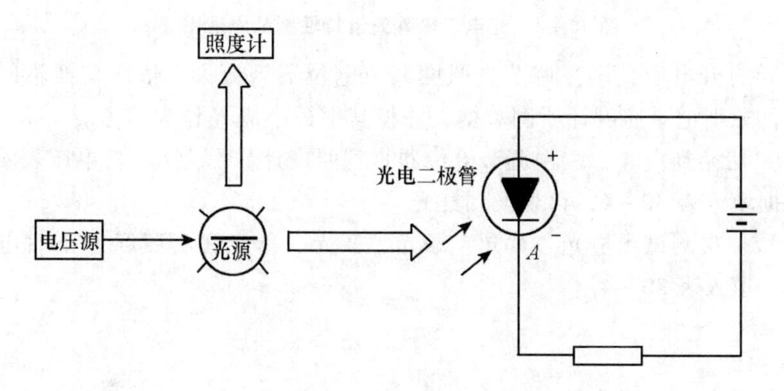

图 30 - 7 光电二极管时间响应特性测试原理图

（4）打开电源，白光对应的发光二极管亮，其余的发光二极管不亮，用示波器的第二通道测量 A 点的响应波形。

（5）观察示波器两个通道信号，缓慢调节 0～15V 可调电源电位器直到示波器上观察到信号清晰为止，并做好实验记录（描绘出两个通道波形）。

（6）缓慢调节脉冲宽度调节电位器，增大输入信号的脉冲宽度，观察示波器两个通道信号的变化，并做好实验记录（描绘出两个通道的波形），对记录进行分析。

6. 光电二极管光谱特性测试

（1）组装好光通路组件，将照度计与照度计探头输出正负极对应相连（红色为正极，黑色为负极），将光源调制单元 J_2 与光通路组件光源接口使用彩排数据线相连。

（2）将将单刀双掷开关 S_2 拨到“静态”，将光照度调至最小。

（3）将 0～15V 可调电源正负极直接与电压表相连，打开电源，调节电源电位器至电压表为 10V，关闭电源。

（4）按图 30－8 所示连接电路，R_L 取 100 kΩ。

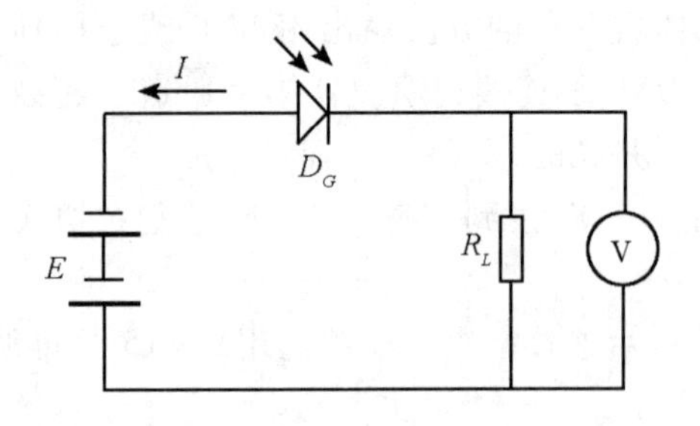

图 30－8　光电二极管光谱特性测试原理图

（5）打开电源，缓慢调节光照度调节电位器到最大，依次切换不同颜色的光源，分别记录照度计所测数据，并将其中最小值 E 作为参考。

（6）切换到白光，缓慢调节电位器直到照度计显示为 E，将电压表测试所得的数据填入表 30－4，再切换到红光。

（7）依次测试出橙光、黄光、绿光、蓝光、紫光在光照度 E 下时电压表的读数，填入表 30－4。

表 30-4　光电二极管光谱特性表

波长/nm	红（630）	橙（605）	黄（585）	绿（520）	蓝（460）	紫（400）
基准响应度	0.65	0.61	0.56	0.42	0.25	0.06
R 电压/mV						
光电流（*U*/*R*）						
响应度						

（8）根据测试所得到的数据，做出光电二极管的光谱特性曲线。

五、实验注意事项

1. 实验之前，请仔细阅读光电探测特性测试实验平台说明，弄清实验箱各部分功能及拨位开关的意义。

2. 当电压表和电流表显示为“1_ ”时说明超过量程，应更换为合适量程。

3. 连线之前确保电源关闭。

4. 实验操作中不要动电源调节电位器，以保证直流电源输出电压不变。

5. 在测试暗电流时，应先将光电器件置于黑暗环境中 30 min 以上，否则测试过程中电压表需一段时间后才可稳定。

6. 直流电源不可调至高于 20 V，以免烧坏光电二极管。

六、思考题

分析并比较零偏压和 8 V 偏压下光照度 - 电流曲线的区别，分析区别产生的原因。

实验31　色敏传感器特性测试

一、实验目的

1. 掌握色敏器件的工作原理与基本特性。
2. 学习色敏器件基本特性的测试方法。
3. 了解色敏器件的基本应用。

二、实验原理

色敏传感器是半导体光敏器件的一种。它也是基于半导体的内光电效应，将光信号转变为电信号的光辐射探测器件。但不管是光电导器件还是光伏效应器件，它们检测的都是在一定波长范围内光的强度，或者说光子的数目。而半导体色敏器件则可用来直接测量从可见光到近红外波段内单色辐射的波长。半导体色敏传感器相当于两只结构不同的光电二极管的组合，故又称双结光电二极管。

半导体色敏器件光照特性是指在不同的光照作用下光电流也不同。光谱特性是表示它所能检测的波长范围。

三、实验仪器

本实验采用 GCGDTC－C 型光电探测器特性测试实验平台，详见实验29。

四、实验内容与步骤

1. 色敏二极管光照特性测试

接线图同光电二极管对应实验接线图。

(1) 组装好光通路组件，将照度计与照度计探头输出正负极对应相连（红色为正极，黑色为负极），将光源调制单元 J_2 与光通路组件光源接口用彩排数据线相连。

(2) “光照度调节” 调到最小，连接好照度计，打开照度计，此时照度计的读数应为 0。

(3) 将单刀双掷开关 S_2 拨到 “静态”，通过左右切换按钮，将光源颜色切换为白色。

(4) 将色敏传感器的红色和黑色输出端分别与电压表正极和负极相连。

(5) 打开电源，顺时针调节旋钮，增大光照度值，分别记下不同光照度下对应的光生电流值，填入表 31－1。

表 31－1　色敏二极管光照特性表

光照度/lx	0	100	200	300	400	500	600	700	800
光生电流/mA									

(6) 将 “光照度调节” 旋钮逆时针调节到最小值位置后关闭电源。

(7) 根据表 31－1 中实验数据做出色敏二极管光照特性曲线。

2. 色敏二极管光谱特性测试

(1) 打开电源，缓慢调节光照度调节电位器到最大，依次切换不同颜色的光源，分别记录照度计所测数据，并将其中最小值 E 作为参考。

(2) 将光源切换到红色（D2）亮，缓慢调节电位器直到照度计显示为 E，将电压表测试所得的数据填入表 31－2。

(3) 依次切换到不同颜色的光源，分别测试出橙光、黄光、绿光、蓝光、紫光在光照度 E 下时电压表的读数，填入表 31－2。

表 31－2　色敏二极管光谱特性表

波长/nm	红（630）	橙（605）	黄（585）	绿（520）	蓝（460）	紫（400）
电压/mV						

（4）根据测试所得到的数据，做出色敏二极管的光谱特性曲线。

五、实验注意事项

1. 实验之前，请仔细阅读光电探测特性测试实验平台说明，弄清实验箱各部分功能及拨位开关的意义。

2. 当电压表和电流表显示为“1_ ”时说明超过量程，应更换为合适量程。

3. 连线之前确保电源关闭。

六、思考题

1. 说明半导体色敏传感器的基本原理。

2. 半导体色敏传感器为什么可以不考虑温度的影响？

实验 32 光电三极管特性测试

一、实验目的

1. 掌握光电三极管的工作原理与基本特性。
2. 学习光电三极管特性测试的方法。
3. 了解光电三极管的基本应用。

二、实验原理

光电三极管与光电二极管的工作原理基本相同，都是基于内光电效应，和光敏电阻的差别仅在于光线照射在半导体 PN 结上，PN 结参与了光电转换过程。

光电三极管有两个 PN 结，因而可以获得电流增益，它比光电二极管具有更高的灵敏度。其结构如图 32 - 1 (a) 所示。当光电三极管按图 32 - 1 (b) 所示的电路连接时，它的集电结反向偏置，发射结正向偏置，无光照时仅有很小的穿透电流流过，当光线通过透明窗口照射集电结时，与光电二极管的情况相似，将使流过集电结的反向电流增大，这就造成基区中正电荷空穴的积累，发射区中的多数载流子（电子）将大量注入基区。由于基区很薄，只有一小部分从发射区注入的电子与基区的空穴复合，而大部分电子将穿过基区流向与电源正极相接的集电极，形成集电极电流。这个过程与普通三极管的电流放大作用相似，它使集电极电流放大为原始光电流的 $1+\beta$ 倍（β 为晶体管增益）。这样集电极电流将随入射光照度的改变而更加明显地变化。

在光电二极管的基础上，为了获得内增益，就利用了晶体三极管的电流放大作用，用 Ge 或 Si 单晶体制造 NPN 或 PNP 型光电三极管。其结构、使用电路及等效电路如图 32 - 1 所示。

光电三极管可以等效一个光电二极管与另一个一般晶体管基极和集电极并

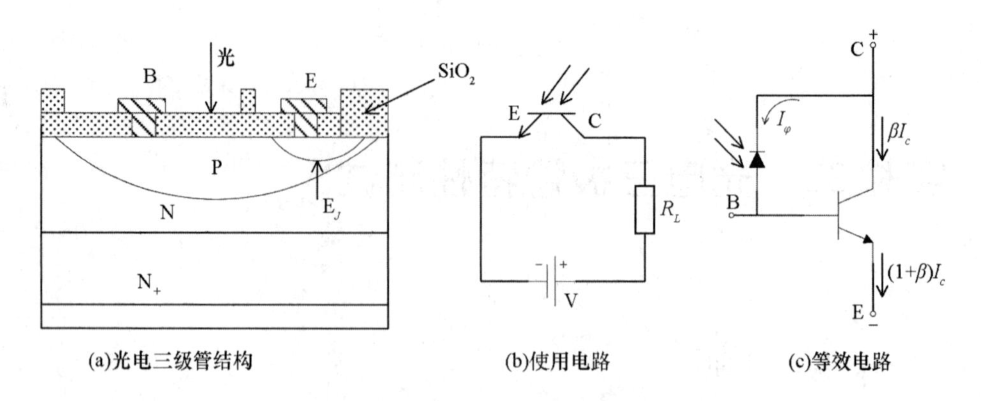

(a)光电三级管结构 (b)使用电路 (c)等效电路

图 32－1 光电三极管结构及等效电路

联：集电极－基极产生的电流，输入到三极管的基极再放大。不同之处是，集电极电流（光电流）由集电结上产生的 I_{φ} 控制。集电极起双重作用：把光信号变成电信号，起光电二极管作用；使光电流再放大，起一般三极管的集电结作用。一般光电三极管只引出 E、C 两个电极，体积小，光电特性是非线性的，广泛应用于光电自动控制，作光电开关应用。

当不同波长的入射光照到光电三极管上，光电三极管就有不同的灵敏度。本实验仪采用高亮度 LED（白、红、橙、黄、绿、蓝、紫）作为光源，产生 400～630 nm 离散光谱。

光谱响应度是光电探测器对单色入射辐射的响应能力。电压光谱响应度 $\Re(\lambda)$ 定义为在波长 λ、单位入射功率的照射下，光电探测器输出的信号电压或电流信号。即为

$$\Re_U(\lambda)=\frac{U(\lambda)}{P(\lambda)},\text{或 }\Re_I(\lambda)=\frac{I(\lambda)}{P(\lambda)} \tag{32－1}$$

式中，$P(\lambda)$ 为波长为 λ 时的入射光功率；$U(\lambda)$ 为光电探测器在入射光功率 $P(\lambda)$ 作用下的输出信号电压；$I(\lambda)$ 为输出用电流表示的输出信号电流。

本实验所采用的方法是基准探测器法，在相同光功率的辐射下，则有

$$\Re(\lambda)=\frac{UK}{U_f}\Re_f(\lambda) \tag{32－2}$$

式中，U_f 为基准探测器显示的电压值；K 为基准电压的放大倍数；$\Re_f(\lambda)$ 为基准探测器的响应度。在测试过程中，U_f 取相同值，则实验所测试的响应度大小由 $U\Re_f(\lambda)$ 的大小确定。图 32－2 为基准探测器的光谱响应曲线。

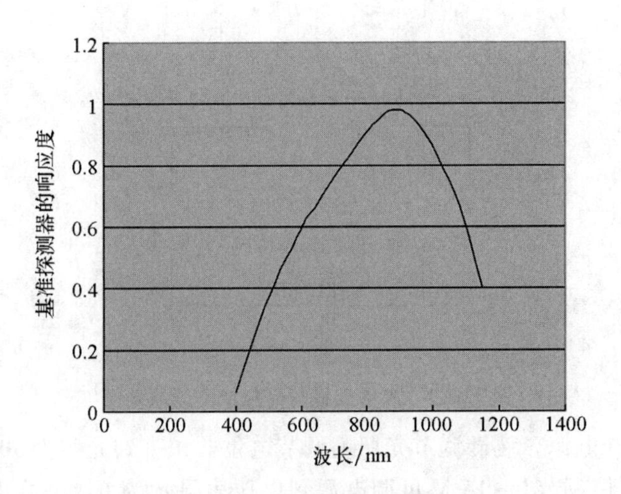

图32－2　基准探测器的光谱响应曲线

三、实验仪器

本实验采用GCGDTC－C型光电探测器特性测试实验平台，详见实验29。

四、实验内容与步骤

1. 光电三极管光电流测试

(1) 组装好光通路组件，将照度计与照度计探头输出正负极对应相连（红色为正，黑色为负极），将光源调制单元 J_2 与光通路组件光源接口用彩排数据线相连。

(2) 将单刀双掷开关 S_2 拨到“静态”，通过左右切换按钮，将光源颜色切换为白色。

(3) 按图32－3所示连接电路，直流电源选用0～15 V可调电源，R_L 取1 kΩ，光电三极管C极对应组件上红色护套插座，E极对应组件上黑色护套插座。

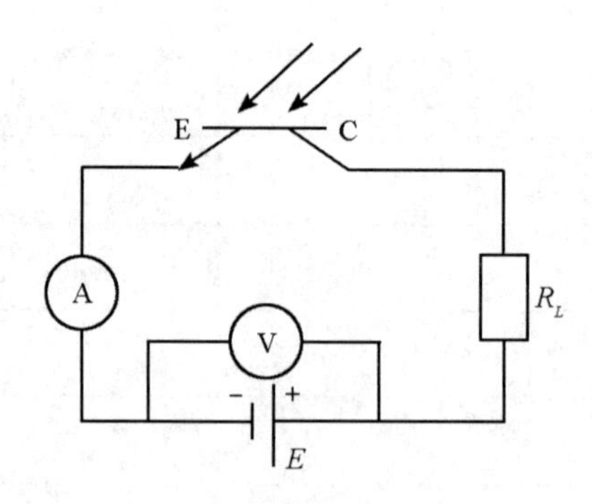

图 32－3　光电三极管光电流测试原理图

（4）打开电源，缓慢调节光照度调节电位器，直到光照为 300 lx（约为环境光照），缓慢调节 0～15 V 可调电源到电压表显示为 6 V，读出此时电流表的读数，即为光电三极管在偏压 6 V、光照 300 lx 时的光电流。

（5）实验完毕，将光照度调至最小，直流电源调至最小，关闭电源，拆除所有连线。

2. 光电三极管光照特性测试

（1）在“光电三极管电流测试”实验步骤（1）、（2）、（3）的基础上，将“光照度调节”旋钮逆时针调节至最小值位置。打开电源，调节直流电源电位器，直到显示值为 6V 左右，顺时针调节旋钮，增大光照度值，分别记下不同光照度下对应的光生电流值，填入表 32－1。

表 32－1　光电三极管光照特性表（6 V）

光照度/lx	0	100	300	500	700	900
光生电流/μA						

（2）调节直流调节电位器到 10 V 左右，重复实验步骤，改变光照度值，将测试的电流值填入表 32－2。

表 32－2　光电三极管光照特性表（10 V）

光照度/lx	0	100	300	500	700	900
光生电流/μA						

（3）根据上面所测试的两组数据，在同一坐标轴中描绘光照特性曲线，

并进行分析。

3. 光电三极管伏安特性测试

实验装置原理如图 32 - 4 所示。

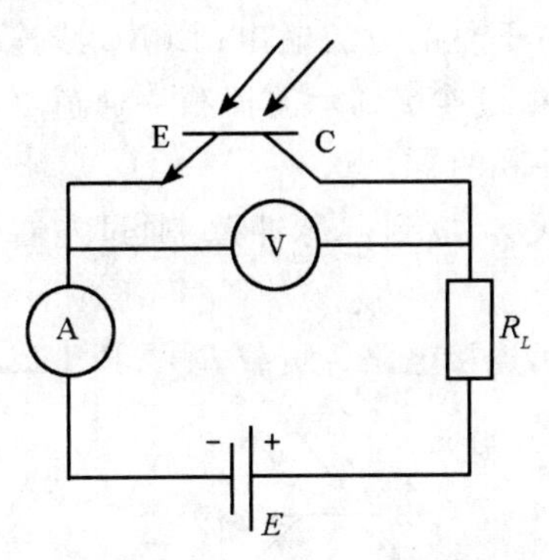

图 32 - 4　光电三极管伏安特性测试原理图

(1) 组装好光通路组件，将照度计与照度计探头输出正负极对应相连(红色为正，黑色为负极)，将光源调制单元 J_2 与光通路组件光源接口用彩排数据线相连。

(2) 将单刀双掷开关 S_2 拨到“静态”，通过左右切换按钮，将光源颜色切换为白色。

(3) 按图 32 - 4 所示连接电路，选择 0 ~ 15 V 可调电源，负载 R_L 选择 2 kΩ。

(4) 打开电源，顺时针调节光照度调节旋钮，使光照度值为 200 lx，保持光照度不变，调节电源电压电位器，使反向偏压为 0 V、1 V、2 V、4 V、6 V、8 V、10 V、12 V 时的电流表读数，填入表 32 - 3，关闭电源。

表 32 - 3　光电三极管伏安特性表

偏压（200lx）/V	0	1	2	4	6	8	10	12
光生电流/μA								

(5) 根据上述实验结果，做出 200 lx 光照度下的光电三极管伏安特性曲线。

(6) 重复上述步骤。分别测量光电三极管在 100 lx 和 500 lx 光照度下，不同偏压下的光生电流值，在同一坐标轴做出伏安特性曲线，并进行比较。

4. 光电三极管时间响应特性测试

（1）组装好光通路组件，将照度计与照度计探头输出正负极对应相连（红色为正极，黑色为负极），将光源调制单元 J_2 与光通路组件光源接口用彩排数据线相连，将台体右下角的方波输出用 BNC 线连接到光源调制板的方波输入，正弦波输入用 BNC 线连接到示波器第一通道（正弦波输入与方波输入两个接口在台体内部是并联的）。

（2）将单刀双掷开关 S_2 拨到“脉冲”，通过左右切换按钮，将光源颜色切换为白色。

（3）按图 32－5 所示连接电路，负载 R_L 选择 1 kΩ。

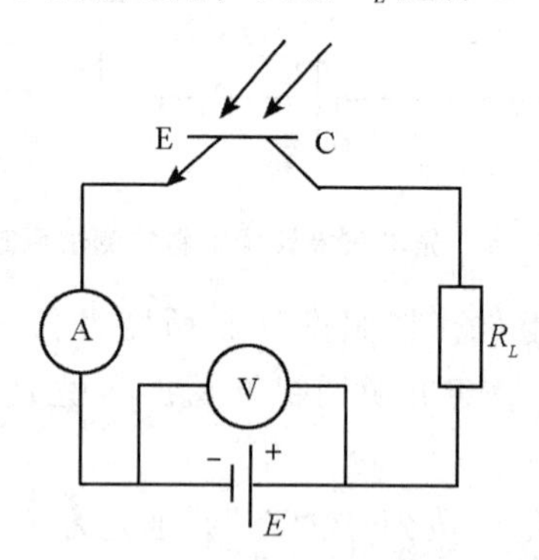

图 32－5　光电三极管时间响应特性测试原理图

（4）示波器的测试点应为光电三极管的 CE 两端，即光电三极管封装组件的输出红黑端。

（5）打开电源，白光对应的发光二极管亮，其余的发光二极管不亮，用示波器的第二通道测量光电三极管组件的输出。

（6）观察示波器两个通道信号，缓慢调节直流电源电位器直到示波器上观察到信号清晰为止，并做好实验记录（描绘出两个通道波形）。

（7）缓慢调节脉冲宽度调节电位器，增大输入信号的脉冲宽度，观察示波器两个通道信号的变化，做好实验记录（描绘出两个通道的波形），并进行分析。

5. 光电三极管光谱特性测试

（1）组装好光通路组件，将照度计与照度计探头输出正负极对应相连（红色为正极，黑色为负极），将光源驱动及信号处理模块上 J_2 与光通路组件光源接口使用彩排数据线相连。

（2）将开关 S_2 拨到“静态”。

（3）将0～15 V直流电源输出调节到10 V，关闭电源。

（4）按图32－6连接电路，E 选择0～15 V直流电源，R_L 取100 kΩ。

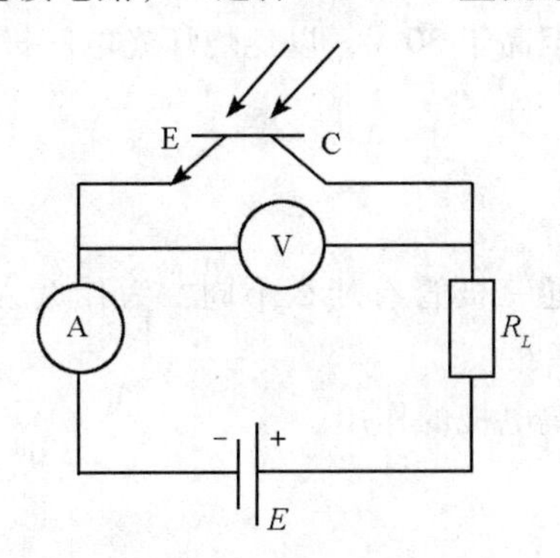

图32－6　光电三极管光谱特性测试原理图

（5）打开电源，缓慢调节光照度电位器到最大，通过左切换和右切换开关，将光源输出切换成不同颜色，记录照度计所测数据，并将最小值 E 作为参考。

（6）分别测试出红光、橙光、黄光、绿光、蓝光、紫光在光照度 E 下时电压表的读数，填入表32－4。

表32－4　光电三极管光谱特性表

波长/nm	红（630）	橙（605）	黄（585）	绿（520）	蓝（460）	紫（400）
基准响应度	0.65	0.61	0.56	0.42	0.25	0.06
R 电压/mV						
光电流（U/R）						
响应度						

（7）根据测试所得到的数据，做出光电三极管的光谱特性曲线。

五、实验注意事项

1. 实验之前，请仔细阅读光电探测特性测试实验平台说明，弄清实验箱各部分功能及拨位开关的意义。

2. 当电压表和电流表显示为“1_ ”时说明超过量程，应更换为合适量程。

3. 连线之前确保电源关闭。

4. 直流电源不可调至高于 30 V，以免烧坏光电三极管。

六、思考题

1. 光电三极管与普通三极管有什么不同？为什么说光电三极管比光电二极管输出电流可以大很多？

2. 简述光电三极管集电极的作用。

实验 33　硅光电池特性测试

一、实验目的

1. 掌握硅光电池的工作原理与基本特性。
2. 学习硅光电池基本特性测试方法。
3. 了解硅光电池的基本应用。

二、实验原理

1. 硅光电池的基本结构

半导体光电探测器在数码摄像、光通信、太阳能电池等领域得到广泛应用，硅光电池是半导体光电探测器的一个基本单元，深刻理解硅光电池的工作原理和具体使用特性可以进一步领会半导体 PN 结原理、光电效应和光伏电池产生机理。

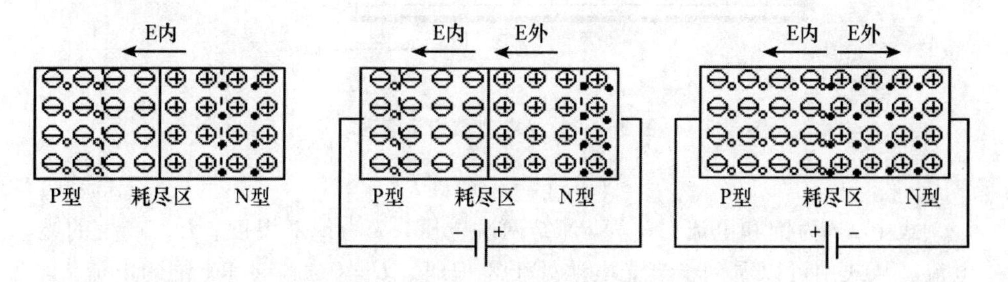

图 33－1　半导体 PN 结在零偏、反偏、正偏下的耗尽区（图中，○表示空穴，●表示电子）

图 33－1 是半导体 PN 结在零偏、反偏、正偏下的耗尽区。当 P 型和 N 型半导体材料结合时，由于 P 型材料空穴多电子少，而 N 型材料电子多空穴少，则 P 型材料中的空穴向 N 型材料这边扩散，N 型材料中的电子向 P 型材料这

边扩散，扩散的结果是结合区两侧的P型区出现负电荷、N型区带正电荷，形成一个势垒，由此而产生的内电场将阻止扩散运动的继续进行，当两者达到平衡时，在PN结两侧形成一个耗尽区，耗尽区的特点是无自由载流子，呈现高阻抗。当PN结反偏时，外加电场与内电场方向一致，耗尽区在外电场作用下变宽，势垒加强；当PN结正偏时，外加电场与内电场方向相反，耗尽区在外电场作用下变窄，势垒削弱，使载流子扩散运动继续形成电流，此即为PN结的单向导电性，电流方向从P指向N。

2. **硅光电池的工作原理**

硅光电池是一个大面积的光电二极管，主要作用是把入射到它表面的光能转化为电能，因此，可用作光电探测器和光电池，被广泛用于太空和野外便携式仪器等的能源。

光电池的基本结构如图33-2所示，当半导体PN结处于零偏或反偏时，在它们的结合面耗尽区存在一内电场，当有光照时，入射光子将把处于介带中的束缚电子激发到导带，激发出的电子空穴对在内电场作用下分别飘移到N型区和P型区，当在PN结两端加负载时就有一光生电流流过负载。流过PN结两端的电流可由式（33-1）确定。

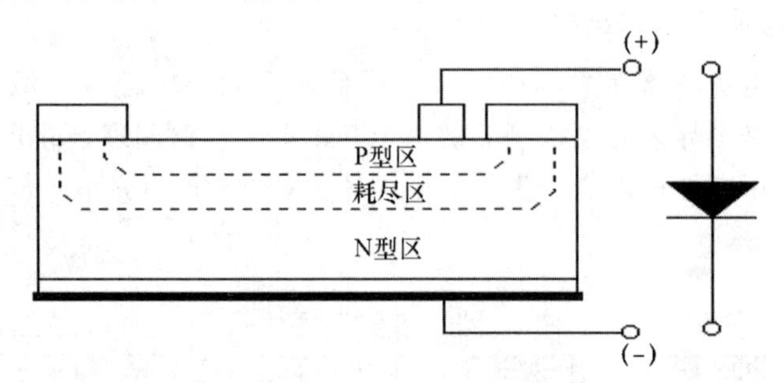

图33-2　光电池结构示意图

$$I = I_s(e^{\frac{eU}{kT}} - 1) + I_p \qquad (33-1)$$

式中，I_s为饱和电流；U为PN结两端电压；T为绝对温度；I_p为产生的光电流。从式中可以看到，当光电池处于零偏时，$U=0$，流过PN结的电流$I=I_p$；当光电池处于反偏时（在本实验中取$U=-5\text{V}$），流过PN结的电流$I=I_p-I_s$，因此，当光电池用作光电转换器时，其必须处于零偏或反偏状态。光电池处于零偏或反偏状态时，产生的光电流I_p与输入光功率P_i有以下关系

$$I_p = RP_i \qquad (33-2)$$

式中，R为响应率，其值随入射光波长的不同而变化。对不同材料制作的

光电池，R 值分别在短波长和长波长处存在一截止波长，在长波长处要求入射光子的能量大于材料的能级间隙 E_g，以保证处于介带中的束缚电子得到足够的能量被激发到导带，对于硅光电池其长波截止波长为 $\lambda_c = 1.1\mu m$；在短波长处也由于材料有较大吸收系数，使得 R 值很小。

3. **硅光电池的基本特性**

（1）短路电流

如图 33－3 所示，在不同的光照作用下，毫安表若显示不同的电流值，则硅光电池短路时的电流值也不同，此即为硅光电池的短路电流特性。

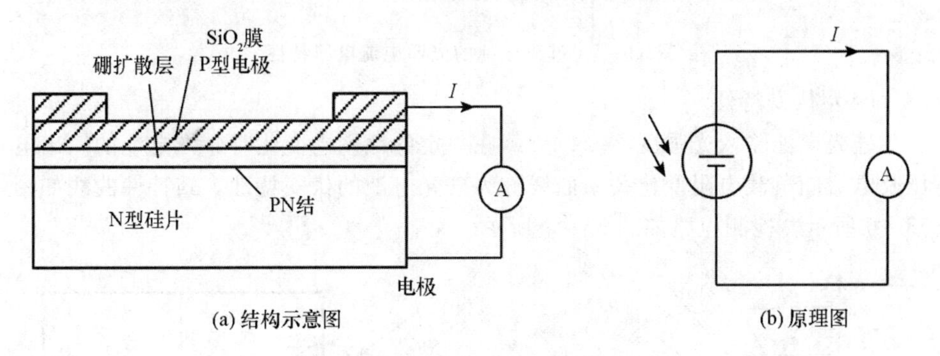

图 33－3　硅光电池短路电流测试

（2）开路电压

如图 33－4 所示，在不同的光照作用下，电压表若显示不同的电压值，则硅光电池开路时的电压值也不同，此即为硅光电池的开路电压特性。

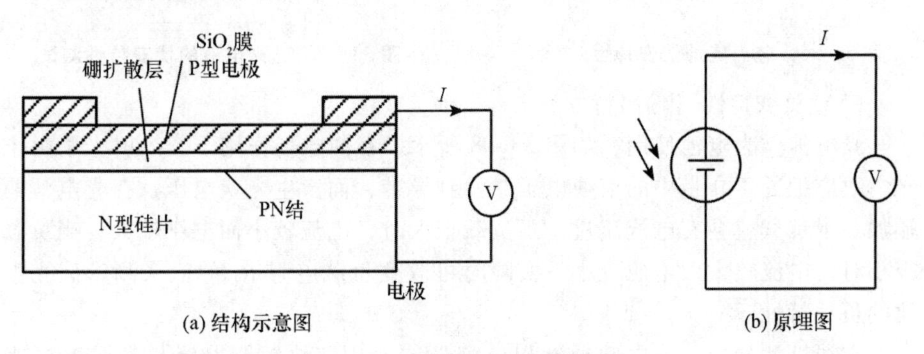

图 33－4　硅光电池开路电压测试

（3）光照特性

光电池在不同光照度下，其光电流和光生电动势是不同的，它们之间的关系就是光照特性。如图 33－5 所示为硅光电池光生电流和光生电压与光照度的特性曲线。在不同偏压的作用下，硅光电池的光照特性也有所不同。

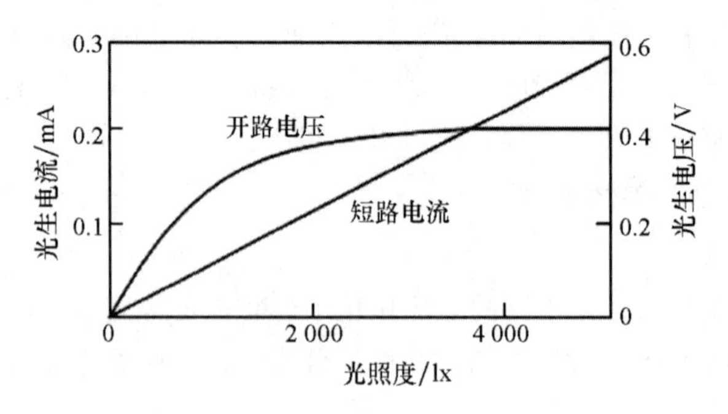

图 33－5　硅光电池的光照电流电压特性

（4）伏安特性

硅光电池输入光强度不变，负载在一定的范围内变化时，光电池的输出电压及电流随负载电阻变化关系曲线称为硅光电池的伏安特性。其特性曲线如图 33－6 所示，检测电路如图 33－7 所示。

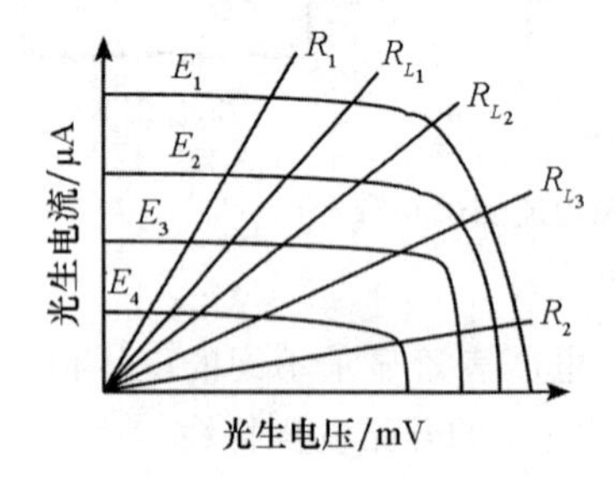

图 33－6　硅光电池伏安特性

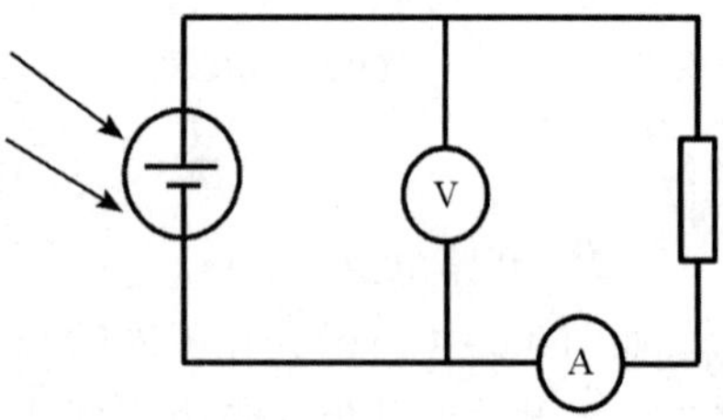

图 33－7　硅光电池的伏安特性测试

（5）负载特性（输出特性）

光电池作为电池使用，如图 33－8 所示。在内电场作用下，入射光子由于光电效应把处于介带中的束缚电子激发到导带，而产生光伏电压，在光电池两端加一个负载就会有电流流过。当负载很大时，电流较小而电压较大；当负载很小时，电流较大而电压较小。实验时可改变负载电阻 R_L 的值来测定硅光电池的负载特性。

在线性测量中，光电池通常以电流形式使用，故短路电流与光照度（光能量）呈线性关系，这是光电池的重要光照特性。实际使用时都接有负载电阻 R_L，输出电流 I_L 随光照度（光通量）的增加而非线性缓慢地增加，并且随负载 R_L 的增大线性范围也越来越小。因此，在要求输出的电流与光照度呈线性关系时，负载电阻在条件许可的情况下越小越好，并限制在光照范围内使用。光电池光照与负载特性曲线如图 33－9 所示。

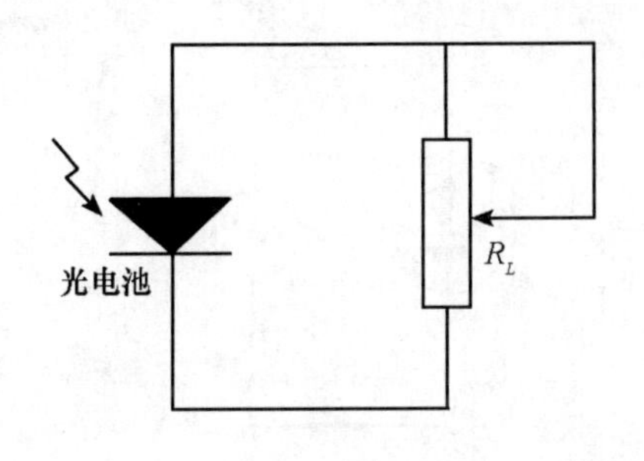

图 33－8　硅光电池负载特性的测定

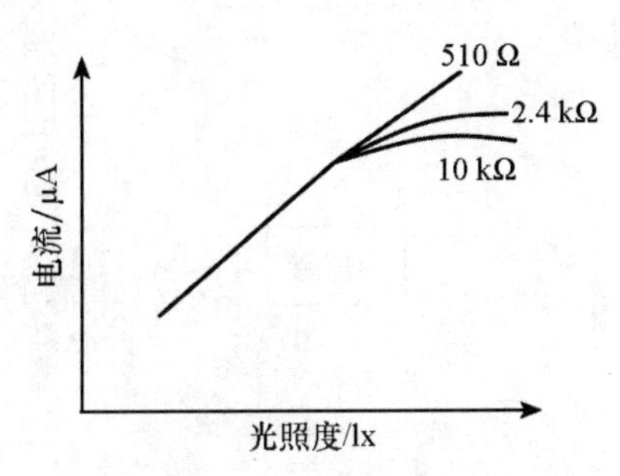

图 33－9　硅光电池光照与负载特性曲线

（6）光谱特性

一般硅光电池的光谱响应特性表示在入射光能量保持一定的条件下，硅光电池所产生光电流/电压与入射光波长之间的关系。

（7）时间响应特性

表示时间响应特性的方法主要有两种：一种是脉冲特性法，另一种是幅频特性法。光敏晶体管受调制光照射时，相对灵敏度与调制频率的关系称为频率特性。减少负载电阻能提高响应频率（频响），但输出降低。一般来说，光敏三极管的频响比光敏二极管小得多，锗光敏三极管的频响比硅管小一个数量级。

三、实验仪器

本实验采用 GCGDTC－C 型光电探测器特性测试实验平台，详见实验 29。

四、实验内容与步骤

1. 硅光电池短路电流特性测试

实验装置原理如图 33－10 所示。

（1）组装好光通路组件，将照度计与照度计探头输出正负极对应相连（红色为正极，黑色为负极），将光源调制单元 J_2 与光通路组件光源接口用彩排数据线相连。

（2）“光照度调节”调到最小，连接好照度计，0～15 V 可调电源调至最

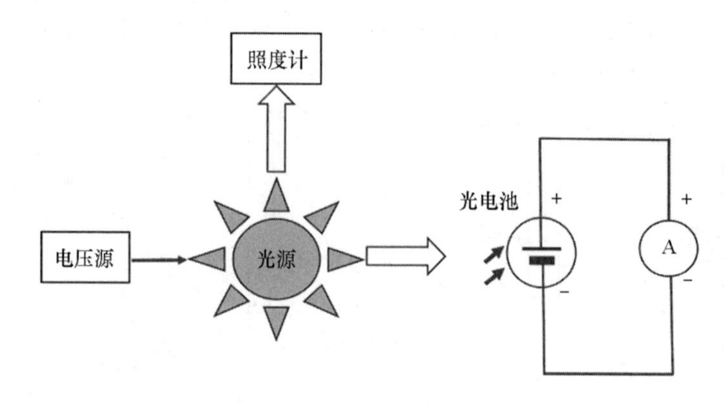

图 33-10 硅光电池短路电流特性测试

小，打开照度计，此时照度计的读数应为0。

（3）将单刀双掷开关 S_2 拨到“静态”，通过左右切换按钮，将光源颜色切换为白色。

（4）按图33-10所示连接电路。

（5）打开电源，顺时针调节光照度调节旋钮，使光照度依次为表33-1中所列各值，分别读出电流表读数，填入表33-1，关闭电源。

表 33-1 硅光电池短路电流特性表

光照度/lx	0	100	200	300	400	500	600
光生电流/μA							

（6）将“光照度调节”旋钮逆时针调节到最小值位置后关闭电源。

（7）表33-1中所测得的电流值即为硅光电池在相应光照度下的短路电流。

2. 硅光电池开路电压特性测试

实验装置原理如图33-11所示。

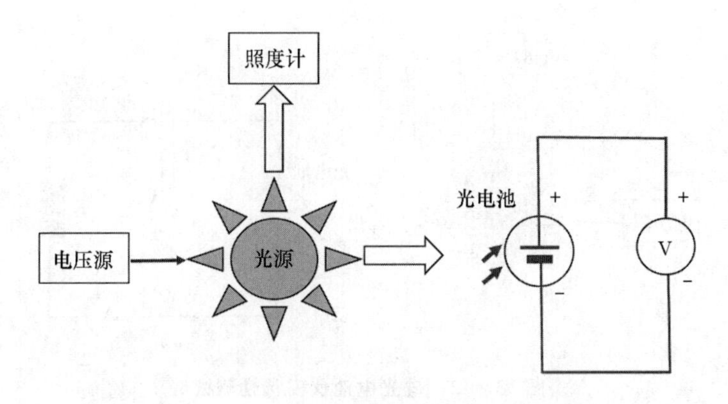

图 33－11　硅光电池开路电压特性测试

（1）按图 33－11 所示连接电路。

（2）打开电源，顺时针调节光照度调节旋钮，使照度依次为表 33－2 中所列各值，分别读出电压表读数，填入表 33－2，关闭电源。

表 33－2　硅光电池开路电压特性表

光照度/lx	0	100	200	300	400	500	600
光生电压/mV							

（3）将“光照度调节”旋钮逆时针调节到最小值位置后关闭电源。

（4）表 33－2 中所测得的电压值即为硅光电池在相应光照度下的开路电压。

根据实验 1 和实验 2 所测试的实验数据，做出如图 33－5 所示的硅光电池的光照电流电压特性曲线。

3. 硅光电池伏安特性测试

实验装置原理如图 33－12 所示。

（1）电压表挡位调节至 2 V 挡，电流表挡位调至 200 μA 挡，将“光照度调节”旋钮逆时针调节至最小值位置。

（2）按图 33－12 所示连接电路，R 取值为 200 Ω，打开电源顺时针调节光照度调节旋钮，增大光照度值至 500 lx。记录下此时的电压表和电流表的读数，填入表 33－3。

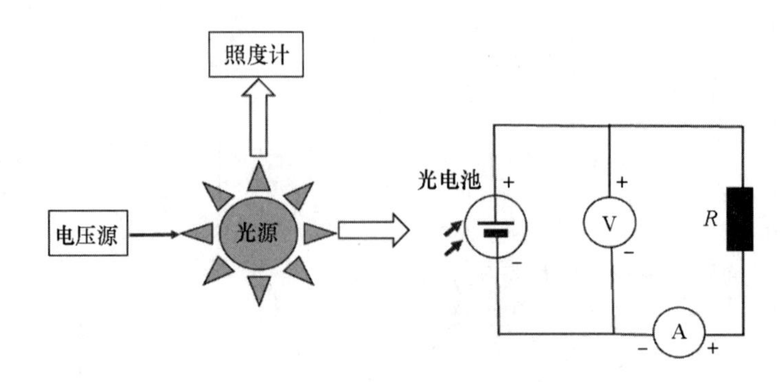

图 33－12 硅光电池伏安特性测试

（3）关闭电源，将 R 分别换为 510 Ω、750 Ω、1 kΩ、2 kΩ、5.1 kΩ、7.5 kΩ、10 kΩ、20 kΩ，重复上述步骤，并记录电流表和电压表的读数，填入表 33－3。

表 33－3 硅光电池伏安特性表

电阻		200Ω	510Ω	750Ω	1kΩ	2kΩ	5.1kΩ	7.5kΩ	10kΩ	20kΩ
500lx	电流/μA									
	电压/mV									
300lx	电流/μA									
	电压/mV									
100lx	电流/μA									
	电压/mV									

（4）改变光照度为 300 lx、100 lx，重复上述步骤，将结果填入表 33－3。

（5）根据上述实验数据，在同一坐标轴中做出三种不同条件下的伏安特性曲线，并进行分析。

4. 硅光电池负载特性测试

（1）按图 33－12 所示连接电路，R 取值为 100 Ω。

（2）打开电源，顺时针调节“光照度调节”旋钮，光照度从 0 逐渐增大至 100 lx、200 lx、300 lx、400 lx、500 lx、600 lx，分别记录电流表和电压表的读数，填入表 33－4。

表 33－4　硅光电池负载特性表

光照度/lx		0	100	200	300	400	500	600
$R=100\Omega$	电流/μA							
	电压/mV							
$R=510\Omega$	电流/μA							
	电压/mV							
$R=1\text{k}\Omega$	电流/μA							
	电压/mV							
$R=5.1\text{k}\Omega$	电流/μA							
	电压/mV							
$R=10\text{k}\Omega$	电流/μA							
	电压/mV							

（7）关闭电源，将 R 分别换为 510 Ω、1 kΩ、5.1 kΩ、10 kΩ，重复上述步骤，分别记录电流表和电压表的读数，填入表 33－4。

（8）根据上述实验所测试的数据，在同一坐标轴上做出硅光电池的负载特性曲线，并进行分析。

5. 硅光电池光谱特性测试

如图 33－13 所示为基准探测器的光谱响应曲线。

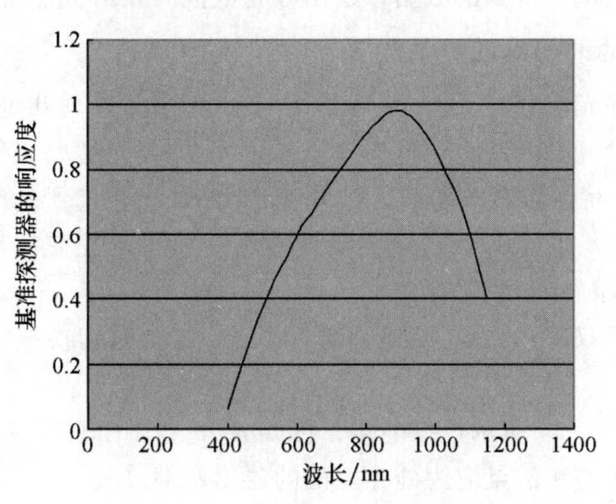

图 33－13　基准探测器的光谱响应曲线

（1）组装好光通路组件，将照度计与照度计探头输出正负极对应相连（红色为正极，黑色为负极），将光源调制单元 J_2 与光通路组件光源接口用彩排数据线相连。

（2）将单刀双掷开关 S_2 拨到“静态”，将光照度调至最小。

（3）将 0～15 V 可调电源正负极直接与电压表相连，打开电源，调节电源电位器至电压表为 10 V，关闭电源。

（4）按图 33－11 所示连接电路。

（5）打开电源，缓慢调节光照度调节电位器到最大，依次切换不同颜色的光源，并分别记录照度计所测数据，并将其中最小值 E 作为参考。

（6）将光源切换到红色（D2）亮，缓慢调节电位器直到照度计显示为 E，将电压表测试所得的数据填入表 33－5。

（7）依次切换到不同颜色的光源，分别测试出橙光、黄光、绿光、蓝光、紫光在光照度 E 下时电压表的读数，填入表 33－5。

表 33－5　硅光电池光谱特性表

波长/nm	红（630）	橙（605）	黄（585）	绿（520）	蓝（460）	紫（400）
基准响应度	0.65	0.61	0.56	0.42	0.25	0.06
电压/mV						
响应度						

（8）根据测试所得到的数据，绘出硅光电池的光谱特性曲线。

6. 硅光电池时间响应特性测试

（1）组装好光通路组件，将照度计与照度计探头输出正负极对应相连（红色为正极，黑色为负极），将光源调制单元 J_2 与光通路组件光源接口用彩排数据线相连，将台体右下角的方波输出用 BNC 线连接到光源调制板的方波输入，正弦波输入用 BNC 线连接到示波器第一通道（正弦波输入与方波输入两个接口在台体内部是并联的）。

（2）将单刀双掷开关 S_2 拨到“脉冲”，通过左右切换按钮，将光源颜色切换为白色。

（3）按图 33－14 所示连接电路，负载 R_L 选择 10 kΩ。

（4）示波器的测试点应为硅光电池的输出两端。

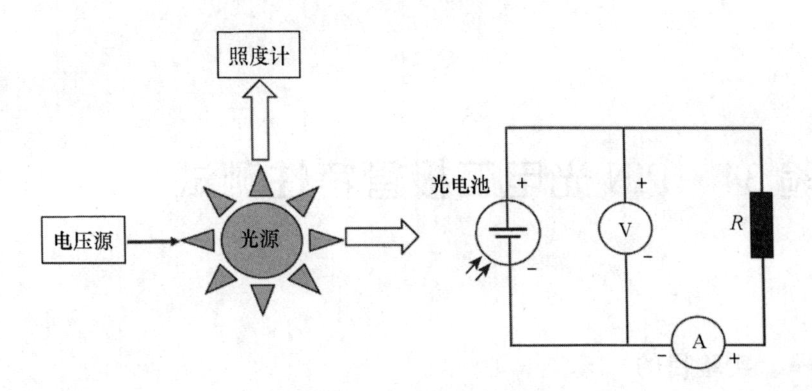

图33－14　硅光电池时间响应特性测试

（5）打开电源，白光对应的发光二极管亮，其余的发光二极管不亮，用示波器的第二通道测量硅光电池组件的输出。

（6）缓慢调节脉冲宽度，增大输入脉冲的脉冲信号宽度，观察示波器两个通道信号的变化，做出实验记录（描绘出两个通道的波形），并进行分析。

五、实验注意事项

1. 当电压表和电流表显示为“1_ ”时说明超过量程，应更换为合适量程。

2. 连线之前确保电源关闭。

六、思考题

1. 光电池在工作时为什么要处于零偏压或负偏压？

2. 光电池对入射光的波长有何要求？

3. 光电池用于线性光电探测器时，对耗尽区的内部电场有何要求？

实验34　PIN光电二极管特性测试

一、实验目的

1. 掌握PIN光电二极管的工作原理与工作特性。
2. 学习PIN光电二极管特性测试的方法。
3. 了解PIN光电二极管的基本应用。

二、实验原理

图34－1是PIN光电二极管的结构和它在反向偏压下的电场分布。在高掺杂P型和N型半导体之间生长一层本征半导体材料或低掺杂半导体材料，称为I层。在半导体PN结中，掺杂浓度和耗尽层宽度有如下关系

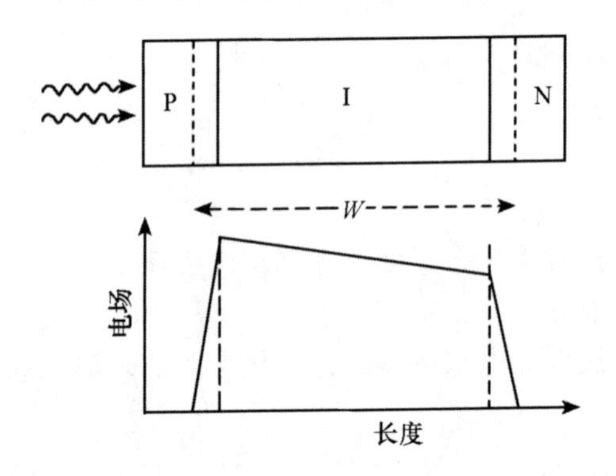

图34－1　PIN光电二极管的结构和它在反向偏压下的电场分布

$$\frac{L_P}{L_N}=\frac{D_N}{D_P} \tag{34－1}$$

式中，D_P和D_N分别为P区和N区的掺杂浓度；L_P和L_N分别为P区和N区

耗尽层的宽度。在 PIN 中，对于 P 层和 I 层（低掺杂 N 型半导体）形成的 PN 结，由于 I 层近似于本征半导体，有

$$D_N \ll D_P \tag{34-2}$$

$$L_P \ll L_N \tag{34-3}$$

即在 I 层中形成很宽的耗尽层。由于 I 层有较高的电阻，因此电压基本上降落在该区，使得耗尽层宽度 W 可以得到加宽，并且可以通过控制 I 层的厚度来改变。对于高掺杂的 N 型薄层，产生于其中的光生载流子将很快被复合掉，因此这一层仅是为了减少接触电阻而加的附加层。

要使入射光功率有效地转换成光电流，首先必须使入射光能在耗尽层内被吸收，这要求耗尽层宽度 W 足够宽。但是随着 W 的增大，在耗尽层的载流子渡越时间 τ_{cr} 也会增大，τ_{cr} 与 W 的关系为

$$\tau_{cr} = \frac{W}{v} \tag{34-4}$$

式中，v 为载流子的平均漂移速度。由于 τ_{cr} 增大，PIN 的响应速度会下降，因此耗尽层宽度 W 需在响应速度和量子效率之间进行优化。

如采用类似于半导体激光器中的双异质结构，则 PIN 的性能可以大为改善。在这种设计中，P 区、N 区和 I 区的带隙能量的选择，使得光吸收只发生在 I 区，完全消除了扩散电流的影响。在光纤通信系统的应用中，常采用 InGaAs 材料制成 I 区，用 InP 材料制成 P 区及 N 区的 PIN 光电二极管，如图 34－2 所示为其结构。InP 材料的带隙为 1.35eV，大于 InGaAs 的带隙，对于波长在 1.3～1.6 μm 范围的光是透明的，而 InGaAs 的 I 区对 1.3～1.6 μm 的光表现为较强的吸收，几微米的宽度就可以获得较高响应度。在器件的受光面一般要镀增透膜以减弱光在端面上的反射。InGaAs 的光探测器一般用于 1.3 μm

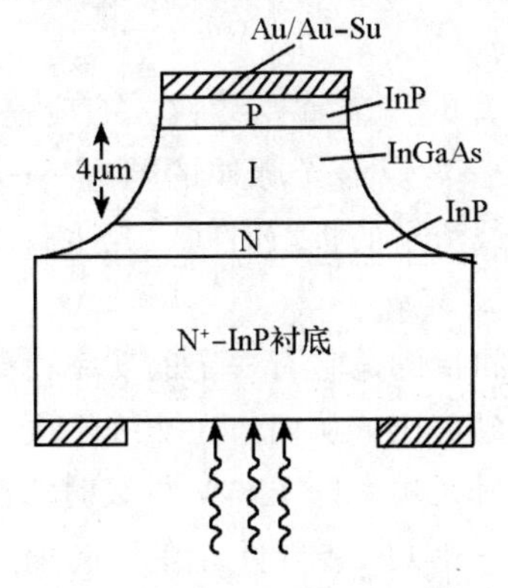

图 34－2　InGaAs PIN 光电二极管的结构

和1.55 μm的光纤通信系统中。

从光电二极管的工作原理可以知道，只有当光子能量hf大于半导体材料的禁带宽度E_g才能产生光电效应，即

$$hf > E_g \tag{34-5}$$

因此对于不同的半导体材料，均存在相应的下限频率f_c或上限波长λ_c，λ_c亦称为光电二极管的截止波长。只有入射光的波长小于λ_c时，光电二极管才能产生光电效应。Si－PIN的截止波长为1.06μm，故可用于0.85μm的短波长光检测；Ge－PIN和InGaAs－PIN的截止波长为1.7μm，所以它们可用于1.3μm、1.55μm的长波长光检测。

当入射光波长远远小于截止波长时，光电转换效率会大大下降。因此，PIN光电二极管只对一定波长范围内的入射光进行光电转换，这一波长范围就是PIN光电二极管的波长响应范围。

响应度和量子效率表征了二极管的光电转换效率。响应度R定义为

$$R = \frac{I_P}{P_{\text{in}}} \tag{34-6}$$

式中，P_{in}为入射到光电二极管上的光功率；I_P为在该入射功率下光电二极管产生的光电流；R的单位为A/W。

量子效率η定义为

$$\begin{aligned}\eta &= \frac{\text{光电转换产生的有效电子－空穴对数}}{\text{入射光子数}} \\ &= \frac{I_P/q}{P_{\text{in}}/hf} \\ &= R\frac{hf}{q}\end{aligned} \tag{34-7}$$

响应速度是光电二极管的一个重要参数。响应速度通常用响应时间来表示。响应时间为光电二极管对矩形光脉冲的响应——电脉冲的上升或下降时间。响应速度主要受光生载流子的扩散时间、光生载流子通过耗尽层的渡越时间及其结电容的影响。

光电二极管的线性饱和指的是它有一定的功率检测范围，当入射功率太强时，光电流和光功率将不成正比，从而产生非线性失真。PIN光电二极管有非常宽的线性工作区，当入射光功率低于mW量级时，器件不会发生饱和。

无光照时，PIN作为一种PN结器件，在反向偏压下也有反向电流流过，这一电流称为PIN光电二极管的暗电流。该电流主要由PN结内热效应产生的

电子－空穴对形成。当偏置电压增大时，暗电流增大。当反向偏压增大到一定值时，暗电流激增，会发生反向击穿（即为非破坏性的雪崩击穿，如果此时不能尽快散热，就会变为破坏性的齐纳击穿）。发生反向击穿的电压值称为反向击穿电压。Si－PIN 的典型击穿电压值为 100 多伏。PIN 工作时的反向偏置都远离击穿电压，一般为 10～30V。

三、实验仪器

本实验采用 GCGDTC－C 型光电探测器特性测试实验平台，详见实验 29。

四、实验内容与步骤

1. PIN 光电二极管暗电流测试（选做）

实验装置原理如图 34－3 所示，暗电流为

$$I_{暗}=\frac{U}{R_L} \tag{34-8}$$

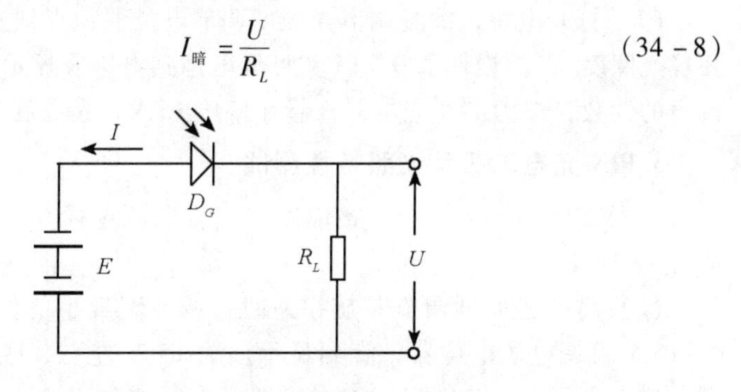

图 34－3 PIN 光电二极管暗电流测试原理图

（1）组装好光通路组件，将照度计与照度计探头输出正负极对应相连（红色为正极，黑色为负极），将光源调制单元 J_2 与光通路组件光源接口用彩排数据线相连。

（2）将单刀双掷开关 S_2 拨到“静态”，将光照度调至最小。

（3）“光照度调节”调到最小，连接好照度计，直流电源调至最小，打开照度计，此时照度计的读数应为 0。

（4）选用 0～15 V 可调电源，将电压表直接与 0～15 V 可调电源两输入端相连，打开电源，调节 0～15 V 可调电源，使得电压输出为 15 V，关闭电源。

（5）按图 34－3 所示连接电路，负载 R_L 选择 20 MΩ。

（6）打开电源，等电压表读数稳定后测得负载电阻 R_L 上的压降 $U_{暗}$，则暗电流 $I_{暗}=U_{暗}/R_L$，所得的电流即为偏置电压在 15 V 时的暗电流。

2. PIN 光电二极管光电流测试

实验装置原理如图 34－4 所示。

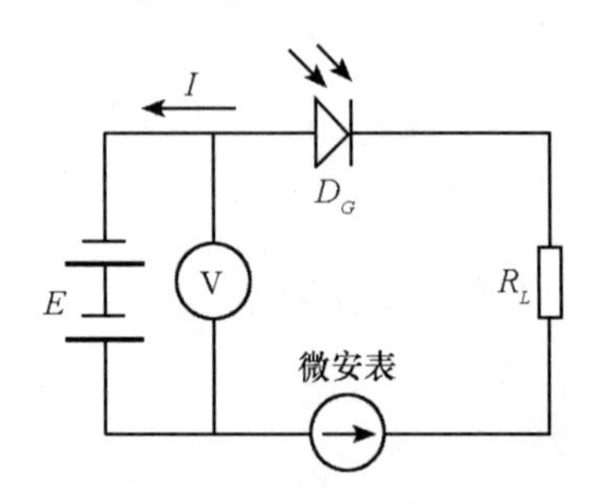

图 34－4　PIN 光电二极管光电流测试原理图

（1）按图 34－4 连接电路，直流电源选择 0～15 V 可调电源，R_L 取 1 kΩ。

（2）打开电源，缓慢调节光照度调节电位器，直到光照度为 300 lx（约为环境光照度），缓慢调节 0～15 V 可调电源到电压表显示为 15 V，读出此时电流表的读数，即为 PIN 光电二极管在偏压 15 V、光照度 300 lx 时的光电流。

3. PIN 光电二极管光照特性测试

（1）按图 34－4 所示连接电路，直流电源选择 0～15 V 可调电源，负载 R_L 选择 1kΩ。

（2）将“光照度调节”旋钮逆时针调节至最小值位置。打开电源，调节 0～15 V 可调电源电位器，直到显示值为 15 V 左右，顺时针调节光照度电位器，增大光照度，分别记下不同光照度下对应的光生电流值，填入表 34－1。若电流表或照度计显示为“1_ ”，说明超出量程，应改为合适的量程再测试。

表 34－1　PIN 光电二极管光照特性表

光照度/lx	0	100	300	500	700	900
光生电流/μA						

（3）根据表 34－1 中的实验数据，做出 PIN 光电二极管在 15 V 偏压下的光照特性曲线，并进行分析。

4. PIN 光电二极管伏安特性测试

（1）按图 34－5 所示连接电路，直流电源选择电源 1，负载 R_L 选择 1 kΩ。

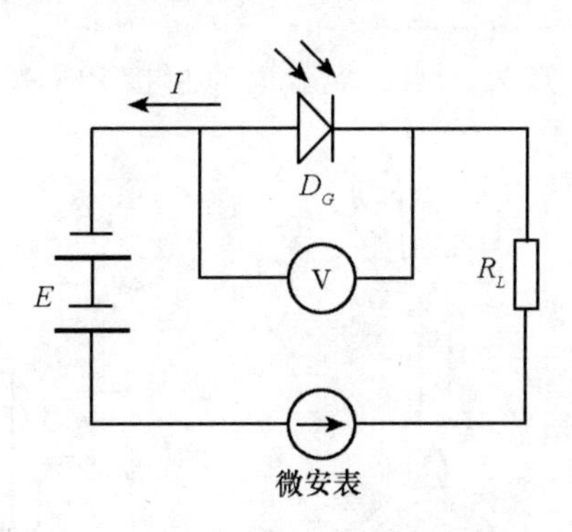

图 34－5　PIN 光电二极管伏安特性测试原理图

（2）打开电源，顺时针调节光照度调节旋钮，使光照度值为 500 lx，保持光照度不变，调节电源电压 1，使反向偏压为 0 V、2 V、4 V、6 V、8 V、10 V、15 V、20 V，将对应的电流表读数填入表 34－2，关闭电源。

（3）重复上述步骤，测量 PIN 光电二极管在 800 lx 照度下，不同偏压下的光生电流值。

（4）根据上面测试所得的实验数据，在同一坐标轴做出光照在 500 lx 和 800 lx 时的伏安特性曲线，并进行分析比较。

表 34－2　PIN 光电二极管伏安特性表

偏压/V	0	－2	－4	－6	－8	－10	－15	－20
光生电流 1(500 lx)/μA								
光生电流 2(800 lx)/μA								

5. PIN 光电二极管时间响应特性测试（选做）

（1）组装好光通路组件，将照度计与照度计探头输出正负极对应相连（红色为正极，黑色为负极），将光源调制单元 J_2 与光通路组件光源接口用彩排数据线相连，将台体右下角的方波输出用 BNC 线连接到光源调制板的方波输入，正弦波输入用 BNC 线连接到示波器第一通道（正弦波输入与方波输入两个接口在台体内部是并联的）。

（2）将单刀双掷开关 S_2 拨到“脉冲”，通过左右切换按钮，将光源颜色切换为白色。

（3）按图 34－6 所示连接电路，直流电源选择 0～15V 可调电源，负载 R_L 选择 200 kΩ。

（4）示波器的测试点为 A 点，实验时直接接 PIN 光电二极管输出端的红黑护套插座即可。

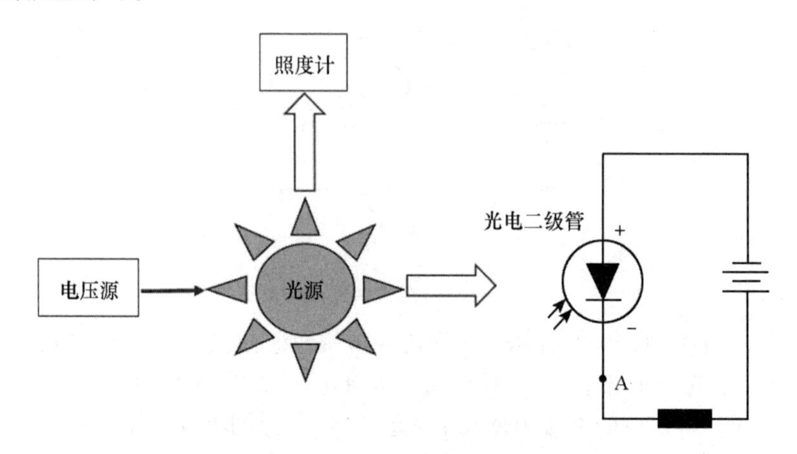

图 34－6 PIN 光电二极管时间响应测试原理图

（5）打开电源，白光对应的发光二极管亮，其余的发光二极管不亮，用示波器的第二通道测量 PIN 光电二极管组件的输出。

（6）观察示波器两个通道的信号，缓慢调节 0～15 V 可调电源，直到示波器上观察到信号清晰为止，并做好实验记录（描绘出两个通道的波形）。

（7）缓慢调节脉冲宽度，增大输入信号的脉冲宽度，观察示波器两个通道信号的变化，做好实验记录（描绘出两个通道的波形），并进行分析。

6. PIN 光电二极管光谱特性测试

图 34－7 为基准探测器的光谱响应曲线。

（1）组装好光通路组件，将照度计与照度计探头输出正负极对应相连（红色为正极，黑色为负极），将光源调制单元 J_2 与光通路组件光源接口用彩排数据线相连。

（2）将单刀双掷开关 S_2 拨到“静态”，将光照度调至最小。

（3）将 0～15 V 可调电源输出直接与电压表相连，打开电源，调节 0～15 V 可调电源至电压表为 10 V，关闭电源。

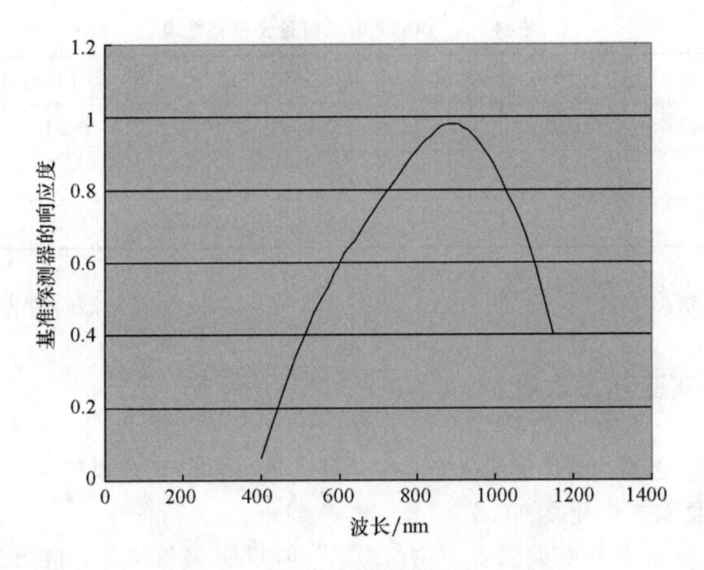

图 34－7　基准探测器的光谱响应曲线

（4）按图 34－8 连接电路，R_L 取 100 kΩ。

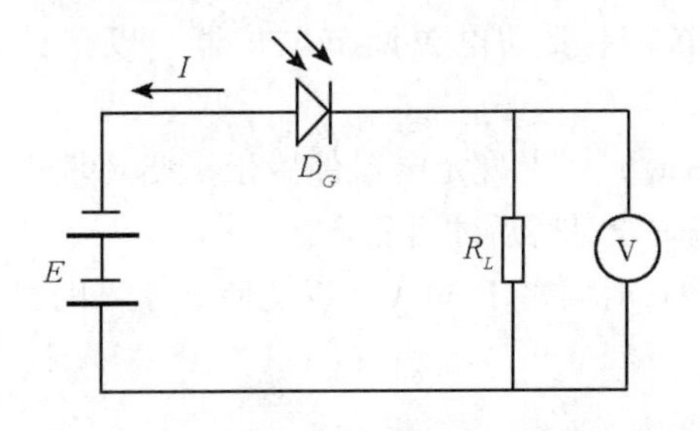

图 34－8　PIN 光电二极管光谱特性测试原理图

（5）打开电源，缓慢调节光照度调节电位器到最大，依次切换不同颜色的光源，并分别记录照度计所测数据，并将其中最小值 E 作为参考。

（6）将光源切换到红色（D2）亮，缓慢调节电位器直到照度计显示为 E，将电压表测试所得的数据填入表 34－3，再将 S_2 拨下。

（7）依次切换到不同颜色的光源，分别测试出橙光、黄光、绿光、蓝光、紫光在光照度 E 下时电压表的读数，填入表 34－3。

表 34－3　PIN 光电二极管光谱特性表

波长/nm	红（630）	橙（605）	黄（585）	绿（520）	蓝（460）	紫（400）
基准响应度	0.65	0.61	0.56	0.42	0.25	0.06
电压/mV						
响应度						

（8）根据测试所得到的数据，做出 PIN 光电二极管的光谱特性曲线。

五、实验注意事项

1. 实验之前，请仔细阅读光电探测特性测试实验平台说明，弄清实验箱各部分功能及拨位开关的意义。

2. 当电压表和电流表显示为“1_ ”时说明超过量程，应更换为合适量程。

3. 连线之前确保电源关闭。

4. 在实验操作中请不要动电源调节电位器，以保证直流电源输出电压不变。

5. 在测试暗电流时，应先将光电器件置于黑暗环境中 30 min 以上，否则测试过程中电压表需一段时间后才可稳定。

6. 偏置电压不能长时间高于 30 V，以免使 PIN 光电二极管劣化。

六、思考题

简述 PIN 光电二极管的工作原理。为什么 PIN 管比普通光电二极管好？

实验35　雪崩光电二极管特性测试

一、实验目的

1. 掌握雪崩光电二极管的工作原理和基本特性。
2. 学习雪崩光电二极管特性测试方法。
3. 了解雪崩光电二极管的基本应用。

二、实验原理

雪崩光电二极管（avalanche photodiode，APD）是具有内部增益的光检测器，它可以用来检测微弱光信号并获得较大的输出光电流。

雪崩光电二极管能够获得内部增益是基于碰撞电离效应。当PN结上加高的反向偏压时，耗尽层的电场很强，光生载流子经过时就会被电场加速，当电场强度足够高（约3×10^5V/cm）时，光生载流子获得很大的动能，它们在高速运动中与半导体晶格碰撞，使晶体中的原子电离，从而激发出新的电子-空穴对，这种现象称为碰撞电离。碰撞电离产生的电子-空穴对在强电场作用下同样又被加速，重复前一过程，这样多次碰撞电离的结果是载流子迅速增加，电流也迅速增大。这个物理过程称为雪崩倍增效应。

图35-1为APD的一种结构。外侧与电极接触的P区和N区都进行了重掺杂，分别以P^+和N^+表示；在I区和N^+区中间是宽度较窄的另一层P区。APD工作在大的反偏压下，当反偏压加大到某一值后，耗尽层从N^+-P结区一直扩展（或称拉通）到P^+区，包括了中间的P层区和I区。图35-1的结构为拉通型APD的结构。从图中可以看到，电场在I区分布较弱，而在N^+-P区分布较强，碰撞电离区即雪崩区就在N^+-P区。尽管I区的电场比N^+-P区低得多，但也足够高（可达2×10^4 V/cm），可以保证载流子达到饱和漂移速度。当入射光照射时，由于雪崩区较窄，不能充分吸收光子，相当多的光子进

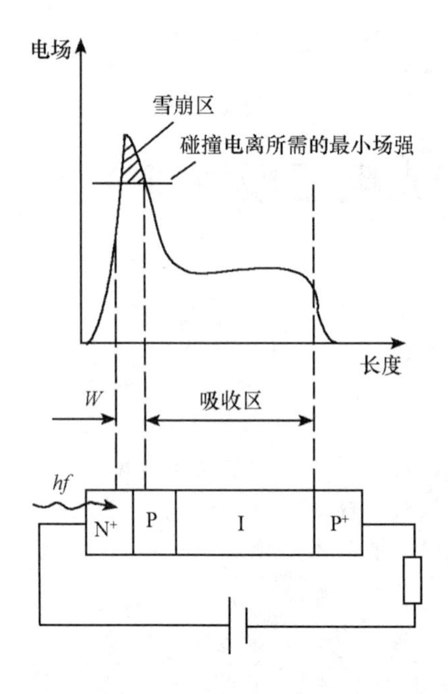

图 35－1　APD 的结构及电场分布

入了 I 区。I 区很宽，可以充分吸收光子，提高光电转换效率。把 I 区吸收光子产生的电子－空穴对称为初级电子－空穴对。在电场的作用下，初级光生电子从 I 区向雪崩区漂移，并在雪崩区产生雪崩倍增；而所有的初级空穴则直接被 P^+层吸收。在雪崩区通过碰撞电离产生的电子－空穴对称为二次电子－空穴对。可见，I 区仍然作为吸收光信号的区域并产生初级光生电子－空穴对，此外它还具有分离初级电子和空穴的作用，初级电子在 N^+－P 区通过碰撞电离形成更多的电子－空穴对，从而实现对初级光电流的放大作用。

碰撞电离产生的雪崩倍增过程本质上是统计性的，即为一个复杂的随机过程。每一个初级光生电子－空穴对在什么位置产生，在什么位置发生碰撞电离，总共碰撞出多少二次电子－空穴对，这些都是随机的。因此与 PIN 光电二极管相比，APD 的特性较为复杂。

APD 的雪崩倍增因子 M 定义为

$$M = \frac{I_P}{I_{P_0}} \tag{35-1}$$

式中，I_P为 APD 的输出平均电流；I_{P_0}为平均初级光生电流。从定义可见，倍增因子是 APD 的电流增益系数。由于雪崩倍增过程是一个随机过程，因而倍增因子是在一个平均值上随机起伏的量，雪崩倍增因子 M 的定义应理解为统计平均倍增因子。M 随反偏压的增大而增大，随 W 的增加按指数增长。

APD 的噪声包括量子噪声、暗电流噪声、漏电流噪声、热噪声和附加的倍增噪声。倍增噪声是 APD 中的主要噪声。

倍增噪声的产生主要与两个过程有关，即光子被吸收产生初级电子-空穴对的随机性以及在增益区产生二次电子-空穴对的随机性。这两个过程都是不能准确测定的，因此 APD 倍增因子只能是一个统计平均的概念，表示为 $\langle M \rangle$，它是一个复杂的随机函数。

由于 APD 具有电流增益，APD 的响应度比 PIN 的响应度大大提高，有

$$R_0 = \langle M \rangle (I_P/P) = \langle M \rangle (\eta q/hf) \tag{35-2}$$

量子效率只与初级光生载流子数目有关，不涉及倍增问题，故量子效率值总是小于 1。

APD 的线性工作范围没有 PIN 宽，它适宜于检测微弱光信号。当光功率达到几微瓦以上时，输出电流和入射光功率之间的线性关系变坏，能够达到的最大倍增增益也会降低，即产生了饱和现象。APD 的这种非线性转换的原因与 PIN 类似，主要是器件上的偏压不能保持恒定。由于偏压降低，使得雪崩区变窄，倍增因子随之下降，这种影响比 PIN 的情况更明显。它使得数字信号脉冲幅度产生压缩，或使模拟信号产生波形畸变，应设法避免。

在低偏压下，APD 没有倍增效应。当偏压升高时，产生倍增效应，输出信号电流增大。当反向偏压接近某一电压 U_B 时，电流倍增最大，此时称 APD 被击穿，电压 U_B 称作击穿电压。如果反向偏压进一步提高，则雪崩击穿电流使器件对光生载流子变得越来越不敏感。因此 APD 的偏置电压接近击穿电压，一般在数十伏到数百伏。须注意的是，击穿电压并非是 APD 的破坏电压，撤去该电压后 APD 仍能正常工作。

APD 的暗电流有初级暗电流和倍增后的暗电流之分，它随倍增因子的增加而增加；此外还有漏电流，漏电流没有经过倍增。

APD 的响应速度主要取决于载流子完成倍增过程所需要的时间、载流子越过耗尽层所需的渡越时间以及二极管结电容和负载电阻的 RC 时间常数等因素。而渡越时间的影响相对比较大，其余因素可通过改进结构设计使影响减至很小。

三、实验仪器

本实验采用 GCGDTC－C 型光电探测器特性测试实验平台，详见实验 29。

四、实验内容与步骤

1. APD 光电二极管暗电流测试（选做）

实验装置原理如图 35－2 所示

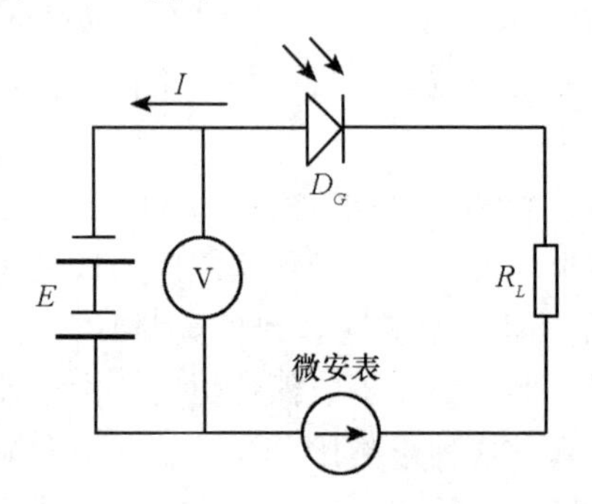

图 35－2　APD 光电二极管暗电流测试原理图

（1）组装好光通路组件，将照度计与照度计探头输出正负极对应相连（红色为正极，黑色为负极），将光源调制单元 J_2 与光通路组件光源接口使用彩排数据线相连。

（2）将单刀双掷开关 S_2 拨到“静态”，将光照度调至最小。

（3）“光照度调节”调到最小，连接好照度计，直流电源调至最小，打开照度计，此时照度计的读数应为 0。

（4）按图 35－2 所示连接电路，直流电源选择 0～200 V，负载 R_L 选择 1 kΩ，电流表选择 200 μA 挡。

（5）打开电源开关，缓慢调节电位器，直到微安表显示有读数为止，记录此时电压表读数 U 和电流表的读数 I，I 即为 APD 光电二极管在 U 偏压下的暗电流。

2. APD 光电二极管光电流测试

（1）按图 35－2 所示连接电路，直流电源选择 0～200V，负载 R_L 选择

1 kΩ，电流表选择200 μA挡。

（2）打开电源，缓慢调节光照度调节电位器，直到光照度为300 lx（约为环境光照度），缓慢调节直流电源电位器，直到微安表显示有读数且有较大变化为止，记录此时电压表读数 U 和电流表的读数 I，I 即为APD光电二极管在 U 偏压下的光电流。

3. APD光电二极管伏安特性测试

（1）按图35－3所示连接电路，直流电源选择0～200 V，负载 R_L 选择2 kΩ。

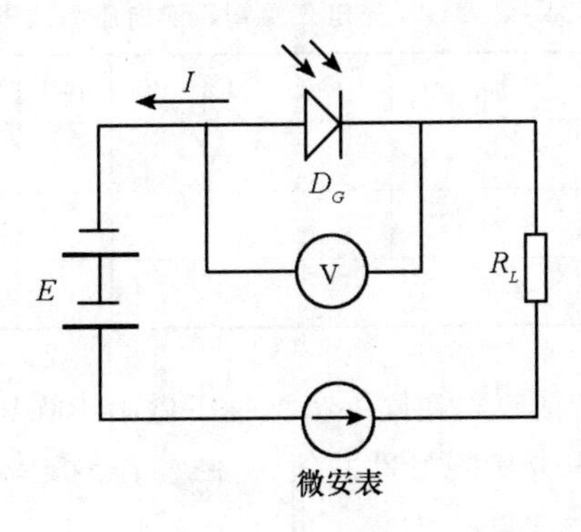

图35－3　APD光电二极管伏安特性测试原理图

（2）打开电源，顺时针调节光照度调节旋钮，使光照度值为200 lx，保持光照度不变，调节电源电压电位器，使反向偏压为0 V、50 V、100 V、120 V、130 V、140 V、150 V、160 V、170 V、180 V，将对应电流表读数填入表35－1，关闭电源。

在测试过程中应缓慢调节电位器，当反向偏置电压高于雪崩电压时，光生电流会迅速增加，电流表的读数会增加 N 个数量级，由于APD在高于雪崩电压的条件下工作时，PN结上的偏压很容易产生波动，影响到增益的稳定性，因此产生的光电流不稳定，属于正常现象，在记录结果时，取数量级数值即可。

表35－1　APD光电二极管伏安特性表

偏压/V	0	50	100	120	130	140	150	160	170	180
光生电流/μA										

（3）根据上述实验结果，做出 200 lx 光照度下的 APD 光电二极管伏安特性曲线。

4. APD 光电二极管雪崩电压测试

（1）根据本节实验 2 的测试方法，重复实验 2 的实验步骤，分别测出光照度在 100 lx、300 lx 和 500 lx 时，反向偏压为 0 V、50 V、100 V、120 V、130 V、140 V、150 V、160 V、170 V、180 V 时的电流表读数，填入表 35 – 2，关闭电源。

表 35 – 2　APD 光电二极管雪崩电压测试表

偏压/V	0	50	100	120	130	140	150	160	170	180
光生电流 1（100 lx）/μA										
光生电流 2（300 lx）/μA										
光生电流 3（500 lx）/μA										

（2）根据上述实验结果，在同一坐标轴下做出 100 lx、300 lx 和 500 lx 光照度下的 APD 光电二极管伏安特性曲线，并进行分析，找出光电二极管的雪崩电压。

5. APD 光电二极管光照特性测试

实验装置原理如图 35 – 2 所示。

（1）按图 35 – 2 所示连接电路，直流电源选择 0 ~ 200 V 电压源，负载 R_L 选择 1 kΩ。

（2）将“光照度调节”旋钮逆时针调节至最小值位置。打开电源，调节所选直流电源电位器，直到电压表的显示值略高于本节实验 4 所测试的雪崩电压即可，保持电压不变，顺时针调节光照度，增大光照度值，分别记下不同光照度下对应的光生电流值，填入表 35 – 3。

表 35 – 3　APD 光电二极管光照特性表

光照度/lx	0	100	300	500	700	900
光生电流/μA						

（3）根据上面表中实验数据，在坐标轴中做出 APD 光电二极管的光照特性曲线，并进行分析。

6. APD 光电二极管时间响应特性测试（选做）

（1）组装好光通路组件，将照度计与照度计探头输出正负极对应相连（红色为正极，黑色为负极），将光源调制单元 J_2 与光通路组件光源接口用彩排数据线相连，将台体右下角的方波输出用 BNC 线连接到光源调制板的方波输入，正弦波输入用 BNC 线连接到示波器第一通道（正弦波输入与方波输入两个接口在台体内部是并联的）。

（2）将单刀双掷开关 S_2 拨到“脉冲”，通过左右切换按钮，将光源颜色切换为白色。

（3）按图 35－4 所示连接电路，直流电源选择 0～200 V，负载 R_L 选择 1 kΩ。

（4）示波器的测试点应为 A 点。

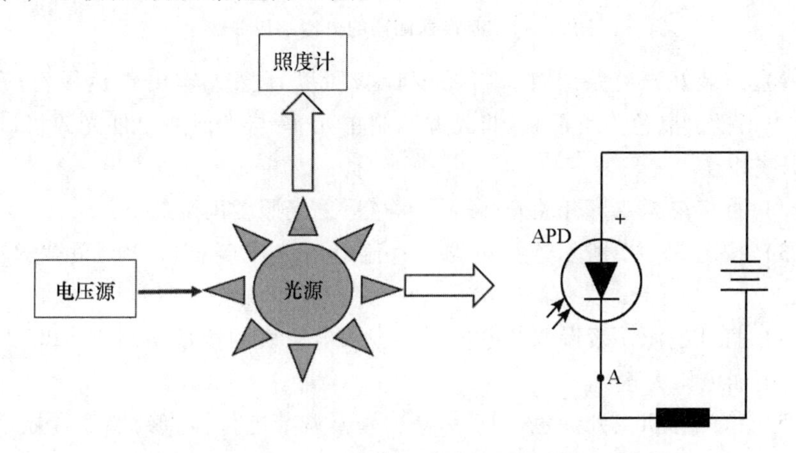

图 35－4　APD 光电二极管时间响应特性测试原理图

（5）打开电源，白光对应的发光二极管亮，其余的发光二极管不亮，用示波器的第二通道测量 PAD 光电二极管组件的输出。

（6）观察示波器两个通道信号，缓慢调节电位器直到示波器上观察到信号清晰为止，并做好实验记录（描绘出两个通道波形）。

（7）缓慢调节脉冲宽度调节，增大输入脉冲的脉冲信号的宽度，观察示波器两个通道信号的变化，做好实验记录（描绘出两个通道的波形），并进行分析。

7. APD 光电二极管光谱特性测试（选做）

图 35－5 为基准探测器的光谱响应曲线。

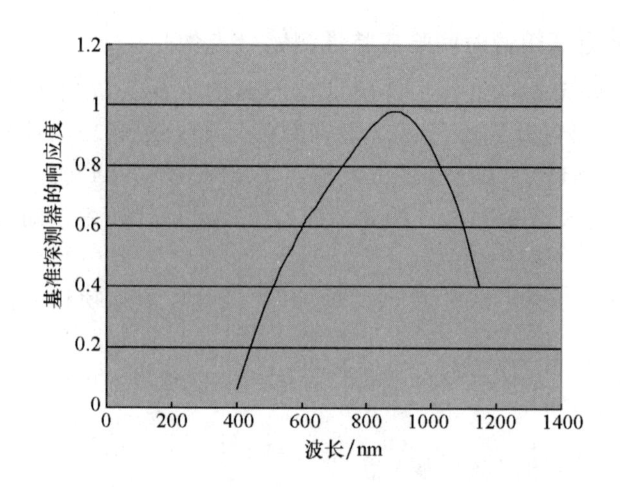

图 35－5　基准探测器的光谱响应曲线

（1）组装好光通路组件，将照度计与照度计探头输出正负极对应相连（红色为正极，黑色为负极），将光源调制单元 J_2 与光通路组件光源接口用彩排数据线相连。

（2）将将单刀双掷开关 S_2 拨到“静态”，光照度调至最小。

（3）按图 35－2 所示连接电路，直流电源选择 0～200 V，负载 R_L 选择 1 kΩ。

（4）打开电源，缓慢调节电位器，直到电压表的读数略高于 APD 光电二极管的雪崩电压为止。

（5）将光源切换到红色（D2）亮，缓慢调节电位器直到照度计显示为 $E = 10$ lx，将电压表测试所得的数据填入表 35－4。

（6）重复操作步骤（5），测试出橙、黄、绿、蓝、紫在光照度 E 下电流表的读数，填入表 35－4。

表 35－4　APD 光电二极管光谱特性表

波长/nm	红（630）	橙（605）	黄（585）	绿（520）	蓝（460）	紫（400）
基准响应度	0.65	0.61	0.56	0.42	0.25	0.06
光电流/μA						
响应度						

（7）根据测试所得到的数据，做出 APD 光电二极管的光谱特性曲线。

五、实验注意事项

1. 实验之前，请仔细阅读光电探测特性测试实验平台说明，弄清实验箱各部分功能及拨位开关的意义。

2. 当电压表和电流表显示为“1_ ”时说明超过量程，应更换为合适量程。

3. 连线之前确保电源关闭。

4. 在测试暗电流时，应先将光电器件置于黑暗环境中 30 min 以上，否则测试过程中电压表需一段时间后才可稳定。

5. 在实验过程中，请勿将 APD 光电二极管长期工作在雪崩电压以上，以免烧坏 APD 光电二极管。在工业上，APD 光电二极管的工作电压略低于雪崩电压。

六、思考题

PAD 光电二极管是利用什么原理使检测灵敏度得到极大提高的?

实验36　光电倍增管特性测试

【技术概述】

光电倍增管是基于光电发射面（光电面）材料和二次电子倍增系统（倍增极）的开发同时发展起来的。光电倍增管是微光测量，特别是极限微弱光探测技术的重要探测器。在生命科学、核物理技术、核医学、生物化学、精密分析、信息科学、环境监测、工业自动控制、光机电一体化等高科技领域，光电倍增管都有极其重要的应用。

一、实验目的

1. 掌握光电倍增管结构以及工作原理与基本特性。
2. 学习光电倍增管基本参数的测量方法。
3. 了解光电倍增管的应用。

二、实验原理

1. 工作原理

光电倍增管（PMT）是一种具有极高灵敏度和超快响应时间的光探测器件。典型的光电倍增管在真空管中，一般包括光电发射阴极（光阴极）和聚焦电极、电子倍增极和电子收集极（阳极）等器件。

当光照射光电倍增管的阴极时，阴极向真空中激发出光电子（一次激发），这些光电子在聚焦极电场作用下进入倍增系统；由倍增电极激发的电子（二次激发）被下一倍增极的电场加速，飞向该极并撞击在该极上再次激发出更多的电子，这样通过逐级的二次电子发射得到倍增放大，放大后的电子被阳极收集作为信号输出。因为采用了二次发射倍增系统，光电倍增管在可以探测到紫外、可见和近红外区的辐射能量的光电探测器件中具有极高的灵敏度和极低的噪声。光电倍增管还有快速响应、低本底、大面积阴极等特点。

光电倍增管可分为端窗型（Head - on）和侧窗型（Side - on），分别如图 36 - 1、图 36 - 2 所示。端窗型和侧窗型结构的光电倍增管都有一个光阴极。侧窗型的光电倍增管，从玻璃壳的侧面接收入射光，而端窗型光电倍增管是从玻璃壳的顶部接收入射光。通常情况下，侧窗型光电倍增管价格较便宜，并在分光光度计和通常的光度测定方面有广泛的使用。大部分的侧窗型光电倍增管使用了不透明光阴极（反射式光阴极）和环形聚焦型电子倍增极结构，这使其在较低的工作电压下具有较高的灵敏度。

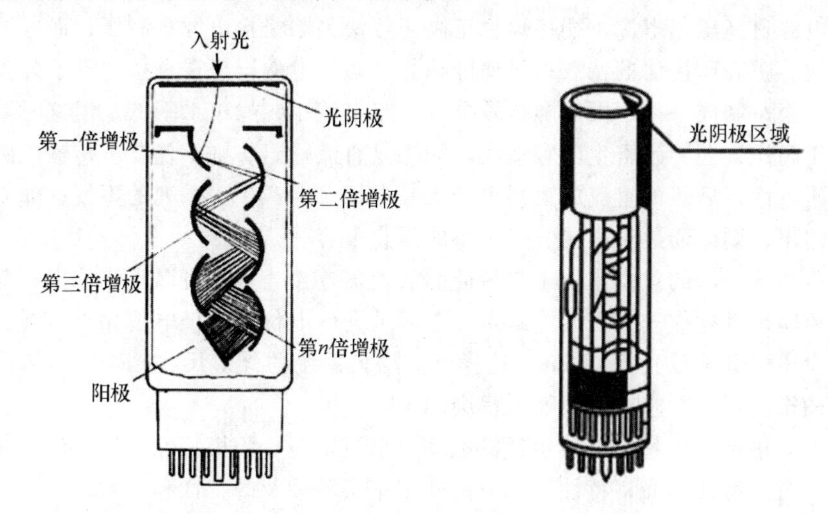

图 36 - 1 端窗型光电倍增管

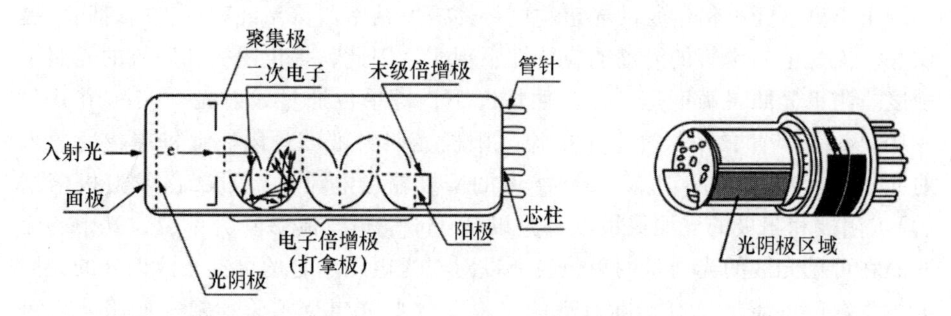

图 36 - 2 侧窗型光电倍增管

端窗型（也称作顶窗型）光电倍增管在其入射窗的内表面上沉积了半透明光阴极（透过式光阴极），使其具有优于侧窗型的均匀性。端窗型光电倍增管的另一特点是拥有从几十平方毫米到几百平方厘米的光阴极。端窗型光电倍增管中包括一种针对高能物理实验用的，可以广角度捕集入射光的大尺寸半球形光窗的光电倍增管。

光电倍增管优异的灵敏度（高电流放大和高信噪比）得益于多个排列的二次电子发射系统的使用，使电子低噪声的条件下得到倍增。电子倍增系统含有从 8 至 19 极的被叫作打拿极或倍增极的电极。电子倍增系统主要有环形聚焦型、盒栅型、直线聚焦型、百叶窗型、细网型、微通道板（MCP）型、金属通道型和电子轰击型等类型。

光电倍增管的供电方式有负高压接法和正高压接法两种。负高压接法是阴极接电源负高压，电源正端接地；正高压接法是阳极接电源正高压，而电源负端接地。正高压接法的特点是可使屏蔽光、磁、电的屏蔽罩直接与管子外壳相连，甚至可制成一体，因而屏蔽效果好，暗电流小，噪声水平低。但这时阳极处于正高压，会导致寄生电容增大。如果是直流输出，则不仅要求传输电路能耐高压，而且后级的直流放大器也处于高电压，会产生一系列的不便；如果是交流输出，则需通过耐高压、噪声小的隔直电容。

负高压接法的优点是便于与后面的放大器连接，且既可以直流输出，又可以交流输出，操作安全方便。缺点在于因玻壳的电位与阴极电位相近，屏蔽罩应至少离开管子玻壳 1 ~ 2 cm，这样就要增大系统的外形尺寸；否则由于静电屏蔽的寄生影响，暗电流与噪声都会增大。

光电倍增管的特性参数包括灵敏度、电流增益、阳极特性、暗电流、光电特性、时间特性、光谱特性等。下面介绍本实验涉及的特性和参数。

（1）灵敏度

由于测量光电倍增管的光谱响应特性需要精密测试系统和很长的时间，提供每一支光电倍增管的光谱响应特性不现实，因此就提供阴极和阳极的光照灵敏度。阴极光照灵敏度是一定光照情况下，每单位通量入射光（实际用 10^{-5} ~ 10^{-2} lm）产生的阴极光电子电流。阳极光照灵敏度是阴极上每单位通量入射光（实际用 10^{-10} ~ 10^{-5} lm）产生的阳极输出电流（经过二次发射极倍增后）。阴极和阳极的光照灵敏度都是以 A/lm（安培/流明）为单位，其中，流明是在可见光区的光通量的单位，所以对于光电倍增管的可见光区以外的光照灵敏度数值可能是没有实际意义的（对于这些光电倍增管，常常使用蓝光灵敏度和红白比来表示）。

灵敏度是衡量光电倍增管探测光信号能力的一个重要参数，通常指积分灵敏度，即白光灵敏度，其单位为 μA/lm。光电倍增管的灵敏度一般包括阴极灵敏度和阳极灵敏度。

①阴极灵敏度

阴极灵敏度 S_K 是指光电阴极本身的积分灵敏度，定义为光电阴极的光电流 I_K 除以入射光通量 Φ 所得的商，即

$$S_K = \frac{I_K}{\Phi} \tag{36-1}$$

若入射到阴极 K 的光照度为 E，光电阴极的面积为 A，则光电倍增管接收到的光通量为

$$\Phi = EA \tag{36-2}$$

由式（36－1）、式（36－2）可以计算出阴极灵敏度。

入射到光电阴极的光通量不能太大，否则会由于光电阴极层的电阻损耗引起测量误差；当然也不能太小，否则由于欧姆漏电流影响光电流的测量精度，通常采用的光通量的范围为 $10^{-5} \sim 10^{-2}$ lm。

② 阳极灵敏度

阳极灵敏度 S_p 是指光电倍增管在一定工作电压下阳极输出电流与照射阴极上光通量的比值，即

$$S_p = \frac{I_p}{\Phi} \tag{36-3}$$

阳极灵敏度是一个经过倍增的整管参数，在测量时为保证光电倍增管处于正常的线性工作状态，光通量要取得比测阴极灵敏度小，一般在 $10^{-10} \sim 10^{-5}$ lm 的数量级。

（2）放大倍数（电流增益）

光阴极发射出来的光电子被电场加速撞击到第一倍增极，以便发生二次电子发射，产生多于光电子数目的电子流。这些二次电子发射的电子流又被加速撞击到下一个倍增极，产生又一次的二次电子发射，连续地重复这一过程，直到最末倍增极的二次电子发射被阳极收集，从而达到了电流放大的作用。这时可以观测到，光电倍增管的阴极产生的很小的光电子电流，已经被放大成较大的阳极输出电流。

放大倍数 G（电流增益）定义为在一定的入射光通量和阳极电压下，阳极电流 I_p 与阴极电流 I_K 间的比值，即

$$G = \frac{I_p}{I_K} \tag{36-4}$$

放大倍数 G 主要取决于系统的倍增能力，因此它也是工作电压的函数。

由于阳极灵敏度包含了放大倍数的贡献，于是放大倍数也可以由在一定工作电压下阳极灵敏度和阴极灵敏度的比值来确定，即

$$G=\frac{S_p}{S_K} \tag{36-5}$$

（3）阳极特性

当光通量 Φ 一定时，光电倍增管阳极电流 I_A 和阳极与阴极间的总电压 U_H 之间的关系为阳极伏安特性。如图 36－3 所示，光电倍增管的增益 G 与二次倍增极电压 E 之间的关系为

$$G=(bE)^n \tag{36-6}$$

其中 n 为倍增极数；b 为与倍增极材料有关的常数。由此可知，阳极电流 I_A 随着电压增加而急剧上升，因此要特别注意阳极电压的选择。另外由阳极伏安特性可求增益 G 的数值。

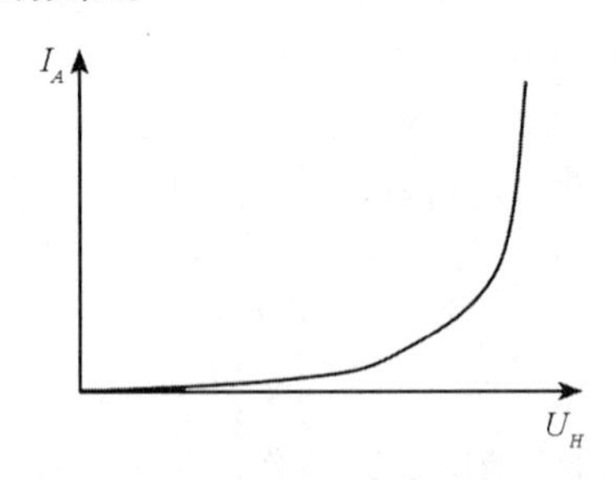

图 36－3　光电倍增管阳极伏安曲线

（4）暗电流

当光电倍增管完全与光照隔绝（即处于完全黑暗的环境）时，加上工作电压后在阳极电路里仍然会出现输出电流，称之为暗电流（I_d）。暗电流与阳极电压有关，通常是在与指定阳极光照灵敏度相应的阳极电压下测定的。引起暗电流的因素有热电子发射、场致发射、放射性同位素的核辐射，以及光反馈、离子反馈、极间漏电等。阳极暗电流与电压、温度之间的关系分别如图 36－4、图 36－5 所示。

（5）光电特性

光电倍增管的光电特性定义为在一定的工作电压下，阳极输出电流 I_p 与光通量之间的曲线关系。

（6）时间特性

光电倍增管的渡越时间，定义为光电子从光电阴极发射经过倍增极到达阳极的时间。光电子在倍增过程中，基于其性质以及电子的初速效应和轨道效

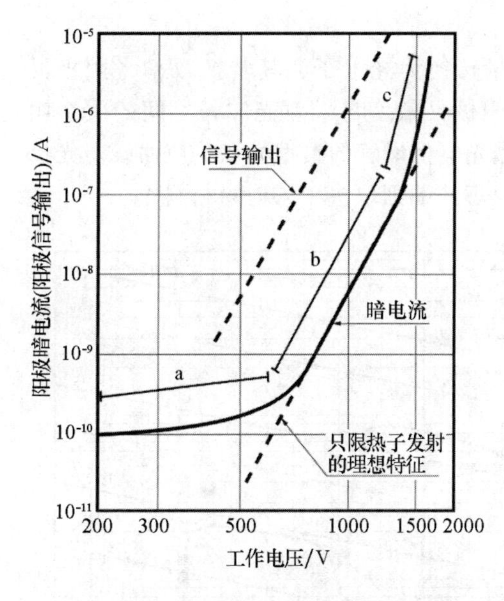

图 36－4　典型电压与阳极暗电流的关系

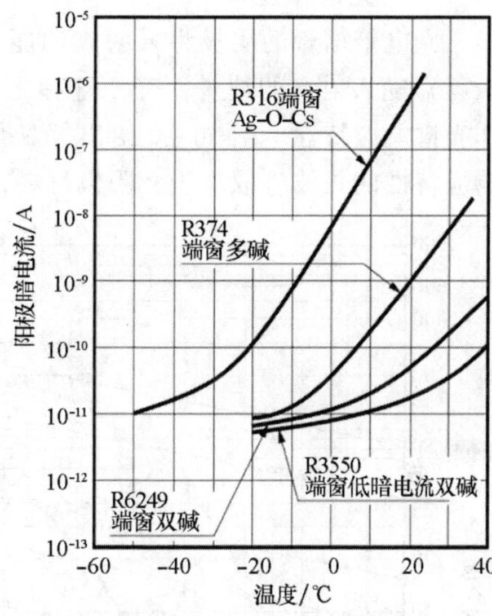

图 36－5　暗电流的温度特性

应，从阴极同时发出的电子到达阳极的时间是不同的，即存在渡越时间分散（transit time scattering，TTS）。因此，输出信号相对于输入信号会出现展宽和延迟现象，这就是光电倍增管的时间特性。

在测试脉冲光信号时，阳极输出信号必须真实地再现一个输入信号的波形。这种再现能力受电子渡越时间、阳极脉冲上升时间和电子渡越时间分散的影响较大。电子渡越时间指脉冲入射光信号入射到光阴极的时刻，与阳极输出脉冲幅度达到峰值的时刻两者之间的时间差异。阳极脉冲上升时间指全部光阴极被脉冲光信号照射时，阳极输出幅度从峰值的 10% 到 90% 所需的时间。对于不同的脉冲入射光信号，电子渡越时间会有一些起伏。这种起伏就叫作电子渡越时间分散，并定义为单光子入射时的电子渡越时间频谱的半高宽（full width at half maximun，FWHM）。渡越时间分散是时间分辨测试中的主要参数。时间响应特性取决于倍增极结构和工作电压。通常，直线聚焦型和环形聚焦型倍增极结构的光电倍增管比盒栅型和百叶窗型倍增极结构的光电倍增管有更好的时间特性。而将常规的倍增极替换为 MCP 的微通道板型光电倍增管，比其他类型倍增极的光电倍增管有更好的时间特性。例如，因为在阴极、MCP 和阳极间加入了较短的平行电场，相对于普通的光电倍增管，微通道板型光电倍增管的渡越时间分散得到了极大的改善。

（7）光谱特性

光电倍增管的阴极将入射光的能量转换为光电子，其转换效率（阴极灵敏度）随入射光的波长而变。这种光阴极灵敏度与入射光波长之间的关系叫作光谱响应特性。图 36－6 给出了双碱光电倍增管的典型光谱响应曲线。光谱响应特性的长波端取决于光阴极材料，短波端则取决于入射窗材料。

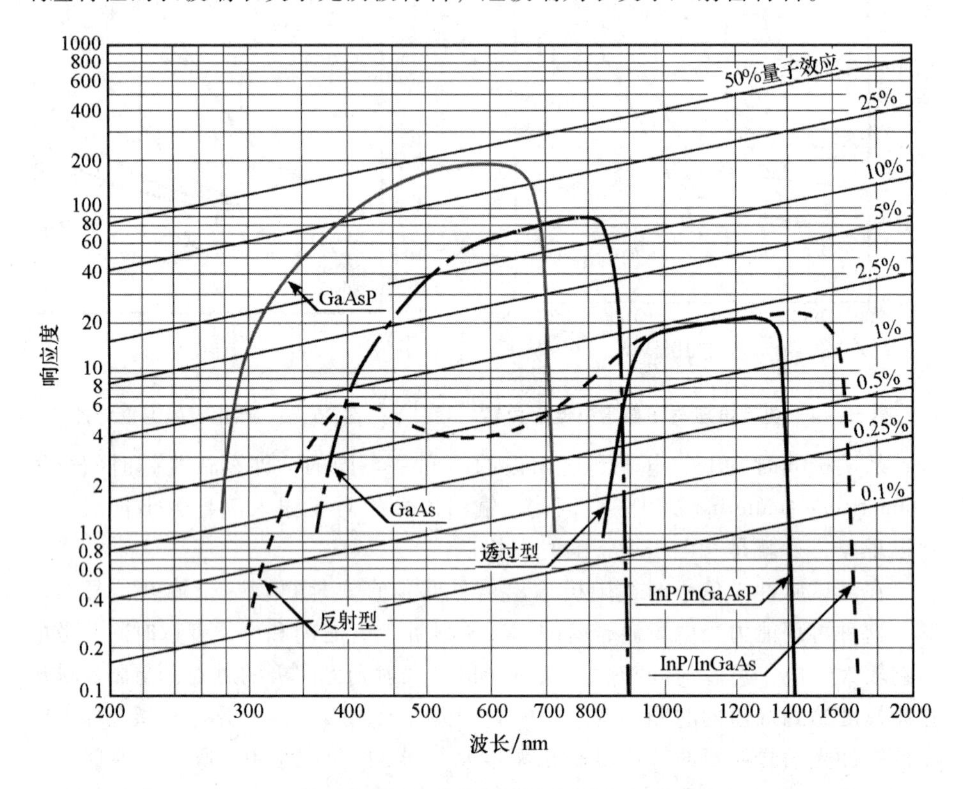

图 36－6　典型半导体光阴极光谱响应曲线图

图 36－6 中半导体光阴极光谱响应曲线为典型值，对于每一支光电倍增管来讲，真实的数据可能会略有差异，见表 36－1。一般使用阴极蓝光灵敏度和红白比来简单地比较光电倍增管的光谱响应特性。阴极蓝光灵敏度是使用蓝色光源产生蓝色光波后测试的每单位通量入射光（实际用 10^{-5} ~ 10^{-2} lm）产生的阴极光电子电流。对于光通量，通过蓝色光波后就不能再用流明表示了，所以蓝光灵敏度表示为 A/lm－b（安培/流明－蓝光）。因为与闪烁计数用的 NaI（Tl）晶体产生的蓝色光谱非常相近，蓝光灵敏度在使用 NaI（Tl）晶体的场合比较重要，对于能量分辨率更是决定性的参数。

红白比用于光谱响应扩展到近红外区的光电倍增管。这个参数是使用红色光源后测试的阴极光照灵敏度除以去掉上述滤光片时的阴极光照灵敏度的商。

表36－1 反射型光阴极面光谱灵敏度特性一览表

光谱曲线（S号）	光阴极面	入射窗	光照灵敏度（Typ）/（μA·lm⁻¹）	光谱灵敏度特性				
				波长范围/nm	峰值灵敏度波长			
					辐射灵敏度		量子效率	
					mA/W	nm	%	nm
150M	Cs－1	MgF_2	—	115～200	25.5	135	26	125
250S	Cs－Te	合成石英	—	160～320	62	240	37	210
250M	Cs－Te	MgF_2	—	115～320	63	220	35	220
350K（S－4）	Sb－Cs	硼硅玻璃	40	300～650	48	400	15	350
350U（S－5）	Sb－Cs	UV	40	185～650	48	340	20	280
351U(Extd S－5)	Sb－Cs	UV	70	185～750	70	410	25	280
452U	双碱	UV	120	185～750	90	420	30	260
456U	低暗电流双碱	UV	60	185～680	60	400	19	300
552U	多碱	UV	200	185～900	68	400	26	260
555U	多碱	UV	525	185～900	90	450	30	260
650U	GaAs（Cs）	UV	550	185～930	62	300～800	23	300
650S	GaAs（Cs）	合成石英	550	160～930	62	300～800	23	300
851K	InGaAs（Cs）	硼硅玻璃	150	300～1040	50	400	16	370
—	InP/InGaAsP(Cs)	硼硅玻璃	—	300～1400	10	1250	1.0	1000～1200
—	InP/InGaAsP(Cs)	硼硅玻璃	—	300～1700	10	1550	1.0	1000～1200

三、实验仪器

本实验采用GCGDTC－C型光电探测器特性测试实验平台，详见实验29。

四、实验内容与步骤

1. 光电倍增管阴极灵敏度测试

（1）将照度计显示表头与光通路组件照度计探头输出正负极对应相连（红色为正极，黑色为负极），将光源调制单元J_2与光通路组件光源接口使用彩排数据线相连，将电流检测单元的电流输入与光电倍增管的信号输出使用屏蔽线连接起来，台体上的高压输出与光电倍增管结构上的高压输入使用屏蔽线连接起来。

（2）将实验台 PCB 上单刀双掷开关 S_1 拨到“电流测试”，S_2 拨到“静态特性”，将光源切换至白光。

（3）将电路板上“光照度调节”电位器和“高压调节”电位器调到最小值，结构件上阴阳极切换开关拨至“阴极”，如图 36－7 所示。

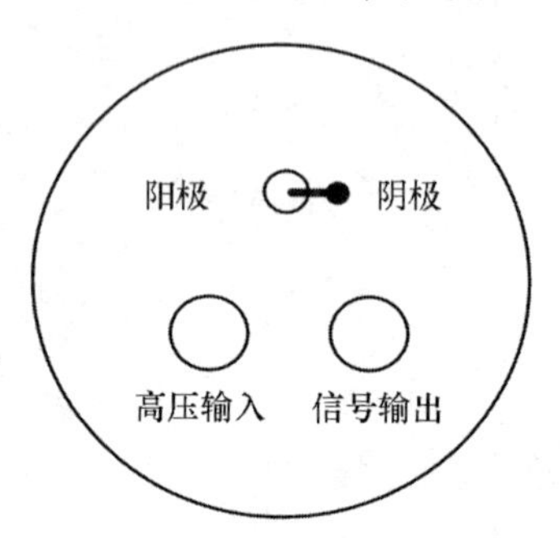

图 36－7　光电倍增管接口示意图

（4）接通电源，打开电源开关，将照度计拨到 200 lx 挡。此时，发光二极管 D1（白光）发光，D2（红光）、D3（橙光）、D4（黄光）、D5（绿光）、D6（蓝光）、D7（紫光）均不亮。电流表显示“000”，高压电压表显示“000”，照度计显示“0.00”。（由于照度计精度较高，受各种条件影响，短时间内末位出现不回 0 属于正常现象）

（5）缓慢调节“光照度调节”电位器，使照度计显示值为 0.5 lx，保持光照度不变，缓慢调节电压调节旋钮至电压表显示为负 80 V，记下此时电流表的显示值，该值即为光电倍增管在相应电压下时的阴极电流。

（6）根据测试的数据，按照公式 $S_k=\dfrac{I_K}{\Phi}$（μA/lm）计算相应阴极灵敏度，其中 $\Phi=EA$。（本实验平台上光电倍增管的光阴极直径为 10 mm，光通量约为 10^{-5} lm）

2. 光电倍增管阳极灵敏度测试

（1）将电路板上“光照度调节”电位器和“高压调节”电位器调到最小值，结构件上阴阳极切换开关拨至“阳极”，如图 36－8 所示。

（2）接通电源，打开电源开关，将照度计拨到 200 lx 挡。此时，发光二极管 D1（白光）发光，D2（红光）、D3（橙光）、D4（黄光）、D5（绿光）、D6（蓝光）、D7（紫光）均不亮。电流表显示“000”，高压电压表显示“000”，照度计显示“0.00”。

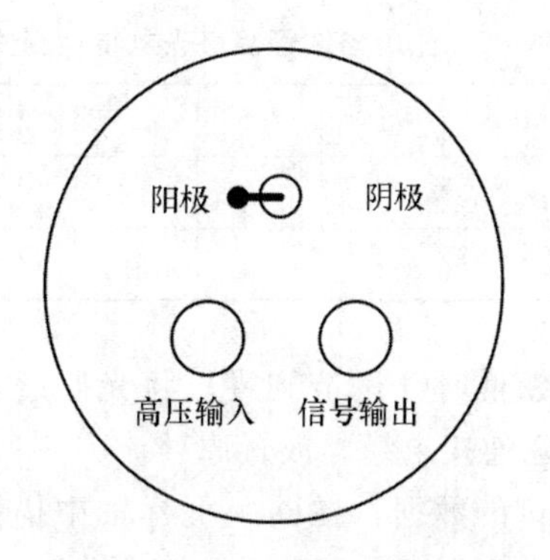

图 36－8　光电倍增管接口示意图

（3）缓慢调节“光照度调节”电位器，使照度计显示值为 0.1 lx，保持光照度不变，缓慢调节电压调节旋钮至电压表显示负 400 V，记下此时电流表的显示值。

（4）根据所测试的数据，按照公式 $S_p=\frac{I_p}{\Phi}$（A/lm）计算阳极灵敏度，其中 $\Phi=EA$。（本实验平台上光电倍增管的光阴极直径为 10 mm，光通量约为 10^{-5} lm）

3. 光电倍增管阴极光电特性测试

（1）将电路板上“光照度调节”电位器和“高压调节”电位器调到最小值，结构件上阴阳极切换开关拨至“阴极”。

（2）接通电源，打开电源开关，将照度计拨到 20 lx 挡。此时，发光二极管 D1（白光）发光，D2（红光）、D3（橙光）、D4（黄光）、D5（绿光）、D6（蓝光）、D7（紫光）均不亮。电流表显示“000”，高压电压表显示“000”，照度计显示“0.00”。

（3）将光照度调节旋钮逆时针调节到零，缓慢调节“高压调节”电位器，使电压表显示值为 80 V，保持阴极电压不变，缓慢调节“光照度调节”旋钮使照度计依次显示为 0 lx、0.5 lx、1.0 lx、1.5 lx、2 lx、2.5 lx、3 lx、3.5 lx、4 lx，并依次记下电流表对应的显示值，该值即为光电倍增管在相应光照度条件下的阴极电流，填入表 36－2 中的电流 1。

（4）根据上述操作步骤（3），测试阴极电压在负 50 V 时所对应电压的阴极电流值，并填入表 36－2 中的电流 2。

表 36－2 光电倍增管阴极光电特性测试表

光照/lx	0	0.5	1	1.5	2	2.5	3	3.5	4
电流 1/nA									
电流 2/nA									

（5）将高压调节旋钮逆时针调节到零；将光照度调节旋钮逆时针调节到零，关闭电源开关，拆除连接电缆，放置原处。

（6）根据表中所测试的数据，在同一坐标轴中描绘光电倍增管在两种电压下的阴极电流－光照特性曲线，即为光电特性曲线。

4. 光电倍增管阳极光电特性测试

（1）将电路板上“光照度调节”电位器和“高压调节”电位器调到最小值，结构件上阴阳极切换开关拨至“阳极”。

（2）接通电源，打开电源开关，将照度计拨到 200 lx 挡。此时，发光二极管 D1（白光）发光，D2（红光）、D3（橙光）、D4（黄光）、D5（绿光）、D6（蓝光）、D7（紫光）均不亮。电流表显示“000”，高压电压表显示“000”，照度计显示“0.00”。

（3）缓慢调节“高压调节”电位器，使电压表显示值为负 250 V，保持阳极电压不变，缓慢调节“光照度调节”旋钮使照度计依次显示为 0 lx、0.5 lx、1.0 lx、1.5 lx、2 lx、2.5 lx、3 lx、3.5 lx、4 lx，并依次记下电流表对应的显示值，该值即为光电倍增管在相应光照度条件下的阴极电流，填入表 36－3 中的电流 1。

（4）根据上述操作步骤（3），测试阳极电压在负 200V 时所对应电压的阴极电流值，并填入表 36－3 中的电流 2。

表 36－3 光电倍增管阳极光电特性测试表

光照/lx	0	0.5	1	1.5	2	2.5	3	3.5	4
电流 1/nA									
电流 2/nA									

（5）将高压调节旋钮逆时针调节到零；将光照度调节旋钮逆时针调节到零，关闭电源开关，拆除连接电缆，放置原处。

（6）根据表中所测试的数据，在同一坐标轴中描绘光电倍增管在两种电

压下的阳极电流 - 光照特性曲线，即为阳极光电特性曲线。

5. 光电倍增管阴极伏安特性测试

（1）将电路板上“光照度调节”电位器和“高压调节”电位器调到最小值，结构件上阴阳极切换开关拨至“阴极”。

（2）接通电源，打开电源开关，将照度计拨到 20 lx 挡。此时，发光二极管 D1（白光）发光，D2（红光）、D3（橙光）、D4（黄光）、D5（绿光）、D6（蓝光）、D7（紫光）均不亮。电流表显示“000”，高压电压表显示“000”，照度计显示“0.00”。

（3）缓慢调节“光照度调节”电位器，使照度计显示值为 0.5 lx，保持光照度不变，缓慢调节电压调节旋钮至电压表显示为 0 V、-10 V、-20 V、-30 V、-40 V、-50 V、-60 V、-70 V、-80 V，依次记下电流表对应的显示值，该值即为光电倍增管在相应电压下时的阴极电流，填入表 36 - 4 中的电流 1。

（4）根据上述的操作步骤（3），分别测试光照度在 1.0 lx、2.0 lx 时所对应电压的阴极电流值，填入表 36 - 4 中的电流 2 和电流 3。

表 36 - 4　光电倍增管阴极伏安特性测试表

负电压/V	0	10	20	30	40	50	60	70	80
电流 1/nA									
电流 2/nA									
电流 3/nA									

（5）将高压调节旋钮逆时针调节到零；将光照度调节旋钮逆时针调节到零，关闭电源开关，拆除连接电缆，放置原处。

（6）根据表中所测试的数据，在同一坐标轴中描绘光电倍增管在三种光照下的阴极电流 - 电压特性曲线，即为伏安特性曲线。

6. 光电倍增管阳极伏安特性测试

（1）将电路板上“光照度调节”电位器和“高压调节”电位器调到最小值，结构件上阴阳极切换开关拨至“阳极”。

（2）接通电源，打开电源开关，将照度计拨到 200 lx 挡。此时，发光二极管 D1（白光）发光，D2（红光）、D3（橙光）、D4（黄光）、D5（绿光）、D6（蓝光）、D7（紫光）均不亮。电流表显示“000”，高压电压表显示“000”，照度计显示“0.00”。

（3）缓慢调节“光照度调节”电位器，使照度计显示值为0.5 lx，保持光照度不变，缓慢调节电压调节旋钮使电压表显示为负0 V、50 V、100 V、150 V、200 V、250 V、300 V、350 V、400 V，依次记下电流表对应的显示值，该值即为光电倍增管在相应电压下时的阴极电流，填入表36－5中的电流1。

（4）根据上述的操作步骤，分别测试光照度在0.7 lx、0.9 lx时所对应电压的阴极电流值，填入表36－5中的电流2和电流3。

表36－5　光电倍增管阳极伏安特性测试表

负电压/V	0	50	100	150	200	250	300	350	400
电流1/nA									
电流2/nA									
电流3/nA									

（5）将高压调节旋钮逆时针调节到零；将光照度调节旋钮逆时针调节到零，关闭电源开关，拆除连接电缆，放置原处。

（6）根据表中所测试的数据，在同一坐标轴中描绘光电倍增管在三种光照下的阳极电流－电压特性曲线，即为阳极伏安特性曲线。

7. 光电倍增管光谱特性测试（选做）

（1）将电路板上“光照度调节”电位器和“高压调节”电位器调到最小值，结构件上阴阳极切换开关拨至“阳极”。

（2）接通电源，打开电源开关，将照度计拨到200 lx挡。将光源切换到D2（红光）亮，电流表显示“000”，高压电压表显示“000”，照度计显示“0.00”。

（3）缓慢调节“光照度调节”电位器使光照度为0.1 lx，缓慢调节“高压调节”电位器，使电压表的读数为300 V。测出此时的电流值，填入表36－6，再将S_2拨下。

（4）将光源切换到D3（橙光）亮，缓慢调节“光照度调节”电位器使光照度为0.1 lx，测出此时的电流值，填入表36－6。使用同样的方法，依次测试黄光、绿光、蓝光、紫光时的电流值，填入表36－6。

表 36-6　光电倍增管光谱特性测试表

波长/nm	红（630）	橙（605）	黄（585）	绿（520）	蓝（460）	紫（400）
电流/nA						

（5）关闭电源开关，拆除连接电缆，放置原处。

（6）根据表中所测试的数据，描绘出光电倍增管的电流-光谱特性曲线。

8. 光电倍增管时间特性测试（选做）

（1）将照度计显示表头与光通路组件照度计探头输出正负极对应相连（红色为正，黑色为负），将光源调制单元 J_2 与光通路组件光源接口使用彩排数据线相连，将电流检测单元的电流输入与光电倍增管的信号输出用屏蔽线连接起来，电路板上的高压输出与光电倍增管结构上的高压输入使用屏蔽线连接起来，将台体右下角的方波输出用 BNC 线连接到光源调制板的方波输入，正弦波输入用 BNC 线连接到示波器第一通道（正弦波输入与方波输入两个接口在台体内部是并联的）。

（2）将实验台 PCB 上单刀双掷开关 S_1 拨到“信号测试”，S_2 拨到“脉冲”，将光源切换至白光。

（3）将台体上“脉宽调节”电位器和“高压调节”电位器调到最小值，结构件上阴阳极切换开关拨至“阳极”。

（4）接通电源，打开电源开关。此时，发光二极管 D1（白光）发光，D2（红光）、D3（橙光）、D4（黄光）、D5（绿光）、D6（蓝光）、D7（紫光）均不亮，电流表显示“000”，高压电压表显示“000”。

（5）用双踪示波器 CH2 连接到 PCB 板上的信号输出（响应波形），调节占空比调节旋钮，使得 CH1 显示为占空比 50% 的方波，缓慢增加光电倍增管的电压，观察两路信号在示波器中的显示。

（6）缓慢增加电压至 400V，观察两路信号在示波器中的显示，并做好相应的实验记录。

（7）使电压稳定在 400V 左右，调节“脉冲宽度调节”旋钮，观察实验现象，并做好相应的实验记录。

9. 光电倍增管调制解调（选做）

（1）将照度计显示表头与光通路组件照度计探头输出正负极对应相连（红色为正极，黑色为负极），将光源调制单元 J_2 与光通路组件光源接口使用彩排数据线相连，将电流检测单元的电流输入与光电倍增管的信号输出使用屏蔽线连接起来，电路板上的高压输出与光电倍增管结构上的高压输入使用屏蔽线连接起来，将台体右下角的正弦波输出用 BNC 线连接到光源调制板的正弦波输入，方波输入用 BNC 线连接到示波器第一通道。（注意：由于光强太强，易导致解调输出信号失真，因此需在七色光源处增加一块亚克力板以削弱光强）

（2）将实验台 PCB 上单刀双掷开关 S_1 拨到“信号测试”，S_2 拨到“脉冲”，将光源切换至白光。

（3）将台体上“脉宽调节”电位器和“高压调节”电位器调到最小值，结构件上阴阳极切换开关拨至“阳极”。

（4）接通电源，打开电源开关。此时，发光二极管 D1（白光）发光，D2（红光）、D3（橙光）、D4（黄光）、D5（绿光）、D6（蓝光）、D7（紫光）均不亮，电流表显示“000”，高压电压表显示“000”。

（5）用双踪示波器第二通道连接到 PCB 板上的信号输出（解调后的波形），第一通道测试的为调制波形，缓慢增加光电倍增管的电压，观察两路信号在示波器中的显示。

（6）缓慢增加电压至 400 V，观察两路信号在示波器中的显示，并做好相应的实验记录。

（7）使电压稳定在 400 V 左右，调节“频率调节”旋钮，观察实验现象，并做好相应的实验记录。

（8）将高压调节旋钮逆时针调节到零；将光照度调节旋钮逆时针调节到零，关闭电源开关，拆除连接电缆，放置原处，实验完成。

五、实验注意事项

1. 在开启电源之前，首先要检查各输出旋钮是否已调到最小。打开电源后，一定要预热 1 min 后再输出高压。关机与开机程序相反。

2. 光电倍增管对光的响应极为灵敏，因此，在没有完全隔绝外界干扰光的情况下，切勿对管施加工作电压，否则会导致管内倍增极的损坏。

3. 测量阴极电流时，加在阴极与第一倍增级之间的电压不可超过 200 V，测量阳极电流时，阳极电压不可超过 1 000 V，否则容易损坏光电倍增管。

4. 不要用手触摸光电倍增管的阴极面，以免造成光电倍增管透光率下降。

5. 阴极和阳极之间在切换时，必须先把电压调节到零。

6. 请勿随意将光通路组件中的光电倍增管卸下暴露于强光中，以免使光电倍增管老化。

7. 实验时，因内部接有 -1000 V 高压，电压表头上的叠对插座线要拔掉，请勿用手或导体触摸电压表的正输入端，以免误触造成危险。

8. 光电倍增管有关的所有实验，光源前面需加圆形的亚克力板，对光强进行削弱，提高数据稳定性，并应避免光太强损伤光电倍增管。

9. 不要将两根屏蔽线接错，以免烧坏实验仪器。

10. 由于光电倍增管本身特性，实验中所采用光电倍增管阳极暗电流在 10^{-9}A 以下，则需配备更精密的电流表（精度在 0.01nA 以上）进行测试。

11. 正弦波输入端口与方波输入端口在内部并联，一个输入口输入，另一个输入口可用作输入信号的测量。

六、思考题

1. 光电倍增管的供电电路分为负高压供电与正高压供电，试说明这两种供电电路的特点，举例说明它们分别适用于哪种情况。

2. 光电倍增管的暗电流对信号检测有何影响？在使用时如何减少暗电流？

3. 光电倍增管中倍增极有哪几种结构？每一种结构的主要特点是什么？

4. 如何选择倍增极之间的级间电压？

【技术应用】

光电倍增管于19世纪30年代发源于物理基础研究，核心技术为光电子发射技术和电子倍增技术，具有极高的灵敏度和高响应速度等优势，是各种测试仪器、学术研究用的微弱光（电磁辐射）探测器核心组件，在各个领域都具有广泛的用途，对科技和经济发展做出了重要的贡献。

光电倍增管问世至今已发展成为具有数百个品种的庞大家族。以入射光形式划分可分为端窗式和侧窗式等；以探测光谱区域划分可分为紫外、可见光、近红外等；以倍增方式划分可分为打拿极型、微通道板型、半导体型、混合型等；以外形划分可分为球形、圆柱形、方形等；以阳极输出形式划分可分为单阳极和多阳极等；以聚焦方式划分可分为静电聚焦和近贴聚焦型等。不同的结构组成，有着不同的参数特性和环境性能，实际应用时可根据不同的用途需求进行科学的配置。光电倍增管在光分析仪器、医疗、粒子探测等领域应用广泛。

医学诊断常用的 X 光机中就有光电倍增管的身影。如何才能自动控制胶片的 X 光曝光量呢？在 X 光到达胶片之前，用一个含有磷的屏幕将 X 光转换成可见光，用光电倍增管接收这个光信号，设定信号积分值达到预定标准时给出信号，可及时切断 X 光源，保证胶片得到准确的曝光量，这个装置被称为 X 光时间计。

计算机 X 线摄影术（computed radiography，CR）发展起来后，用光激励荧光体构成的影像板（image plate，IP）逐渐取代了 X 光胶片。X 射线图像在影像板上暂时蓄积后，用激光扫描影像板时，积累的 X 射线量对应发出可见光。光电倍增管把微弱的可见光转换为电信号，经过数字信号的处理形成图像。其原理图如图 36－9 所示。

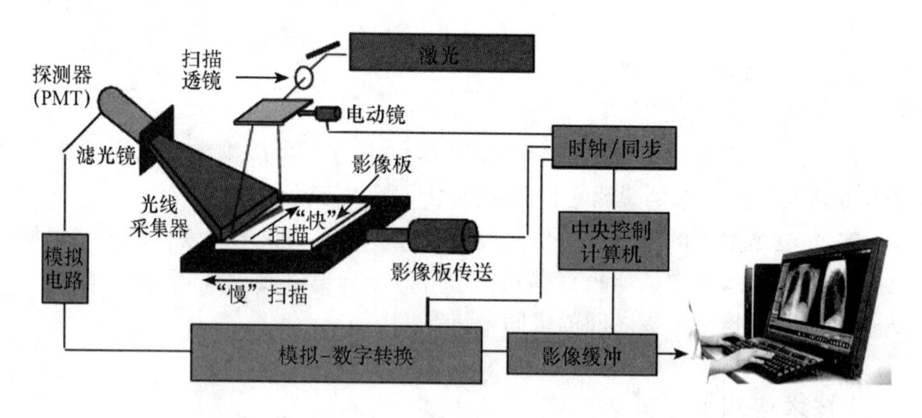

图 36－9　计算机 X 线摄像影像板读出原理图

使用光电倍增管的核医学诊断仪器，除 γ 相机、单光子发射型计算机断层成像（single photon emission computed tomography，SPECT）之外，还有正电子发射型计算机断层成像（positron emission tomography，PET）。PET 是将能放出正电子的同位素标记的药剂注入生物体，从而实现对病变和肿瘤的早期诊断、进行动态断层显像。PET 探测时使用的能放出正电子的代表性原子核有氟－18（^{18}F）、碳－11（^{11}C）、氮－13（^{13}N）和氧－15（^{15}O）等。

体内放出的正电子和周围组织中的电子结合时，向 180°的相反方向发出两个 γ 光子，根据同时计数法用体外环状排列的探测器进行检测。将每个角度得到的数据整理后，使用和 X 射线、CT 等设备同样的画像再构成法做出断层图像。PET 的特点是能够对生物体的代谢和血流、神经传达等生理学、生化学的信息定量计测，以往主要是用来进行脑机能的研究和各器官的机能研究，现在不仅在临床诊断上的应用很活跃，而且在癌症的诊断上也发挥着重大作用。

PET 的探测器由光电倍增管和闪烁体组合而成。为了能够高效地检测出体内放出的高能量（511keV）γ 射线，闪烁体采用 BGO 和 LSO 等具有高 γ 射线阻止能的晶体。其概念原理与实物如图 36－10 所示。

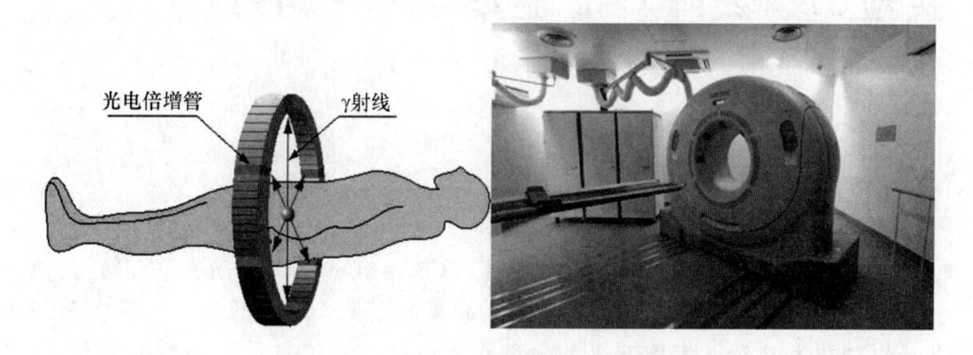

图 36－10　PET 仪器的原理与实物图

实验 37　线阵 CCD 驱动与特性测量

【技术概述】

实验 37 至实验 40 为电荷耦合器件（Charge Coupled Device，CCD）探测技术实验。CCD 是 20 世纪 70 年代发展起来的新型半导体器件。它是在 MOS 集成电路技术基础上发展起来的，具有光电转换、信息存储和传输等功能。CCD 图像传感器能实现图像信息的获取、转换和视觉功能的扩展，能给出直观、真实、多层次的内容丰富的可视图像信息。CCD 具有集成度高、分辨率高、灵敏度高、功耗小、寿命长、性能稳定、便于与计算机结合等优点，在图像传感、物体外型测量、工程检测、信息存储和处理等各个领域得到广泛的应用。学习和掌握一些 CCD 的基本结构、工作原理，通过实验对 CCD 的基本特性进行测量，为进一步应用 CCD 打下基础，是十分必要的。

一、实验目的

1. 掌握 CCD 的基本工作原理及基本特性。
2. 了解积分时间的意义以及驱动频率和积分时间对 CCD 输出信号的影响。

二、实验原理

如图 37-1 所示，CCD 主要由感光部分、转移存储和移位输出控制等部分组成。CCD 的感光部分叫作光（像）敏单元，光敏单元是光电二极管或 MOS 或 CMOS 的阵列，一般加有电压，用以控制光敏单元的电容，由于有电容属性，因而可以存储电荷。光照射到光敏单元产生电子-空穴对，电子-空穴对存储在光敏单元中。存储的电荷在一定时间后转移到移位寄存器，移位寄存器为MOS结构，MOS的电容可以存储电荷。相邻2次电荷转移的时间间隔称为积分时间，由于电荷的转移时间很短，因此一般认为电荷转移的周期便是积分时间，积分时间也就是光敏单元接受光照的时间。CCD的移位寄存器的MOS结构有挡光层，因此不能产生电子－空穴对，对于两相CCD，移位寄存器的MOS数目是光敏单元的2倍。移位寄存器上加有驱动脉冲信号，使存储的电荷按一定次序串行输出。

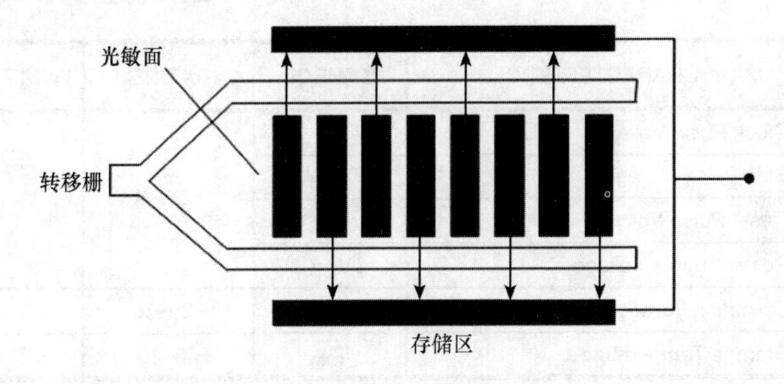

图37－1　线阵CCD器件芯片结构示意图

本实验使用的是东芝TCD1208AP二相线阵CCD芯片。TCD1208AP是一款5V供电的高灵敏度、低暗电流的图像传感器，它包括2 160个有效光敏单元，提供了8线/mm（200DPI）的分辨率。封装形式为22针双列直插（DIP）形式，如图37－2所示。图37－3所示为TCD1208AP的基本结构原理图。它由2 212个PN结光电二极管构成光敏元阵列，其中前40个和后12个是用作暗电流检测而被遮蔽，中间2 160个光电二极管是曝光光敏单元，故一行完整的信号输出有2 160个像元。每个光敏单元尺寸为14 μm×14 μm，中心间距也是14 μm。光敏单元阵列总长为30.24 mm，光敏单元两边是转移栅，最外边是模拟转移寄存器，其输出部分由信号输出单元和补偿单元构成。

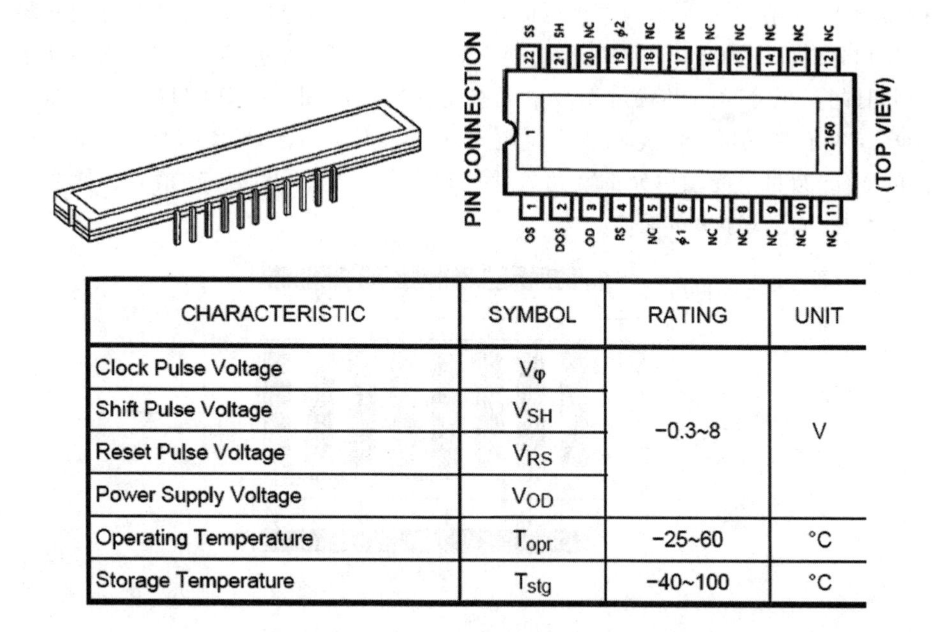

CHARACTERISTIC	SYMBOL	RATING	UNIT
Clock Pulse Voltage	V_{φ}	-0.3~8	V
Shift Pulse Voltage	V_{SH}		
Reset Pulse Voltage	V_{RS}		
Power Supply Voltage	V_{OD}		
Operating Temperature	T_{opr}	-25~60	°C
Storage Temperature	T_{stg}	-40~100	°C

图 37－2　TCD1208AP 二相线阵 CCD 芯片与管脚定义示意图

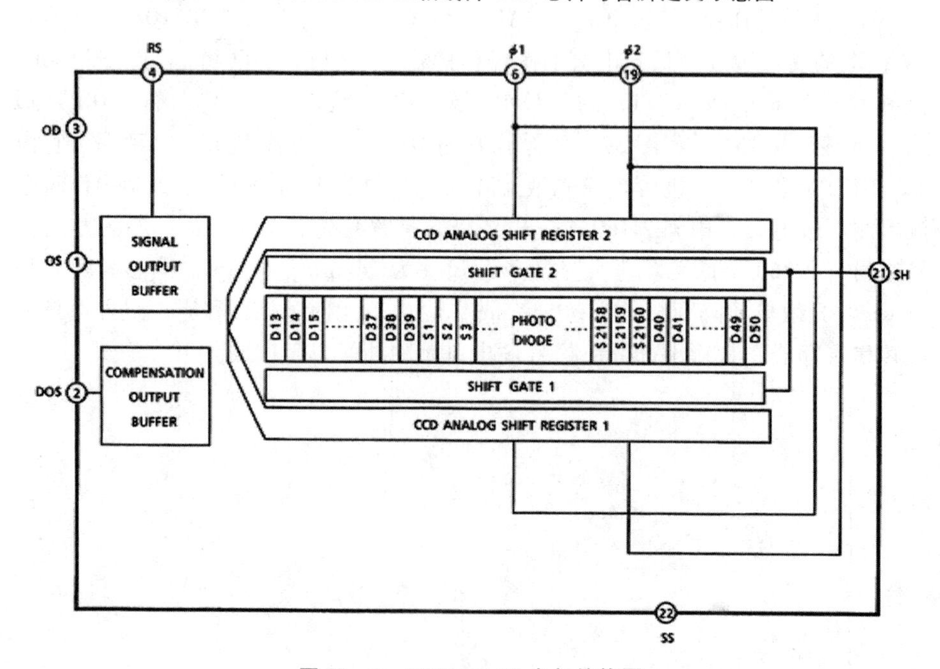

图 37－3　TCD1208AP 内部结构图

二相线阵 CCD 工作时主要由四路时序脉冲控制：SH、$\phi1$、$\phi2$ 和 RS。其中 SH 是转移栅脉冲，$\phi1$、$\phi2$ 是模拟转移寄存器驱动脉冲，RS 是复位脉冲，信号输出端在 OS，DOS 为补偿输出，OD 为电源端，SS 接地端。其工作时序图如图 37－4 所示。

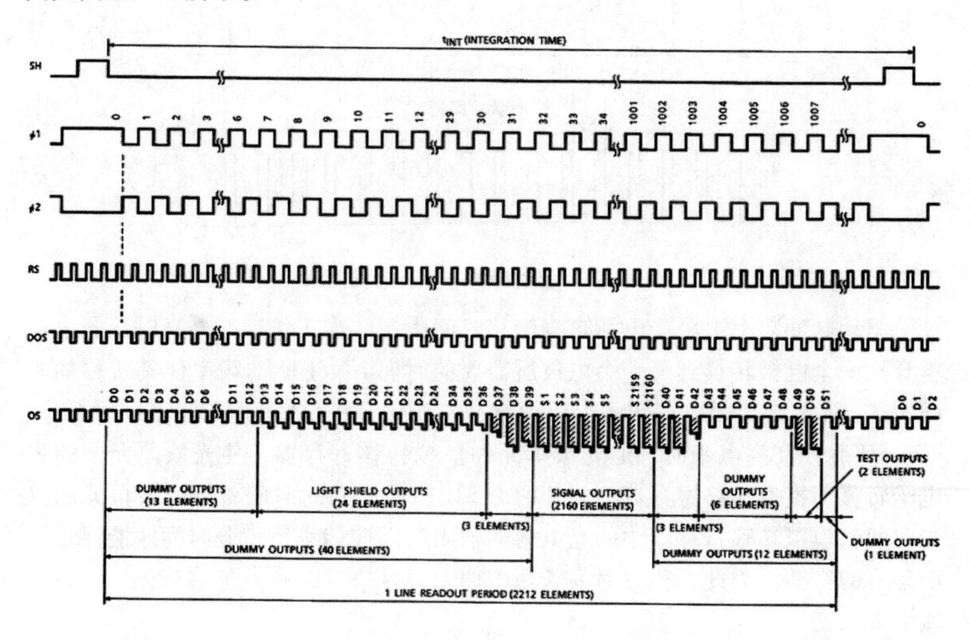

图 37－4　TCD1208AP 工作时序图

TCD1208AP 在图 37－4 所示驱动时序脉冲下工作。当 SH 高电平来到时，$\phi1$ 为高电平，$\phi2$ 为低电平（$\phi1$、$\phi2$ 为互补时序脉冲）。CCD 模拟转移寄存器中所有 $\phi1$ 电极下均形成深势阱，同时 SH 的高电平使 $\phi1$ 电极下的深势阱与 MOS 电容存储势阱（转移栅）沟通，MOS 电容中的信号电荷包通过转移栅转移到模拟移位寄存器的 $\phi1$ 电极下的势阱中。当 SH 由高变低时，SH 低电平形成势垒，使 MOS 电容与 $\phi1$ 电极隔离。而后，$\phi1$ 与 $\phi2$ 交替变化，模拟移位寄存器在 $\phi1$ 与 $\phi2$ 脉冲的作用下驱使 $\phi1$ 电极下势阱中的信号电荷向左移动，并经输出电路由 OS 电极输出。RS 是复位输出级的复位脉冲，复位一次输出一个光脉冲信号。

二相线阵 CCD 的输出信号由驱动频率和积分时间共同决定，如图 38－5 所示。驱动频率影响输出信号的频率，积分时间影响帧速率。积分时间的改变本质上是通过增加或减少驱动脉冲来实现的。

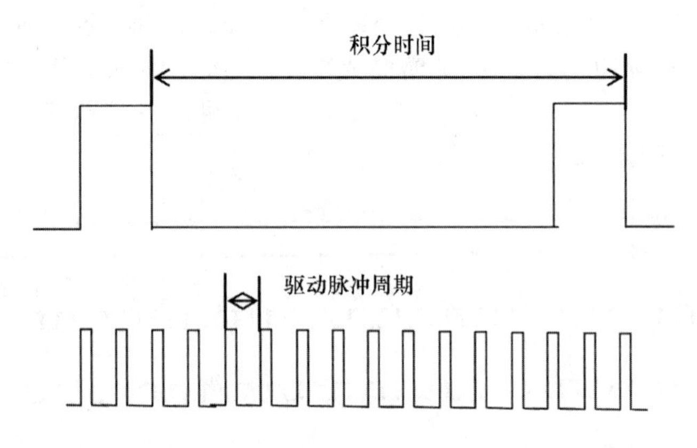

图 38－5　驱动脉冲与积分时间关系

驱动脉冲频率上限受电荷自身转移时间限制。当工作频率升高时，若电荷本身从一个电极转移到另一个电极所需要的时间 t 大于驱动频率使其转移的时间 $T/3$，那么，信号电荷跟不上驱动脉冲的变化，将会使转移效率大大下降。

SH 脉冲在高电平时沟通光敏单元和模拟转移寄存器，使光敏单元中的光电子转移到模拟转移寄存器。相邻两个 SH 脉冲之间的时间就是光敏单元的感光时间。模拟转移寄存器中的光电荷的输出时间应该小于积分时间才能保证光电信号的完整。因此，积分时间长短由两个条件决定，一是足够感光，二是传输完成。

三、实验仪器及其主要技术参数

如图 37－6 所示为模块化、开放式设计的 CCD 基础与应用综合实验仪。

该仪器直观展现了线阵、面阵 CCD 的工作原理，可用于工程实践常用的测试项目实验，其实验流程图如图 37－7 所示。该设备配以各种不同部件，可实现多种实验，其主要设备参数见表 37－1。

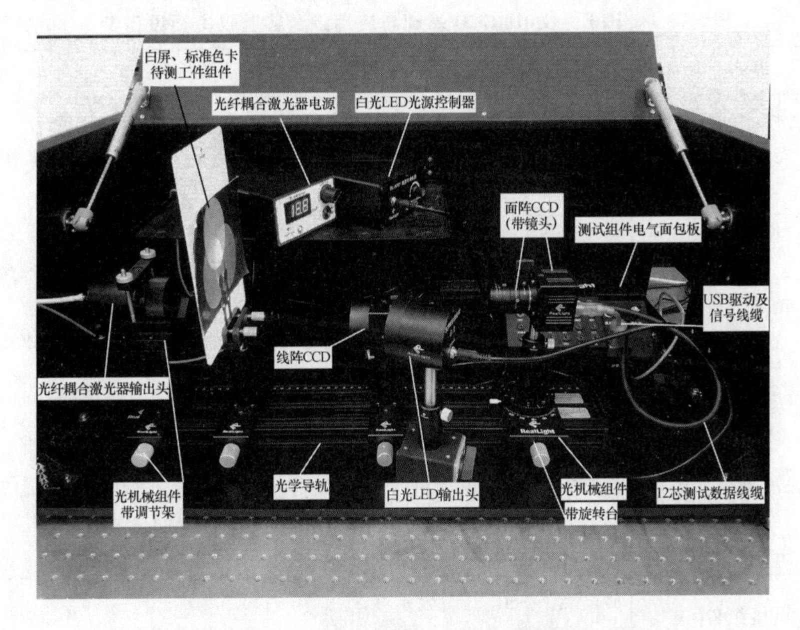

图 37－6　RLE－GA01 CCD 基础与应用综合实验仪

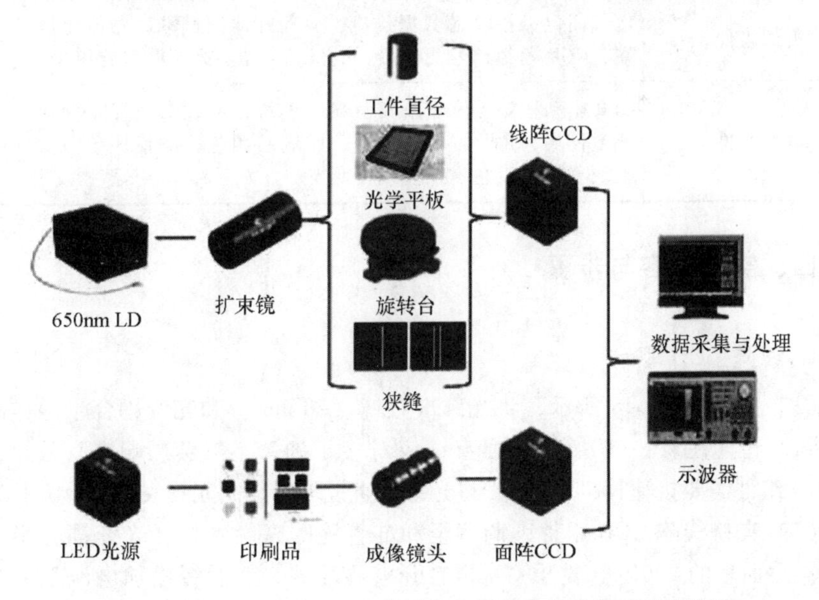

图 37－7　RLE－GA01 CCD 基础与应用综合实验仪实验流程图

表 37－1　RLE－GA01 CCD 基础与应用综合实验仪主要设备参数

设备	参数
光源组件	光纤耦合激光器：650 nm，$P>1.5$ mW，单模光纤，芯径 4 μm，TEM00，3 mmPVC 光纤保护套，光纤接头 FC/PC，光纤长度 50 cm；LED 光源：白光 LED，$P>1$W，亮度连续可调
光学组件	成像镜头：$f=16$ mm，F1.4；光纤准直镜：通光孔径 $\phi30$ mm，接口 FC/PC，用于光纤耦合激光器的光束准直；狭缝：玻璃镀铬精密光刻，尺寸 $\phi25$ mm×1.5 mm，缝宽 200 μm，缝长20 mm
探测器组件	线阵 CCD：二相线阵 CCD，工作电压 5 V，像素单元 2160×1，像素单元大小 14 μm×14 μm，USB 数字接口及信号测试接口；面阵 CCD：彩色面阵 CCD，工作电压 5 V，有效像素单元 752×582，像素单元大小 6.50 μm（H）×6.25 μm（V），USB 数字接口及信号测试接口
机械组件	旋转台：360°，读数精度 2°；高精度调节镜架：稳定性 <2′
测试组件	电气面包板：12 芯数据接口，驱动脉冲测试端，二值化信号测试端，CCD 模拟信号测试端，电压调节端，光源调节旋钮
软件组件	USB 驱动程序，信号采集及显示模块，系统参数标定模块，直径测量模块，角位置测量模块，印刷品颜色检测模块，图像点运算模块（图像反色、灰度线性变换、直方图）

四、实验内容与步骤

1. 线阵 CCD 驱动

（1）参照图 37－8 所示，将光纤准直镜（20 mm）和光纤耦合半导体激光器接到一起（注意：FC 接口和准直镜应对接正确，不然会影响准直效果；线阵 CCD 组件需要接计算机供电）；将光纤准直镜夹持在激光管夹持器上并拧紧。

（2）夹持线阵 CCD 组件，调节至和准直镜等高。先打开光纤耦合半导体激光器后面板的 220V 电源开关，再打开电源开关，然后缓慢加电流至激光器有可见的红光（激光器的阈值电流在 20mA 左右）。

（3）微调激光管夹持器的俯仰和偏摆，确保激光器出光光斑正好照射到线阵 CCD 机芯接收面上。

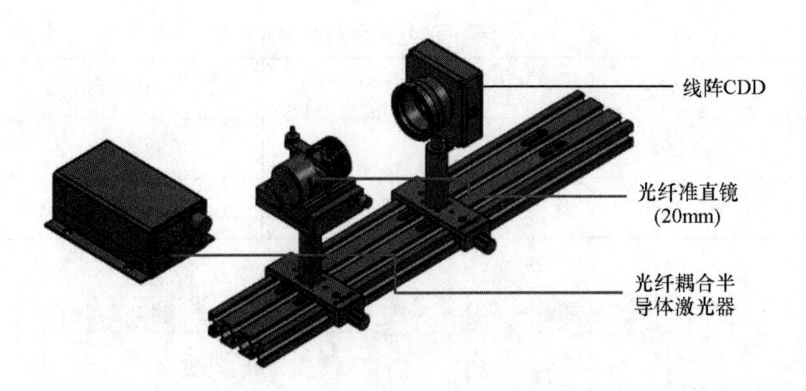

图 37－8　线阵 CCD 驱动实验装置图

（4）打开示波器电源开关，待预热后用信号测试线红色端接到线阵 CCD 后面板的转移脉冲 SH 输出端上，黑色端接到 GND 上，将 BNC 接口接到示波器的 CH1 通道。先调节示波器的触发脉冲电平旋钮使示波器显示波形稳定，即表示示波器已被 SH 同步；再调节示波器的扫描频率“旋钮”或“按键”，使 SH 脉冲的宽度适合观测，以能够观察到 1～2 个周期为最佳，如图 37－9 所示，观察转移脉冲 SH 的频率和周期，并将结果记录于表 37－2。以同样的方法测试复位信号 RS，如图 37－10 所示。

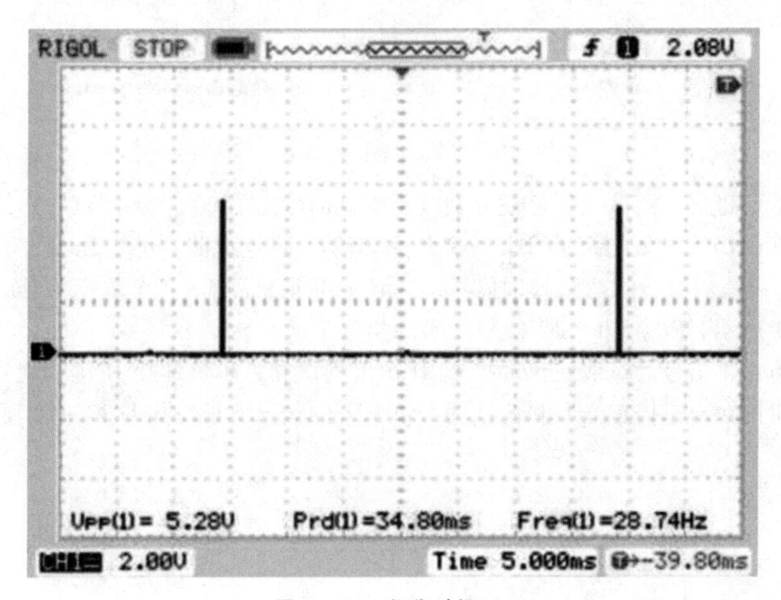

图 37－9　积分时间 SH

表 37－2　RS 与 SH 信号的频率和周期

测试端子	RS 信号	SH 信号
周期/μs		
频率/kHz		

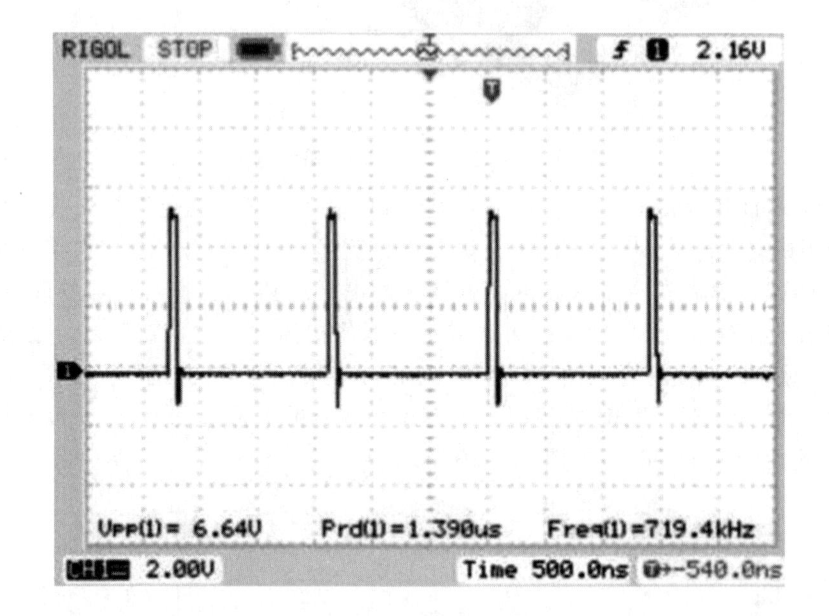

图 37－10　复位信号 RS

（5）将信号测试线红色端分别接至测试面板上的 $\phi1$、$\phi2$ 测试孔，黑色端都接到 GND，将 $\phi1$ 接到 CH1，$\phi2$ 接到 CH2，调节示波器的电压刻度和扫描频率，以能同时看到两路测试信号，并且能够观察到 1～2 个周期为佳，如图 37－11 所示，观察 $\phi1$、$\phi2$ 信号之间的相位关系。

（6）将信号测试线红色端接 CCD 输出测试孔，黑色端接 GND，观察线阵 CCD 相机在未遮挡有光照和遮挡两种情况下的输出波形，如图 37－12 所示。

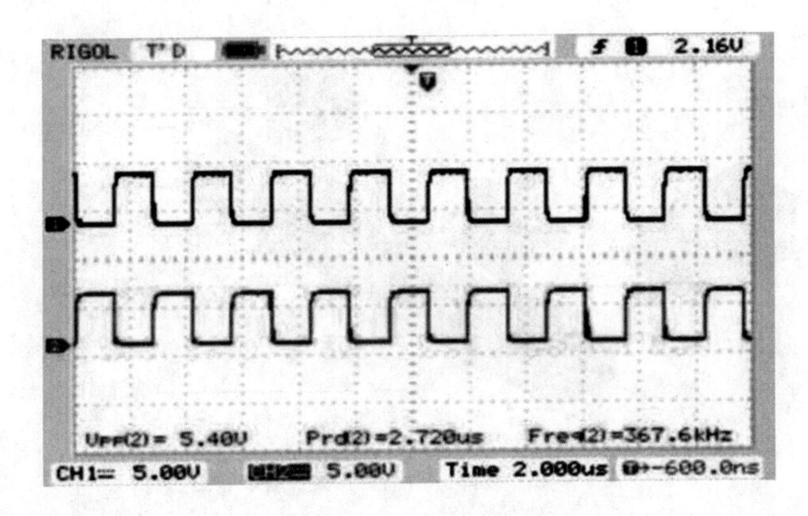

图 37 - 11　$\phi1$、$\phi2$ 信号

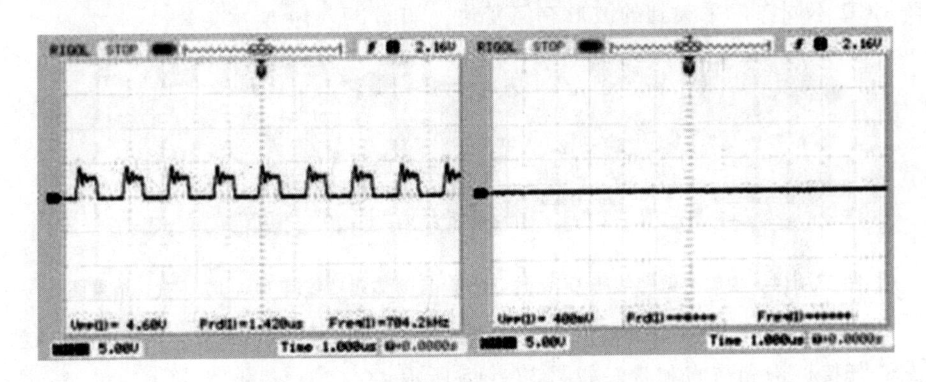

图 37 - 12　CCD 未遮挡和遮挡时的输出波形

2. 线阵 CCD 特性测量

按图 37 - 13 所示连接实验装置。

(1) 使用 USB 连接线将线阵 CCD 相机和计算机连接起来。说明：软件驱动需要在设备管理器中手动安装，面阵 CCD 需要将 help 文件夹下面内容拷贝至安装文件对应的文件夹下面。

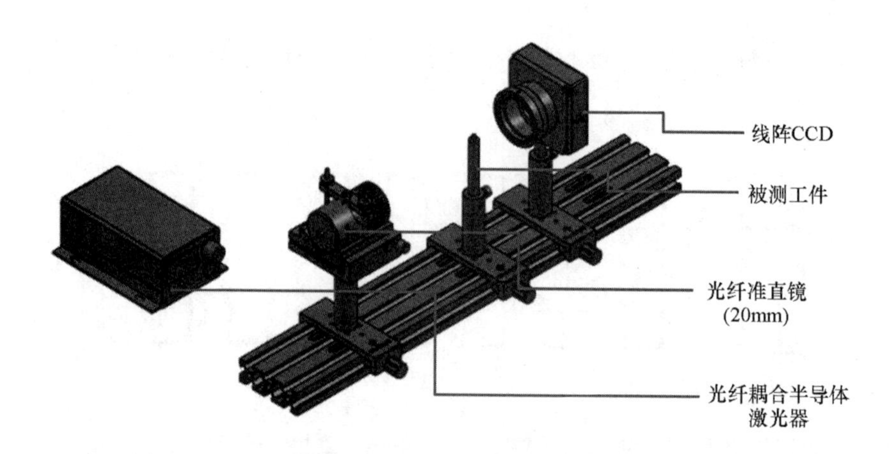

图 37－13　线阵 CCD 特性测量实验装置图

（2）运行线阵相机采集软件，点击采集按钮进行信号采集，观察遮挡线阵 CCD 不同部位采集到的波形有何变化，如图 37－14 所示。

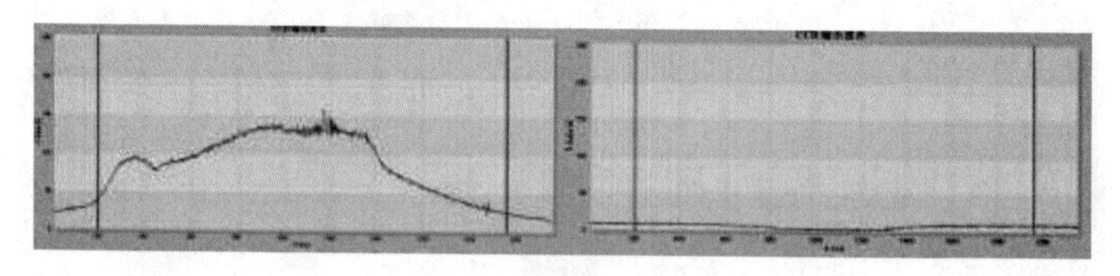

图 37－14　物体未遮挡线阵 CCD 时（左）与物体遮挡线阵 CCD 时（右）结果图

（3）打开半导体激光器，调节激光功率输出，使线阵 CCD 处于不饱和状态。其接近饱和与饱和状态如图 37－15 所示。

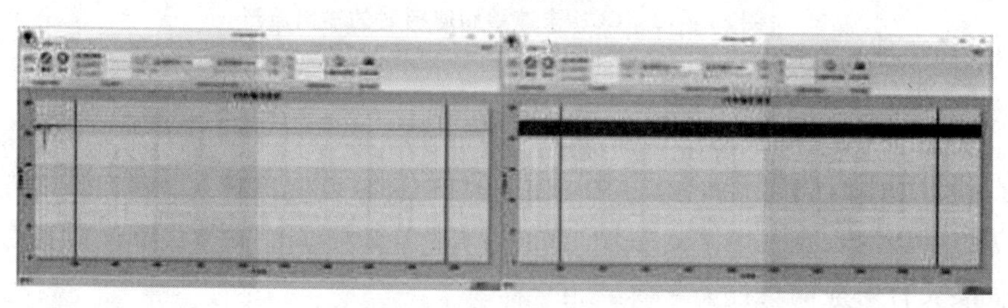

图 37－15　接近饱和（左）与饱和（右）状态图

（4）点击暂停按钮，移动频率设置滑动条并点击设置按钮，修改线阵 CCD 相机频率，观察线阵 CCD 相机输出波形的变化趋势。其变化情况如图 37－16 所示。

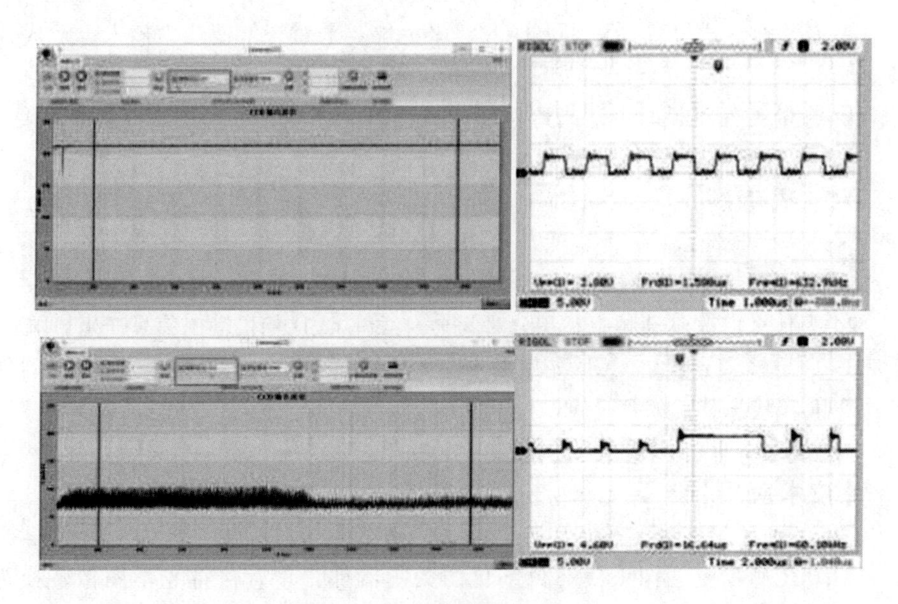

图 37－16　驱动频率由大变小

（5）点击暂停按钮，将频率设置滑动条移至最左端，移动积分时间，设置滑动条并点击设置按钮，修改线阵 CCD 相机积分时间，观察线阵相机输出波形的变化趋势并记录。其变化情况如图 37－17 所示。

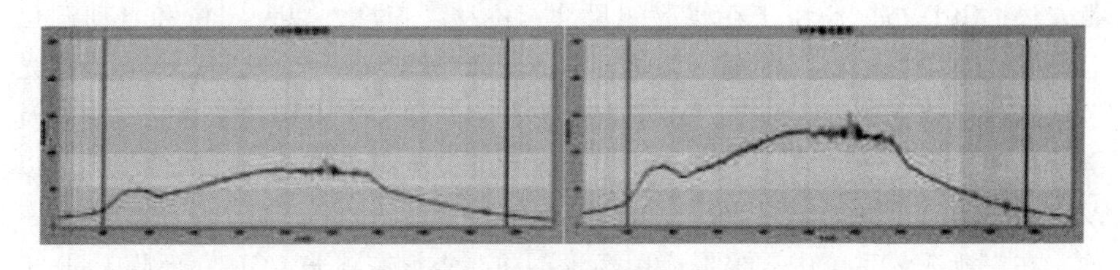

图 37－17　积分时间由小变大

五、实验注意事项

1. 光纤耦合激光器打开前面板的输出开关前请确认电流旋钮逆时针调整到底（对应电流为零），打开输出开关后再逐渐增大工作电流。

2. 光纤耦合激光器工作电流不宜过大，在阈值附近即可，避免功率过大烧坏 CCD 芯片。

3. 12 芯信号测试电缆连接 CCD 和测试电气面包板时注意接口方向，旋转线缆接头找到合适位置再稍用力插入，避免位置未对齐就使蛮力插入，造成针脚损坏。

4. 测量工件直径时可适当遮挡环境光，避免环境光影响边沿检测准确度。

六、思考题

1. 转移脉冲 SH 在线阵 CCD 中起到什么作用？

2. 为什么修改驱动频率和积分时间会对线阵 CCD 相机输出信号产生影响？

3. 如果输入到线阵 CCD 光敏面上的光太强或积分时间太长，使 CCD 器件工作在饱和状态，此时线阵 CCD 输出信号有何特点？

【技术应用】

CCD 传感器是图像采集与数字化的关键器件，它直接将光学图像转换为电荷信号，以实现图像的存储、处理和显示，因此其应用领域极其广泛。CCD 传感器应用时是将不同光源与透镜、镜头、光导纤维、滤光镜及反射镜等各种光学元件结合，主要用来装配轻型摄像机、摄像头、工业监视器。CCD 应用技术是光、机、电和计算机相结合的高新技术，作为一种非常有效的非接触检测方法，CCD 被广泛用于在线检测尺寸、位移、速度，以及定位和自动调焦等方面，例如，在工业检测中测量长度、测量工件的尺寸或缺陷；或者用作光学信息处理装置的输入环节，用于传真技术、光学文字识别技术和光谱测量及空间遥感技术；或组成人工智能机器视觉系统，应用于自动驾驶图像识别，以及自动搬运车及自动监视装置、人脸识别等。

在工业视觉系统中，根据应用场景不同要求，有线阵 CCD 和面阵 CCD 工业相机。对于面阵 CCD 来说，可用于面积、形状、尺寸、位置甚至温度等的测量。面阵 CCD 的优点是可以获取二维图像信息，测量图像直观；缺点是像元总数多，帧幅率受到限制。由于生产技术的制约，单个面阵 CCD 的面积很难达到一般工业测量对视场的需求。线阵工业相机是一类特殊的视觉机器，它的传感器只有一行感光元素。线阵工业相机目前仍使用广泛，尤其是在要求视场大、高扫描频率、高图像分辨率的情况下甚至不能用面阵 CCD 替代。线阵 CCD 的优点是一维像元数可以做得很多，而总像元数较面阵 CCD 工业相机少，而且像元尺寸比较灵活，帧幅数高，特别适用于一维动态目标的测量，其典型应用如图 37－18 所示。

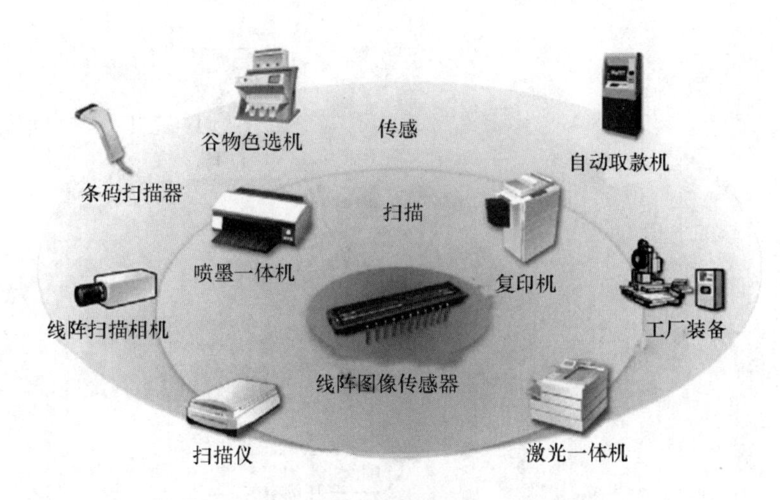

图 37－18　线阵图像传感器的应用场景

大米色选机是利用 CCD 光学成像技术对大米中异色颗粒及杂质进行筛选的一道工序。将被选大米通过提升机械装入色选机进料斗内，大米此时从进料斗经振动喂料器为一选溜槽通道（即色选通道，其表面应平整光滑无跳米现象）供料。米粒在溜槽通道内进行摆列、整形、调速，形成单层速度均匀的米流滑出溜槽通道，掉落到 CCD 镜头探测区内。色选机主控系统根据 CCD 镜头采集的数据对米流进行分析判别，利用高速喷气阀将米流中不良品吹出，进入不良品斗中。被一次分选的不良品经专用提升机进入二选进米斗进行二次色选。经过二次色选的优质米物料将被送入下道工序处理；不良品则判定为最终不良品，另行存储处理。如图 37－19 为色选机及工作原理示意图。

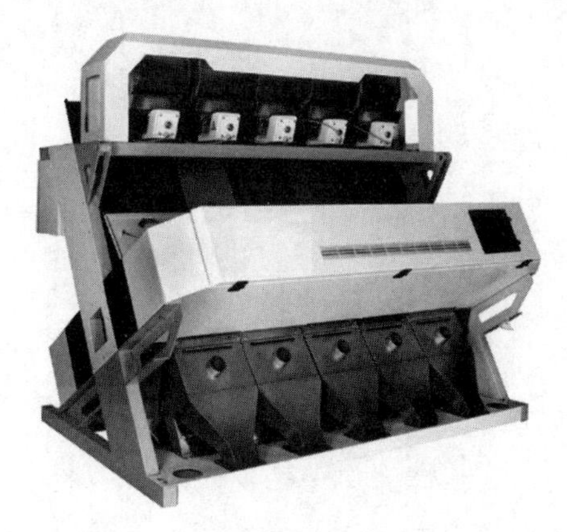

(a) 色选机外观图

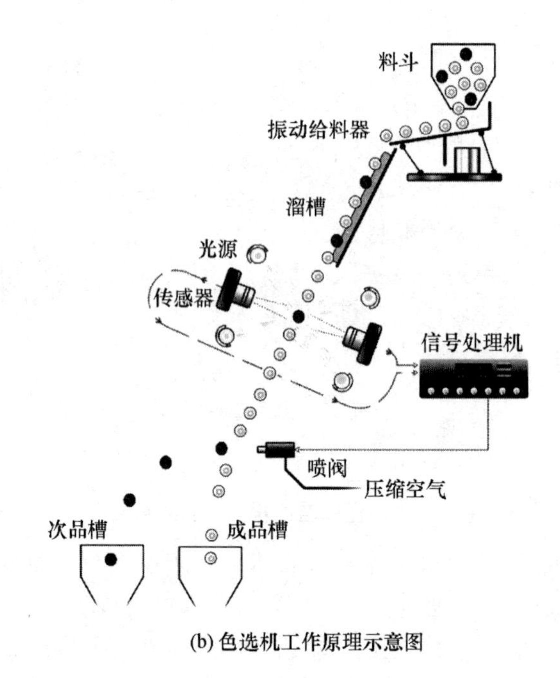

(b) 色选机工作原理示意图

图 37－19　色选机及其工作原理示意

实验 38 CCD 工件直径测量

一、实验目的

1. 掌握线阵 CCD 的基本特性。
2. 学习利用线阵 CCD 进行物体测量的方法。

二、实验原理

CCD 在光学系统的作用下，将被测物体的某种特性变化转化成光束角度、强度等方面的变化；光束照射在 CCD 器件的硅片上并将之转化成电荷信号，通过转移栅控制，同时将一帧图像所对应的电荷由光敏区转移到存储区；然后在 CCD 驱动脉冲的控制下，将电荷转移并移位传输至输出电路中，从而得到所需的光电信息，即与光电荷量成正比的弱电压信号。

1. 输出信号二值化

在对图像灰度无要求的系统中，为提高处理速度和降低成本，往往采用二值化图像处理方法。二值化处理是把图像和背景作为分离的二值（0，1）对待。光学系统把被测物体成像在 CCD 光敏像元上。由于被测物与背景在光强上的变化反映在 CCD 视频信号中所对应的图像尺寸边界处会有明显的电平变化，通过二值化处理把 CCD 视频信号中图像尺寸部分与背景部分分离成二值电平。二值化处理方法很多，有固定阈值法、浮动阈值法和微分法等，这里从硬件上采用固定阈值法进行二值化处理。固定阈值法电路原理如图 38 – 1 所示。

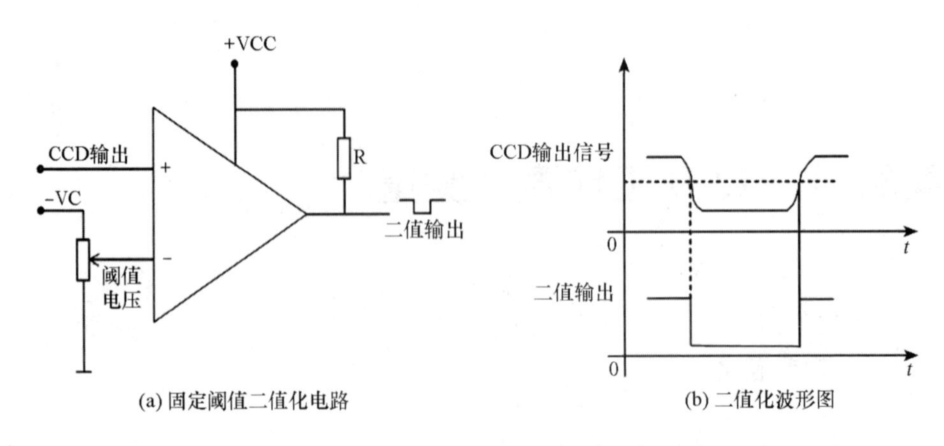

(a) 固定阈值二值化电路
(b) 二值化波形图

图 38－1　固定阈值二值化电路及波形图

固定阈值法是一种最简便的二值化处理方法。将线阵 CCD 输出的视频信号送入电压比较器的同相输入端，比较器的反相输入端加可调的电平，就构成了固定阈值二值化电路。当 CCD 视频信号的幅度稍稍大于阈值电压（电压比较器反相输入端的电位）时，电压比较器输出为高电平；CCD 视频信号的幅度小于等于阈值电压时，电压比较器输出为低电平。CCD 信号经电压比较器后输出的是二值化方波信号。调节阈值电压，方波脉冲的前、后将发生移动，脉冲的宽度发生变化。当 CCD 视频信号输出含有被测物体直径的信息时，可以通过适当调节阈值电压获得方波脉冲宽度与被测物体直径的精确关系。

2. CCD 工件直径测量

非接触式测量几何量的方法很多，常见的有 CCD 投影成像测量法、激光扫描测径法等。投影成像测量法主要适用于测量与 CCD 传感面的尺寸相当的物体尺寸。如图 38－2 所示，此方法利用一束平行光照射在被测物体上，最终投影在 CCD 的传感面上，被测物的尺寸可以通过计算 CCD 上产生的阴影宽度获得，只要数据采集系统计算出阴影部分像元个数与像元尺寸的乘积就得到了被测物体的尺寸，这里假设平行光是理想的。投影法的测量精度由平行光的准直性和 CCD 像元尺寸决定。但是，平行光准直度很难达到理想情况，因此还需要用算法对测量值进行修正，对尺寸进行标定来使得测量结果准确。

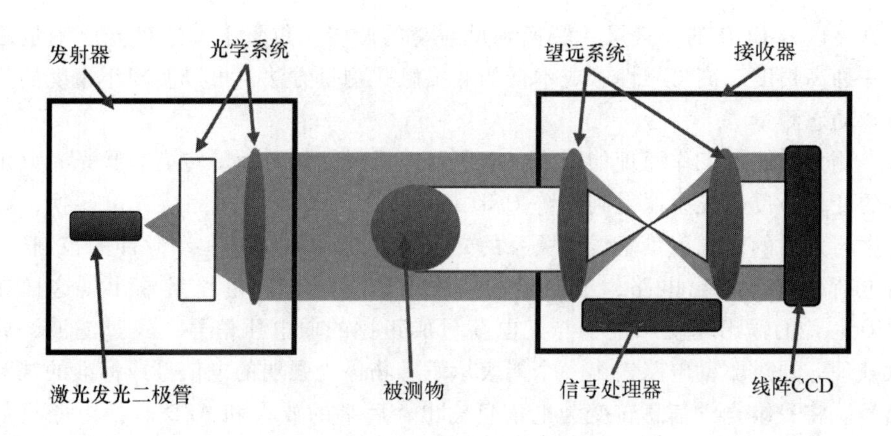

图 38－2　投影成像测量法结构图

如图 38－3 所示，一束沿着被测物横截面方向匀速运动的光线，被光电接收管接收，输出高电平；当光束被被测物遮挡时，光电接收管就输出低电平；系统记录下没有接收到激光的时间，就可以获得被测物的直径。这里匀速运动的光线由电机带动高速旋转的八棱镜实现。

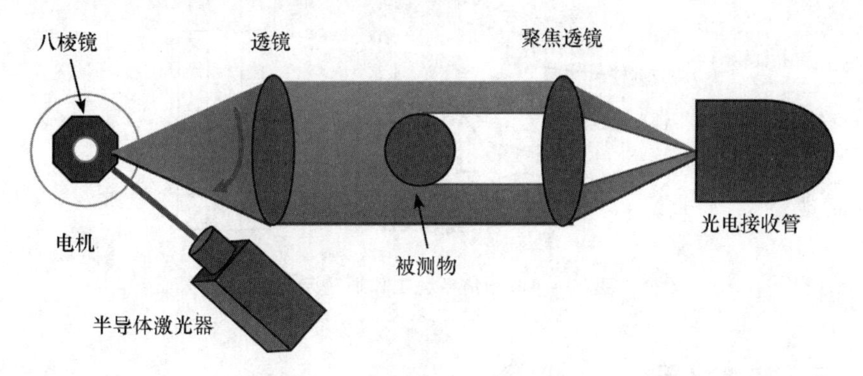

图 38－3　激光扫描测径法原理图

本次实验主要根据投影测径法原理，搭建简易实验系统，采用线阵 CCD 获得滚针的投影直径，通过 USB 传输到计算机，利用上位机软件计算获得物体的直径。

3. CCD **角位移测量**

测量角位移的方法有多种，通常采用专用的角位置传感器，如旋转变压器、圆感应同步器、圆光栅等。在一些特定的条件下，如没有转动机构的情况下，需要进行角位置测量时，可以采用 CCD 传感器进行位置测量，通过光学换算可以将 CCD 的像素尺寸转换到反射镜的旋转角位置上。这种光电测量法是一种高精度、高可靠性、成本低的非接触式测量方法，可以实现小角度的静态和动态测量。

测角系统的工作原理如图 38－4 所示，反射镜的转动量转换为激光光束角度的变化，反射光束照射到线阵 CCD 探测器上，CCD 首先完成光电转换，即产生与入射的光辐射量呈线性关系的光电荷；然后在 CCD 驱动脉冲的控制下，将电荷移位至输出电路，经输出电路将电荷量转化为电压量输出。这样在 CCD 芯片的输出端就产生了与光电荷量成正比的弱电压信号，经过滤波、放大处理，通过驱动电路输出一个能表示敏感物体光强弱的电信号或标准的视频信号。将一维光学信息转变为电信息输出，后端的放大和 A/D 转换电路将信息转换为数字量，将数字量利用 USB 接口传输至计算机，通过上位机软件计算出转动的角度量。当反射镜绕图中 O 点转动，只要检测出光斑在 CCD 上的移动距离即可得到旋转轴的旋转角度，由此，线阵 CCD 就可以实现角位置测量功能。

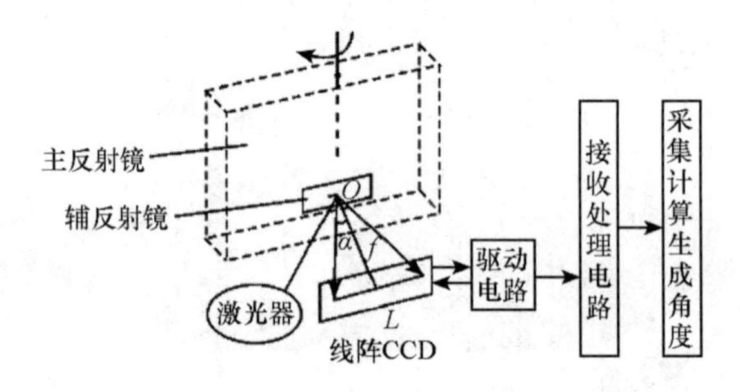

图 38－4　测角系统工作原理示意图

三、实验仪器

本实验采用 RLE－GA01 CCD 基础与应用综合实验仪，详见实验 37。

四、实验内容与步骤

1. 线阵 CCD 输出信号二值化

（1）将线阵相机安装在导轨上，使镜圈靠近导体激光器输出口，打开半导体激光器电源，使激光照射到线阵 CCD 相机光敏面，如图 38－5 所示。打开线阵 CCD 相机测试软件，调节激光器输出功率，使 CCD 工作在未饱和状态，并改变线阵相机角度，使线阵 CCD 部分区域被挡光，以使线阵 CCD 采集到的信号在 CCD 光敏面上不同位置呈现单调变化趋势为佳，如图 38 - 6 所示。

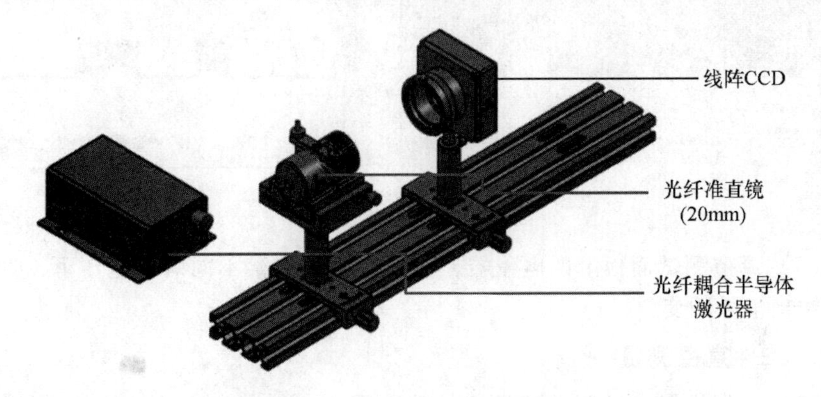

图 38 - 5　信号二值化实验装配图

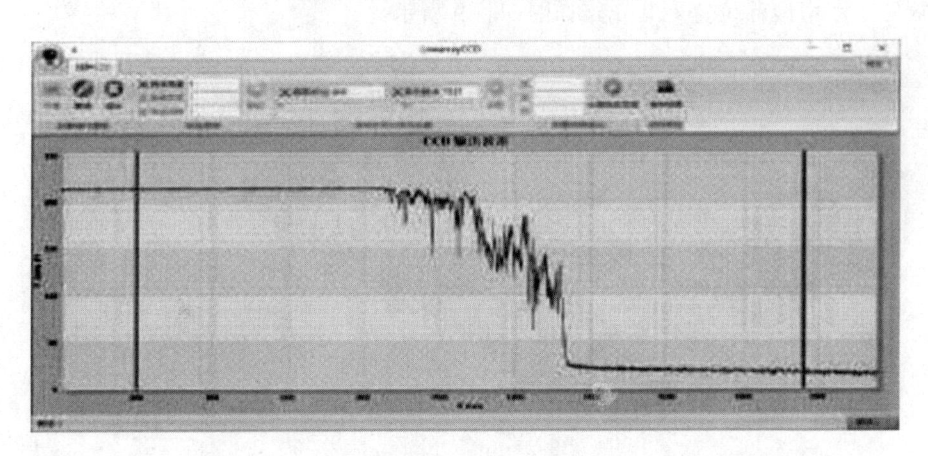

图 38 - 6　信号波形

（2）将信号测试线红色端子接到测试面板上标有二值化输出的测试孔，调节示波器扫描频率和触发电平，以能看到完整一帧 CCD 输出信号为佳，如图 38 - 7 所示。

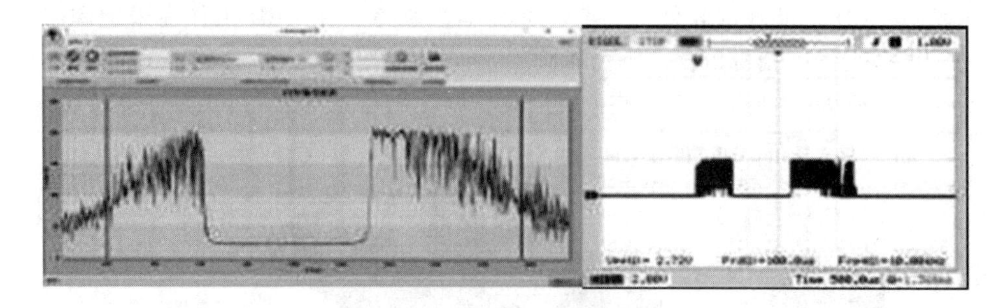

图 38－7　二值化实验

（3）调节测试面板上的电位器，利用示波器观察不同阈值电压下 CCD 二值化输出信号的变化。

2. 工件直径测量

（1）根据投影成像测量法原理搭建如图 38－8 所示光路结构，将标准块放置于图中滚针位置。其光路如图 38－9 所示。

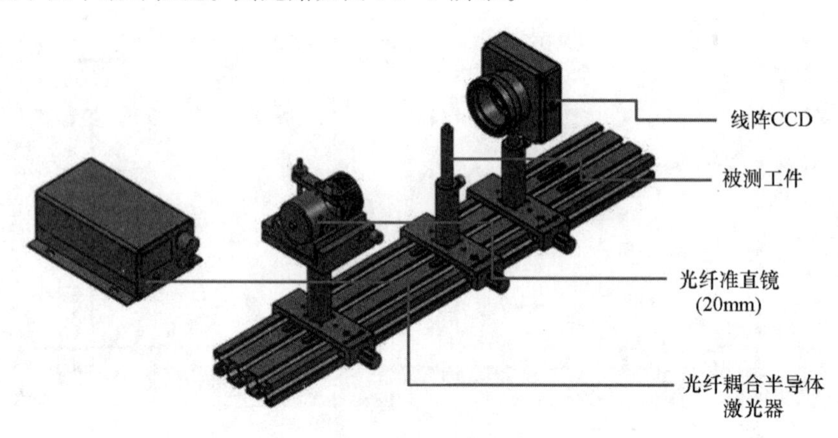

图 38－8　工件直径测量实验装配图

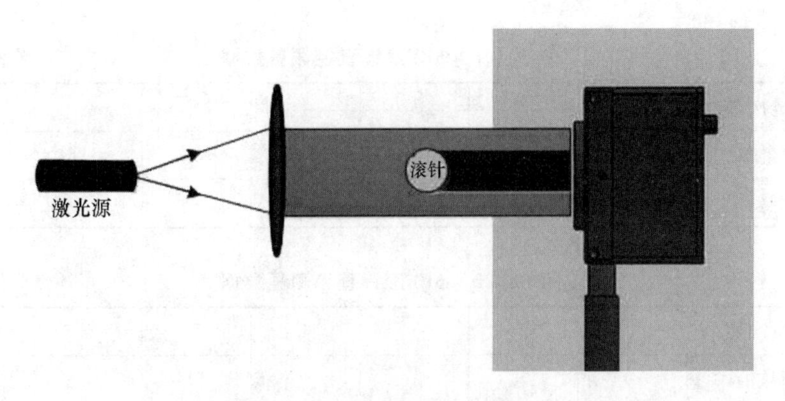

图 38－9　投影成像测量法光路

（2）打开线阵 CCD 相机测试，在物体输入文本框“物体宽度”中输入标准块宽度（注：标准块的直径分别为 10 mm 和 12 mm）；点击采集按钮，等输出波形采集成功之后，点击暂停按钮，在图形显示区利用红色和蓝色辅助线采集标准块像素宽度（注：为了测试准确，移动红色线和蓝色线至图 38－10 所示位置处）；点击标定按钮获得系统实际物理尺寸和像素之间的映射关系。

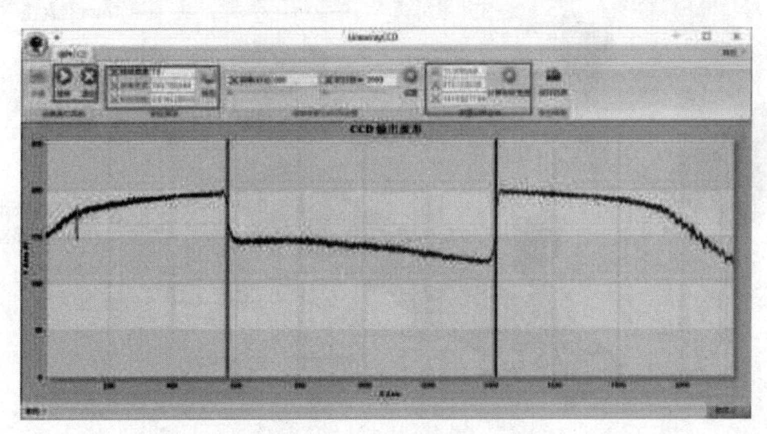

图 38－10　工件尺寸测量

（3）将标准块换成被测物体，调节半导体激光器输出功率，使线阵 CCD 相机工作在未饱和状态，将辅助线置于物体边缘变化斜率最大的位置，利用辅助线获得被测物体宽度，点击计算物体宽度按钮“计算物体宽度”，利用上述标定的实际尺寸和像素之间的映射关系就可以得到物体的物理尺寸。

（4）多次测量不同物体，获得多组数据，分别记录于表 38－1、表 38－2 中。计算绝对误差，并分析误差来源。

表 38－1　ϕ12 滚针直径测量数据　　　　单位：mm

测量次数	1	2	3	4	5	6	7
测量值							
误差							

表 38－2　ϕ10 滚针直径测量数据　　　　单位：mm

测量次数	1	2	3	4	5	6	7
测量值							
误差							

3. CCD 角位移测量

（1）按图 38－11 所示搭建测量系统，半导体激光器置于磁座上，反射镜、线阵 CCD 相机安装在导轨上，相互呈一定角度。

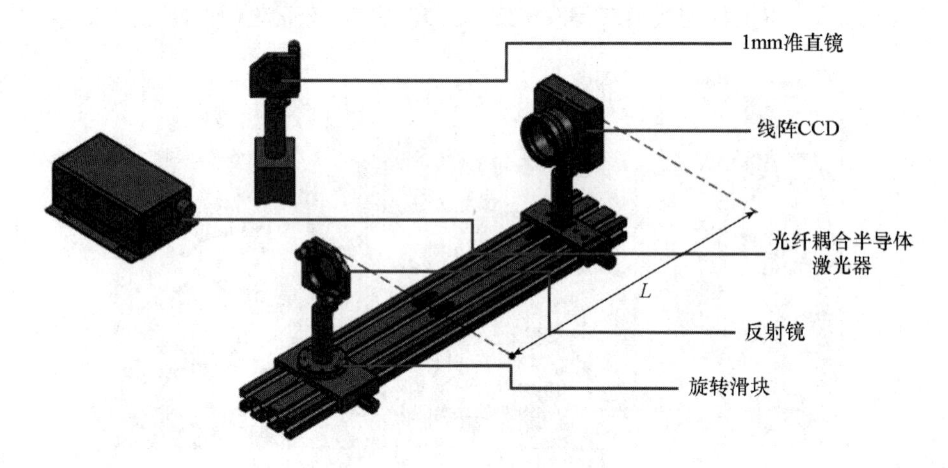

图 38－11　实验装置图

（2）打开线阵 CCD 相机测试软件，打开半导体激光器电源，激光通过手动调节支杆上的反射镜照射到线阵 CCD 光敏面，调节半导体激光器输出功率，使线阵 CCD 相机工作在未饱和状态，利用图形显示区的辅助线得到激光在线阵 CCD 上的位置 1，如图 38－12 所示。

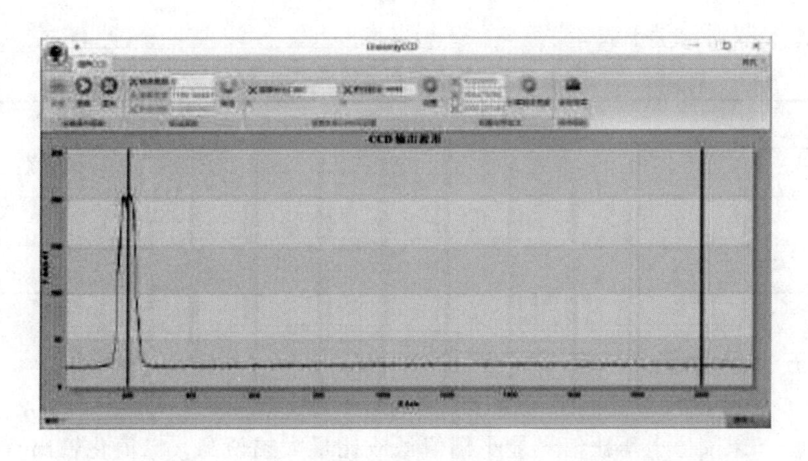

图 38 - 12　位置 1

（3）手动调节反射镜角度，注意防止角度过大而导致反射光线超过线阵 CCD 的光敏面长度，在上位机测量激光光斑在 CCD 上的位置 2 并记录，如图 38 - 13 所示。

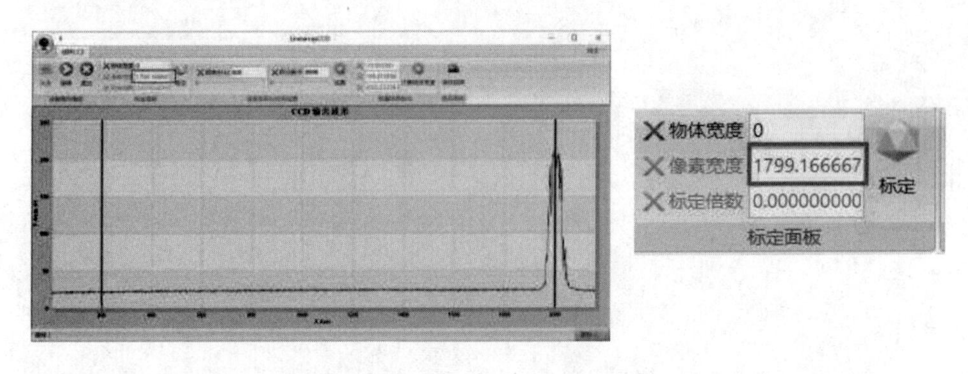

图 38 - 13　位置 2　　　图 38 - 14　像素个数

（4）得到光斑移动像素距离如图 38 - 14 所示，乘以像素大小 14μm，得到光斑移动的实际距离 Y。光斑移动的实际距离除以线阵 CCD 相机到反射镜的距离 L，就得到反射镜转过的弧度。（注：L 为反射镜中心到 CCD 靶面的距离，通过卡尺量取，依据勾股定理可以计算转过的弧度值）

（5）由上得到反射镜转过的弧度值，通过以下公式计算转动角度

$$\theta = \frac{弧度}{\pi} \times 180°$$

测量数据记录于表 38 －3。

表 38 －3　角位置测量数据记录表格

编号	位置 1	位置 2	计算角度
1			
2			
3			

五、思考题

1. 如果阈值电压比信号最小幅值低或比最大幅值高，二值化输出有什么特点？

2. 如果被测物体尺寸宽度太大，超过了线阵 CCD 相机测量范围，有什么方法可以改善实验中的光？

3. 相机与反射镜距离的变化对实验会有什么影响？

实验 39　面阵 CCD 驱动与特性测量

【技术概述】

按照一定的方式将一维线阵 CCD 的光敏单元及移位寄存器排列成二维阵列，就可以构成二维面阵 CCD。面阵 CCD 分为帧转移面阵 CCD 及隔行转移面阵 CCD。相比线阵 CCD，面阵 CCD 的优点是可以获取二维图像信息，且测量图像直观，是工业相机、数码相机、摄像机等系统的核心器件，广泛应用于工业智能制造，如电子设备、汽车、制药、食品与包装机械、印刷机械等工业生产，以及生活服务机器人、智能交通系统、安防、无人机等机器视觉新兴领域。

一、实验目的

1. 掌握隔行转移面阵 CCD 的基本工作原理和特征。
2. 学习面阵 CCD 的各路驱动脉冲波形及其测量方法。
3. 利用面阵 CCD 测量工件二维尺寸。

二、实验原理

本实验采用索尼公司的 ICX409AK 面阵 CCD 芯片。ICX409AK 是一款隔行转移面阵 CCD 芯片，可用于 PAL 制式彩色电视机摄像系统。它的总像素单元数为 795 (H) × 596 (V)，有效像元数为 752 (H) × 582 (V)，像元尺寸为 6.50μm (H) × 6.25μm (V)，像敏区的总面积为 5.59mm (H) × 4.68mm (V)，封装在 14 脚的 DIP 标准管座上，其外形如图 39－1 所示。

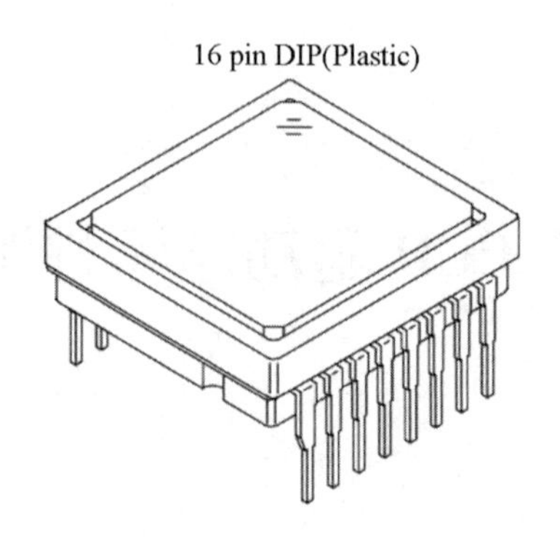

图 39－1　ICX409AK 外形图

ICX409AK 的原理结构图如图 39－2 所示，它由光电二极管阵列、垂直 CCD 移位寄存器及水平 CCD 模拟移位寄存器三部分构成。

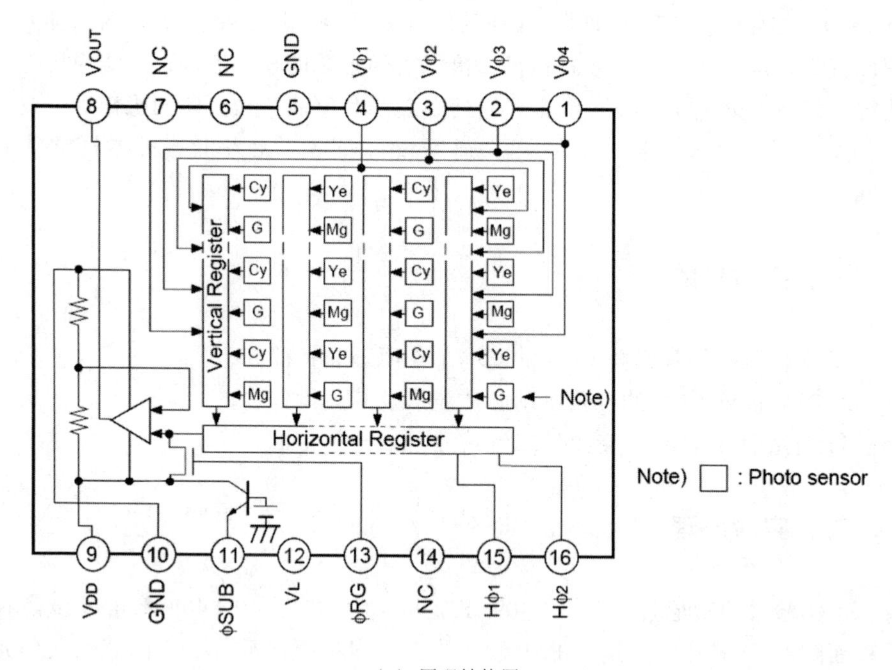

（a）原理结构图

Pin No.	Symbol	Description	Pin No.	Symbol	Description
1	Vφ4	Vertical register transfer clock	9	VDD	Supply voltage
2	Vφ3	Vertical register transfer clock	10	GND	GND
3	Vφ2	Vertical register transfer clock	11	φSUB	Substrate clock
4	Vφ1	Vertical register transfer clock	12	VL	Protective transistor bias
5	GND	GND	13	φRG	Reset gate clock
6	NC		14	NC	
7	NC		15	Hφ1	Horizontal register transfer clock
8	VOUT	Signal output	16	Hφ2	Horizontal register transfer clock

（b）引脚功能表

图 39－2　ICX409AK 原理结构图与引脚功能表

图 39－3 至图 39－5 为 ICX409AK 的读出时序图、垂直同步脉冲时序图和水平同步脉冲时序图。从图中可以看出，在场消隐期间，V1～V4 及 H1、H2 上所加的脉冲均属于均衡脉冲，V1、V2 为正脉冲，使光积分电极完成光积分。在场消隐期间，V1 和 V3 的正脉冲完成信号由光积分区向垂直移位寄存器转移。转移完成后经过两个行周期的转移进入有效像元信号的输出。在行消隐期间，V1 中的信号在 V1 下降沿倒入 V2，V2 的下降沿倒入 V3，V3 的下降沿倒入 V4，V4 的下降沿倒入 H1。在行正程期间，V1～V4 保持不变，倒入水平移位寄存器中的信号在水平脉冲的作用下，一个个从 CCDOUT 端输出。

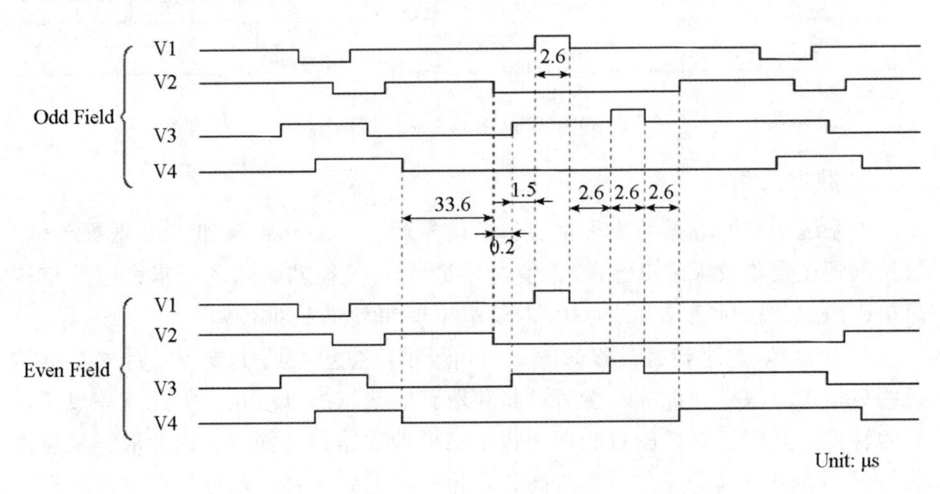

图 39－3　ICX409AK 传感器读出时序图

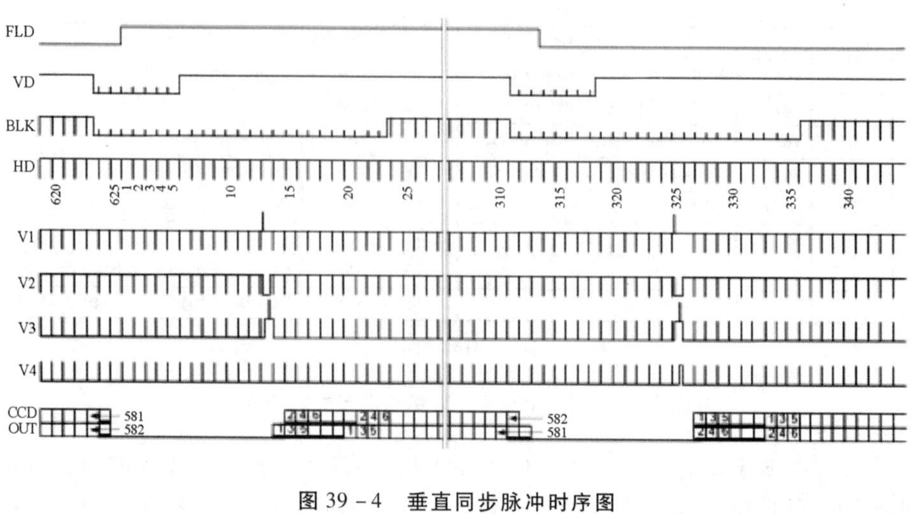

图 39－4　垂直同步脉冲时序图

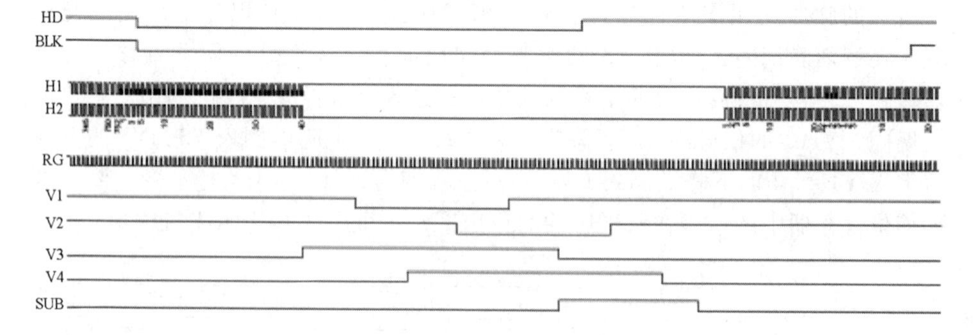

图 39－5　水平同步脉冲时序图

2. 数据采集

本系统用到的数据采集板主要包括信号调理、A/D 转换和 USB 数据传输。信号调理主要是放大 CCD 信号，使之满足 A/D 转换器的输入要求，电路结构简单，因此，这里简单介绍 ADC 的基本原理和 USB 数据传输。

ADC 模拟/数字转换过程如图 39－6 所示，主要有两个步骤，首先对欲转换的数据进行取样和保存，然后再将获取到的数据加以量化，如此就完成了数据的转换。其中，取样的目的在于将原始模拟数据一一撷取，因此取样率越高信号越不容易失真，即分辨率越高；量化的目的则是将由取样所获得的数据以 0 与 1 的组合予以编码，量化位数越高，则分辨率越高。

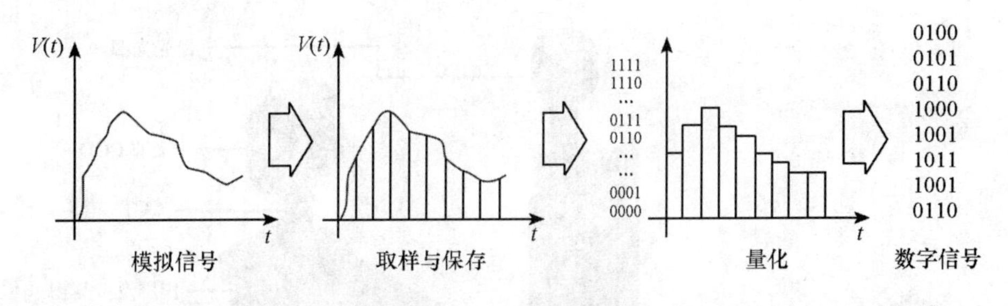

图 39－6　ADC 基本原理

USB 接口具有数据传输速度快、兼容性强、即插即用等优点，已经广泛应用于数据传输、图像采集领域。相比于过去的老式接口，其数据传输速率非常快，最高可达 480Mbps，可以满足教学实验的要求。USB 的结构包含四种基本的数据传输类型：控制数据传送、批量数据传送、中断数据传送和同步数据传送。不同的传输方式适合不同类型的数据，在应用中要根据实际情况选择合适的传输方式。

三、实验仪器

本实验采用 RLE－GA01 CCD 基础与应用综合实验仪，详见实验 37。

四、实验内容与步骤

1. 面阵 CCD 驱动及特性测量

按图 39－7 所示连接好实验装置。

（1）连接面阵 CCD 至计算机 USB2.0 接口，按照附件“软件安装说明”安装面阵 CCD 的软件驱动，并确保可以正常打开采集；打开示波器电源开关，用 BNC 测试线连接示波器和面阵 CCD 的接线端子。

（2）安装完驱动之后，打开面阵 CCD 软件，点击“初始化”按钮，提示“初始化成功”，间隔两秒，点击“设备搜索”按钮，然后点击“开始捕捉”按钮，当软件显示采集画面，即表示相机已经正确打开。

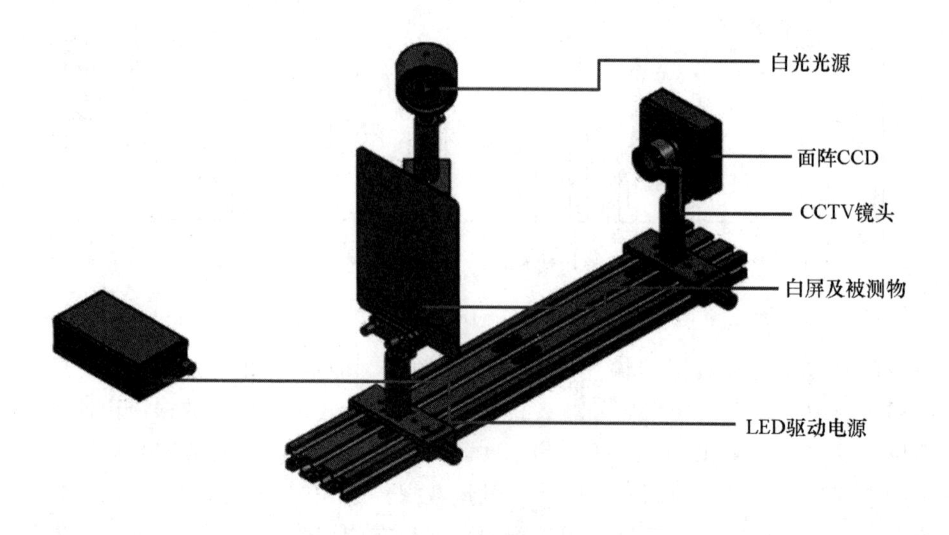

图 39-7　CCD 驱动实验装置图

(3) 将示波器的 CH1 和 CH2 扫描线调整至适当位置，设置 CH1 为同步输入，按照图 39-8 到图 39-12 所示的波形图进行实验测量；用 CH1 探头测量内部控制脉冲 SUBCK，仔细调节使之同步稳定，然后用 CH2 探头分别观测 V1、V2、V3、V4 脉冲，画出这些脉冲的波形图并与图 39-4 的波形相比较，分析它们的相位关系。

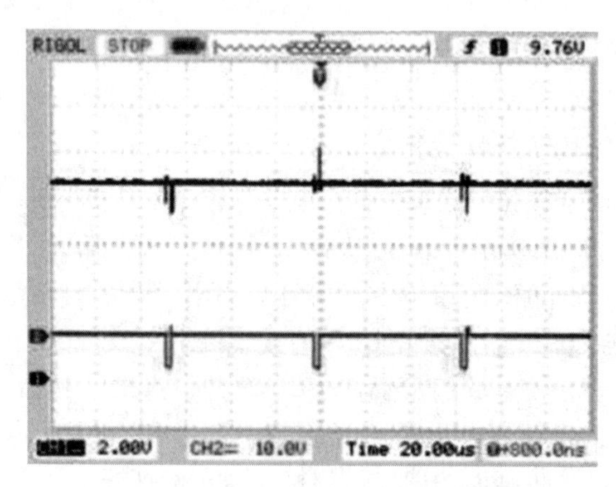

图 39-8　SUBCK 和 V1

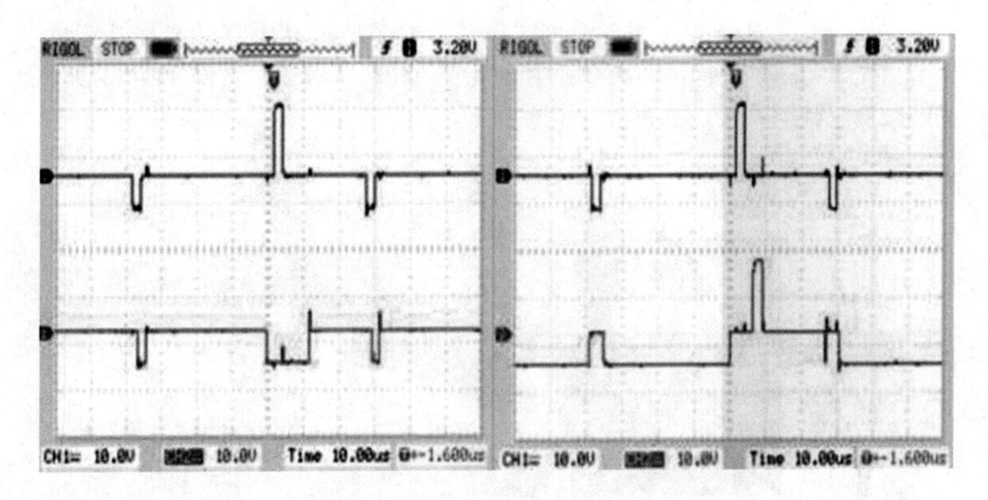

图 39－9　V1 和 V2　　　　图 39－10　V1 和 V3

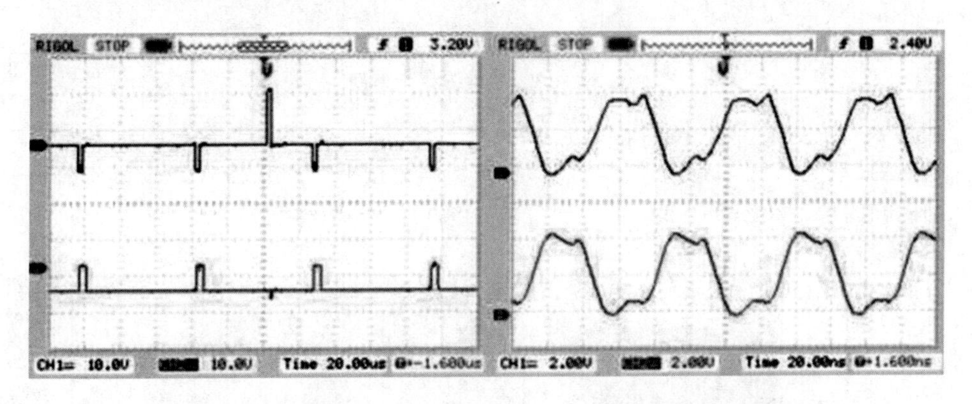

图 39－11　V1 和 V4　　　　图 39－12　H1 和 H2

（4）用 CH1 探头测量 V1 脉冲，用 CH2 探头分别测量 V2、V3、V4 脉冲，记录这四个脉冲的波形图。通过实测波形图测出它们的频率、周期与它们之间的相位关系；说明 V1、V2、V3、V4 脉冲在信号电荷垂直转移过程中的作用。通过上述测试达到理解电荷包信号的垂直转移过程与垂直转移原理；用 CH1、CH2 探头分别测量 H1、H2 脉冲。比较二者的相位关系，分析信号电荷包沿水平方向转移的过程与原理。

2. 面阵 CCD 数据采集

（1）按图 39－7 搭建实验装置，通过 USB 连接线将面阵 CCD 相机和计算机连接起来，打开面阵上位机软件。

（2）面阵 CCD 相机、被测量的工件安装在导轨上，白光源安装在磁座上，调节白光源与工件之间的距离和照射角度，使相机不曝光，按图 39 – 13 所示安装被测工件。

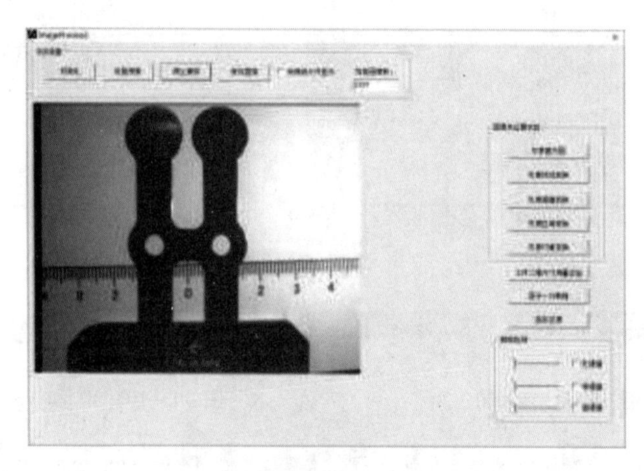

图 39 – 13　工件安装示意图

（3）点击“初始化”按钮，间隔两秒，点击“设备搜索”按钮，点击“开始捕获”按钮采集图像，待图像稳定清晰后按下“停止捕获”按钮，采集到一帧图像，如图 39 – 14 所示。

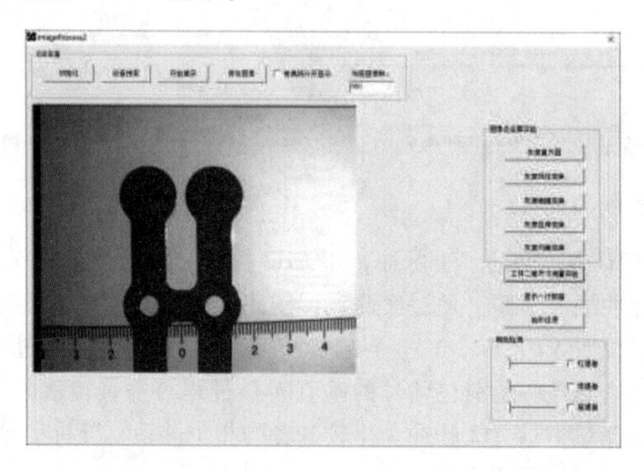

图 39 – 14　采集图例

从图中可以看到，采集到的图像左侧有一列 16 个像素的黑电平，这是因为本相机采用的是流水线 ADC，它需要 16 个周期的流水线建立时间。流水线

ADC 的优点是有良好的线性和低失调；可以同时对多个采样进行处理，有较高的信号处理速度；低功率，高精度，高分辨率。缺点是基准电路和偏置结构过于复杂；输入信号需要经过特殊处理，以便穿过数级电路造成流水延迟；对锁存定时的要求严格；对电路工艺要求很高，电路板上设计得不合理会影响增益的线性、失调及其他参数。

（4）换用色卡图，采集分析，点击“显示一行数据”按钮，查看图片某一行数据，并思考图像明暗和灰度值之间的关系，如图 39 – 15 所示，分析图像边沿位置的灰度值特点。

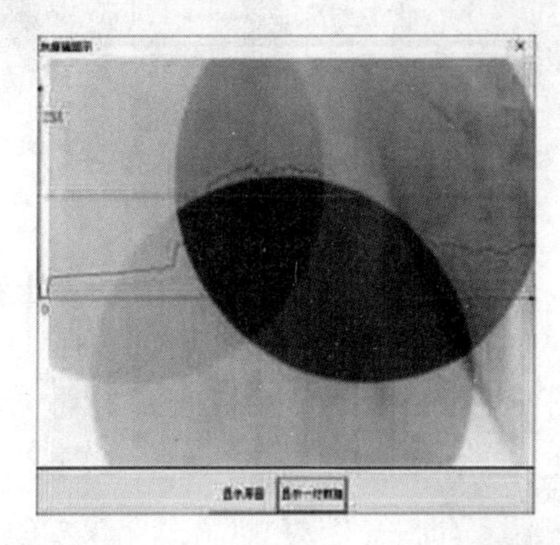

图 39 – 15　图像明暗和灰度值之间的关系图

（5）点击“保存图像”按钮，将采集到的图像保存在磁盘上并在当前文件夹搜索 image. bmp 文件，看看是否为刚刚保存的图像。

3. 工件二维尺寸测量（选做）

（1）按图 39 – 7 搭建实验装置，将被测工件和标定尺放置于夹持器上，将面阵 CCD 相机接入计算机，调整相机镜头焦距，按照前面实验的方法，采集一幅清晰的图像。

（2）点击工件二维尺寸测量按钮，在弹出的对话框中先将采集到的图像显示出来。

（3）点击“相机标定”按钮，用鼠标左键点击白屏上面的 1cm 距离的两个点，会自动弹出标定结束，点击确定，如图 39 – 16 所示。（对本系统进行标定，使像素和物体尺寸建立映射关系，选择点时需十分小心，标定结果的好坏直接导致测量数据准确与否）

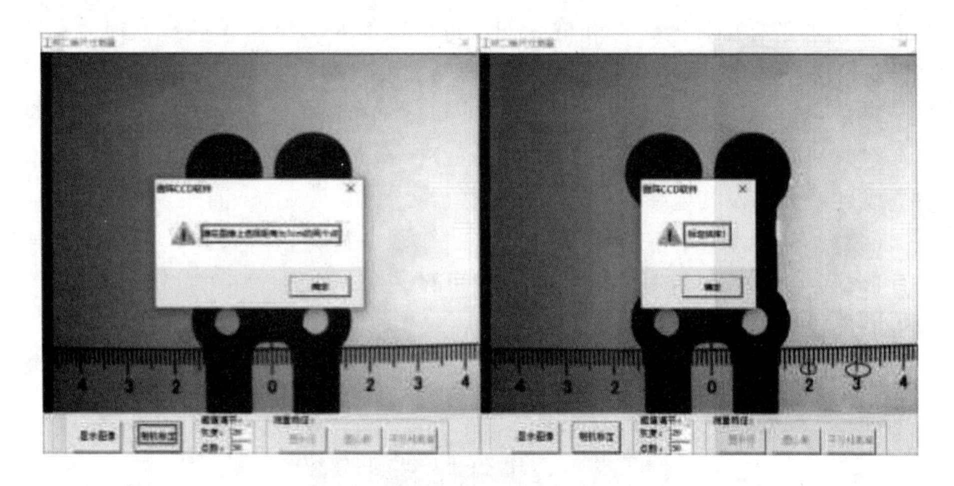

图 39－16　标定界面

（4）标定完成后，点选“圆半径”按钮，在图像上按鼠标左键点选被测工件上的特征圆圆心，并按住左键不放拖至所测圆边的圆外，然后点鼠标右键确定位置，得到被测圆的半径，如图 39－17 所示。

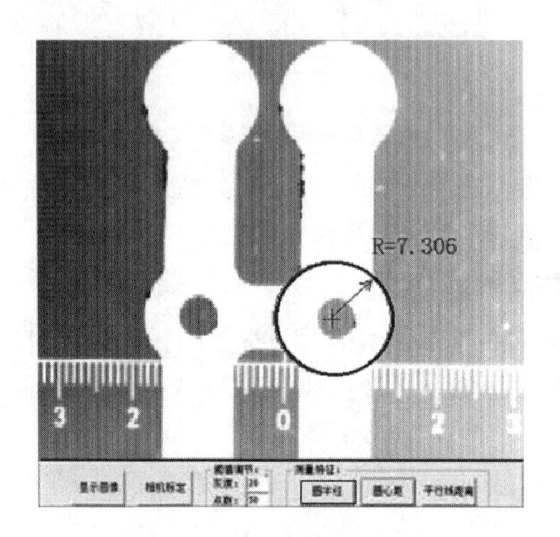

图 39－17　圆半径测量

（5）点击检测“圆心距”按钮，用上述圆半径操作方法，分别截取两个圆的外径，会自动测量工件上两个圆的圆心间距，如图 39－18 所示。

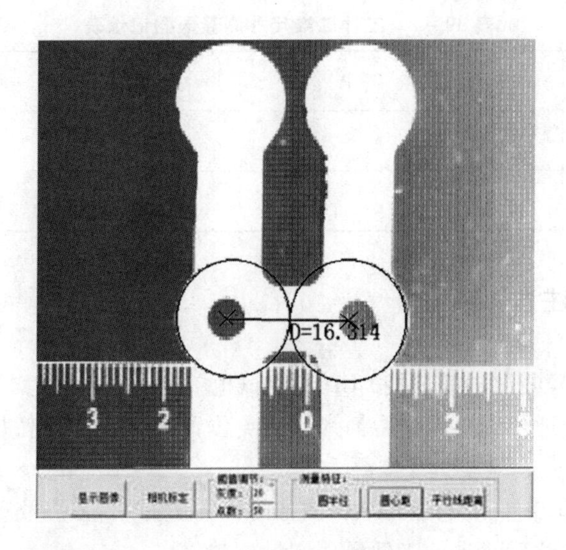

图 39－18　圆心距测量

（6）点击“平行线距离”按钮，检测工件上两平行边的距离，注意线尽量选择长一些，如图 39－19 所示。

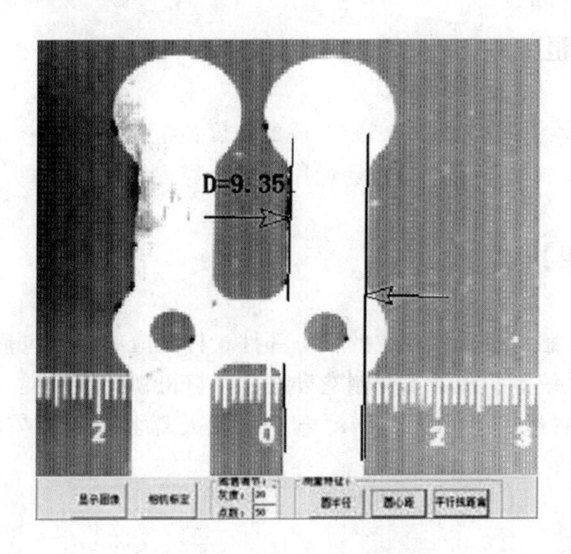

图 39－19　平行线距离测量

（7）对上述特征量进行多次测量，将数据记录于表 39－1，并与游标卡尺的测量结果对比，分析误差原因。(若有报错，一般是采集图片不清晰或者对比度不高导致，请重新采集测量)

表 39－1 工件二维尺寸测量数据记录表 单位：mm

编号	1	2	3	4	5	6
测量值						
误差						

五、实验注意事项

1. 12 芯信号测试电缆连接 CCD 和测试电气面包板时注意接口方向，旋转线缆接头找到合适位置再稍用力插入，避免位置未对齐就使蛮力插入，造成针脚损坏。

2. 用上位机软件采集面阵 CCD 图像时，需脱开 12 芯信号测试电缆，否则图像不清晰，导致后续进行工件尺寸测量失效。

3. 利用白光 LED 光源照亮待测工件或标准色卡时，避免强光反射进入 CCD。

六、思考题

1. 如果图像为全黑或全白，则对应的灰度值应该是多少？
2. 如果被测物体较厚，是否还能用上述光路测量？

【技术应用】

面阵图像传感器是机器视觉的核心部件，传统应用场景包括工业制造、科研、医学影像系统等；随着工业制造升级、计算机视觉的发展，新的应用场景包括工业智能制造、机器人、移动电话、无人驾驶汽车、安防监控、无人机等。

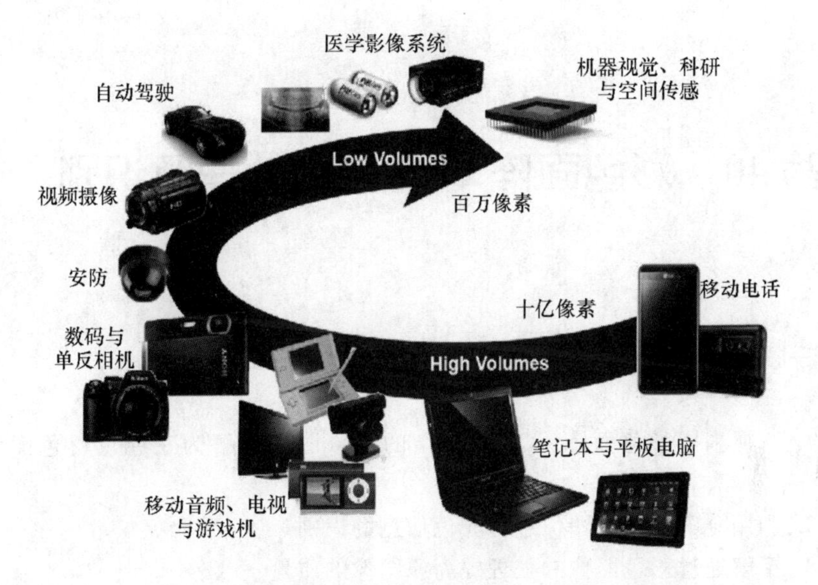

图 39 – 20　图像传感器的各种应用场景与像素容量关系

实验 40　彩色面阵 CCD 颜色处理及识别

一、实验目的

1. 掌握利用彩色面阵 CCD 将复杂的色彩图像分解为三原色单色图像的方法。

2. 利用分解的单色图像进行颜色信息的识别。

3. 了解通过彩色图像的处理提高原图像的质量。

4. 掌握彩色三要素、三原色原理、混色原理、颜色的度量和表示、CIE 标准色度学系统等基础知识。

5. 学习 R、G、B 色彩系统显示原理。

二、实验原理

对于彩色图像，它的显示来源于 R、G、B 三原色亮度的组合。针对目标的单色亮度、对比度，可以人为地分为“0 ~ 255”，共 256 个亮度等级。“0”级表示不含有此单色，“255”级表示最高的亮度，或此像元中此色的含量为 100%。根据 R、G、B 的不同组合，就能表示出 256 × 256 × 256（1600 多万）种颜色。当一幅图像中的每个像素单元被赋予不同的 R、G、B 值时，就能显示出五彩缤纷的颜色，形成彩色图像。

三、实验仪器

本实验采用 RLE - GA01 CCD 基础与应用综合实验仪，详见实验 37。

四、实验内容与步骤

1. 用 USB 连接线将彩色面阵 CCD 相机与计算机的 USB 2.0 连接起来，如图 40－1 所示；打开计算机的电源开关，确定“面阵 CCD 软件”程序是否已经安装。

2. 点击“☑ 奇偶场分开显示”，按照前面实验的要求采集一幅清晰的三原色标准卡奇偶场相片，如图 40－2 所示，点击“色彩还原”按钮获得一幅彩色图像。

3. 显示图片不同通道的图像，如图 40－3 至图 40－5 所示，并分析哪种颜色在哪个通道灰度值比较大。

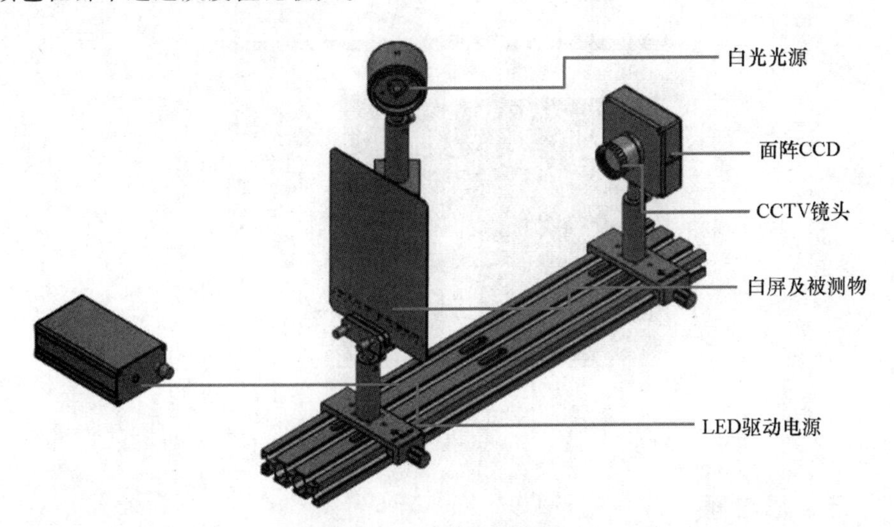

图 40－1　实验装置图

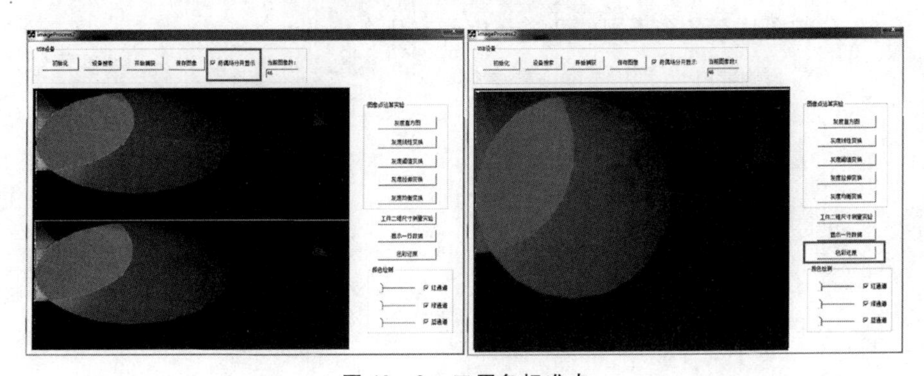

图 40－2　三原色标准卡

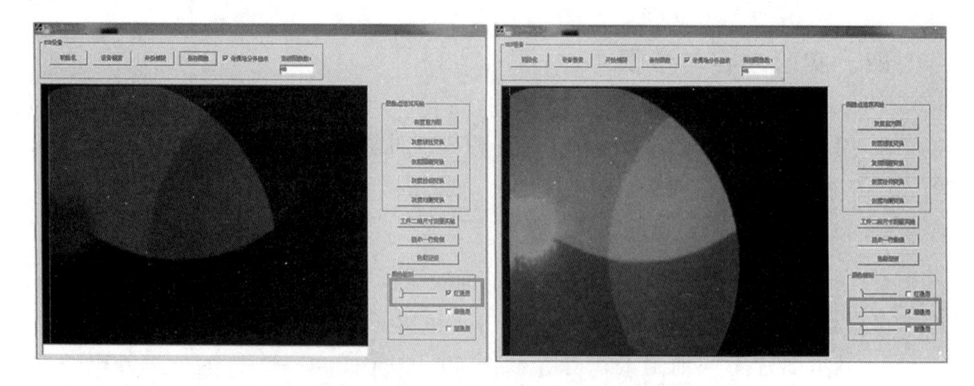

图 40－3　红通道　　　　图 40－4　绿通道

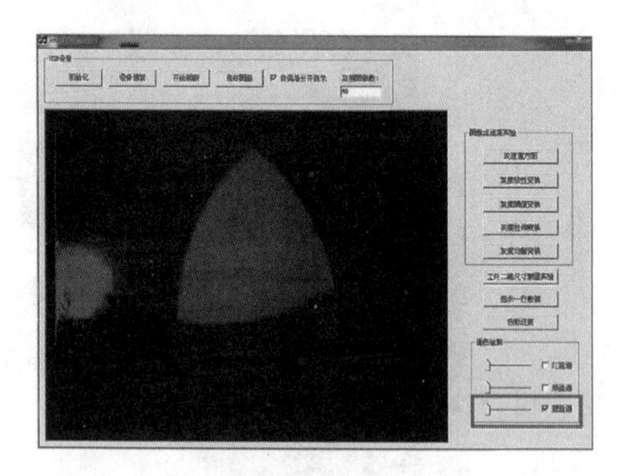

图 40－5　蓝通道

五、思考题

白色的图片在各个不同的通道灰度值有什么特点？

实验41　微光像增强器

【技术概述】

微光像增强器，又称作微光像管，其作用是把微弱光图像增强到足够的亮度，以便用肉眼进行观察。整个微光夜视系统包括光学成像镜头组、微光像增强器、后置处理系统。微光像增强器是各类微光夜视设备的核心器件，其性能参数如分辨率、灵敏度、信噪比等直接制约着微光夜视技术的发展。

一、实验目的

1. 了解像增强器工作原理及特性。
2. 利用照度计测量像增强器的等效背景照度。
3. 测量像增强器的亮度增益。

二、实验原理

1. 微光像增器

全天时、全天候是现在战争的显著特点之一，即使在夜晚等光照度很低的条件下也能进行，不受昼夜的影响，从而推动了微光夜视技术的发展。各类微光夜视设备的核心是微光像增强器，它是一种真空成像器件，主要由光阴极、电子光学系统和荧光屏组成。其图像增强作用主要由三个环节完成：外光电效应的光阴极把输入到它上面的低能辐射图像转变为电子图像（光子－电子转换）；电子图像通过特定的静电场或电磁复合场而获得能量阱，被加速聚焦到该电子光学系统的像面上；位于电子光学系统像面的荧光屏被高速电子轰击而发出和入射图像强弱相应的被增强了的目标可见图像（电子－光子转换）。微光像增强器系统结构和实物如图41－1所示。

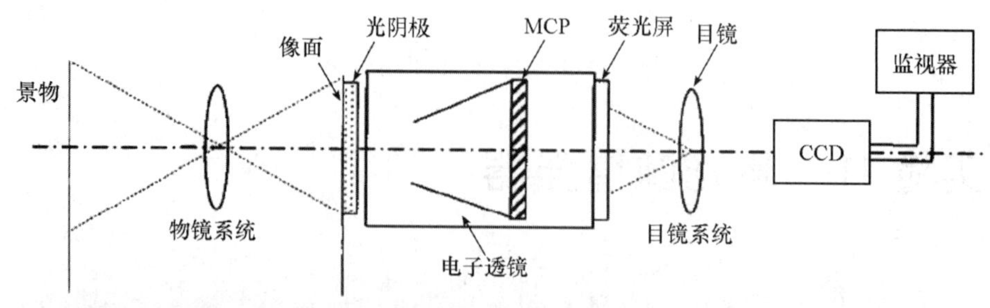

图 41－1　微光像增强器系统结构与实物图

迄今为止已经出现了一代微光像增强器、二代微光像增强器、超二代微光像增强器、三代微光像增强器、超三代微光像增强器和四代微光像增强器。不同代的微光像管构造不同，但主要包括如下部分：光阴极、防离子反馈膜、微通道板和荧光屏。整个管子为真空器件。

1955 年，A. H. Sommer 发现了量子效率较高的 Na_2KSb（Cs）多碱光电阴极对可见光及近红外有很好的光谱响应，使低光照度下高效光电转换成为可能。20 世纪 50 年代初期，P. Schangen 研究的同心球电子光学系统和 Kapany 发明的纤维光学面板，使第一代微光像增强器顺利诞生，它由光纤面板作为输入、输出窗的三级级联耦合而成。微弱的光学信号经过光学系统聚焦到纤维光学面板输入端，传输到光电阴极上，并激发光电子，经过同心球型的电子光学系统加速并聚焦作用，最终入射到荧光屏上，形成可见光的输出图像；图像经过纤维光学面板输出端传输到下一级纤维光学面板输入端。经过三级增强后，微光像增强器将具有较高的增益，从而可以在微弱的光信号下工作。微光像增强器一出现便成为夜视领域的发展重点，逐渐替代了较早应用的主动红外夜视技术。1966 年美军在越南战争开始使用，1970 年开始批量生产并装备部队。第一代微光像增强器（一代管）存在一些弱点：一是怕强光，难以在战火纷飞的条件下使用；二是三级级联管器件尺寸太大，限制了它在轻武器中的使用。

第二代微光像增强器（二代管）于 20 世纪 70 年代初期开始研制。它的主要技术特征是微通道板（MCP）的发明并引入单级微光像管中。二代管由多碱光阴极、电子光学系统、微通道板和荧光屏组成。微通道板内径约 12μm，长径比约为 40 ~ 80。微通道板的两个端镀镍电极，加上电压，微通道内壁的高二次电子发射特性，使入射到通道内的初始电子在电场作用下激发出二次电子，并依次倍增，从而在输出端获得很高的增益。

砷化镓（GaAs）负电子亲和势（NEA）光阴极的发展在微光领域引发了一场巨大的革命。这类光阴极的显著特点就是灵敏度高，尤其在近红外波段有很强的响应。透射式 GaAs 光阴极与带 Al_2O_3 防离子反馈膜的长寿命、低噪声微通道板和荧光屏构成的双近贴结构，即为第三代微光像增强器（三代管）。与二代管相比，三代管灵敏度增加了 4 ~ 8 倍，使用寿命延长了 3 倍多，对夜间星光光谱的利用率显著提高。三代管于 20 世纪 70 年代初开始研究，80 年代美军开始装备部队。

在第三代微光像增强器中，电子撞击 MCP 通道壁后会释放出带电离子和中性气体，其中，正离子在电场的作用下加速飞向光电阴极，损坏光电阴极，降低其使用寿命。为防止带电离子损坏光电阴极，常用方法是在 MCP 输入端面镀一层 Al_2O_3 防离子反馈膜，但它存在缺陷，会散射或吸收由光电阴极发射出的光电子，降低像增强器的信噪比和分辨率。为了克服防离子反馈膜的缺陷，Litton 电子光学系统公司成功利用单块非镀膜 MCP 制造出长寿命像增强器。与传统的 MCP 相比，它是体电导材料，导电部分是由整个体材料组成，无须经过烧氢处理，离子反馈大大减少。

第四代微光像增强器采用体电导 MCP，在 MCP 与光电阴极间采用自动脉冲门控电源，提高了像增强器的信噪比、分辨率和探测距离，减少了光晕对成像的影响，有助于对强光的探测。第四代微光像增强器的结构和光电阴极都与第三代微光像增强器一样。

对微光像增强器技术研究最活跃、生产水平领先的国家是美国和俄罗斯。他们在微光像增强器的灵敏度、分辨率和信噪比等方面的研究成果为世界微光夜视技术的更新换代做出了重要贡献。在像增强器产品生产方面，以美国的 ITT 公司为代表的企业主要研究生产第三代、超三代微光像增强器，他们在标准三代的基础上，发展了 Omlibus Ⅲ、Omlibus Ⅳ和 Omlibus Ⅴ三代微光像增强器；以荷兰 DEP 公司和法国的 Philips 公司为代表的企业主要生产超二代、高性能微光像增强器，他们基于三代像增强器 GaAs 光阴极材料、工艺和理论，改进光阴极结构、激活工艺等，推出了 SHD－3TM、XD－4TM 和 XR－5TM 等一系列超二代、高性能像增强器。这些高性能像增强器代表着当时世界夜视技术的领先水平 。

本实验仪器采用的是北方夜视公司的一代微光像增强器（单级联），型号为 1XZ18/7F－6，结构如图 41－2 所示。一代倒像式像增强管采用静电聚焦、二电极结构，具有放大率小于 1、等于 1、大于 1 的畸变校正型和输出亮度均匀型，并带有闪光防护机构的各种管型。该系列像增强器一般使用 S－25 光阴极、P－20 荧光屏，也可以根据用户需求，使用其他类型的光阴极、荧光屏，还可以在光阴极上加贴防电晕玻璃，在荧光屏上加贴防光晕玻璃。第一代微光像增强器是以纤维光学面板作为输入、输出窗三级级联耦合的像增强器，其示意图如图 41－3 所示。由于经过三级增强，因此一代管具有很高的增益。

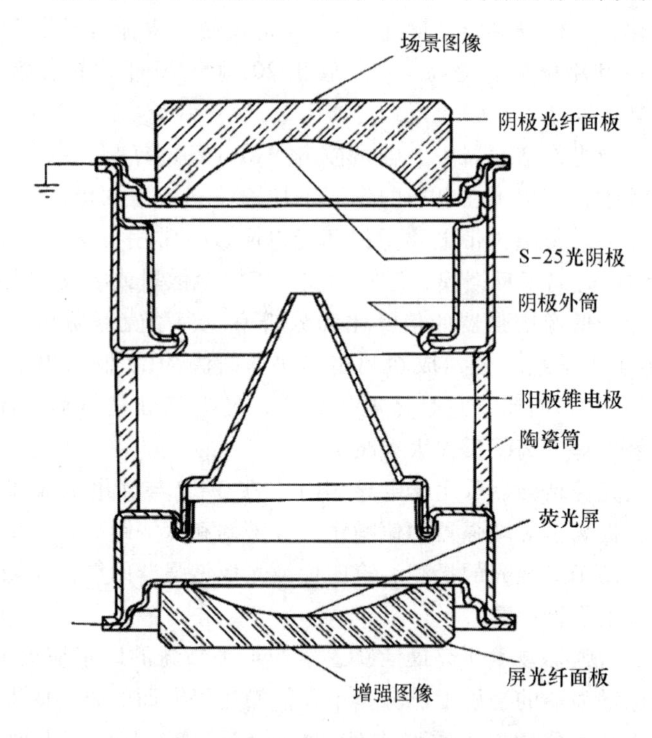

图 41－2　单级联一代微光像增强器结构图

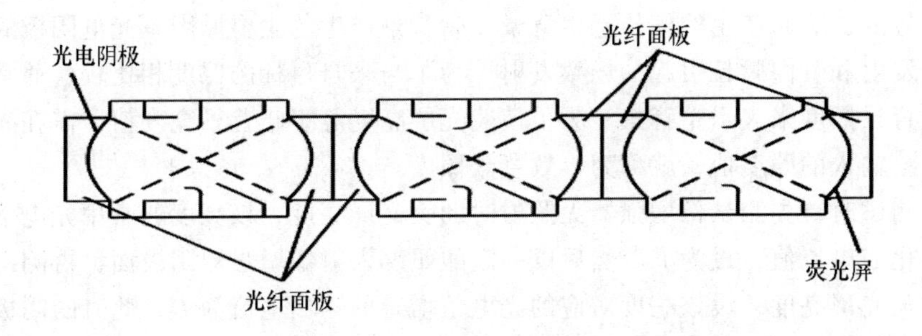

图41－3　三级级联耦合的像增强器示意图

2. 仪器工作原理

亮度增益和等效背景照度是衡量像增强器性能的两个重要参数，直接影响系统整机的性能。因此，对像增强器的亮度增益和等效背景照度测试技术的研究具有重要意义。本实验通过对像增强器的亮度增益和等效背景照度进行测试，研究像增强器实验仪工作原理及相关特性，进而掌握微光像增强器的使用方法。

(1) 亮度增益的测试原理

足够的亮度是观察图像的必要条件，在入射照度一定时，像增强器荧光屏输出亮度的大小由亮度增益决定。像增强器的亮度增益 G_L 定义为：在标准光源照明和微光像增强器额定工作电压下，荧光屏的输出亮度 L 与光电阴极处输入照度 E_V 之比。即

$$G_L = L/E_V \tag{41-1}$$

式中：荧光屏的输出亮度的单位为 cd/m^2；输入照度的单位为 lx。

由于荧光屏具有朗伯发光体特性，发光的亮度分布符合余弦分布律，因此亮度增益也可以通过测试阴极面入射光通量 Φ_{in} 和荧光屏输出光通量 Φ_{out} 之比获得，即

$$G_L = (\Phi_{out} \times A_C)/(\Phi_{in} \times A_s) \tag{41-2}$$

式中：A_s 为像增强器的荧光屏有效面积；A_C 为阴极面的有效面积。

通过式（41－1）和式（41－2）两种测试方法均可获得亮度增益，本实验采用式（41－2）的测试方法，即通过测量光通量之比来测量亮度增益。

(2) 等效背景照度的测试原理

合适的亮度是人眼观察图像的必要条件，但像增强器的输出亮度并不都是有用的，在输出荧光屏的图像上，除有用的成像亮度外，还存在一种非成像的附加亮度，称之为背景。像增强器的背景包括无光照射情况下的暗背景和因入

射信号的影响而产生的信号感生背景。暗背景产生的主要原因是光电阴极的热电子发射和管内颗粒引起的场致发射。为了与来自目标的照度相比较，通常用等效背景照度来表示暗背景。为了使荧光屏亮度等于暗背景亮度值，需在光阴极面上输入的照度值，就称为等效背景照度。

测试时首先测试像增强器无照射时的荧光屏亮度，该亮度通常用光电倍增管转化成电流值，设为 I_a。然后以一定的照度入射像增强器阴极面，再测出此时的荧光屏亮度，设该亮度对应的光电倍增管的输出电流为 I_b，此时的阴极面入射照度为 E_b，则等效背景照度 E_{be} 为

$$E_{be} = E_b \times I_a / (I_b - I_a) \tag{41-3}$$

式中：等效背景照度 E_{be} 的单位为 lx。

如图 41 - 4 所示，平行光源发出平行光，入射到半透半反镜（透反镜片），一部分光透过镜片入射到内置照度计光敏面，另一部分光反射到微光像增强器入射面，经过放大，入射到外置照度计探头光敏面，通过读出内、外置照度计的照度值，利用公式就可以计算出微光像增强器的增益值（放大倍数）。

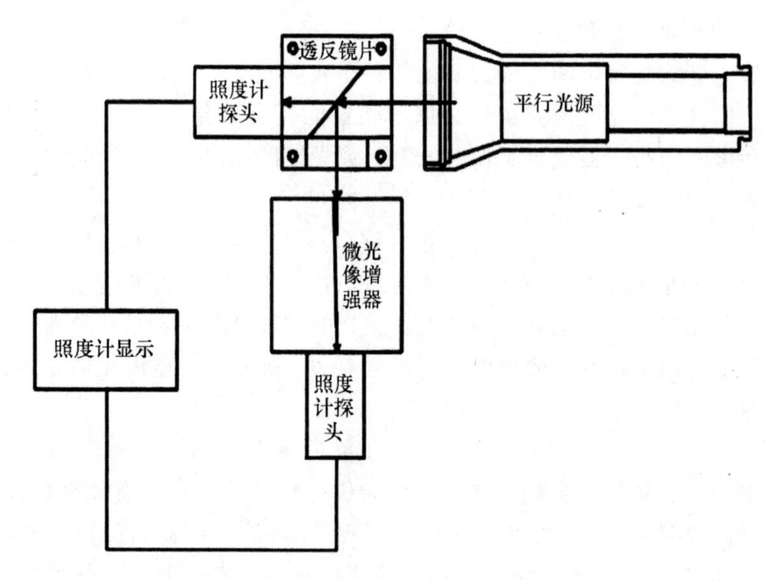

图 41 - 4　微光像增强器增益测试原理图

三、实验仪器及主要技术参数

在微光夜视技术中，微光像增强器是微光夜视系统的核心器件，对整个系统的成像质量起着决定性作用，因此被广泛应用于光辐射测量、摄像器件等各个领域。亮度增益是微光像增强器的重要性能指标。本实验使用的为MXY8601 微光像增强器实验仪，主要技术参数为：

（1）数字照度计：自动更换量程；测量范围是 $0.1 \sim 1.999\times10^{3}$ lx。

（2）四位半数字电压表1块，量程是 $-19.99 \sim +19.99$ V。

（3）光源：白色平行光源。

（4）阴极面直径：≥16 mm。

（5）荧光屏直径：≥12 mm。

（6）光灵敏度：≥225 μA/lm。

（7）分辨率：中心视场≥90 lp/mm。

（8）亮度增益：≥300 cd/(m^2 · lx)。

（9）等效背景照度：≤0.4 μlx。

（10）像增强器电源：U_{in} 为 2.65 V，I_{in} 为 16 mA。

四、实验内容与步骤

1. 将电源线与仪器连接，打开电源开关，观察电压表读数是否为 2.65 V 左右，是则可继续进行，否则关闭电源查找原因。

2. 由于内、外置照度计是由照度计探头插孔切换的，因此不插入外置照度计探头时，照度计显示的读数为内置照度计探头测量到的透射光的照度。观察内置照度计显示的读数，调节亮度调整旋钮，使内置照度计读数为 0，此时插入外置照度计探头，照度计读数即为微光像增强器的等效背景照度。

3. 拔下外置照度计探头，逐渐调节亮度旋钮，使内置照度计读数为 0.2，此时将外置照度计探头插入插孔，读出外置照度计的读数，填入增强后照度一栏。

4. 根据反射光照度∶透射光照度 = 3∶5，结合上述内置照度计读数为 0.2，可计算出反射光照度为 0.12。

5. 根据放大倍率 = 增强后照度/反射光照度，可计算出微光像增强器的放大倍率。

6. 按照上述步骤逐渐调节亮度调整旋钮，使透射光照度分别为表 41 – 1 中的数值，再测量和计算出其他数值。

表 41 – 1 放大倍率测量数据表

透射光照度/×10 lx	反射光照度/×10 lx	增强后照度/×10 lx	放大倍率
0. 2			
0. 4			
0. 6			
0. 8			
1. 0			
1. 2			
1. 4			
1. 6			
1. 8			
2. 0			

五、实验注意事项

1. 通电之前确保光照度调节旋钮左旋到底，以免冲击损坏像增强器。
2. 实验仪内部有高压部件，请不要自行拆卸，防止高压对人造成伤害。

六、思考题

1. 微光像增强器增益下降的可能原因有哪些？
2. 简述一代、二代和三代微光像增强器的区别。

【技术应用】

微光夜视技术致力于探索夜间和其他低光照度时目标图像信息的获取、转换、增强、记录和显示。它的成就集中表现为使人眼视觉在时域、空间和频域的有效扩展。以像增强器为核心部件的微光夜视器材称之为微光夜视仪。它使人类能在极低照度（10^{-5}lx）条件下有效地获取景物图像的信息。其主要部件有：强光力物镜、像增强器、目镜和电源。

从原理上看，微光夜视仪是带有像增强器的特殊望远镜，如图 41 - 5 所示。微弱自然光由目标表面反射进入夜视仪；在强光力物镜作用下聚焦于像增强器的光阴极面（与物镜后焦面重合），即发出电子；光电子在像增强器内部电子光学系统的作用下被加速、聚焦、成像，以高速轰击像增强器的荧光屏，激发出足够强的可见光，从而把一个被微弱自然光照明的远方目标变成适于人眼观察的可见光图像，经目镜的进一步放大，实现有效的目视观察。

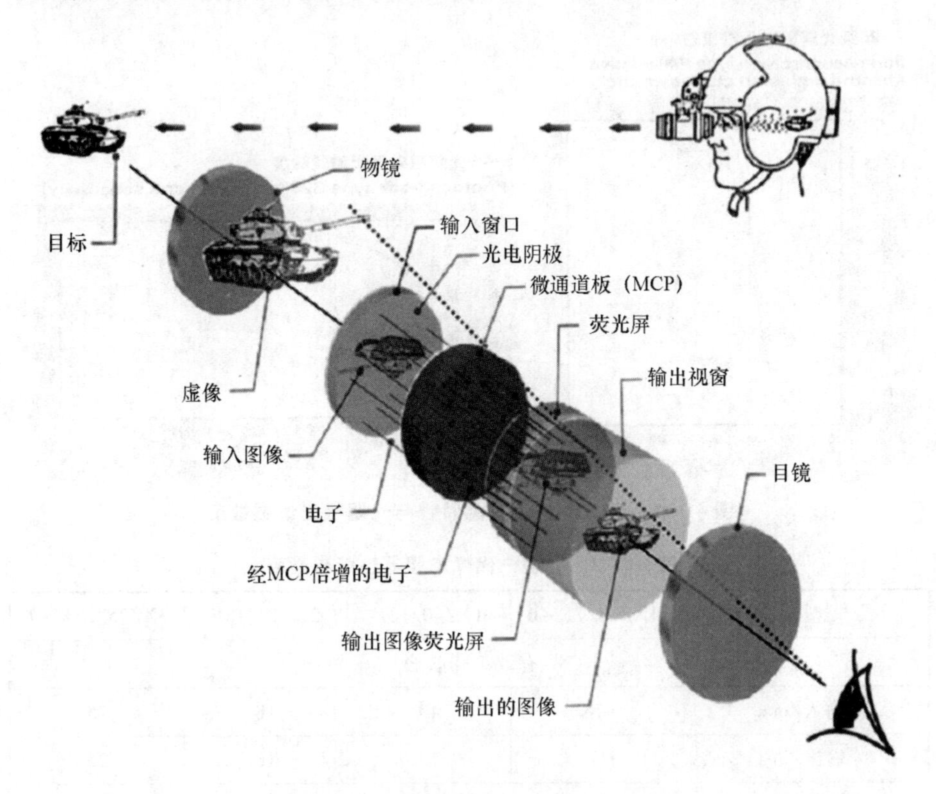

图 41 - 5　微光夜视仪结构分解图

微光夜视设备有两个主要用途：军事领域以及民用安防领域。在军事上，微光夜视技术已实用于夜间侦察、瞄准、车辆驾驶、光电火控和其他战场作业，并可与红外、激光、雷达等技术结合，组成完整的光电侦察、测量和告警系统。

微光成像系统通常有两种类型：直视型微光夜视镜和视频型微光夜视摄像

机。其中，前者通过目镜直接观察，结构简单、成本低廉；后者通过各类视频型微光器件转换为视频信号，能够实现图像的传输、多传感器信号叠加以及图像优化处理。

【附录】

北方夜视公司 P－20 荧光屏与 S－25 光阴极光谱发射特性与光阴极光谱灵敏度图如图 41－6 所示。各型一代像增强器性能参数见表 41－2。

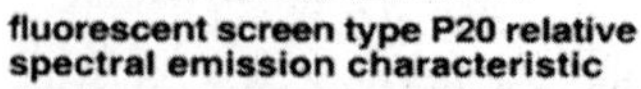

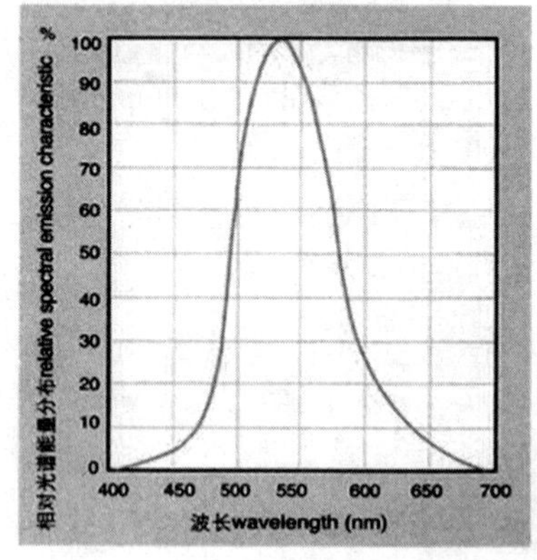

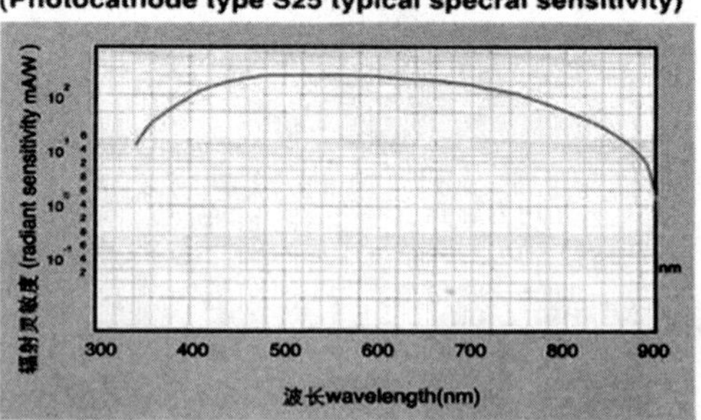

图 41－6　荧光屏光谱发射特性与光阴极光谱灵敏度

表 41－2　各型一代像增强器性能参数表

型号	1XZ18/7F－6	1XZ40/13F	3XZ18/18F	3XZ25/25F－1
有效工作直径				
输入/mm	18	40	18	25
输出/mm	7	13	18	25
窗口材料				
输入	光纤面板	光纤面板	光纤面板	光纤面板
输出	玻璃	玻璃	光纤面板	光纤面板
光阴极类型	S－25	S－25	S－25	S－25
荧光屏类型	P－20	P－20	P－20	P－20

（续表）

型号	1XZ18/7F－6	1XZ40/13F	3XZ18/18F	3XZ25/25F－1
光阴极灵敏度				
2856K/(μA·lm^{-1})	300	250	270	275
800nm/(mA·W^{-1})	25	15	20	20
850nm/(mA·W^{-1})	15	10	15	15
分辨率(在输出端)				
中心/(lp·mm^{-1})	100	95	34	30
边缘/(lp·mm^{-1})	90	75	28	28
增益/(cd·m^{-2}·lx^{-1})	300	450	19 000	25 000
等效背景照度 /μlx	0.4	0.4	0.2	0.2
放大率	0.375	0.29	0.82	0.90
输入电流/mA	35	30	45	30
输入电压/kV	2.7	16	2.7	6.75
最大质量/g	180	285	455	900
外形尺寸/mm	$\phi53\times50$	$\phi85\times82$	$\phi53\times148$	$\phi70\times195$

实验 42　光拍法测定光速

【技术概述】

本实验是用光拍法在实验室进行光速的测定，通过测量拍频频率和用相位比较法测量拍频波长，从而求得光速。

一、实验目的

1. 了解光的拍频概念。
2. 掌握拍频法测量光速的技术。

二、实验原理

光速是一个重要的物理量，准确测量光速一直是物理量测量中的一个十分重要的课题。光速测量通常是设法测量光通过两个基点之间的长度 D 和所用的时间 t，从而得到光速 $c=D/t$。这里的长度和时间单位都是独立定义的。国际单位制中，长度的基本单位为米（m），长度单位米的定义为“光在真空中在1/299 792 458秒的时间间隔内行进路程的长度”。国际单位制中，时间的基本单位为秒（s）。秒是铯（^{133}Se）原子基态的两个超精细能级之间跃迁所对应的辐射的 9 192 631 770 个周期的持续时间。根据米和秒的定义，真空中的光速具有确定的固定数值，$c=299\ 792\ 458$ m/s。本实验通过光拍法确定拍频光波的频率和波长，进而测量光速。

1. 光拍的产生和传播

根据振动叠加原理，频差较小、速度相同的两同向传播的简谐波叠加会形成“拍”。设两束光的频率分别为 f_1 和 f_2（频差较小），则它们的振动方程为（为简化讨论，假设两束光波的振幅相同，用 E 表示）

$$E_1 = E\cos(\omega_1 t - k_1 x + \varphi_1) \tag{42-1}$$

$$E_2 = E\cos(\omega_2 t - k_2 x + \varphi_2) \tag{42-2}$$

式中：$\omega_1 = 2\pi f_1$、$\omega_2 = 2\pi f_2$ 分别为两束光的角频率，$k_1 = \frac{2\pi}{\lambda_1} = \frac{2\pi f_1}{c} = \frac{\omega_1}{c}$、$k_2 = \frac{2\pi}{\lambda_2} = \frac{2\pi f_2}{c} = \frac{\omega_2}{c}$分别为两束光的波矢，$\varphi_1$、$\varphi_2$ 分别为两束光振动的初相位，c 为光速。

两列波叠加后振幅为

$$E_s = E_1 + E_2 = 2E\cos\left[\frac{\omega_1 - \omega_2}{2}\left(t - \frac{x}{c}\right) + \frac{\varphi_1 - \varphi_2}{2}\right]\cos\left[\frac{\omega_1 + \omega_2}{2}\left(t - \frac{x}{c}\right) + \frac{\varphi_1 + \varphi_2}{2}\right] \tag{42-3}$$

该叠加波是角频率为$\frac{\omega_1 + \omega_2}{2}$，振幅为 $2E\cos\left[\frac{\omega_1 - \omega_2}{2}\left(t - \frac{x}{c}\right) + \frac{\varphi_1 + \varphi_2}{2}\right]$的前进波，可见振幅项不仅是空间 x 的函数，而且还是时间 t 的函数，它以频率 $\Delta f = \frac{\omega_1 - \omega_2}{2\pi}$做周期性变化，所以称它为拍频波，$\Delta f$ 就是拍频频率，如图 42－1 所示。

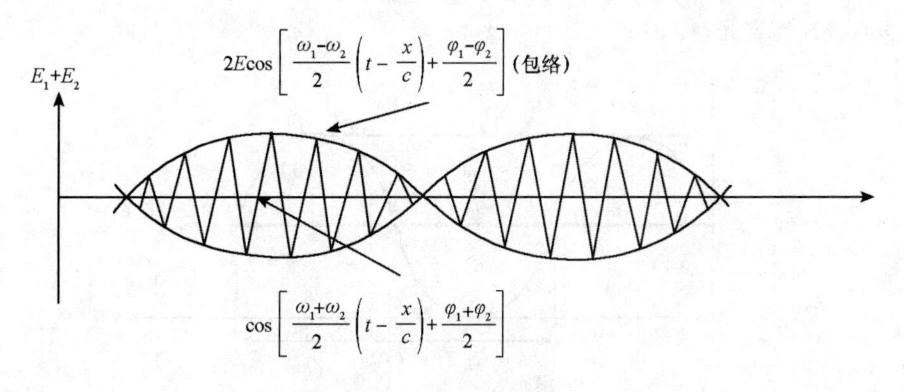

图 42－1　光拍频的形成

从式（42－3）可看出，合成的振动包含两个频率成分：快变部分频率为$\frac{\omega_1 + \omega_2}{2}$，慢变部分频率为$\frac{\omega_1 - \omega_2}{2}$，分别对应慢变包络部分与快变调制振幅部分。拍频现象的主要应用价值在于：它把高频信号中的频率信息和相位信息转移到差频信号之中，使得难以测量的高频变得容易测量。

用光电探测器来接收这个拍频波。光电探测器检测的是光强信息，即为拍频波电场强度的平方，转化为光电流，其大小可用下式表示

$$i_0 = gE_s^2 \tag{42-4}$$

其中 g 为光电转换常数。将式（42－3）代入式（42－4），同时注意到光频率非常高（$f_c > 10^{14}$ Hz），光电探测器无法跟得上变化如此快的光强，因此探测器产生的光电流 i_0 是响应时间 t（$\frac{1}{f_c} < t < \frac{1}{\Delta f}$）内积分并求平均的结果。因此探测器光电流中高频项贡献为零，只留下常数项和慢变项

$$\overline{i_0} = \frac{1}{t}\int_t i_0 \mathrm{d}t = gE^2\left\{1 + \cos\left[\Delta\omega\left(t - \frac{x}{c}\right) + \Delta\varphi\right]\right\} \tag{42-5}$$

式中：$\Delta\omega$ 为与 Δf 对应的角频率，且 $\Delta\omega = 2\pi\Delta f$；$\Delta\varphi = \varphi_1 - \varphi_2$ 为初始相差。从式（42－5）可知，光电探测器输出的光电流包含直流和交流两种成分；滤去直流成分，即得频率为拍频 Δf、相位与初相和空间位置有关的光拍信号。

图 42－2 是光拍信号在某一时刻的空间分布。如果接收电路将直流成分滤掉，即得纯粹的拍频信号在空间的分布。这就是说处在不同空间位置的光电探测器，在同一时刻有不同相位的光电流输出，这提示我们可以用比较相位的方法间接地测定光速。

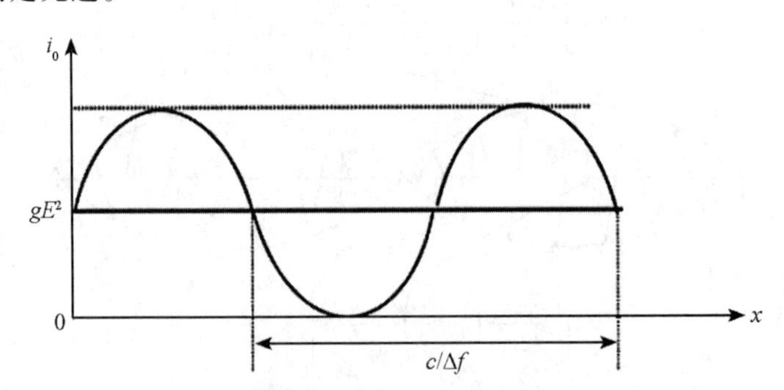

图 42－2　光拍的空间分布

由式（42－5）可知，光拍频的同相位诸点有如下关系

$$\Delta\Phi = \Delta\omega\frac{\Delta x}{c} = 2n\pi，或\ \Delta x = \frac{nc}{\Delta f} \tag{42-6}$$

式中 n 为整数。相邻的两同相点之间的距离 $\Lambda = \frac{c}{\Delta f}$ 即相当于拍频波的波长。因此，测定了 Λ 和拍频频率 Δf，即可确定光速 c。

2. 拍频光波的产生

光拍频波要求相拍两光束具有一定的频差。为了获得两列具有频率相近、频差固定的激光束，一种常用的方法是使超声波与光波相互作用。超声波（弹性波）在介质（晶体）中传播，引起介质对光的折射率发生周期性变化，从而产生相位光栅。当入射的激光束通过相位光栅时，将产生与超声声频有关的频移。

利用声光相互作用产生频移的方法有两种。一种是行波法，在声光介质与声源（压电换能器）相对端面上敷以吸声材料，防止声波反射，以保证只有声行波通过，如图 42－3 所示。相互作用的结果，激光束产生对称多级衍射。第 i 级衍射光的角频率为

$$\omega_i = \omega_0 + i\Omega \tag{42-7}$$

式中，ω_0 为入射光波的角频率；Ω 为声波角频率；衍射级 $i = \pm 1,\ \pm 2,\ \cdots$，如其中 +1 级衍射光频为 $\omega_0 + \Omega$，衍射角为 $\alpha = \dfrac{\lambda}{\Lambda}$，$\lambda$ 和 Λ 为介质中的光波和声波波长。通过仔细调节光路，可以使 +1 级与 0 级两光束平行叠加，产生频差为 Ω 的光拍频波。

另一种是驻波法，如图 42－4 所示。利用声波的反射，使介质中存在驻波声场（相当于介质传声的厚度为声波半波长的整数倍的情况）。它也产生 l 级对称衍射，而且衍射光比行波法强得多（衍射效率高），第 l 级的衍射光频为

$$\omega_{l,m} = \omega_0 \pm (l + 2m)\Omega \tag{42-8}$$

式中，$i = \pm 1,\ \pm 2,\ \pm 3,\ \cdots,\ m = 0,\ \pm 1,\ \pm 2,\ \cdots$。可见在同一级衍射光束内就含有许多不同频率的光波的叠加（但强度不同），因此不用调节光路就能获得拍频波。例如选取第一级（$l = 1$）的衍射，由 $m = 0$ 和 $m = +1$ 的两种频率成分叠加得到拍频为 2Ω 的拍频波。

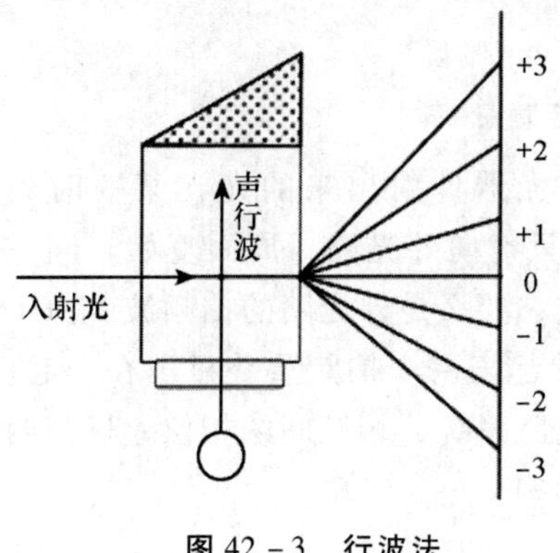

图 42－3　行波法

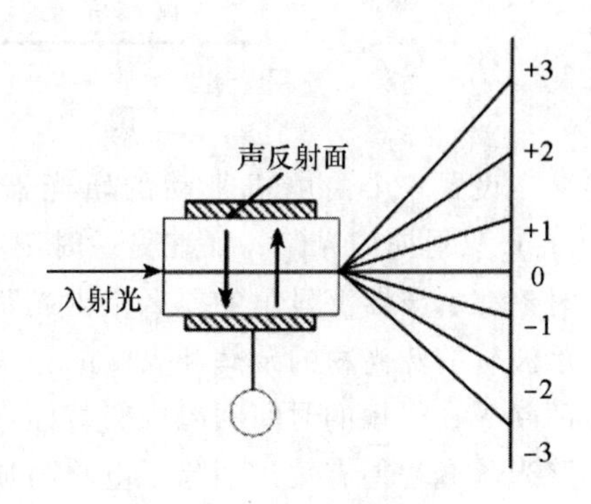

图 42－4　驻波法

3. 双光束相位比较法测拍频波长

用相位比较法测拍频波的波长，须经过很多电路，必然会产生附加相移。

以主控振荡器的输出端作为相位参考原点来说明电路稳定性对波长测量的影响。如图 42－5 所示，φ_1、φ_2 分别表示发射系统和接收系统产生的相移，φ_3、φ_4 分别表示混频电路Ⅱ和Ⅰ产生的相移，φ 为光在测线上往返传输产生的相移。由图看出，基准信号 u_1 到达测相系统之前相位移动了 φ_4，而被测信号 u_2 在到达测相系统之前的相移为 $\varphi_1+\varphi_2+\varphi_3+\varphi$。这样和 u_1 之间的相位差为 $\varphi_1+\varphi_2+\varphi_3-\varphi_4+\varphi=\varphi'+\varphi$，其中 φ' 与电路的稳定性及信号的强度有关。如果在测量过程中 φ' 的变化很小以致可以忽略，则反射镜在相距为半波长的两点间移动时，φ' 对波长测量的影响可以被抵消掉；但如果 φ' 的变化不可忽略，显然会给波长的测量带来误差。设反射镜处于位置 B_1 时，u_1 和 u_2 之间的相位差为 $\Delta\varphi_{B_1}=\varphi'_{B_1}+\varphi$；反射镜处于位置 B_2 时，u_2 与 u_1 之间的相位差为 $\Delta\varphi_{B_2}=\varphi'_{B_2}+\varphi+2\pi$。那么由于 $\varphi'_{B_1}\neq\varphi'_{B_2}$ 而给波长带来的测量误差为 $(\varphi'_{B_1}-\varphi'_{B_2})/2\pi$。若在测量过程中被测信号强度始终保持不变，则变化主要来自电路的不稳定因素。

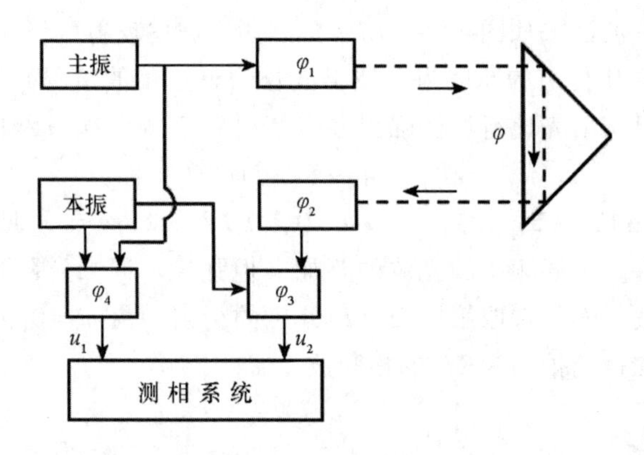

图 42－5　电路系统示意图

设置一个由电机带动的斩光器，使从声光器件射出来的光在某一时刻（t_0）只射向内光路，而在另一时刻（t_0+l）只射向外光路，周而复始。同一时刻在示波器上显示的要么是内光路的拍频波，要么是外光路的拍频波。由于示波管的荧光粉的余辉和人眼的记忆作用，看起来两个拍频重叠显示在一起。两路光在很短的时间间隔内交替经过同一套电路系统，相互间的相位差仅与两路光的光程差有关，消除了电路附加相移的影响。

4. 差频法测相位

在实际测相过程中，当信号频率很高时，测相系统的稳定性、工作速度以及电路分布参量造成的附加相移等因素都会直接影响测相精度，对电路的制造工艺要求也较苛刻，因此高频下测相困难较大。例如，BX21 型数字式相位计中检相双稳电路的开关时间是 40 ns 左右，如果所输入的被测信号频率为 100 MHz，则信号周期 $T=1/f=10$ ns，比电路的开关时间要短，可以想象，此时电路根本来不及动作。为使电路正常工作，就必须大大提高其工作速度。为了克服高频下测相的困难，人们通常采用差频的办法，把待测高频信号转化为中、低频信号处理。这样做的好处是易于理解的，因为两信号之间相位差的测量实际上被转化为两信号过零的时间差的测量，而降低信号频率 f 则意味着拉长了与待测的相位差 φ 相对应的时间差。下面证明差频前后两信号之间的相位差保持不变。

将两频率不同的正弦波同时作用于一个非线性元件（如二极管、三极管）时，其输出端包含两个信号的差频成分。非线性元件对输入信号 x 的响应可以表示为

$$y(x)=A_0+A_1x+A_2x^2+\cdots \tag{42-9}$$

忽略上式中的高次项，将看到二次项产生混频效应。

设基准高频信号为

$$u_1=U_{10}\cos(\omega t+\varphi_0) \tag{42-10}$$

被测高频信号为

$$u_2=U_{20}\cos(\omega t+\varphi_0+\varphi) \tag{42-11}$$

引入一个本振高频信号

$$u'=U'_0\cos(\omega' t+\varphi'_0) \tag{42-12}$$

式（42-10）至式（42-12）中，φ_0 为基准高频信号的初相位，$\varphi_0{}'$为本振高频信号的初相位，φ 为调制波在测线上往返一次产生的相移量。

将式（42-11）和式（42-12）代入式（42-9），并略去高次项，得到

$$y(u_2+u')\approx A_0+A_1u_2+A_1u'+A_2u_2^2+A_2u'^2+2A_2u_2u' \tag{42-13}$$

展开交叉项

$$\begin{aligned}2A_2u_2u'&\approx 2A_2U_{20}U'_0\cos(\omega t+\varphi_0+\varphi)\cos(\omega' t+\varphi'_0)\\&=A_2U_{20}U'_0\{\cos[(\omega+\omega')t+(\varphi_0+\varphi'_0)+\varphi]+\cos[(\omega-\omega')t+\\&\quad(\varphi_0-\varphi'_0)+\varphi]\}\end{aligned} \tag{42-14}$$

由上面推导可以看出，当两个不同频率的正弦信号同时作用于一个非线性元件时，在其输出端除了可以得到原来两种频率的基波信号以及它们的二次和

高次谐波，还可以得到差频以及和频信号，其中差频信号很容易和其他的高频成分或直流成分分开。同样的推导，基准高频信号 u_1 与本振高频信号 u'混频，其差频项为：$A_2U_{10}U'_0\cos[(\omega-\omega')t+(\varphi_0-\varphi'_0)]$。为了便于比较，把这两个差频项写在一起，即基准信号与本振信号混频后所得差频信号为

$$A_2U_{10}U'_0\cos[(\omega-\omega')t+(\varphi_0-\varphi'_0)] \tag{42-15}$$

被测信号与本振信号混频后所得差频信号为

$$A_2U_{20}U'_0\cos[(\omega-\omega')t+(\varphi_0-\varphi'_0)+\varphi] \tag{42-16}$$

比较以上两式可见，当基准信号、被测信号分别与本振信号混频后，所得到的两个差频信号之间的相位差仍保持为 φ。

本实验就是利用差频检相的方法，将 $f=149.545$ MHz 的高频基准信号和 150 MHz 高频被测信号分别与本机振荡器产生的高频振荡信号混频，得到频率为 455 kHz、相位差依然为 φ 的低频信号，然后送到相位计中去比相。

三、实验仪器及其主要技术参数

本实验使用南京浪博 LM2000C 光速测量仪（如图 42-6 所示）、双踪示波器、频率计等。LM2000C 光速测量仪的光学系统如图 42-7 所示，其光电系

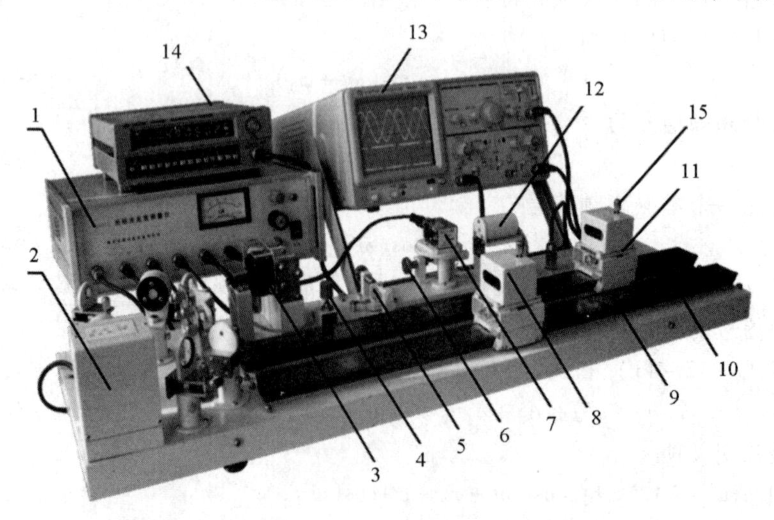

1—电路控制箱；2—光电接收盒；3—斩光器；4—斩光器转速控制旋钮；
5、6—手条旋钮；7—声光器件；8—棱镜小车 B；9—导轨 B；10—导轨 A；
11—棱镜小车 A；12—激光器；13—示波器；14—频率计；15—棱镜小车俯仰手轮。

图 42-6 LM2000C 光速测量仪

统接收原理如图 42－8 所示。

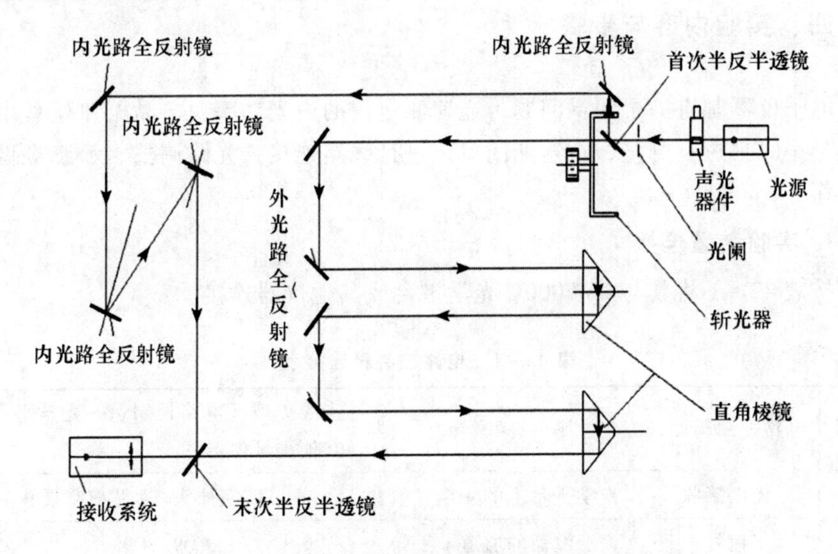

图 42－7　LM2000C 光速测量仪光学系统示意图

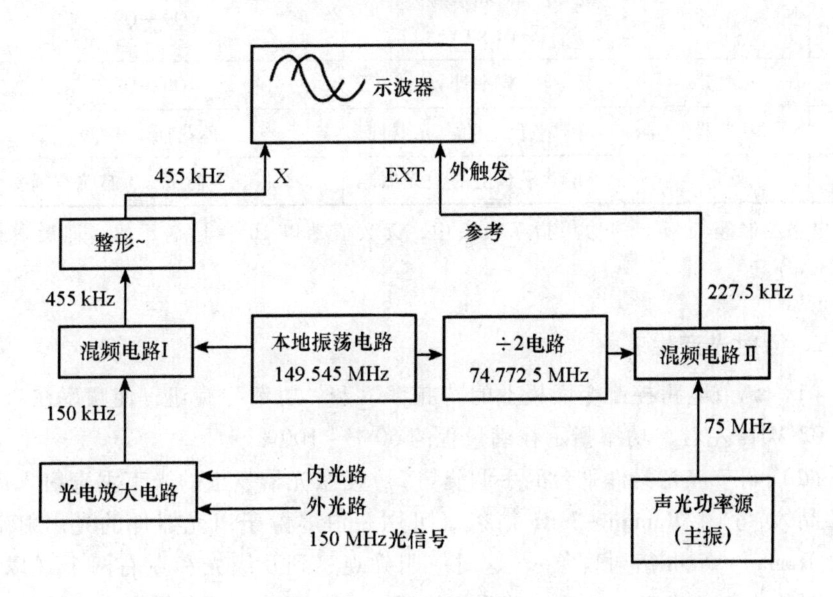

图 42－8　光电系统接收框图

四、实验内容与步骤

电子仪器都有一个温飘问题，光速测量仪的声光功率源、晶振和频率计须预热半小时再进行测量，在这期间可以进行线路连接、光路调整、示波器调整等工作。

1. 实验装置连接

按表 42 - 1 将其与 LM2000C 光学平台或其他仪器连接。

表 42 - 1　电路控制箱连接表

序号	电路控制箱面板	光学平台/频率计/示波器	连线类型（电路控制箱—光学平台/其他测量仪器）
1	光电接收	光学平台上的光电接收盒	4 芯航空插头—4 芯航空插头
2	信号	示波器的通道 1（X）	Q9—Q9
3	参考	示波器的同步触发端（EXT）	Q9—Q9
4	测频	频率计	Q9—Q9
5	声光器件	光学平台上的声光器件	莲花插头—Q9
6	激光器	光学平台上的激光器	3 芯航空插头—3 芯航空插头

注：电路控制箱面板上的功率指示表头中，读数值乘以 10 就是毫瓦数（即满量程是 1000 mW）。

2. 衍射光产生

（1）调节电路控制箱面板上的“频率”和“功率”旋钮，使频率在 75.00 ±0.02 MHz 左右，功率指示在满量程的 60% ~100%。

（2）调节声光器件平台的手调旋钮 2，使激光器发出的光束垂直射入声光器件晶体，产生 Raman - Nath 衍射（可用一白屏置于声光器件的光出射端以观察 Raman - Nath 衍射现象），这时应明确观察到 0 级光和左右两个（以上）强度对称的衍射光斑，然后调节手调旋钮 1，使某个 1 级衍射光正好透过光阑进入斩光器。新款 LM2000C 光速测量仪的手调旋钮 1 和手调旋钮 2 已改进成螺钉形式，为简化调节，出产时已调校在正确位置，并用螺母固定，一般情况无须调节。

3. 光路调节

内光路调节：调节光路上的平面反射镜，使内光程的光打在光电接收器入光孔的中心。

外光路调节：在内光路调节完成的前提下，调节外光路上的平面反射镜，使棱镜小车 A/B 在整个导轨上来回移动时，外光路的光也始终保持在光电接收器入光孔的中心。

反复进行，直至示波器上的两条曲线清晰、稳定、幅值相等。注意调节斩光器的转速要适中。过快，则示波器上两路波形会左右晃动；过慢，则示波器上两路波形会闪烁，引起眼睛观看的不适。另外各光学器件的光轴设定在平台表面上方 62.5 mm 的高度，调节时注意保持才不致调节困难。斩光器分出了内外两路光，所以在示波器上的曲线有些微抖，这是正常的。

光路调节原则：顺着光路的先后次序，先调节前一个平面反射镜，完成后再调节下一个。

4. 数据测量与计算

记下频率计上的读数 f，在实验操作中应随时注意 f，如发生变化，应立即调节声光功率源面板上的“频率”旋钮，保持 f 在整个实验过程中的稳定。

利用千分尺将棱镜小车 A 定位于导轨 A 左端某处（比如 5mm 处），这个起始值记为 D_A（0）；同样，从导轨 B 最左端开始运动棱镜小车 B，当示波器上的两条正弦波完全重合时，记下棱镜小车 B 在导轨 B 上的读数，反复重合 5 次，取这 5 次的平均值，记为 D_B（0）。

将棱镜小车 A 定位于导轨 A 右端某处（比如 535 mm 处，这是为了计算方便），这个值记为 D_A（2π）；将棱镜小车 B 向右移动，当示波器上的两条正弦波再次完全重合时，记下棱镜小车 B 在导轨 B 上的读数，反复重合 5 次，取这 5 次的平均值，记为 D_B（2π）。

将上述各值填入表 42－2，计算出光速 c。

表 42－2　光速测量数据记录表

次数	$D_A(0)$/mm	$D_A(2\pi)$/mm	$D_B(0)$/mm	$D_B(2\pi)$/mm	f/MHz	$c=2f[2(D_B(2\pi)-D_B(0))+2(D_A(2\pi)-D_A(0))]$/(m·s^{-1})	误差
1							%
2							%
3							%

参考：光在真空中的传播速度为：2.99792458×10^{8}m/s。

五、实验注意事项

1. 切勿用手或其他污物接触光学设备表面。
2. 切勿带电触摸激光管电极等高压部位。

六、思考题

1. 什么是光拍频波？
2. 斩光器的作用是什么？
3. 为什么采用光拍频法测光速？
4. 使示波器上出现两个正旋拍频信号的振幅相等，应如何操作？
5. 写出光速的计算公式，并说出各量的物理意义。
6. 分析本实验的主要误差来源，并讨论提高测量精确度的方法。

【技术应用】

1. 光拍频测试技术的应用

本实验所用的光拍频技术在20世纪中期被发现，并随激光技术的发明而迅速发展，在科学研究和工业技术方面有重要作用。归纳起来，光拍频测试技术的应用有两种类型。

一种类型是用激光波长或者多频激光合成波长作为长度标准。例如联系时间基准和长度基准之间的频率链，开始就是由光拍频形成的，后来在大长度测量以及小尺寸超高精度测量中都有应用。碘稳频633nmHe－Ne激光辐射是我国法定长度基准，同时633nm He－Ne稳频激光器则作为一种稳频激光光源在各种干涉系统中得到广泛的应用。实际应用中，通过拍频测量方法将633 nm波长长度基准，传递到工作标准和工作用激光干涉计量器具。

另一种类型是利用拍频信号的交流性质，作为传递其他物理量的载波，达到测量这些物理量的目的。这其中一个重要的应用例子是光纤拍频激光传感器。

光纤激光拍频传感器最大的优点在于其传感结构十分简单，解调也仅需一个光电探测器。如图42－9所示，利用一个短腔单模光纤布拉格光栅激光器产生两束正交的偏振激光，由于单模光纤非理想圆形，因此正交的两束光在光纤激光腔内的光程不同，导致两束激光具有稍微不同的波长。因为它们产生在一个谐振腔中，所以它们之间具有很好的相干性。

图 42－9　多纵模光纤激光拍频传感器结构原理示意图

多纵模光纤激光拍频传感器的基本结构如图 42－10 所示。两个中心波长相同的高反射率的光纤布拉格光栅作为光纤激光器谐振腔的反射镜，一段作为增益介质的掺铒光纤熔接在这两个光栅之间，构成光纤激光器谐振腔。工作时将泵浦光源注入该光纤激光谐振腔内。当光纤光栅的反射带宽远大于激光谐振频率且满足激光振荡的阈值条件时，在谐振腔内就会输出多个连续离散的纵模激光。

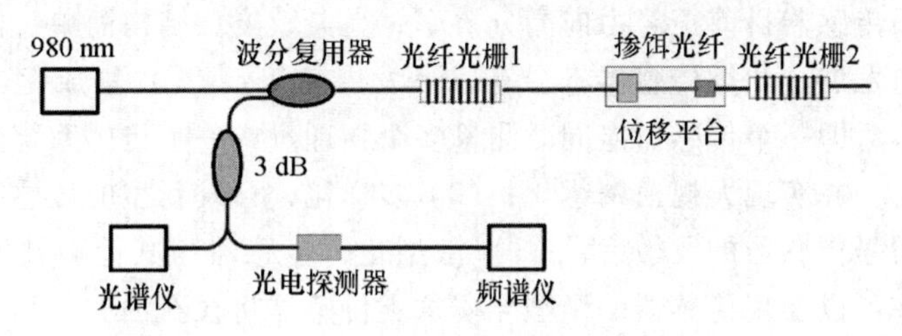

图 42－10　多纵模光纤激光传感器系统

这种多纵模光纤激光拍频传感器结构非常简单，传感系统不需要复杂的解调设备，极大地降低了成本，同时保持了光纤激光传感器灵敏度高、抗干扰能力强等优点。该方案为制成结构简单、成本低、性能稳定的传感器开辟了新的途径。

大规模传感网络化的实现，既要求传感系统中传感器足够多，也要求其中的每个传感器的性能都十分稳定。而多纵模光纤激光拍频传感器结构简单、成本低、性能稳定、抗电磁干扰能力强，因此非常适用于实现大规模传感网络化。多纵模光纤激光拍频传感器与波分复用、频分复用以及波分/频分混合复用等技术结合，从而扩大传感规模，并且对传感系统中的每个传感器以及整个传感系统进行结构优化，进而可提升传感系统的整体性能，如图 42－11 所示。

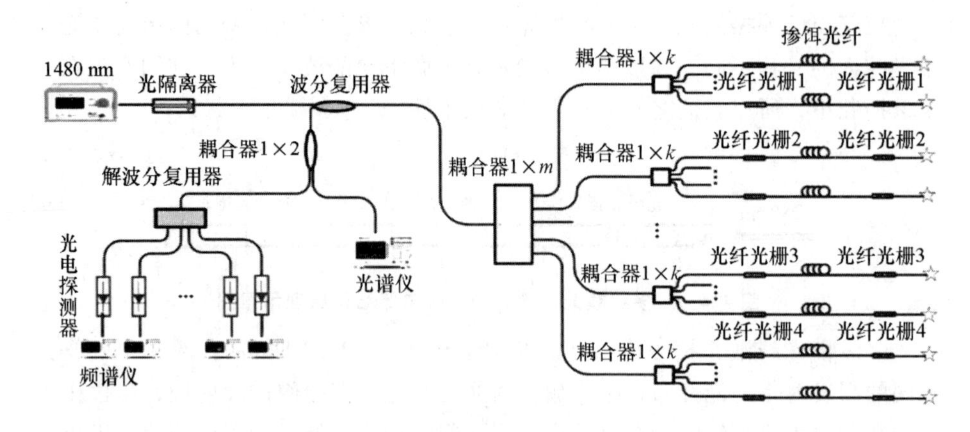

图 42－11　基于波分/频分混合复用技术的多纵模光纤激光拍频传感器阵列

多纵模光纤激光拍频传感器在环境监测、地震勘测、大型土木工程健康监测、水声检测、航天航空等领域具有广阔的应用前景，如图 42－12 所示。光纤激光拍频传感器目前正努力向高分辨率、高灵敏度、结构简单、低成本、大规模的方向发展。此类传感器将会有以下发展趋势：（1）集成化，开发多用途的传感器，即一个传感器能同时测量多个物理量或一个传感系统能同时测量多个物理量，并实现大规模网络化；（2）多样化，开发新型的传感材料和传感技术，以增强传感器的灵敏度；（3）微型化，传感器与其他微技术结合的微光学技术，可以实现传感器的微型化。这类传感器将在石油和天然气、航空航天、民用基础建设、生物医学等领域得到广泛应用。

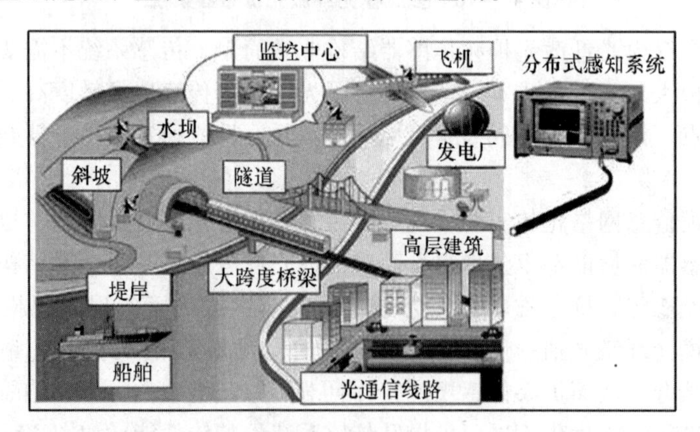

图 42－12　光纤激光传感器的各种应用场景

2. 光速的测定历史

光速的测定，成了 17 世纪以来所展开的关于光的本性的争论的重要依据。但是，由于受当时实验环境的局限，科学家们只能以天文方法测定光在真空中的传播速度，还不能解决光受传播介质影响的问题，所以关于这一问题的争论始终悬而未决。

18 世纪，科学界是沉闷的，光学的发展几乎处于停滞状态。继布莱德雷之后，经过一个多世纪的酝酿，到了 19 世纪中期，才出现了新的科学家和新的方法来测量光速。

1849 年，法国人菲索第一次在地面上设计实验装置来测定光速。他的方法原理与伽利略的类似。他将一个点光源放在透镜的焦点处，在透镜与光源之间放一个齿轮，在透镜的另一侧较远处依次放置另一个透镜和一个平面镜，平面镜位于第二个透镜的焦点处。点光源发出的光经过齿轮和透镜后变成平行光，平行光经过第二个透镜后又在平面镜上聚于一点，在平面镜上反射后按原路返回。由于齿轮有齿隙和齿，当光通过齿隙时观察者就可以看到返回的光，当光恰好遇到齿时就会被遮住。从开始到返回的光第一次消失的时间就是光往返一次所用的时间，根据齿轮的转速，这个时间不难求出。通过这种方法，菲索测得的光速是 315 000 km/s。由于齿轮有一定的宽度，用这种方法很难精确测出光速。

1850 年，法国物理学家傅科改进了菲索的方法，他只用一个透镜、一面旋转的平面镜和一个凹面镜。平行光通过旋转的平面镜汇聚到凹面镜的圆心，同样用平面镜的转速可以求出时间。傅科用这种方法测出的光速是 298 000 km/s。另外傅科还测出了光在水中的传播速度，通过与光在空气中传播速度的比较，他测出了光由空气射入水中的折射率。这个实验在微粒说被波动说推翻之后，又一次对微粒说做出了判决，给了光的微粒理论最后的冲击。

1928 年，卡娄拉斯和米太斯塔德首先提出利用克尔盒法来测定光速。1951 年，贝奇斯传德用这种方法测出的光速是 299 793 km/s。

光波是电磁波谱中的一小部分，当代人们对电磁波谱中的每一种电磁波都进行了精密的测量。1950 年，艾森提出了用空腔共振法来测量光速。这种方法的原理是，微波通过空腔时当它的频率为某一值时发生共振。根据空腔的长度可以求出共振腔的波长，再把共振腔的波长换算成光在真空中的波长，由波长和频率可计算出光速。

当代计算出的最精确的光速都是通过波长和频率求得的。1958 年，弗鲁姆求出光速的精确值：$(299\ 792.5 \pm 0.1)$ km/s。1972 年，埃文森测得了目前真空中光速的最佳数值：(299 792 457.4 ±0.1)m/s。

光速的测定在光学的研究历程中有着重要的意义。虽然从人们设法测量光速到人们测量出较为精确的光速共经历了300多年的时间，但在这期间每一点进步都促进了几何光学和物理光学的发展，尤其是在微粒说与波动说的争论中，光速的测定曾给这一场著名的科学争辩提供了非常重要的依据。

实验 43　双光栅测量微弱振动位移量

【技术概述】

作为一种把机械位移信号转化为光电信号的手段，光栅式位移测量技术在长度与角度的数字化测量、运动比较测量、数控机床、应力分析等领域得到了广泛的应用。多普勒频移物理特性的应用也非常广泛，如医学上的超声诊断仪、海水各层深度海流速度和方向的测量、卫星导航定位系统、音乐中乐器的调音等。双光栅微弱振动实验仪在力学实验项目中可用作音叉振动分析、微振幅（位移）测量和光拍研究等。

一、实验目的

1. 了解利用光的多普勒频移形成光拍的原理并用于测量光拍拍频。
2. 学会使用精确测量微弱振动位移的方法。
3. 应用双光栅微弱振动实验仪测量音叉振动的微振幅。

二、实验原理

1. 位移光栅的多普勒频移

多普勒效应是指当波源与接收器之间有相对运动时，接收器接收到的频率与波源频率不同的现象，由此产生的频率变化称为多普勒频移。

由于介质对光的传播有不同的位相延迟作用，对于两束相同的单色光，若初始时刻相位相同，经过相同的几何路径，但在不同折射率的介质中传播，则出射时两光的相位会不相同。对于相位光栅，当激光平面波垂直入射时，由于相位光栅上不同的光密和光疏媒质部分对光波的相位延迟作用，入射的平面波变成出射时的摺曲波阵面，如图 43 - 1 所示。

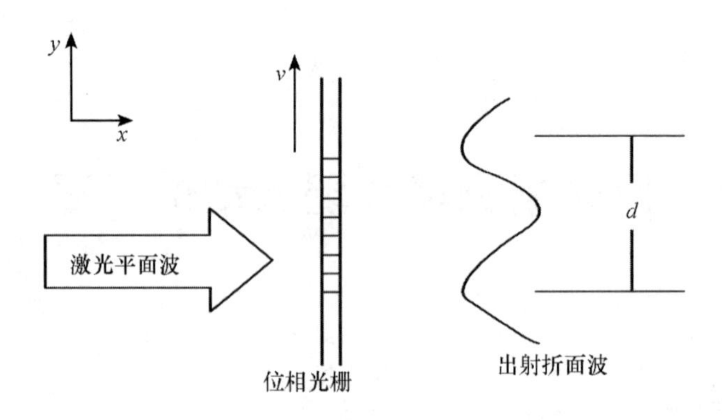

图 43－1　出射的摺曲波阵面

激光平面波垂直入射到光栅，由于光栅上每条缝自身的衍射作用和各条缝之间的干涉，通过光栅后光的强度出现周期性的变化。在远场，可以用光栅衍射方程来表示主极大位置

$$d\sin\theta = \pm k\lambda, k = 0, 1, 2, \cdots \tag{43-1}$$

式中：整数 k 为主极大级数；d 为光栅常数；θ 为衍射角；λ 为光波波长。

如果光栅在 y 方向以速度 v 移动，则从光栅出射的光的波阵面也以速度 v 在 y 方向移动。因此在不同时刻，对应于同一级的衍射光线，它从光栅出射时，在 y 方向也有一个 vt 的位移量，如图 43－2 所示。

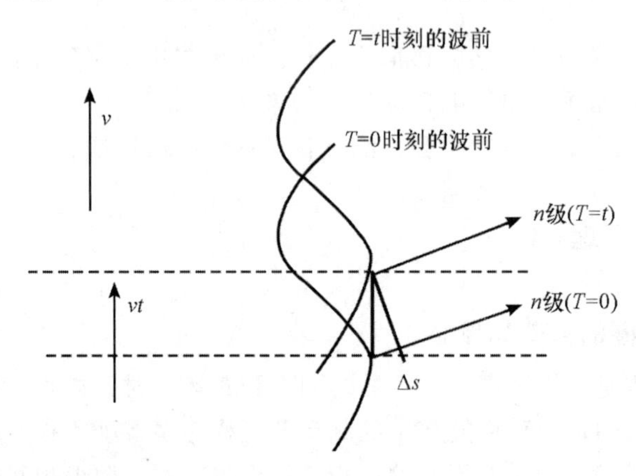

图 43－2　衍射光线在 y 方向上的位移量

这个位移量对应于出射光波相位的变化量为

$$\Delta\varphi(t) = \frac{2\pi}{\lambda}\Delta s = \frac{2\pi}{\lambda}vt\sin\theta \tag{43-2}$$

把式（43－1）代入式（43－2）得

$$\Delta\varphi(t)=\frac{2\pi}{\lambda}vt\frac{k\lambda}{d}=k\left(2\pi\frac{v}{d}\right)t=k\omega_d t \tag{43－3}$$

式中：$\omega_d=2\pi\frac{v}{d}$。

若激光从静止的光栅出射，光波电矢量方程为

$$E=E_0\cos\omega_0 t \tag{43－4}$$

而激光从相应移动光栅出射时，光波电矢量方程则为

$$E=E_0\cos[\omega_0 t+\Delta\varphi(t)]=E_0\cos[(\omega_0+k\omega_d)t] \tag{43－5}$$

显然可见，移动的相位光栅 k 级衍射光波，相对于静止的相位光栅有一个 $\omega_a=\omega_0+k\omega_d$ 的多普勒频移，如图 43－3 所示。

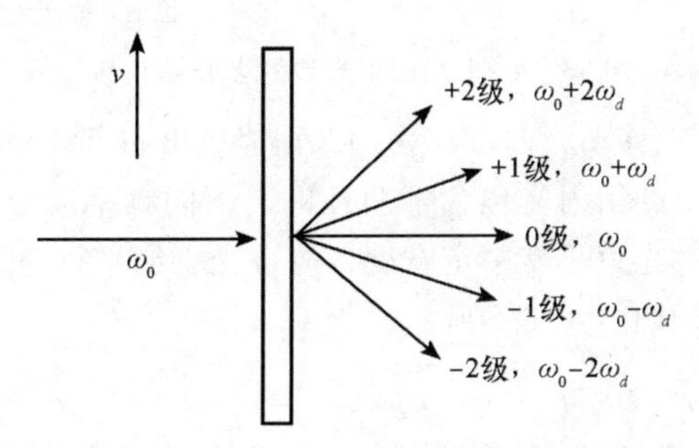

图 43－3　移动光栅的多普勒频率

2. 光拍的获得与检测

光频率很高，为了在光频 ω_0 中检测出多普勒频移量，必须采用“拍”的方法，即要把已频移的和未频移的光束互相平行叠加，以形成光拍。由于拍频较低，容易测得，通过拍频即可检测出多普勒频移量。

本实验形成光拍的方法是采用两片完全相同的光栅平行紧贴，一片 B 静止，另一片 A 相对移动。激光通过双光栅后所形成的衍射光，即为两种以上光束的平行叠加。其形成的第 k 级衍射光波的多普勒频移如图 43－4 所示。

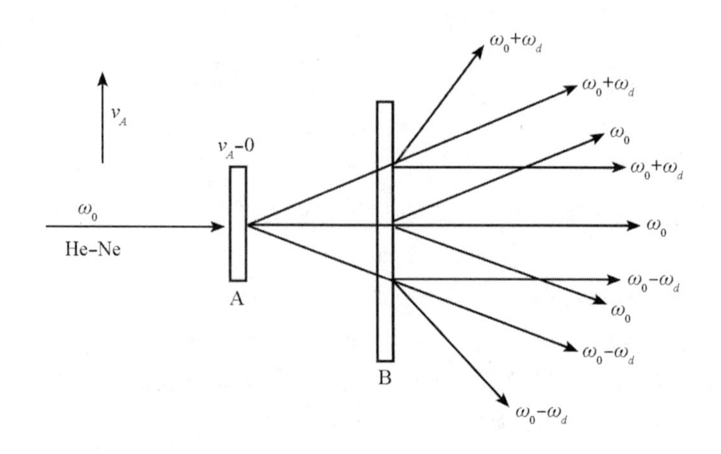

图 43－4　k 级衍射光波的多普勒频移

光栅 A 按速度 v_A 移动，起频移作用，而光栅 B 静止不动，只起衍射作用，故通过双光栅后射出的衍射光包含了两种以上不同频率成分而又平行的光束。由于双光栅紧贴，激光束具有一定宽度，故该光束能平行叠加，这样直接而又简单地形成了光拍，如图 43－5 所示。

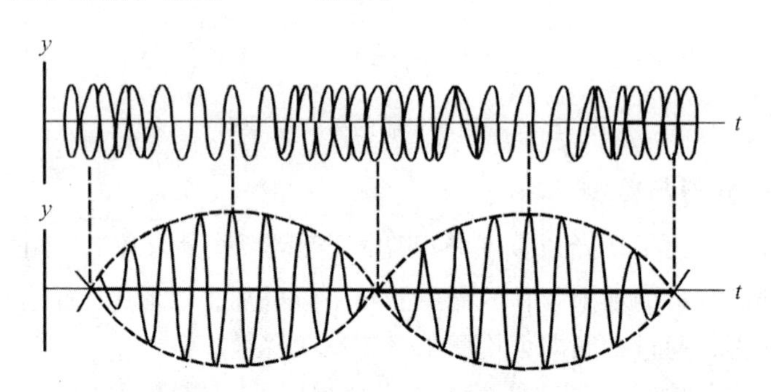

图 43－5　频差较小的两列光波叠加形成“拍”

当激光经过双光栅所形成的衍射光叠加成光拍信号，光拍信号进入光电检测器后，其输出电流可由下述关系求得：

光束 1：$E_1 = E_{10}\cos(\omega_0 t + \varphi_1)$

光束 2：$E_2 = E_{20}\cos[(\omega_0 + \omega_d)t + \varphi_2]$（取 $k = i$）

光电流：

$$\begin{aligned} I &= \xi(E_1+E_2)^2 \\ &= \xi\{E_{10}^2\cos^2(\omega_0 t+\varphi_1)+E_{20}^2\cos^2[(\omega_0+\omega_d)t+\varphi_2]+ \\ &\quad E_{10}E_{20}\cos[(\omega_0+\omega_d-\omega_0)t+(\varphi_2-\varphi_1)]+ \\ &\quad E_{10}E_{20}\cos[(\omega_0+\omega_d+\omega_0)t+(\varphi_2+\varphi_1)]\} \end{aligned} \tag{43-7}$$

式中，ξ 为光电转换常数。

因光波频率 ω_0 甚高，在式（43－7）第一、二、四项中，光电检测器无法反应，式（43－7）第三项即为拍频信号，因为频率较低，光电检测器能做出相应的响应。其光电流为

$$\begin{aligned} i_S &= \xi\{E_{10}E_{20}\cos[(\omega_0+\omega_d-\omega_0)t+(\varphi_2-\varphi_1)]\} \\ &= \xi\{E_{10}E_{20}\cos[\omega_d t+(\varphi_2-\varphi_1)]\} \end{aligned}$$

拍频即为

$$F_{拍}=\frac{\omega_d}{2\pi}=\frac{v_A}{d}=v_A n_\theta \tag{43-8}$$

式中，$n_\theta=\dfrac{1}{d}$为光栅密度，本实验 $n_\theta=100$ 条/mm。

3. 微弱振动位移量的检测

从式（43－8）可知，$F_{拍}$ 与光频率 ω_0 无关，且当光栅密度 n_θ 为常数时，只正比于光栅移动速度 v_A，如果把光栅粘在音叉上，则 v_A 是周期性变化的。所以光拍信号频率 $F_{拍}$也是随时间而变化的，微弱振动的位移振幅为

$$A=\frac{1}{2}\int_0^{T/2}v(t)\,\mathrm{d}t=\frac{1}{2}\int_0^{T/2}\frac{F_{拍}(t)}{n_\theta}\mathrm{d}t=\frac{1}{2n\theta}\int_0^{T/2}F_{拍}(t)\,\mathrm{d}t \tag{43-9}$$

式中：T 为音叉振动周期，$\int_0^{T/2}F_{拍}(t)\,\mathrm{d}t$ 表示 $T/2$ 时间内的拍频波个数。所以，只要测得拍频波的波数，就可得到较弱振动的位移振幅。

波形数由完整波形数、波的首数、波的尾数三部分组成。根据示波器上显示（图 43－6）计算，波形的分数部分为不是一个完整波形的首数及尾数，需在波群的两端，可按反正弦函数折算为波形的分数部分，即

波形数 = 整数波形数 +

波的首数和尾数中满 1/2 或 1/4 或 3/4 个波形分数部分 +

$$\frac{\arcsin a}{360^\circ}+\frac{\arcsin b}{360^\circ} \tag{43-10}$$

式中：a、b 为波群的首、尾幅度和该处完整波形的振幅之比。波群指 $T/2$ 内的波形，分数波形数若满 1/4 个波形为 0.25，满 1/2 个波形为 0.5，满 3/4

个波形为 0.75。

案例：如图 43-7 所示，在 $T/2$ 内，整数波形数为 4，尾数分数部分已满 1/4 波形，$b=(H-h)/H=(1-0.6)/1=0.4$。

$$\text{波形数}=4+0.25+\frac{\arcsin 0.4}{360^\circ}=4.25+\frac{23.6^\circ}{360^\circ}$$
$$=4.25+0.07=4.32$$

对应的振动位移为

$$A=\frac{1}{2}\int_0^{T/2}v(t)\,\mathrm{d}t=\frac{1}{2}\int_0^{T/2}\frac{F_{\text{拍}}(t)}{n_\theta}\mathrm{d}t=\frac{1}{2n_0}\int_0^{T/2}F_{\text{拍}}(t)\,\mathrm{d}t$$
$$=\frac{1}{2\times 100}\times 4.32=2.16\times 10^{-2}(\mathrm{mm})$$

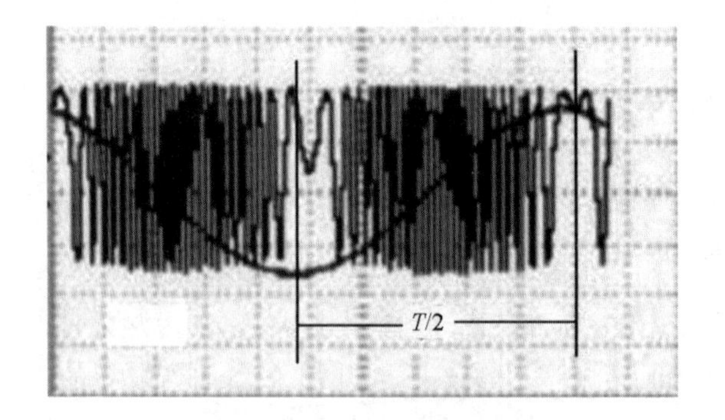

图 43-6　示波器显示拍频波形

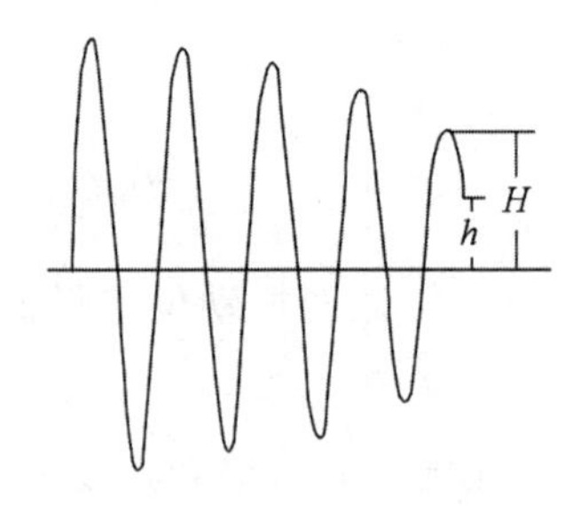

图 43-7　计算波形数

三、实验仪器及其主要技术参数

1. 测试仪面板

测试仪面板如图 43-8 所示。按“频率调节”按钮，对应指示灯亮，表示可以用编码开关调节输出频率。编码开关下面的按键用于切换频率调节位，编码开关上面的按键可用来切换正弦波和方波输出。正弦波输出频率范围是 20～100 000 Hz，方波的输出频率范围是 20～1 000 Hz。

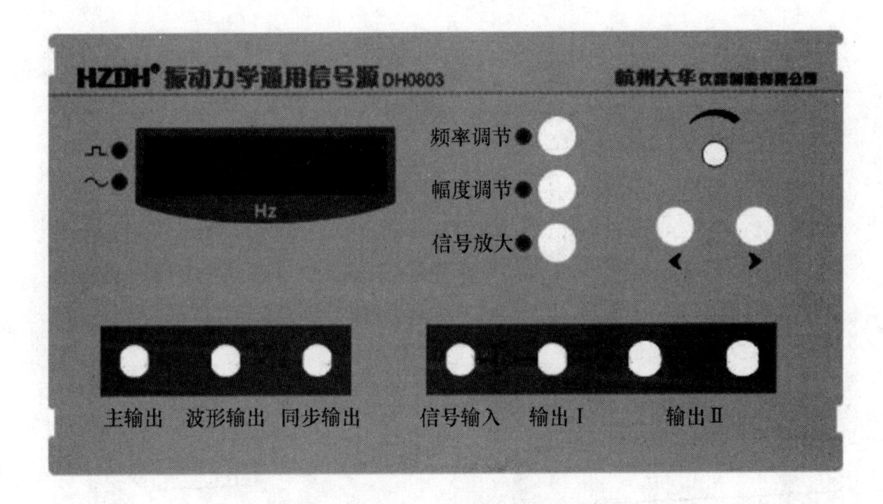

图 43－8　测试仪面板

按“幅度调节”按钮，对应指示灯亮，表示可以用编码开关调节输出信号幅度，可在 0～100 挡间调节，输出幅度不超过 $U_{p-p}=20$ V。

按“信号放大”按钮，对应指示灯亮，表示可以用编码开关调节信号放大倍数，可在 0～100 挡间调节，放大倍数不超过 55 倍。

“主输出”接音叉驱动器；“波形输出”可接示波器观察主输出的波形；“同步输出”为输出频率同主输出，且与主输出相位差固定的正弦波信号，作为观察拍频波的触发信号；“信号输入”接光电传感器；“输出 I”接示波器通道 1，观察拍频波；“输出 II”可接耳机。

2. 实验平台

本实验所用实验平台如图 43－9 所示。

3. 技术参数

（1）半导体激光器：$\lambda=650$ nm，功率 2～5 mW。

（2）音叉谐振频率：500 Hz 左右。

（3）信号发生器：DDS 信号发生器，能产生方波和正弦波，其频率在 20～100 000 Hz 连续可调；编码开关和数字按键联合进行频率调节，最小步进值 0.001 Hz，6 位数码管显示；信号输出幅度 0～$20U_{p-p}$ 可调，编码开关调节幅度大小；带主输出、波形输出和同步输出接口。

（4）信号放大器：放大倍数通过编码开关调节，输出接口有 Q9 示波器接口和 52 插座两种，前者用于示波器观测，后者用于驱动耳机或外部负载。

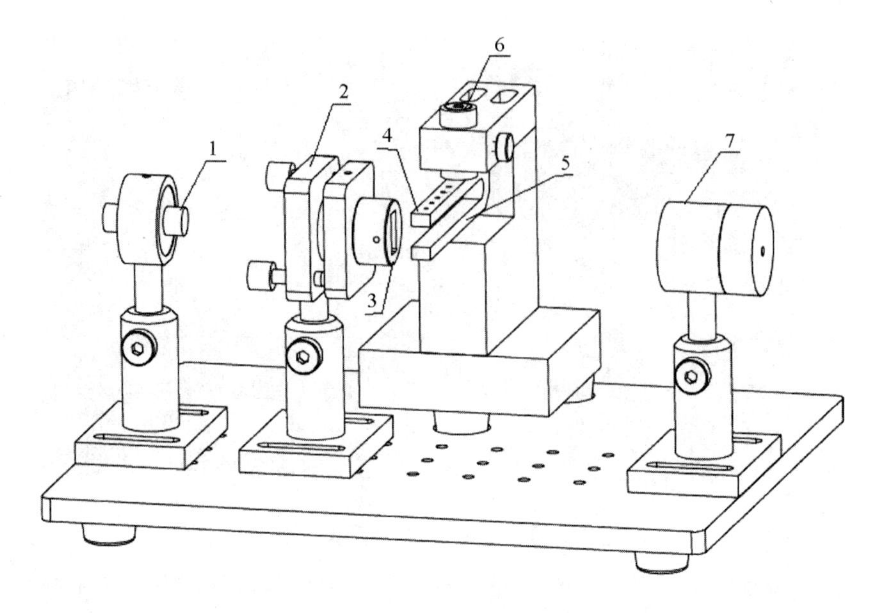

1—半导体激光器；2—静光栅调节架；3—静光栅；4—动光栅；
5—音叉；6—音叉驱动器；7—光电传感器。

图 43-9 实验平台

（5）位移量分辨率：5μm。

四、实验内容与步骤

1. 熟悉双踪示波器的使用方法。

2. 将示波器的 CH1 通道接至测试仪面板上的“输出 I”；示波器的 CH2 通道接“同步输出”，选择此通道为触发源；音叉驱动器接“主输出”；光电传感器接“信号输入”，注意不要将光电传感器接错以免损坏传感器。

3. 几何光路调整。

实验平台上的“激光器”接“半导体激光电源”，将激光器、静光栅、动光栅摆在一条直线上。打开半导体激光电源，让激光穿越静、动光栅后形成一竖排衍射光斑，使中间最亮光斑进入光电传感器里面，调节静光栅和动光栅的相对位置，使两光栅尽可能平行。

4. 音叉谐振调节。

先调整好实验平台上音叉和激振换能器的间距，一般 0.3 mm 为宜，可使用塞尺辅助调节。打开测试仪电源，调节正弦波输出频率至 500 Hz 附近，幅度调节至最大，使音叉谐振，调节时可用手轻轻地按音叉顶部感受振动强弱，或听振动声音，找出调节方向。若音叉谐振太强烈，可调小驱动信号幅度，使振动减弱，在示波器上看到的 $T/2$ 内光拍的波数为 15 个左右（拍频波的幅度和质量与激光光斑、静动光栅平行度、光电传感器位置都有关系，需耐心调节）。记录此时音叉振动频率、屏上完整波的个数、不足一个完整波形的首数和尾数值，以及对应该处完整波形的振幅值，填入表 43－1。

表 43－1　音叉谐振调节数据记录表

频率/Hz	
$T/2$ 内的波数	
音叉振动振幅/mm	

5. 测出外力驱动音叉时的谐振曲线。

在音叉谐振点附近，调节驱动信号频率，测出音叉的振动频率与对应的音叉振幅大小，频率间隔可以取 0.1Hz，选 8 个点，分别测出对应波的个数，由式（43－9），计算出各自的振幅 A。相关数据的记录于表 43－2。

表 43－2　外力驱动音叉谐振调节数据记录表

频率/Hz									
$T/2$ 内的波数									
音叉振动振幅/mm									

6. 保持驱动信号输出幅度不变，将软管放入音叉上的小孔从而改变音叉的有效质量，调节驱动信号频率，绘出音叉不同有效质量时的谐波曲线，研究谐振曲线的变化趋势。相关数据记录于表 43－3。

表 43－3　改变音叉质量谐振调节数据记录表

软管数量									
$T/2$ 内的波数									
音叉振动振幅/mm									

实验仪面板上的“输出Ⅱ”是为了用耳机听拍频信号。

五、实验注意事项

1. 注意正确连线，以免损坏传感器。
2. 电源开机前，将输出电压调至零。

六、思考题

1. 在实验中怎样产生光拍？
2. 如何计算波形数？（画图表示）
3. 如何判断动光栅与静光栅的刻痕已平行？
4. 绘制外力驱动音叉谐振曲线时，为什么要固定信号功率？

【技术应用】

精密位移测量是半导体、精密测量和计量领域的关键问题。在现代制造系统和测量仪器中，精密测量的水平决定了制造仪器的精度，因此高精度位移测量系统对于现代设备制造具有重要意义，在当代精密机械制造领域应用广泛。基于光栅的精密位移测量系统以其对环境要求小、测量分辨率高等优点，在精密位移测量领域占据重要位置。

光栅位移测量起源于20世纪50年代，英国建立了第一个利用莫尔条纹测量线位移的工作样机，随后其他各国也开始不断研究。德国海德汉（Heidenhain）公司是市场认可度较高的光栅尺及编码器厂家，生产的LC93F直线光栅尺分辨率达0.005μm。目前光栅测量技术正朝着高分辨率的方向发展，测量精度已经进入纳米量级。

相较于电容、电感微位移测量、激光位移测量等系统，基于光栅的位移测量系统由于具有精度高、分辨率高、体积小、抗干扰性强、成本低、工作环境要求低、使用方便等优点，具有更大的应用潜力，目前已经发展出很多新的基于光栅的位移测量系统。

光栅位移测量系统包括光学测量系统、信号接收处理系统、电子学细分及整体装调部分。其基本原理为：首先由光源产生光束照射到测量光栅上，光栅固定在线性移动部件上做直线运动，光束经过移动的光栅时由于产生衍射光干涉而携带位移信息，后经光信号接收及转换系统，将光信号转化为电信号，再经过电子学细分等处理过程得到精密位移量。其中，光学测量部分主要依据以下原理设计：(1) 衍射光栅干涉原理：双光栅测量系统中参考光栅和测量光栅成一定夹角放置，相对移动时出射的各级衍射光光程产生变化，从而发生衍射光的干涉，通过对干涉信息的解调获取位移信息。(2) 多普勒频移原理：当单色波入射到运动物体时，光波发生散射，散射光频率相对于入射光频率产生了正比于物体运动速度的频率偏移。当运动物体为光栅时，出射的同一正负级次衍射光产生频移，合束后产生拍频干涉，后经对干涉信息的接收与解调得到位移信息。

如图43-10所示，光栅位移传感器工作时，由一对光栅副中的主光栅（即标尺光栅）和副光栅（即指示光栅）进行相对位移，在光的干涉与衍射共同作用下产生黑白相间（或明暗相间）的规则条纹图形，称之为莫尔条纹。经过光电器件转换使黑白（或明暗）相间的条纹转换成正弦波变化的电信号，再经过放大器放大、整形电路整形后，得到两路相差90°的正弦波或方波，送入光栅数显表计数显示。

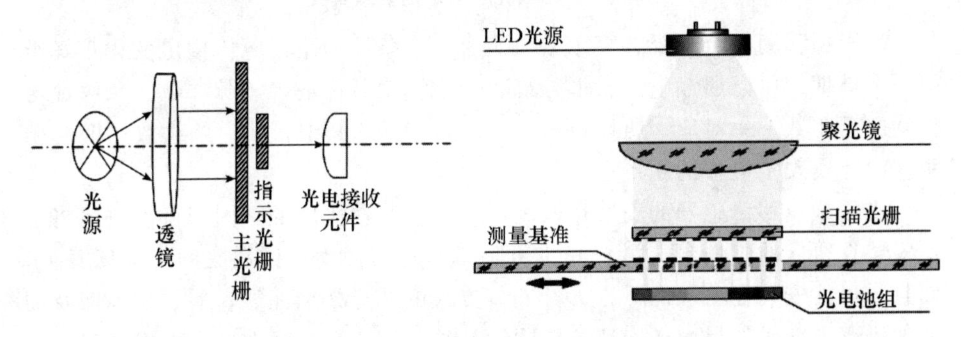

图43-10　直线玻璃透射式光栅原理图

在测量时，长短两光栅尺面相互平行地重叠在一起，并保持0.01～0.1mm的间隙，指示光栅相对标尺光栅在自身平面内旋转一个微小的角度θ。当光线平行照射光栅时，由于光的透射和衍射效应，在与两光栅线纹夹角θ的平分线相垂直的方向上，会出现明暗交替、间隔相等的粗条纹——莫尔条纹，如图43-11所示。

两条暗带或明带之间的距离称为莫尔条纹的间距B，若光栅的栅距为W，则$B=\dfrac{W}{2\sin(\theta/2)}$。因为$\theta$很小，所以$B\approx\dfrac{W}{\theta}$。由此可见，莫尔条纹的间距与光栅的栅距成正比。

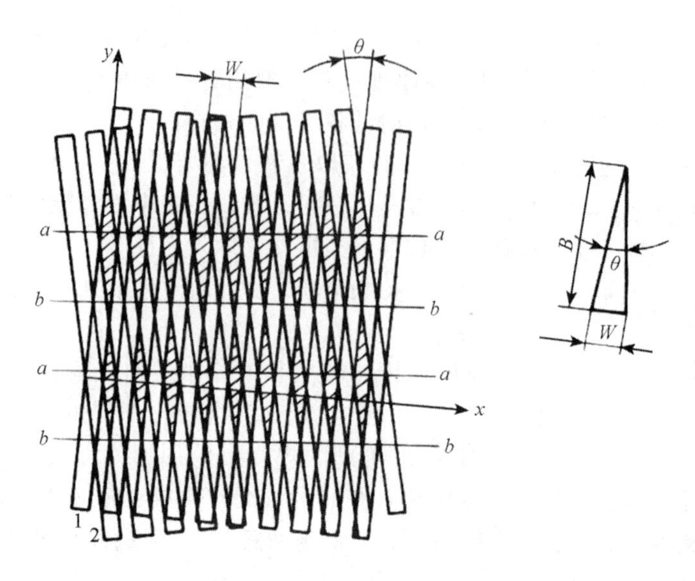

图 43－11　双光栅形成的莫尔条纹

当光栅移动一个栅距，莫尔条纹走过一个条纹间距，电压输出变化正好经历一个周期，可以通过电路整形处理，变成一个脉冲输出。脉冲数、条纹数与移动的栅距数一一对应，所以位移量为：$x = NW$，其中，N 为条纹数；W 为栅距。由此实现了位移的测量。

光栅线位移传感器的安装比较灵活，可安装在机床的不同部位。一般将主尺安装在机床的工作台（滑板）上，随机床走刀而动；读数头固定在床身上，而且尽可能安装在主尺的下方。其安装方式的选择必须注意切屑、切削液及油液的溅落方向。如果由于安装位置限制必须采用读数头朝上的方式安装时，必须增加辅助密封装置。另外，一般情况下，读数头应尽量安装在相对机床静止部件上，此时输出导线不移动易固定，而尺身则应安装在相对机床运动的部件上（如滑板）。

如图 43－12、图 43－13 所示为德国海德汉公司生产的几类光栅尺。

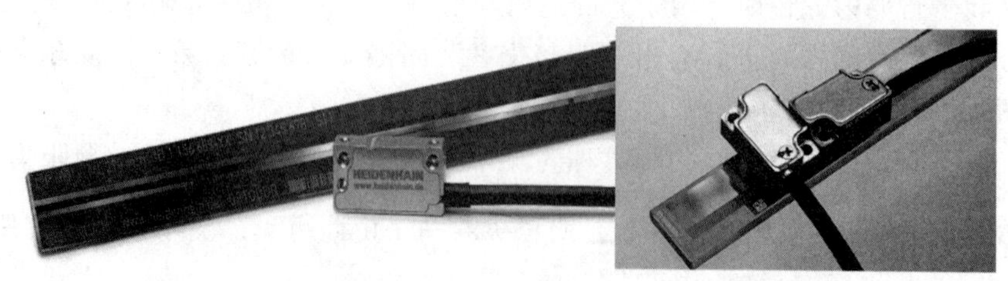

图 43－12　海德汉公司生产的一维与二维敞开式光栅尺

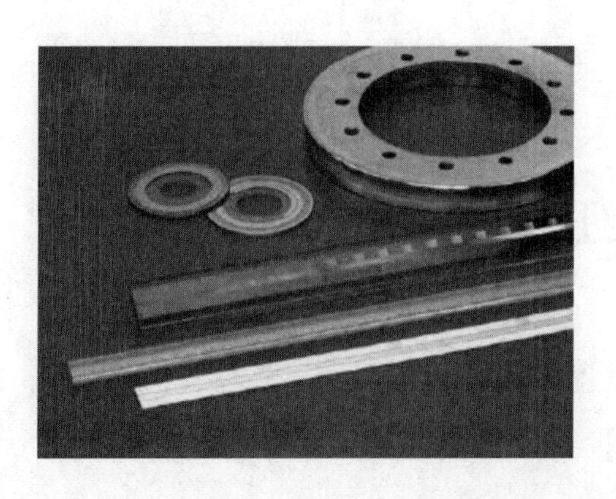

图 43 - 13　海德汉公司生产的不同材料的光栅尺

现有典型的光栅位移测量系统中，成熟的测量技术已经可以达到纳米级测量，多维光栅测量技术虽然已经提出，但技术尚不成熟，未大规模投入使用，且光栅位移测量技术仍受刻线精度和测量方法的限制。因此，高精度、高分辨率、高鲁棒性、结构简单、微型化、多维化、多技术融合将是未来发展方向。

实验 44　红外热成像技术

【技术概述】

红外热成像技术是利用红外探测器、光学成像物镜和光机扫描系统接收目标物体发出的红外辐射，利用热电或光电效应，由探测器将红外辐射能量的空间分布特性转换成电信号，最后以数字、信号、图像等方式显示出来，并加以利用的探知、观察和研究各种物体的一门综合性技术。该技术除主要应用在黑夜或浓厚幕云雾中探测对方的目标，探测伪装的目标和高速运动的目标等军事应用外，还可广泛应用于工业、农业、医疗、消防、考古、交通、地质、安防、公安侦查等民用领域。

一、实验目的

1. 掌握红外成像原理。
2. 了解研究物体的辐射面、辐射体温度对辐射能力的影响。

二、实验原理

热辐射的真正研究是从基尔霍夫（G. R. Kirchhoff）开始的。1859 年他从理论上导入了辐射本领、吸收本领和黑体概念，他利用热力学第二定律证明了一切物体的热辐射本领 r（ν，T）与吸收本领 α（ν，T）成正比，比值仅与频率 ν 和温度 T 有关，其数学表达式为

$$\frac{r(\nu,T)}{\alpha(\nu,T)}=F(\nu,T) \tag{44-1}$$

式中 F（ν，T）是一个与物质无关的普适函数。1861 年，基尔霍夫进一步指出，在一定温度下用不透光的壁包围起来的空腔中的热辐射等同于黑体的

热辐射。1879 年，斯特潘（J. Stefan）从实验中总结出了黑体辐射的辐射本领 R 与物体绝对温度 T 四次方成正比的结论；1884 年，玻尔兹曼对上述结论给出了严格的理论证明，其数学表达式为

$$R_T = \sigma T^4 \tag{44-2}$$

此式即为斯特潘－玻尔兹曼定律，其中 $\sigma = 5.673 \times 10^{-12}(\mathrm{W \cdot cm^{-2} \cdot K^{-4}})$，为玻尔兹曼常数。

1888 年，韦伯（H. F. Weber）提出了波长与绝对温度之积是一定的。1893 年，维恩（Wilhelm Wien）从理论上进行了证明，其数学表达式为

$$\lambda_{\max} T = b \tag{44-3}$$

式中：$b = 2.897\,8 \times 10^{-3}$（m · K）为普适常数。随温度的升高，绝对黑体光谱亮度的最大值的波长向短波方向移动，即维恩位移定律。

图 44－1 显示了黑体不同色温的辐射能量随波长的变化曲线，峰值波长 $\lambda_{\max}$ 与它的绝对温度 T 成反比。1896 年，维恩推导出黑体辐射谱的函数形式

$$r_{(\lambda, T)} = \frac{\alpha c^2}{\lambda^5} \mathrm{e}^{-\beta c / \lambda T} \tag{44-4}$$

式中 α，β 为常数，该公式与实验数据比较，在短波区域符合得很好，但在长波部分出现系统偏差。为表彰维恩在热辐射研究方面的卓越贡献，1911 年授予他诺贝尔物理学奖。

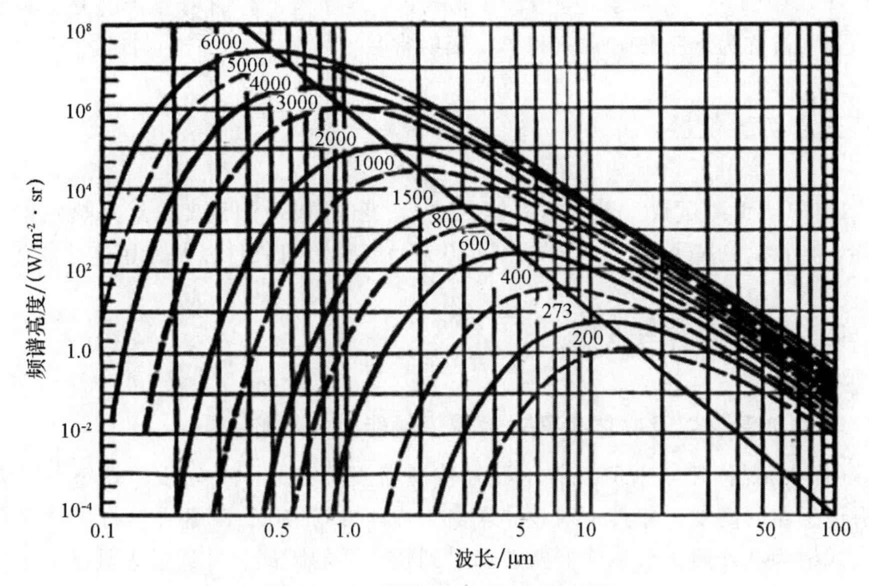

图 44－1　辐射能量与波长的关系

1900 年，英国物理学家瑞利（Lord Rayleigh）从能量按自由度均分定律出发，推出了黑体辐射的能量分布公式

$$r_{(\lambda,T)}=\frac{2\pi c}{\lambda^4}KT \tag{44-5}$$

该公式被称为瑞利·金斯公式，公式在长波部分与实验数据较相符，但在短波部分却出现了无穷值，而实验结果是趋于零。这部分严重的背离，被称为“紫外灾难”。

1900 年，德国物理学家普朗克（M. Planck）在总结前人工作的基础上，采用内插法将适用于短波的维恩公式和适用于长波的瑞利·金斯公式衔接起来，得到了在所有波段都与实验数据符合得很好的黑体辐射公式

$$r_{(\lambda,T)}=\frac{c_1}{\lambda^5}\cdot\frac{1}{e^{c_2/\lambda T}-1} \tag{44-6}$$

式中：c_1，c_2 均为常数。但该公式的理论依据尚不清楚。

这一研究的结果促使普朗克进一步去探索该公式所蕴含的更深刻的物理本质。他做了如下“量子”假设：对一定频率 ν 的电磁辐射，物体只能以 $h\nu$ 为单位吸收或发射它，也就是说，吸收或发射电磁辐射只能以“量子”的方式进行，每个“量子”的能量为 $E=h\nu$，称之为能量子。其中 h 是一个用实验来确定的比例系数，称之为普朗克常数，它的数值是 $6.625\ 59\times10^{-34}\ \mathrm{J\cdot s}$。式（43－6）中的 c_1、c_2 可表述为 $c_1=2\pi hc^2$，$c_2=ch/k$，它们均与普朗克常数相关，分别被称为第一辐射常数和第二辐射常数。

三、实验仪器

DHRH－1 测试仪、黑体热辐射测试架、红外成像测试架、红外热辐射传感器、半自动扫描平台、光学导轨（60 cm）、计算机软件以及专用连接线等。

四、实验内容与步骤

1. 物体温度以及物体表面对物体辐射能力的影响

（1）将黑体热辐射测试架、红外传感器安装在光学导轨上，调整红外热辐射传感器的高度，使其正对模拟黑体（辐射体）中心，然后再将黑体热辐射测试架和红外热辐射传感器两者调整到较合适的距离，并通过光具座上的紧固螺丝锁紧。

（2）将黑体热辐射测试架上的加热电流输入端口和控温传感器端口分别通过专用连接线和 DHRH－1 测试仪面板上的相应端口相连；用专用连接线将红外热辐射传感器和 DHRH－1 面板上的专用接口相连；检查连线是否无误，确认无误后，开通电源，对辐射体进行加热，如图 44－2 所示。

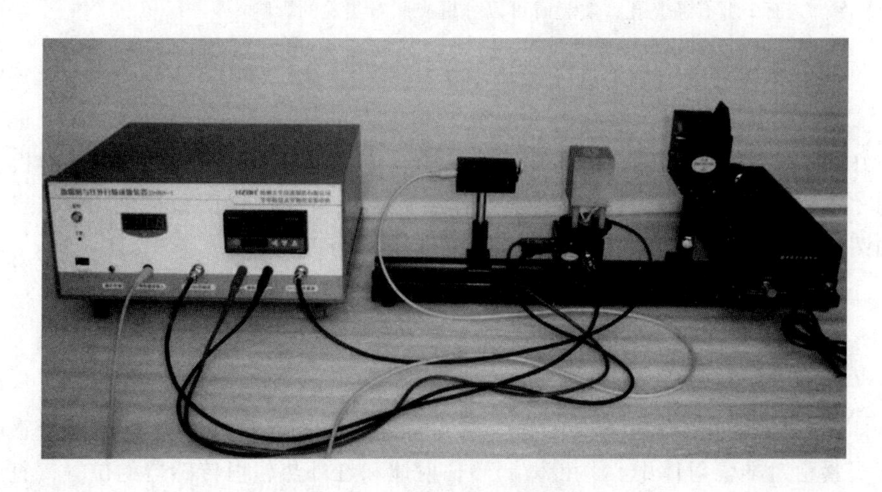

图 44－2 对辐射体加热连线图

（3）记录不同温度时的辐射强度，填入表 44－1 中，并绘制温度－辐射强度曲线。

注：本实验既可以动态测量，也可以静态测量。静态测量时要设定不同的控制温度，具体如何设置温度见控温表说明书。静态测量时，由于控温需要时间，用时较长，故做此实验时建议采用动态测量。

表 44－1 黑体温度与辐射强度记录表

温度 t/℃	20	25	30	……	80
辐射强度 P/V					

（4）将红外热辐射传感器移开，控温表设置在 60℃，待温度控制好后，将红外热辐射传感器移至靠近辐射体处，转动辐射体（辐射体较热，请戴上手套进行旋转，以免烫伤），测量不同辐射表面的辐射强度（实验时，保证红外热辐射传感器与待测辐射面距离相同，便于分析和比较），记录于表 44－2 中。

表 44－2　黑体表面与辐射强度记录表

黑体表面	黑面	粗糙面	光面 1	光面 2（带孔）
辐射强度 P/V				

注：光面 2 上有通光孔，实验时可以分析光照对实验的影响。

（5）黑体温度与辐射强度微机测量。

用计算机动态采集黑体温度与辐射强度之间的关系时，先按照步骤（2）连好线，然后把黑体热辐射测试架上的测温传感器 PT100 Ⅱ 连至测试仪面板上的“PT100 传感器 Ⅱ”，用 USB 电缆连接计算机与测试仪面板上的 USB 接口，如图 44－2 所示。

具体实验界面的操作以及实验案例详见安装软件上的帮助文档。

2. 研究黑体辐射与距离的关系

（1）按照本节“实验 1”的步骤（2）把线连接好，连线同图 44－2。

（2）将黑体热辐射测试架紧固在光学导轨左端某处，红外热辐射传感器探头紧贴对准辐射体中心，稍微调整辐射体和红外热辐射传感器的位置，直至红外热辐射传感器底座上的刻线对准光学导轨标尺上的一整刻度，并以此刻度为两者之间距离零点。

（3）将红外热辐射传感器移至导轨另一端，并将辐射体的黑面转动到正对红外传感器。

（4）将控温表头设置在 80℃，待温度控制稳定后，移动红外热辐射传感器的位置，每移动一定的距离，记录测得的辐射强度，并记录于表 44－3 中，绘制辐射强度－距离图以及辐射强度－距离的平方图，即 $P-S$ 和 $P-S^2$ 图。

（5）分析绘制的图形。

表 44－3　黑体辐射与距离关系记录表

距离 S/mm	400	380	……	0
辐射强度 P/V				

3. 依据维恩位移定律测绘物体辐射强度与波长的关系图

（1）按本节“实验 1”，测量不同温度时辐射体辐射强度与辐射体温度的关系并记录。

（2）根据式（44－3），求出不同温度时的 λ_{max}。

（3）根据不同温度下的辐射强度和对应的 λ_{max}，描绘 $P-\lambda_{max}$ 曲线图。

（4）分析所描绘图形，并说明原因。

4. 红外成像

（1）将红外成像测试架放置在导轨左边，半自动扫描平台放置在导轨右边，将红外成像测试架上的加热输入端口和传感器端口分别通过专用连线同测试仪面板上的相应端口相连；将红外热辐射传感器安装在半自动扫描平台上，并用专用连接线将红外热辐射传感器和面板上的输入接口相连，用 USB 连接线将测试仪与计算机连接起来，如图 44－3 所示。

图 44－3　红外成像实验连线图

（2）将一红外成像体放置在红外成像测试架上，设定温度控制器，控温温度为 60℃或 70℃等，检查连线是否无误；确认无误后，开通电源，对红外成像体进行加热。

（3）温度控制稳定后，将红外成像测试架向半自动扫描平台移近，使成像物体尽可能接近红外热辐射传感器（不能紧贴，防止高温烫坏传感器测试面板），并将红外热辐射传感器前端面的白色遮挡物旋转到与传感器的中心孔位置一致。

（4）启动扫描电机，开启采集器，采集成像物体横向辐射强度数据；手动调节红外成像测试架的纵向位置（每次向上移动相同坐标距离，调节杆上有刻度），再次开启电机，采集成像物体横向辐射强度数据；计算机将会显示全部的采集数据点以及成像图，软件具体操作详见软件界面上的帮助文档。

五、实验注意事项

1. 在实验过程中，当辐射体温度很高时，禁止触摸辐射体，以免烫伤。

2. 测量不同辐射表面对辐射强度影响时，辐射温度不要设置太高，转动辐射体时，应戴手套。

3. 实验时，计算机在采集数据时不要触摸测试架，以免对传感器造成干扰。

4. 辐射体的光面 1 粗糙度较高，应避免受损。

六、思考题

1. 红外成像系统性能的两个综合量度是什么？

2. 热图像很模糊的原因有哪些？如何解决？

3. 热源的温度过高时怎么办？

【技术应用】

红外探测成像具有作用距离远、抗干扰性好、穿透烟尘雾霾能力强、可全天候全天时工作等优点，在军用和民用领域都得到了极为广泛的应用，如飞行器发动机与火焰探测、人体湿度探测和人体组织（膝盖）炎症发展诊断等。

根据不同工作机理，红外探测器可分为热探测器和光电探测器两类。目前，红外光电探测器已经发展了三代，从单器件简单的一维扫描发展到多维阵列扫描，从复杂机械扫描结构发展到集成、智能、简化整机系统。目前发展的第三代红外光电探测器，具有大面阵、小型化、低成本、双色与多色、智能型系统级灵巧芯片等特点，并集成有高性能数字信号处理功能，可实现单片多波段融合高分辨率探测与识别。

适于红外光电探测器发展的材料有碲镉汞（HgCdTe）、量子阱光探测、二类应变超晶格和量子点红外光探测四个材料体系。红外探测材料发展历史如图 44－4 所示。

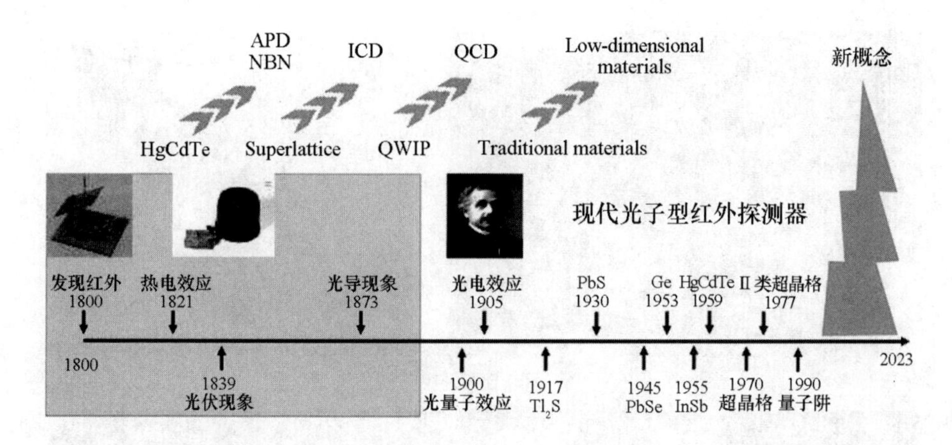

图 44－4　红外探测材料发展历史

成像探测技术的发展都会经历三个阶段：首先是初级阶段，仅能探测信号的强度，得到目标的“黑白照片”；其次是中级阶段，能够同时探测信号的强度和波长，得到目标的“彩色照片”；最后发展到高级阶段，同时探测信号的强度、波长、相位以及偏振状态，得到目标的“全息照片”。目前，红外成像技术处于从初级阶段向中级阶段过渡时期。

军事应用上，红外成像制导技术应用于精确制导武器上，彰显出巨大优势，在几场局部战争中展现出了卓越作战性能。红外成像制导技术是利用目标和背景的红外辐射能量，通过特定探测器转化为图像信号，进而实现对目标的识别与跟踪，并导引导弹准确攻击目标，集光、机、电、控和信息处理于一体的智能化制导技术。例如，以目标红外辐射为探测源的被动式红外成像制导的反坦克导弹，由于其隐蔽性更好、更适应未来战场环境，成为各国十分重视的武器系统之一。如图 44－5 所示为美国“海尔法”反坦克导弹及其内部结构。

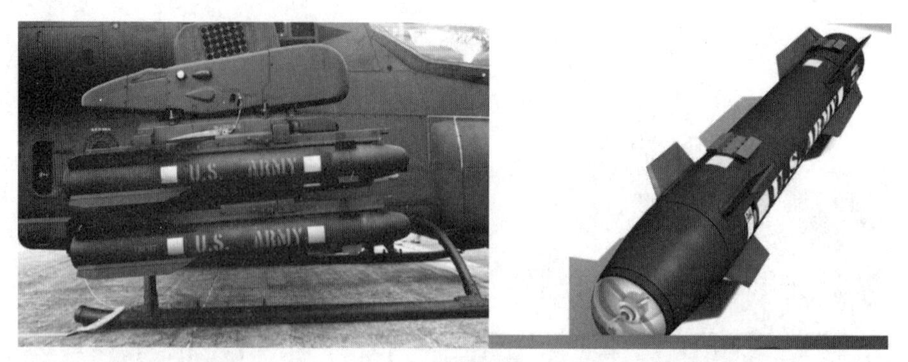

(a) 导弹外貌

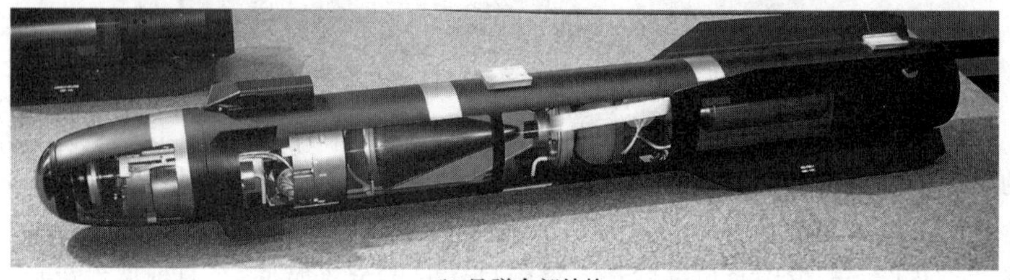

(b) 导弹内部结构

图 44－5　美国“海尔法”反坦克导弹

实验 45　红外通信技术

【技术概述】

红外通信是利用波长范围在 0.75～1 000 μm 的近红外电磁波作为信息传输载体的通信方式。一个红外通信系统通常由红外发射器、传输信道和红外接收器三部分组成。由于光纤以及自由空间中光传播的低损耗区都在近红外光波段，目前主流的光纤通信以及空间无线光通信，用的都是红外光。

一、实验目的

1. 掌握红外通信的原理及基本特性。
2. 了解部分材料的红外特性。
3. 了解红外发射管和接收管的伏安特性、电光转换特性和角度特性。

二、实验原理

1. 红外通信

在现代通信技术中，为了避免信号互相干扰，提高通信质量与通信容量，通常用信号对载波进行调制，用载波传输信号，在接收端再将需要的信号解调还原出来。不管用什么方式调制，调制后的载波要占用一定的频带宽度，如音频信号要占用几千赫兹的带宽，模拟电视信号要占用 8 MHz 的带宽。载波的频率间隔若小于信号带宽，则不同信号间会互相干扰。能够用作无线电通信的频率资源非常有限，国际国内都对通信频率进行统一规划和管理，仍难以满足日益增长的信息需求。通信容量与所用载波频率成正比，与波长成反比，目前微波波长能做到厘米量级，在开发应用毫米波和亚毫米波时遇到了困难。红外波长比微波短得多，用红外波作载波，其潜在的通信容量是微波通信无法比拟的。红外通信就是用红外波作载波的通信方式。红外传输的介质可以是光纤或空间，本实验采用空间传输。

2. **红外材料**

光在光学介质中传播时，由于材料的吸收、散射，会使光波在传播过程中逐渐衰减。对于确定的介质，光的衰减 $\mathrm{d}I$ 与材料的衰减系数 α、光强 I、传播距离 $\mathrm{d}x$ 成正比

$$\mathrm{d}I = -\alpha I \mathrm{d}x \tag{45-1}$$

对上式积分，可得

$$I = I_0 \mathrm{e}^{-\alpha L} \tag{45-2}$$

式中，L 为材料的厚度。

材料的衰减系数是由材料本身的结构及性质决定的，对不同的波长衰减系数不同。普通的光学材料由于在红外波段衰减较大，通常并不适用于红外波段。常用的红外光学材料包括：石英晶体及石英玻璃；半导体材料及它们的化合物，如锗、硅、金刚石、氮化硅、碳化硅、砷化镓、磷化镓等；氟化物晶体、氧化物陶瓷，还有一些硫化物玻璃、锗硫系玻璃等。

光波在不同折射率的介质表面会反射，入射角为零或入射角很小时反射率为

$$R = \left(\frac{n_1 - n_2}{n_1 + n_2}\right)^2 \tag{45-3}$$

由式（45－3）可见，反射率取决于界面两边材料的折射率（n_1、n_2）。由于色散，材料在不同波长的折射率不同。折射率与衰减系数是表征材料光学特性的最基本参数。由于材料通常有两个界面，测量到的反射与透射光强是在两界面间反射的多个光束的叠加效果，如图 45－1 所示。

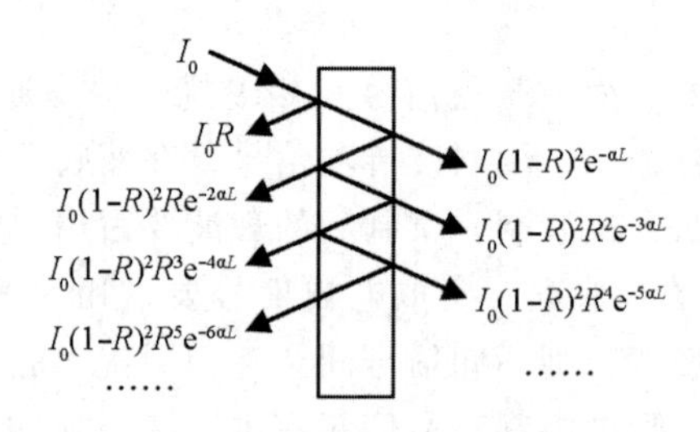

图 45－1　光在两界面间的多次反射

反射光强与入射光强之比为

$$\frac{I_R}{I_0}=R[1+(1-R)^2\mathrm{e}^{-2\alpha L}(1+R^2\mathrm{e}^{-2\alpha L}+R^4\mathrm{e}^{-4\alpha L}+\cdots)]$$
$$=R\left[1+\frac{(1-R)^2\mathrm{e}^{-2\alpha L}}{1-R^2\mathrm{e}^{-2\alpha L}}\right] \tag{45-4}$$

透射光强与入射光强之比为

$$\frac{I_T}{I_0}=(1-R)^2\mathrm{e}^{-\alpha L}(1+R^2\mathrm{e}^{-2\alpha L}+R^4\mathrm{e}^{-4\alpha L}+\cdots)$$
$$=\frac{(1-R)^2\mathrm{e}^{-\alpha L}}{1-R^2\mathrm{e}^{-2\alpha L}} \tag{45-5}$$

原则上，测量出 I_0、I_R、I_T，联立式（45－4）和式（45－5），可以求出 R 与 α。下面讨论两种特殊情况下求 R 与 α。

对于衰减可忽略不计的红外光学材料，取 $\alpha=0$，$\mathrm{e}^{-\alpha L}=1$，此时，由式（45－4）可解出

$$R=\frac{I_R/I_0}{2-I_R/I_0} \tag{45-6}$$

对于衰减较大的非红外光学材料，可以认为多次反射的光线经材料衰减后光强度接近零，对图 45－1 中的反射光线与透射光线都可只取第一项，此时

$$R=\frac{I_R}{I_0} \tag{45-7}$$

$$\alpha=\frac{1}{L}\ln\frac{I_0(1-R)^2}{I_T} \tag{45-8}$$

由于空气的折射率为 1，求出反射率后，可由式（45－3）解出材料的折射率

$$n=\frac{1+\sqrt{R}}{1-\sqrt{R}} \tag{45-9}$$

很多红外光学材料的折射率较大，在空气与红外光学材料的界面会产生严重的反射。例如硫化锌的折射率为 2.2，反射率为 14%；锗的折射率为 4，反射率为 36%。为了降低表面反射损失，通常在光学元件表面镀上一层或多层增透膜以提高光学元件的透过率。

3. 发光二极管

红外通信的光源为半导体激光器或发光二极管，本实验采用发光二极管。

发光二极管是由 P 型和 N 型半导体组成的二极管，如图 45－2 所示。P 型

半导体中有相当数量的空穴，几乎没有自由电子。N 型半导体中有相当数量的自由电子，几乎没有空穴。当两种半导体结合在一起形成 PN 结时，N 区的电子（带负电）向 P 区扩散，P 区的空穴（带正电）向 N 区扩散，在 PN 结附近形成空间电荷区与势垒电场。势垒电场会使载流子向扩散的反方向做漂移运动，最终扩散与漂移达到平衡，使流过 PN 结的净电流为零。在空间电荷区内，P 区的空穴被来自 N 区的电子复合，N 区的电子被来自 P 区的空穴复合，使该区内几乎没有能导电的载流子，又称为结区或耗尽区。

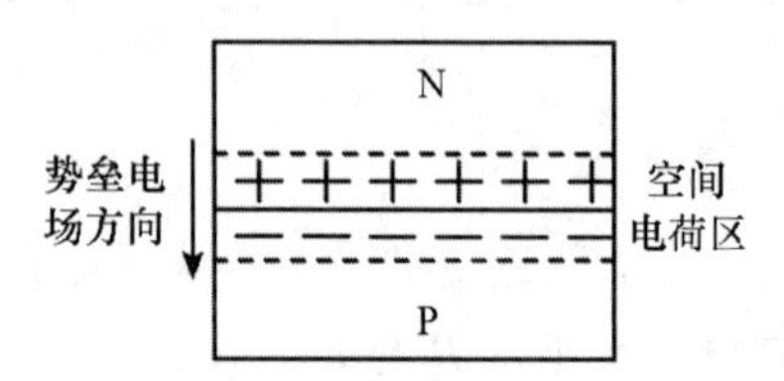

图 45－2　发光二极管 PN 结示意图

当加上与势垒电场方向相反的正向偏压时，结区变窄，在外电场作用下，P 区的空穴和 N 区的电子就向对方做扩散运动，从而在 PN 结附近产生电子与空穴的复合，并以热能或光能的形式释放能量。采用适当的材料，使复合能量以发射光子的形式释放，就构成发光二极管。采用不同的材料及组分，可以控制发光二极管发射光谱的中心波长。

图 45－3、图 45－4 分别为发光二极管的伏安特性与输出特性。从图 45－3 可见，发光二极管的伏安特性与一般的二极管类似。从图 45－4 可见，发光二极管输出光功率与驱动电流近似呈线性关系。这是因为驱动电流与注入 PN 结的电荷数成正比，在复合发光的量子效率一定的情况下，输出光功率与注入电荷数成正比。

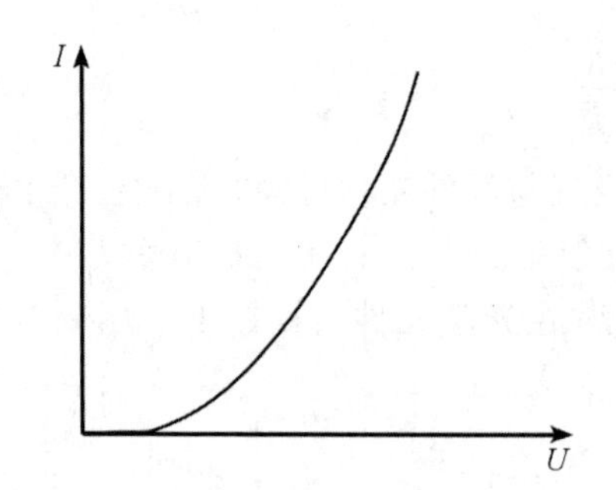

图 45－3　发光二极管伏安特性

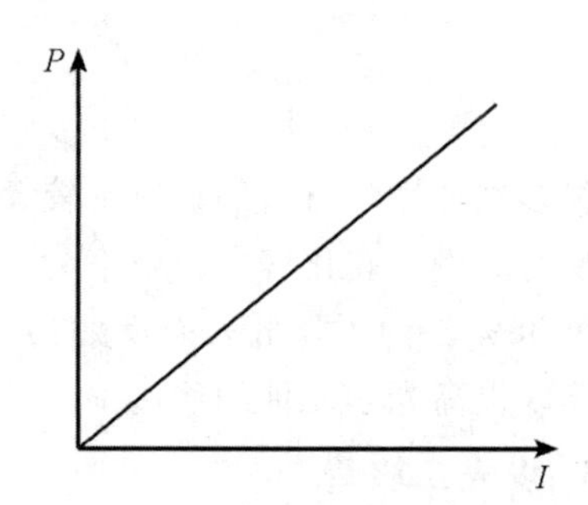

图 45－4　发光二极管输出特性

发光二极管的发射强度随发射方向而异。方向（角度）特性如图 45 - 5 所示，图中的发射强度是以最大值为基准，当方向角度为 0°时，其发射强度定义为 100%。当方向角度增大时，其发射强度相对减少。发射强度如由光轴取其方向角度一半，其值即为峰值的一半，此角度称为方向半值角，此角度越小表示元件指向性越灵敏。

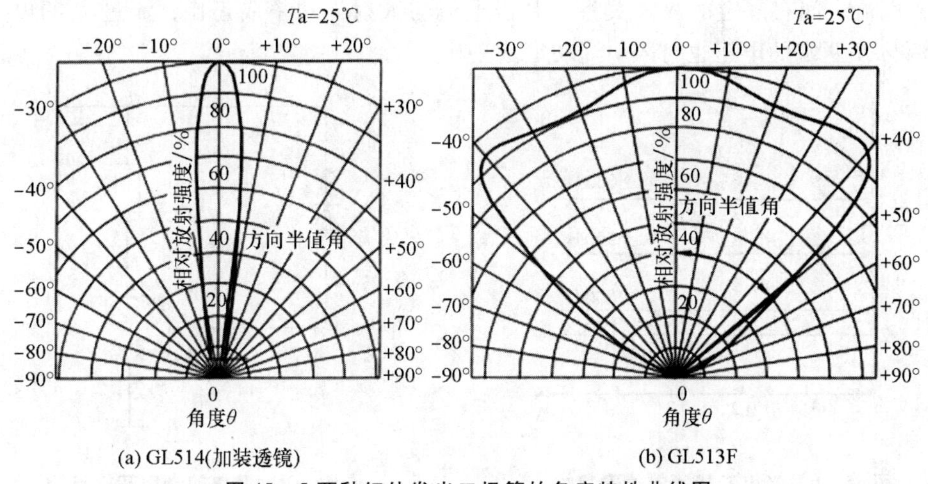

图 45 - 5 两种红外发光二极管的角度特性曲线图

一般使用红外线发光二极管均附有透镜，使其指向性更灵敏，而图 45 - 5（a）的曲线就是附有透镜的情况，方向半值角大约在 ±7°。图 45 - 5（b）所示曲线为另一种型号的元件，方向半值角大约在 ±50°。

4. 光电二极管

红外通信接收端由光电二极管完成光电转换。光电二极管是工作在无偏压或反向偏置状态下的 PN 结，反向偏压电场方向与势垒电场方向一致，使结区变宽，无光照时只有很小的暗电流。当 PN 结受光照射时，价电子吸收光能后挣脱价键的束缚成为自由电子，在结区产生电子 - 空穴对，在电场作用下，电子向 N 区运动，空穴向 P 区运动，形成光电流。

红外通信常用 PIN 型光电二极管作光电转换。它与普通光电二极管的区别是在 P 型和 N 型半导体之间夹有一层没有掺入杂质的本征半导体材料，称为 I 型区。这样的结构使得结区更宽，结电容更小，可以提高光电二极管的光电转换效率和响应速度。

图 45 - 6 是反向偏置电压下光电二极管的伏安特性。无光照时的暗电流很小，它是由少数载流子的漂移形成的。有光照时，在较低反向电压下光电流随

反向电压的增加有一定升高，这是因为反向偏压增加使结区变宽，结电场增强，提高了光生载流子的收集效率。当反向偏压进一步增加时，光生载流子的收集接近极限，光电流趋于饱和，此时，光电流仅取决于入射光功率。在适当的反向偏置电压下，入射光功率与饱和光电流之间呈较好的线性关系。

图 45－7 是光电转换电路，光电二极管接在晶体管基极，集电极电流与基极电流之间有固定的放大关系，基极电流与入射光功率成正比，流过 R 的电流与 R 两端的电压也与入射光功率成正比。

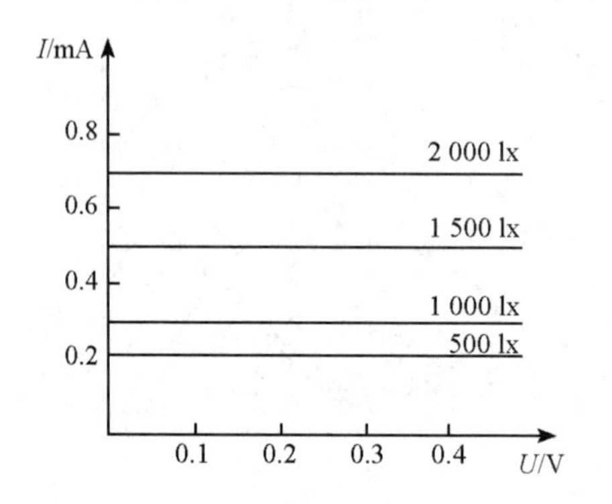

图 45－6　光电二极管的伏安特性

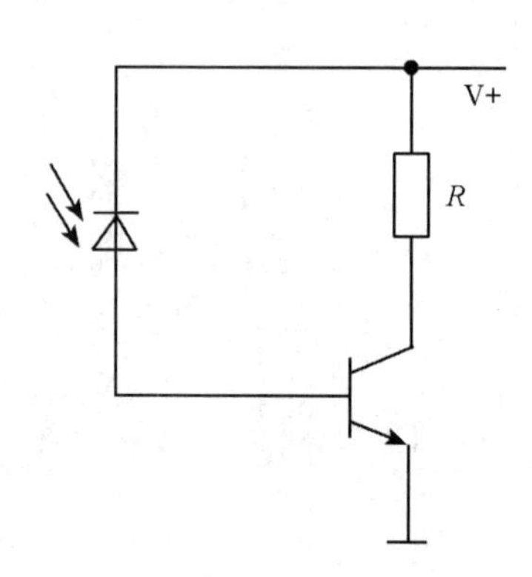

图 45－7　简单的光电转换电路

三、实验仪器

整套实验系统包括红外发射装置、红外接收装置、测试平台（轨道）、测试镜片，以及示波器（用户自备），如图 45－8 所示。

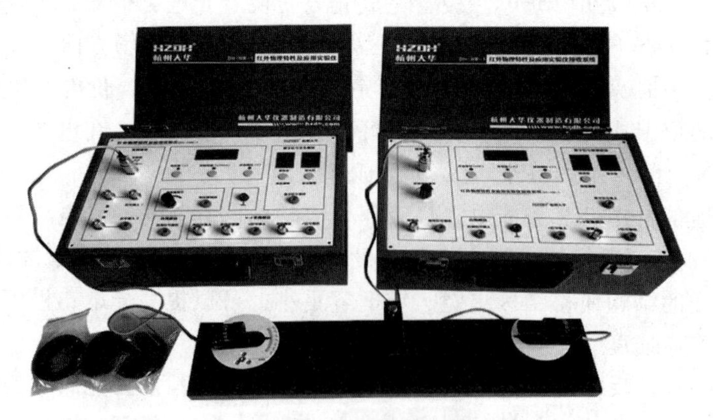

图 45－8　实验仪器组成

图 45－8 中，红外发射装置（左侧仪器）产生的各种信号，通过发射管发射出去。发出的信号通过空气传输或者经过测试镜片后，由接收管将信号传送到红外接收装置（右侧仪器）。接收装置将信号处理后，由仪器面板显示或者通过示波器观察传输后的各种信号。

测试镜架的中间处可以安装不同的材料，以研究这些材料的红外传输特性。信号发生器可以根据实验需要提供各种信号，示波器用于观测各种信号波形经红外传输后是否失真等特性（实验室自备）。

四、实验注意事项

1. 红外发生装置、红外接收装置、轨道部分，三者要保证接地良好。
2. 通电前认真检查接线，确保接线正确。

五、实验内容与步骤

1. 部分材料的红外特性测量

（1）将红外发射器连接发射装置的“发射管”接口，接收器连接接收装置的“接收管”接口（在所有的实验过程中，都不取下发射管和接收管），二者相对放置，通电。

（2）连接“电压源输出”到发射模块“信号输入Ⅱ”，向发射管输入直流信号。将发射系统显示窗口设置为“电压源”，接收系统显示窗口设置为“光功率计”，如图 45－9 所示。

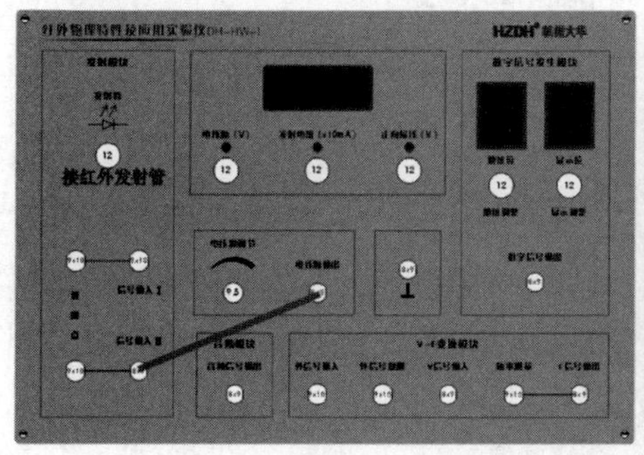

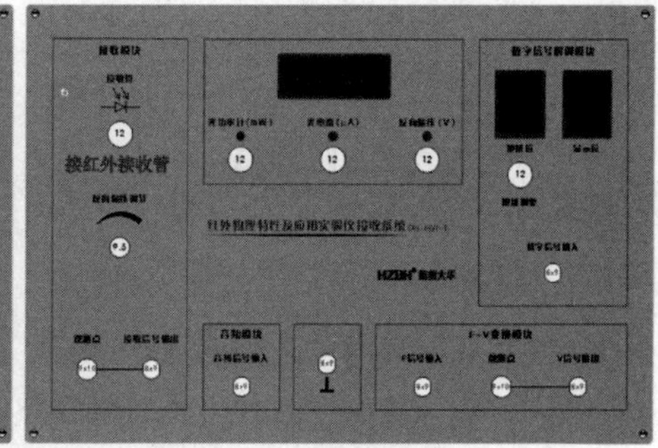

图 45－9　材料的红外特性测量实验仪器面板接线图

（3）在电压源输出为0时，若光功率计显示不为0，即为背景光干扰或0点误差，记下此时显示的背景值，后续的光强测量数据应是显示值减去该背景值。

（4）调节电压源，微调接收器受光方向，使光强显示值最大。

（5）按照表45－1样品编号安装样品（样品测试镜厚度都为2 mm），测量透射光强 I_T。

（6）将接收端红外接收器取下，移到紧靠发光二极管处安装好，微调样品入射角与接收器方位，使接收到的反射光最强，测量反射光强 I_R。将测量数据记入表45－1中。

表45－1　部分材料的红外特性测量

初始光强 I_0 = ____ （mW）

材料	样品厚度 L/mm	透射光强 I_T/mW	反射光强 I_R/mW	反射率 R	折射率 n	衰减系数 α/mm
测试镜1#	2					
测试镜2#	2					
测试镜3#	2					

注：1#　石英玻璃，2#850nm　滤光片，3#630nm　滤光片。

对透射光强较大的材料，用式（45－6）计算反射率、式（45－9）计算折射率。对透射光强明显减小的材料，用式（45－7）计算反射率、式（45－8）计算衰减系数、式（45－9）计算折射率。

2. 发光二极管的伏安特性与输出特性测量

（1）将红外发射器与接收器相对放置，连接“电压源输出”到发射模块“信号输入Ⅱ”，微调接收端受光方向，使显示值最大。面板接线方式如图45－9所示。将发射系统显示窗口设置为“发射电流”，接收系统显示窗口设置为“光功率计”。

（2）调节“电压源调节”电位器，改变发射管电流，记录发射电流与接收器接收到的光功率（与发射光功率成正比），将发射系统显示窗口切换到“正向偏压”，记录与发射电流对应的发射管两端电压。

（3）改变发射电流，将数据记录于表45－2中。

表 45－2　发光二极管伏安特性与输出特性测量

发射管电流/×10mA	0	0.5	1.0	1.5	2.0	2.5	3.0	3.5
正向偏压/V								
光功率/mW								

（4）以表 45－2 数据做所测发光二极管的伏安特性曲线和输出特性曲线。

3. 发光二极管的角度特性测量

（1）将红外发射器与接收器相对放置，固定接收器。将发射系统显示窗口设置为“电压源”，将接收系统显示窗口设置为“光功率计”。面板接线方式如图 45－9 所示。增大电压源输出，使接收的光功率最大。微调接收端受光方向，使显示值最大。

（2）以顺时针方向（作为正角度方向）每隔 5°（也可以根据需要调整角度间隔）记录一次光功率，填入表 45－3 中。再以逆时针方向（作为负角度方向）每隔 5°记录一次光功率，填入表 45－3 中。

表 45－3　红外发光二极管角度特性测量

转动角度	－30°	－25°	－20°	－15°	－10°	－5°	0°
光功率/mW							
转动角度	5°	10°	15°	20°	25°	30°	
光功率/mW							

（3）根据表 45－3 中的数据，以角度为横坐标，光强为纵坐标，做红外发光二极管发射光强和角度之间的关系曲线，并得出方向半值角（光强超过最大光强 60% 以上的角度）。

4. 光电二极管伏安特性测量

（1）面板接线方式如图 45－9 所示。调节发射装置的电压源，使光电二极管接收到的光功率如表 45－4 所示。

（2）调节接收装置的反向偏压调节，在不同输入光功率时，切换显示状态，分别测量光电二极管反向偏置电压与光电流，记录于表 45－4 中。

表 45－4　光电二极管伏安特性测量

反向偏置电压/V		0	0.5	1	2	3	4	5
$P=0$	光电流/μA							
$P=1\mathrm{mW}$								
$P=2\mathrm{mW}$								

（3）以表 45－4 中的数据，做光电二极管的伏安特性曲线。

5. 音频信号传输

将发射装置“音频信号输出”接入发射模块“信号输入Ⅱ”；将接收装置“接收信号输出”接入音频模块“音频信号输入”。倾听音频模块播放出来的音乐。定性观察位置没对正、衰减、遮挡等外界因素对传输的影响；接线方式如图 45－10 所示。

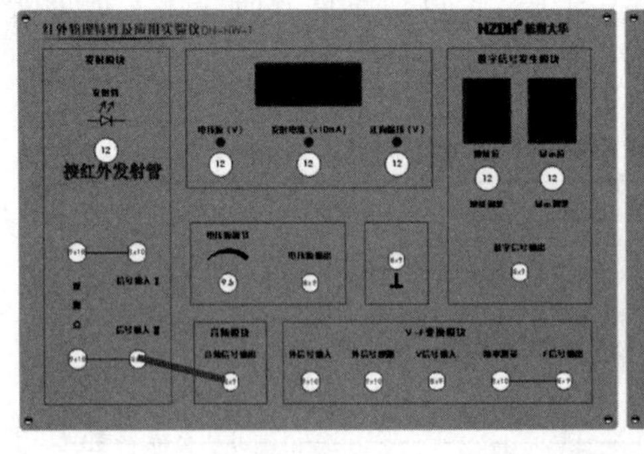

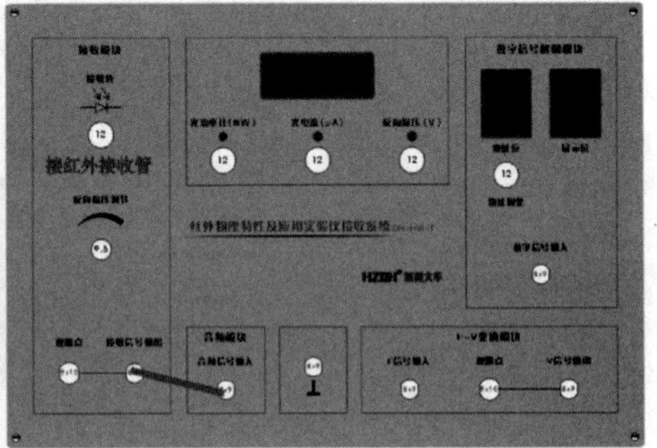

图 45－10　音频信号传输实验仪器面板接线图

6. 数字信号传输

若需传输的信号本身是数字形式，或将模拟信号数字化（模数转换）后进行传输，称为数字信号传输。数字信号传输具有抗干扰能力强，传输质量高；易于进行加密和解密，保密性强；可以通过时分复用提高信道利用率；便于建立综合业务数字网等优点，是今后通信业务的发展方向。

（1）用编码器发送二进制数字信号（地址和数据），并用数码管显示地址一致时所发送的数据。将发射装置“数字信号输出”端接入发射模块“信号输入Ⅱ”端，接收装置“接收信号输出”端接入数字信号解调模块“数字信号输入”端。接线方式如图 45－11 所示。

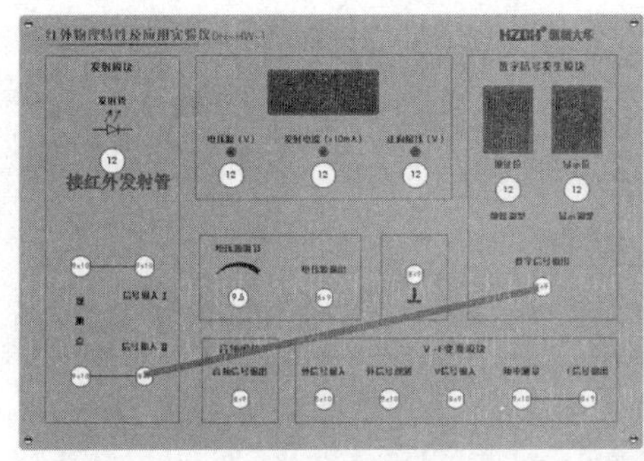

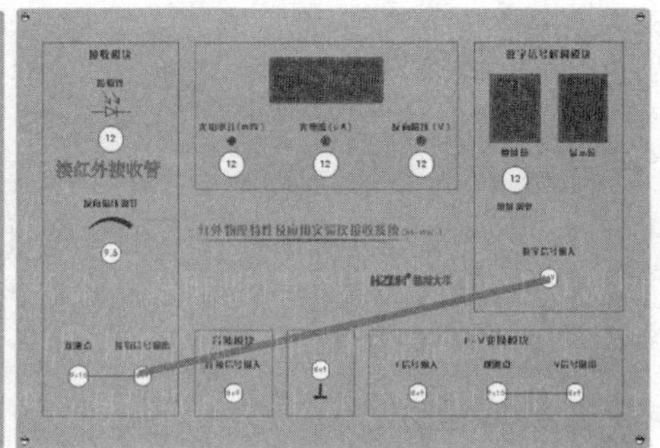

图 45 - 11　数字信号传输实验仪器面板接线图

（2）设置发射地址位和接收地址位，设置发射装置的数字显示位。可以观测到，发射和接收地址位一致，光信号正常传输时，接收数字随发射数字而改变。地址不一致或光信号不能正常传输时，数字信号不能正常接收。

（3）在改变地址位和数字位的时候，也可以用示波器观察改变时的传输波形（接发射模块的“观测点”），这样可以加深对二进制数字信号传输的理解。

7. 波形信号传输以及 V - F 变换和 F - V 变换

（1）将电压源输出的电压由 V - F 变换模块转化成正弦频率信号，通过红外发射管发射。红外接收管接收到频率信号，通过 F - V 变换模块转化为电压信号。接线方式如图 45 - 12 所示。

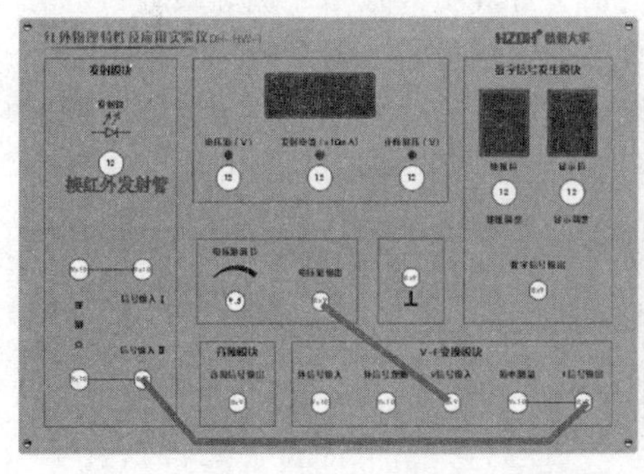

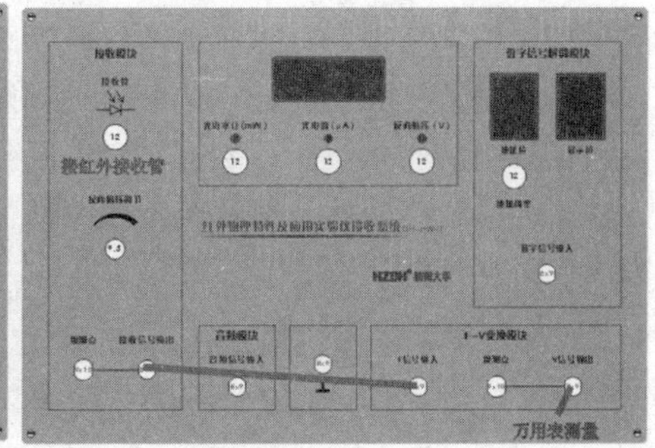

图 45 - 12　波形信号传输实验仪器面板接线图

（2）用示波器连接发射装置的“频率测量”接口和接收装置的“观测点”，转动“电压源调节”旋钮，观察两路波形的输出变化。

六、思考题

1. 红外光通信与微波通信各有什么优缺点？

2. 某红外发射管正常发送距离超过 10 m，但是实际接收器距离仅有 2 ~ 3 m，试分析影响通信距离的可能因素。

【技术应用】

在红外通信系统中，红外发射器的关键部件为红外发光二极管和相应的驱动电路；传输信道一般有直射和漫射两种，常用元件有光学滤光片、聚光镜等；红外接收器主要由光接收机（光电转换）构成。工作过程为发送端将基带二进制信号调制为一系列的脉冲串信号，通过红外发射管发射红外信号。接收端将接收到的光脉冲转换成电信号，再经过放大、滤波等处理后送给解调电路进行解调，还原为二进制数字信号后输出。常用的调制方法有通过脉冲宽度来实现信号调制的脉宽调制（PWM）和通过脉冲串之间的时间间隔来实现信号调制的脉时调制（PPM）两种。红外无线数据通信的主要协议为 IrDA 协议集，IrDA 协议是一种点对点的半双工技术，采用分层结构。

红外通信可用于沿海岛屿间的辅助通信、室内通信、近距离遥控、飞机内广播和航天飞机内宇航员间的通信等。红外无线数据通信已主宰低速遥控市场，在无线多信道室内话音系统、无绳电话、计算机外设短距离无线连接等方面得到应用，高带宽、高速率的红外无线数据通信技术也得到迅速发展。

红外通信具有功耗低、抗电磁干扰能力强、保密性安全性高等优点，同时使用了安全的红外波长，不会伤害人眼脆弱的视网膜区域，对使用者无害。缺点在于传输距离较短，只适合近距离通信，同时红外线衍射能力弱，只适用视距内点对点传输。

实验 46　声光效应

【技术概述】

超声波传过介质时，在其内产生周期性弹性形变，从而使介质的折射率产生周期性变化，相当于一个移动的相位光栅，称为声光效应。若同时有光传过介质，光将被相位光栅所衍射，称为声光衍射。利用声光衍射效应制成的器件，称为声光器件。声光器件能快速有效地控制激光束的强度、方向和频率，还可把电信号实时转换为光信号。此外，声光衍射还是探测材料声学性质的主要手段。利用声光效应制成的声光器件，如声光调制器、声光偏转器、可调谐滤光器等，在激光技术、光信号处理和集成光通信技术等方面有着重要的应用。

一、实验目的

1. 掌握声光效应的原理。
2. 了解拉曼－奈斯衍射和布拉格衍射的实验条件和特点。
3. 模拟激光通信实验。

二、实验原理

有超声波传播的介质如同一个相位光栅。声光效应有正常声光效应和反常声光效应之分。在各向同性介质中，声－光相互作用不会导致入射光偏振状态的变化，产生正常声光效应；在各向异性介质中，声－光相互作用可能导致入射光偏振状态的变化，产生反常声光效应。反常声光效应是制造高性能声光偏转器和可调滤波器的基础。

根据超声波频率的高低或声光相互作用的长短，可以将光与弹性声波作用产生的衍射分为两种类型，即拉曼－奈斯（Raman-Nath）型衍射和布拉格

(Bragg) 型衍射。

正常声光效应可用拉曼－奈斯的光栅假设做出解释，而反常声光效应不能用光栅假设做出说明。在非线性光学中，利用参量相互作用理论，可建立起声－光相互作用的统一理论，并且运用动量匹配和失配等概念对正常和反常声光效应都可做出解释。本实验只涉及各向同性介质中的正常声光效应。

1. 拉曼－奈斯衍射

拉曼－奈斯衍射原理如图 46－1 所示。设声光介质中的超声行波是沿 y 方向传播的平面纵波，其角频率为 w_s，波长为 λ_s，波矢为 k_s。入射光为沿 x 方向传播的平面波，其角频率为 w，在介质中的波长为 λ，波矢为 k。介质内的弹性应变也以行波形式随声波一起传播。由于光速大约是声速的大约10^6 倍，在光波通过的时间内介质在空间上的周期变化可看成是固定的。

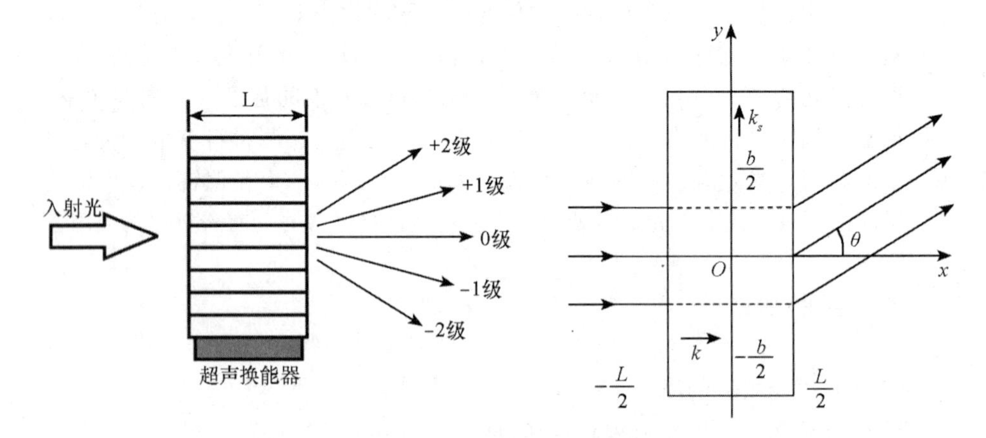

图 46－1　拉曼－奈斯衍射原理示意图

由于应变而引起的介质折射率的变化由下式决定

$$\Delta\left(\frac{1}{n^2}\right)PS \tag{46-1}$$

式中，n 为介质折射率；S 为应变；P 为光弹系数。通常，P 和 S 为二阶张量。当声波在各向同性介质中传播时，P 和 S 可作为标量处理，如前所述，应变也以行波形式传播，所以可写成

$$S = S_0\sin(w_s t - k_s y) \tag{46-2}$$

当应变较小时，折射率作为 y 和 t 的函数可写成

$$n(y,t) = n_0 + \Delta n\sin(w_s t - k_s y) \tag{46-3}$$

式中：n_0 为无超声波时介质的折射率；Δn 为声波折射率变化的幅值，由

式（46－1）可求出

$$\Delta n = -\frac{1}{2}n^3 PS_0$$

设光束垂直入射（$k \perp k_s$）并通过厚度为 L 的介质，则前后两点的相位差为

$$\begin{aligned}\Delta\Phi &= k_0 n(y,t)L \\ &= k_0 n_0 L + k_0 \Delta n L \sin(w_s t - k_s y) \\ &= \Delta\Phi_0 + \delta\Phi \sin(w_s t - k_s y)\end{aligned} \tag{46-4}$$

式中：k_0 为入射光在真空中的波矢的大小；等式右边第一项 $\Delta\Phi_0$ 为不存在超声波时光波在介质前后两点的相位差，第二项为超声波引起的附加相位差（相位调制），其中 $\delta\Phi = k_0 \Delta n L$。可见，当平面光波入射在介质的前界面时，超声波使出射光波的波振面变为周期变化的皱折波面，从而改变出射光的传播特性，使光产生衍射。

设入射面上 $x = -\frac{L}{2}$ 的光振动为 $E_i = A\mathrm{e}^{\mathrm{i}t}$，$A$ 为一常数，也可以是复数。考虑到在出射面 $x = \frac{L}{2}$ 上各点相位的改变和调制，在 xy 平面内离出射面很远一点的衍射光叠加结果为

$$E \propto A\int_{-\frac{b}{2}}^{\frac{b}{2}} \mathrm{e}^{\mathrm{i}[(wt - k_0 n(y,t) - k_0 y\sin\theta]}\mathrm{d}y$$

写成等式为

$$E = C\mathrm{e}^{\mathrm{i}wt}\int_{-\frac{b}{2}}^{\frac{b}{2}} \mathrm{e}^{\mathrm{i}\delta\Phi\sin(k_s y - w_s t)}\mathrm{e}^{-\mathrm{i}k_0 y\sin\theta}\mathrm{d}y \tag{46-5}$$

式中：b 为光束宽度；θ 为衍射角；C 为与 A 有关的常数，为了简单可取为实数。利用一与贝塞尔函数有关的恒等式

$$\mathrm{e}^{\mathrm{i}a\sin\theta} = \sum_{m=-\infty}^{\infty} J_m(a)\mathrm{e}^{\mathrm{i}m\theta}$$

式中：$J_m(a)$ 为（第一类）m 阶贝塞尔函数，将式（46－5）展开并积分得

$$E = Cb\sum_{m=-\infty}^{\infty} J_m(\delta\Phi)\mathrm{e}^{\mathrm{i}(w - mw_s)t}\frac{\sin[b(mk_s - k_0\sin\theta)/2]}{b(mk_s - k_0\sin\theta)/2} \tag{46-6}$$

上式中与第 m 级衍射有关的项为

$$E_m = E_0\mathrm{e}^{\mathrm{i}(w - mw_s)t} \tag{46-7}$$

$$E_0 = CbJ_m(\delta\Phi)\frac{\sin[b(mk_s - k_0\sin\theta)/2]}{b(mk_s - k_0\sin\theta)/2} \tag{46-8}$$

因为函数 $\sin x/x$ 在 $x=0$ 取极大值，因此衍射极大的方位角 θ_m 由下式决定

$$\sin\theta_m = m\,k_s/k_0 = m\,\lambda_0/\lambda_s \tag{46-9}$$

式中：λ_0 为真空中光的波长；λ_s 为介质中超声波的波长。与一般的光栅方程相比可知，超声波引起的有应变的介质相当于一光栅常数为超声波长的光栅。由式（46－7）可知，第 m 级衍射光的频率为

$$w_m = w - mw_s \tag{46-10}$$

可见，衍射光仍然是单色光，但发生了频移，这种频移是很小的。

第 m 级衍射极大的强度 I_m 可用式（46－7）模数平方表示

$$\begin{aligned} I_m &= E_0E_0^* = C^2b^2J_m^2(\delta\Phi) \\ &= I_0J_m^2(\delta\Phi) \end{aligned} \tag{46-11}$$

式中：E_0^* 为 E_0 的共轭复数，$I_0 = C^2b^2$。

第 m 级衍射极大的衍射效率 η_m 定义为第 m 级衍射光的强度与入射光的强度之比。由式（46－11）可知，η_m 正比于 $J_m^2(\delta\Phi)$。当 m 为整数时，$J_{-m}(a) = (-1)^mJ_m(a)$。由式（46－9）和式（46－11）表明，各级衍射光相对于零级对称分布。

当光束斜入射时，如果声光作用的距离满足 $L < \lambda_s^2/2\lambda$，则各级衍射极大的方位角 θ_m 由下式决定

$$\sin\theta_m = \sin i + m\frac{\lambda_0}{\lambda_s} \tag{46-12}$$

式中：i 为入射光波矢 k 与超声波波面的夹角。上述的超声衍射称为拉曼－奈斯衍射，有超声波存在的介质起平面位光栅的作用。

2. 布拉格衍射

当声光作用的距离满足 $L > 2\lambda_s^2/\lambda$，而且光束相对于超声波波面以某一角度斜入射时，在理想情况下除 0 级之外，只出现 1 级或 －1 级衍射，如图 46－2 所示。这种衍射与晶体对 X 光的布拉格衍射类似，故称为布拉格衍射。能产生这种衍射的光束入射角称为布拉格角。此时有超声波存在的介质起体积光栅的作用。

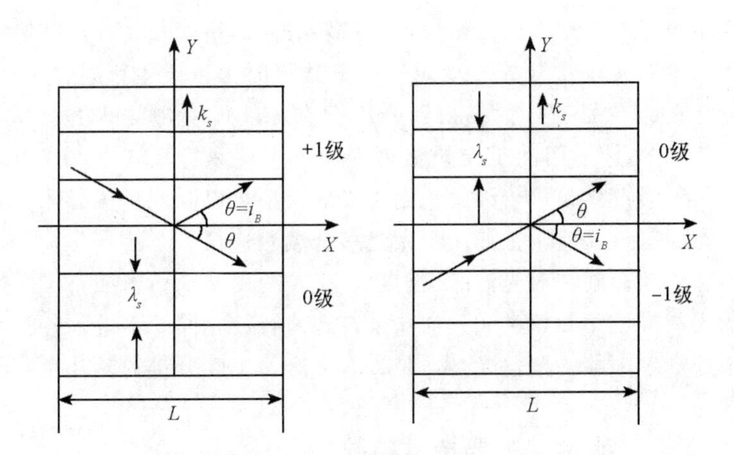

图 46－2　布拉格衍射

可以证明，布拉格角满足

$$\sin i_B = \frac{\lambda}{2\lambda_s} \tag{46-13}$$

式（46－13）称为布拉格条件。因为布拉格角一般都很小，故衍射光相对于入射光的偏转角为

$$\varphi = 2i_B \approx \frac{\lambda}{\lambda_s} = \frac{\lambda_0}{nv_s}f_s \tag{46-14}$$

式中：v_s 为超声波的波速；f_s 为超声波的频率；其他量的意义同前。在布拉格衍射条件下，一级衍射光的效率为

$$\eta = \sin^2\left(\frac{\pi}{\lambda_0}\sqrt{\frac{M_2LP_s}{2H}}\right) \tag{46-15}$$

式中：P_s 为超声波功率；L 和 H 分别为超声换能器的长和宽；M_2 为反映声光介质本身性质的常数，$M_2 = n^6p^2/\rho v_s^\delta$，$\rho$ 为介质密度，p 为光弹系数。在布拉格衍射下，衍射光的效率也由式（46－15）决定。理论上布拉格衍射的衍射效率可达 100%，拉曼－奈斯衍射中一级衍射光的最大衍射效率仅为 34%，所以声光器件一般都采用布拉格衍射。

3. 声光效应的应用

由式（46－14）和式（46－15）可看出，通过改变超声波的频率和功率，可分别实现对激光束方向和强度的调制，这是声光调制器和声光偏转器的原理基础。声光调制：可以通过改变超声波的强度而改变衍射光的强度。所以可以把调制信号加在超声波功率放大级，以达到光强调制的目的。声光偏转：可以通过改变超声波的频率而改变衍射光的偏转方向。声光开关：若对超声频率固定的超声发生器实现“开关”功能，在“开”时由于产生衍射，+1 级或 -1 级衍射光存在，在“关”时，衍射光不存在，就可实现“声光开关”功能。一般“声光开关”运用的是布拉格衍射。声光移频：从式（46 - 10）可知，超声光栅衍射会产生频移，因此利用声光效应还可以制成频移器件。超声频移器在计量方面有重要应用，如用于激光多普勒测速仪。

实际上，超声驻波对光波的衍射也产生拉曼 - 奈斯衍射和布拉格衍射，而且各衍射光的方位角和超声频率的关系与超声行波相同。不过，各级衍射光不再是简单地产生频移的单色光，而是含有多个傅里叶分量的复合光。

三、实验仪器及其主要技术参数

本实验采用 SO2000 声光效应实验仪，包括已安装在转角平台上的 100 MHz 声光器件、半导体激光器、100 MHz 功率信号源、LM601 CCD 光强分布测量仪及光具座。每个器件都带有 $\phi10$ 的立杆，可以安插在通用光具座上。

四、实验注意事项

1. 不要直视激光。
2. 通电前确保所有连线正确。

五、实验内容与步骤

由于 SO2000 声光效应实验仪采用中心频率高达 100 MHz 的声光器件，而拉曼 - 奈斯衍射发生的条件是声频较低、声波与光波作用长度比较小，因此，本实验主要围绕布拉格衍射展开，对于拉曼 - 奈斯衍射仅作观察等一般研究。

声光效应实验操作调试过程：

1. 完成安装后，开启除功率信号源之外的各部件的电源。

2. 仔细调节光路，使半导体激光器射出的光束准确地由声光器件外塑料盒的小孔射入、穿过声光介质、由另一端的小孔射出，照射到 CCD 采集窗口上，这时衍射尚未产生（声光器件尽量靠近激光器）。

3. 用示波器测量时，将光强仪的“信号”插孔接至示波器的 Y 轴，电压挡置 0.1 ~ 1V/格挡，扫描频率一般置 2 ms/格挡；光强仪的“同步”插孔接至示波器的外触发端口，极性为“+”。适当调节“触发电平”，在示波器上可以看到一个稳定的单峰波形；用计算机测量时，连接 USB 采集盒和 CCD 光强仪，再用 USB 线将 USB 采集盒与计算机相连。启动工作软件即可采集、处理实验波形和数据。

4. 如果在示波器顶端只有一条直线而看不到波形，这是 CCD 器件已饱和所致。可试着减弱环境光强、减小激光器的输出功率，问题就可得以解决。

5. 如果在示波器上看到的波形不怎么光滑，有“毛刺”，大多因为 CCD 采光窗上落有灰尘。可通过转动活动马鞍座侧面的旋钮来移动 CCD 光强分布测量仪或改变光束的照射位置来解决这个问题。

6. 得到满意的波形后，打开功率信号源的电源。

7. 微调转角平台旋钮，改变激光束的入射角，可获得布拉格衍射或者拉曼－奈斯衍射。本实验的声光器件是为布拉格衍射条件设计制造的，并不满足拉曼－奈斯衍射条件。如有条件，最好另配一套中心频率为 10 MHz 左右的声光器件和功率信号源，专门研究拉曼－奈斯衍射。本实验只对拉曼－奈斯衍射做定性观察。

8. 实际调节时，可在 CCD 采集窗口前置一张白纸，在纸上看到正确的图形后再让它射入采集窗口。

9. 在布拉格衍射条件下，将功率信号源的功率旋钮置于中间值并固定，旋转频率旋钮而改变信号频率，0 级光与 1 级光之间的衍射角随信号频率的变化而变化，这是声光偏转。

10. 在布拉格衍射条件下，固定频率旋钮，旋转功率旋钮而改变信号的强度，0 级光与 1 级光的强度分布也随之而变，这是声光调制。布拉格衍射的示波器实例如图 46－3 所示。

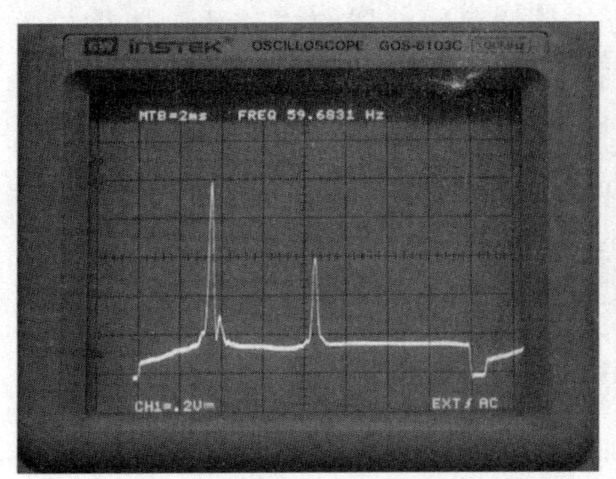

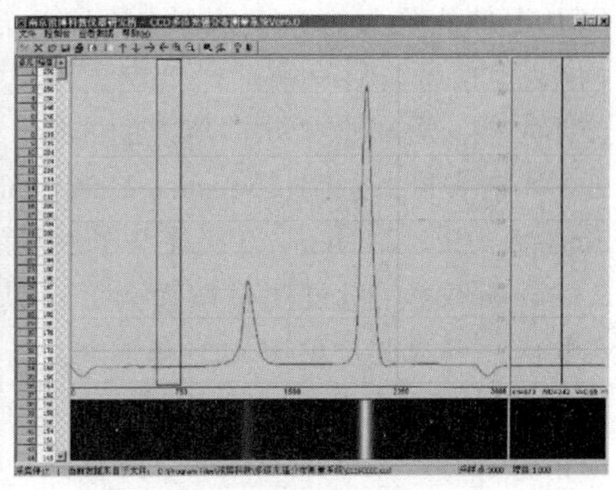

图 46－3 布拉格衍射的 0 级光和 1 级光（示波器和微机型）

11. 为了获得理想波形，有时须反复调节激光束、声光器件、CCD 光强分布测量仪等之间的几何关系与激光器的功率。

实验过程：

1. 按图 46－4 所示安装实验仪器。

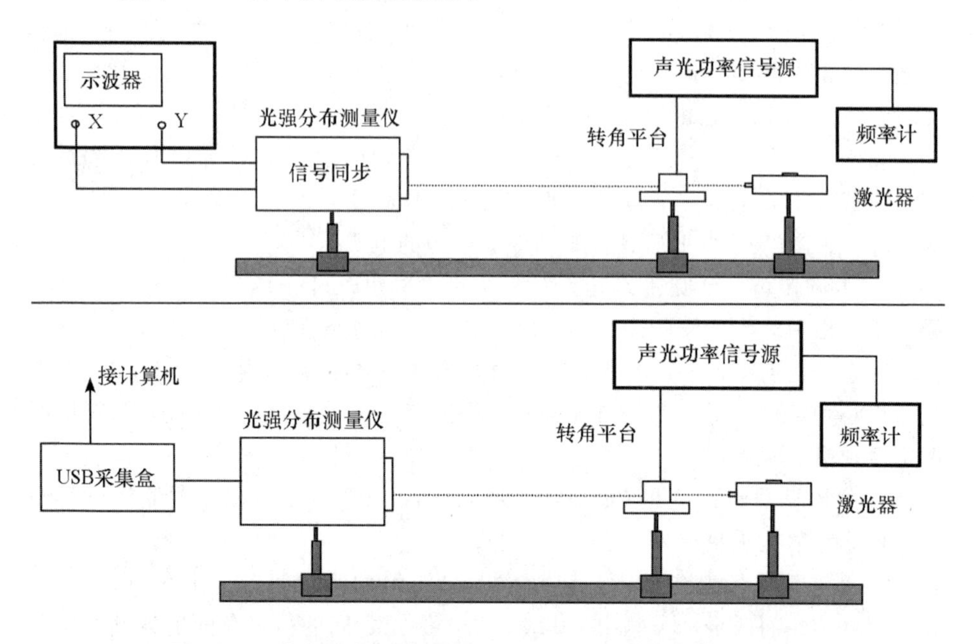

图 46－4　声光效应实验安装图（上为示波器型，下为微机型）

2. 观察拉曼－奈斯衍射和布拉格衍射，比较两种衍射的实验条件和特点。

3. 调出布拉格衍射，用示波器测量衍射角，先要解决“定标”的问题，即示波器 X 方向上的 1 格等于 CCD 器件上多少像元，或者示波器上 1 格等于 CCD 器件位置 X 方向上的多少距离。方法是调节示波器的“时基”挡及“微调”，使信号波形一帧正好对应于示波器上的某个刻度数。以图 46－3 为例，波形一帧正好对应于示波器上的 8 格，则每格对应实际空间距离为 2 592 个像元 ÷ 8 格 × 11 μm = 3 564 μm = 3. 564 mm，每小格对应实际空间距离为 3. 564 mm ÷ 5 = 0. 712 8 mm，0 级光与 1 级光的偏转距离为 0. 712 8 mm × 12. 5 小格 = 8. 91 mm。若用微机测量衍射角，则只需在软件上直接读出 X 方向上的距离（ch 值）和光强度值（A/D 值）。

4. 布拉格衍射下测量衍射光相对于入射光的偏转角 φ 与超声波频率（即电信号频率）f_s 的关系曲线，并计算声速 v_s。测出 6～8 组（φ，f_s）值，记录于表 46－1，用计算器做直线拟合求出 φ 和 f_s 的相关系数，做 φ 和 f_s 的关系曲线。注意式（46－13）和式（46－14）中的布拉格角 i_B 和偏转角 φ 都是指介质内的角度，而直接测出的角度是空气中的角度，应进行换算，声光器件 $n=2.386$。由于声光器件的参数不可能达到理论值，实验中布拉格衍射不是理想的，可能会出现高级次衍射光等现象。调节布拉格衍射时，使 1 级衍射光最强即可，此时 1 级光强于 0 级光。

表 46－1　测量声速数据表

次数	0 级光与 1 级光的偏转距离/mm	L/mm	φ/rad	f_s/MHz	v_s/（m · s^{-1}）
1					
2					
⋮	⋮	⋮	⋮	⋮	⋮

L 是声光介质的光出射面到 CCD 线阵光敏面的距离，注意不要忘了加上 CCD 器件光敏面至光强仪前面板的距离 4.5mm；v_s 的计算见式（46－14）。

5. 布拉格衍射下，固定超声波功率，测量衍射光相对于 0 级衍射光的相对强度与超声波频率的关系曲线，并定出声光器件的带宽和中心频率。

6. 布拉格衍射下，将功率信号源的超声波频率固定在声光器件的中心频率上，测出衍射光强度与超声波功率，并做出其声光调制关系曲线。

7. 测定布拉格衍射下的最大衍射效率，衍射效率 $=I_1/I_0$，其中，I_0 为未发生声光衍射时"0 级光"的强度，I_1 为发生声光衍射后 1 级光的强度。

8. 在拉曼－奈斯衍射（光束垂直入射，两个 1 级光强度相等）下，测量衍射角 θ_m，并与理论值比较。

9. 在拉曼－奈斯衍射下，在声光器件的中心频率上测定 1 级衍射光的衍射效率，并与布拉格衍射下的最大衍射效率比较。超声波功率固定在布拉格衍射最佳时的功率上。在观察和测量前，应将整个光学系统调至共轴。

10. 按图 46－5 安装仪器。改变超声波功率，注意观察模拟通信接收器送出的音乐的变化，分析原因。

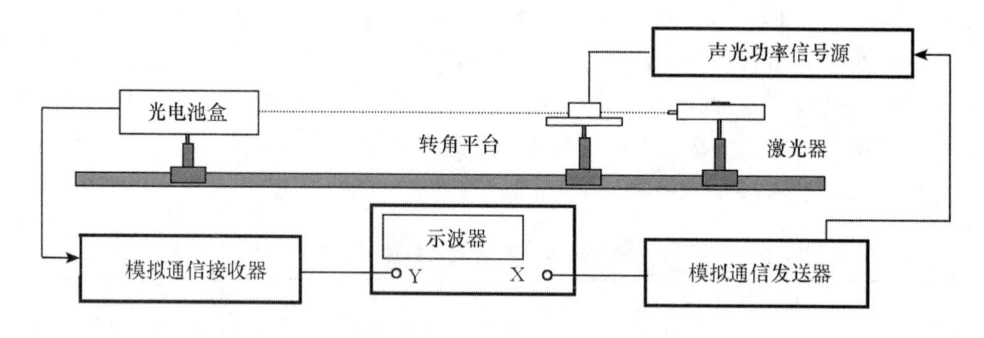

图 46－5　模拟通信实验安装图

六、思考题

1. 为什么说声光器件相当于相位光栅？

2. 声光器件在什么实验条件下产生拉曼－奈斯衍射？在什么实验条件下产生布拉格衍射？两种衍射的现象各有什么特点？

3. 调节拉曼－奈斯衍射时，如何保证光束垂直入射？

4. 声光效应有哪些可能的应用？

【技术应用】

声光器件具有响应速度快、控制电压低、设计简单可靠等优势，这些优势不仅决定了它在激光物理的应用广泛，而且在医学诊断、显示成像以及军事科学领域也得到了广泛的应用。

1. 声光器件在谐振腔内的应用

声光调 Q 与声光锁模。调 Q 技术就是通过某种方法使腔的 Q 值随时间按一定程序变化的技术。在泵浦开始时使腔处在低 Q 值状态，即提高振荡阈值，使振荡不能生成，上能级的反转粒子数就可以大量积累，当积累到最大值（饱和值）时，突然使腔的损耗减小，Q 值突增，激光振荡迅速建立起来，在极短的时间内上能级的反转粒子数被消耗，转变为腔内的光能量，在腔的输出端以单一脉冲形式将能量释放出来，于是就获得峰值功率很高的巨脉冲激光输出。声光调 Q 技术是指在谐振腔中放入声光介质，当没有超声波存在时，光束可自由通过声光介质，腔的 Q 值很高，容易产生激光振荡；当有超声波时，声光介质密度发生周期性变化，导致折射率周期性变化，使光束发生偏转，这时谐振腔的 Q 值很低，使上能级粒子数迅速积累。声光调 Q 红宝石激光器的结构如图 46－6 所示，声光调 Q 器工作时序如图 46－7 所示。

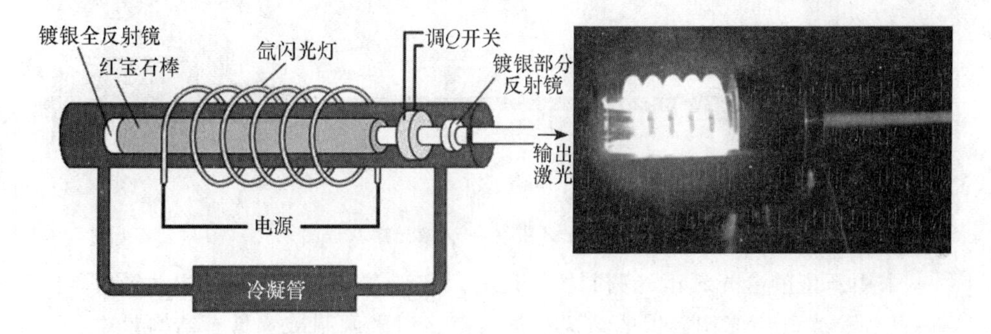

图 46－6 调 Q 红宝石激光器原理图与实物图

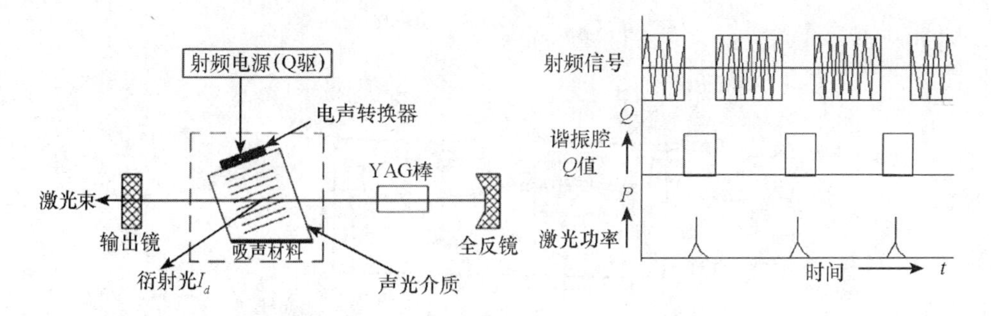

图 46－7 声光调 Q 器工作时序原理图

对于普通的激光器，如果不采用特殊的措施，一般输出的激光模式不是单一的，而且各种模式之间还会相互干涉，造成输出激光强度大大减弱，并且不稳定。如果在激光腔内放入一个声光信号控制器，对各种模式进行选择调控，使激光输出有确定时间间隔的短脉冲，这就是声光锁模技术。

随着光纤激光器的飞速发展，更多结构新颖的声光器件被应用于调 Q 和锁模技术中。由于调 Q 光纤激光器能够产生短而强的光脉冲，在许多研究领域具有重要的应用前景，如材料加工、医学工程、遥感、光通信等。短脉冲发射的机理是基于腔内 Q 因子的调制，可通过被动或主动调 Q 实现。相比被动调 Q 技术，主动调 Q 是由电信号精确控制的，电信号用于触发调制器，从而更好地控制空腔损耗和输出脉冲特性。因此，在许多实际应用中，主动调 Q 开关是首选技术，图 46－8 为光纤主动调 Q 激光器原理图。

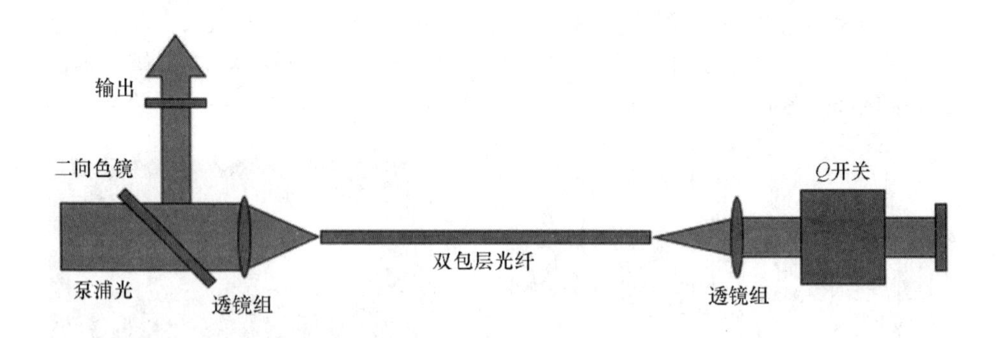

图 46-8　光纤主动调 Q 激光器原理图

采用新型的全光纤声光调制器，还可以实现对光纤激光器的主动锁模。图 46-9 为全光纤声光调制器的结构示意图，该声光调制装置具有结构紧凑、驱动电压低的特点。

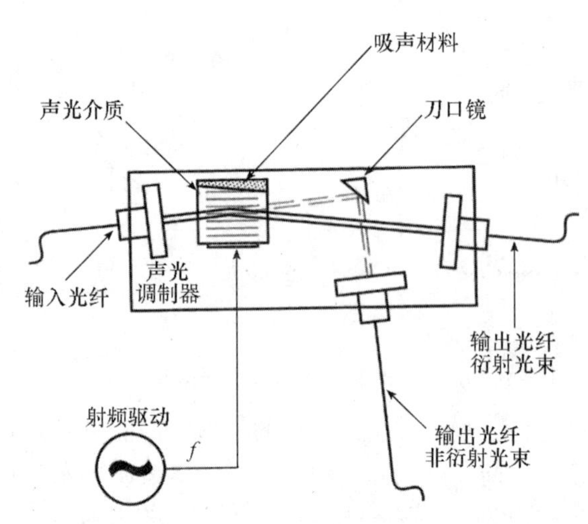

图 46-9　全光纤声光调制器

2. 声光器件在光束偏转中的应用

根据声光相互作用机制，布拉格声光衍射光束偏转角（即衍射光与入射光之间的夹角）与真空中光波长、声光晶体折射率、声光晶体中的声速、声光晶体中声波频率变化量密切相关。通过改变驱动频率可以改变衍射光的偏转角。声光偏转器就是利用该原理，非常精确地将入射光通过声光衍射效应使其在一定角度范围内进行光学扫描。

声光多通道调制器（AOMC）通过将换能器阵列与单个声光晶体集成在一

起，可以独立地调制或偏转多束光束，并允许同时操作多达 48 个通道进行调制和多达 8 个通道进行光束偏转。由于每个光束都可以独立调制，多通道调制器常用于诸如微加工和直接写入光刻的高速应用。当同时写入多个光束时，它们还可用于增加写入大型介质时的吞吐量。典型的应用场景包括光刻制版、激光显示、激光微加工、图像印刷等。

实验 47　液晶电光效应

【技术概述】

液晶是介于液体与晶体之间的一种物质状态。一般的液体内部分子排列是无序的，而液晶既具有液体的流动性，其分子又按一定规律有序排列，使它呈现晶体的各向异性。当光通过液晶时，会产生偏振面旋转、双折射等效应。液晶分子是含有极性基团的极性分子，在电场作用下，偶极子会按电场方向取向，导致分子原有的排列方式发生变化，从而使液晶的光学性质也随之发生改变，这种因外电场引起的液晶光学性质的改变称为液晶的电光效应。

一、实验目的

1. 验证光学马吕斯定律。
2. 掌握液晶光开关的基本工作原理。
3. 测量液晶光开关的电光特性曲线以及液晶的阈值电压和关断电压。
4. 测量驱动电压周期变化时，液晶光开关的时间响应曲线，并由时间响应曲线得到液晶的上升时间和下降时间。
5. 测量液晶光开关在不同视角下的对比度，了解液晶光开关的工作条件。

二、实验原理

1888 年，奥地利植物学家 Reinitzer 在做有机物溶解实验时，在一定的温度范围内观察到液晶。1961 年，美国 RCA 公司的 Heimeier 发现了液晶的一系列电光效应，并制成了显示器件。20 世纪 70 年代，液晶已作为物质存在的第四态开始写入教科书，至今已成为由物理学家、化学家、生物学家、工程技术人员和医药工作者共同关心与研究的领域，在物理、化学、电子、生命科学等诸多领域有着广泛应用，如光导液晶光阀、光调制器、液晶显示器件、传感器、微量毒气监测、夜视仿生等。

1. 利用偏振片验证光学马吕斯定律

物质对不同方向的光振动具有选择吸收的性质，称为二向色性，如天然的电气石晶体、硫酸碘奎宁晶体等。它们能吸收某方向的光振动而仅让与此方向垂直的光振动通过。如将硫酸碘奎宁晶粒涂于透明薄片上并使晶粒定向排列，就可制成偏振片。当自然光射到偏振片上时，振动方向与偏振化方向垂直的光被吸收，振动方向与偏振化方向平行的光透过偏振片，从而获得偏振光。自然光透过偏振片后，只剩下沿透光方向的光振动，透射光成为平面偏振光，如图 47－1 所示。

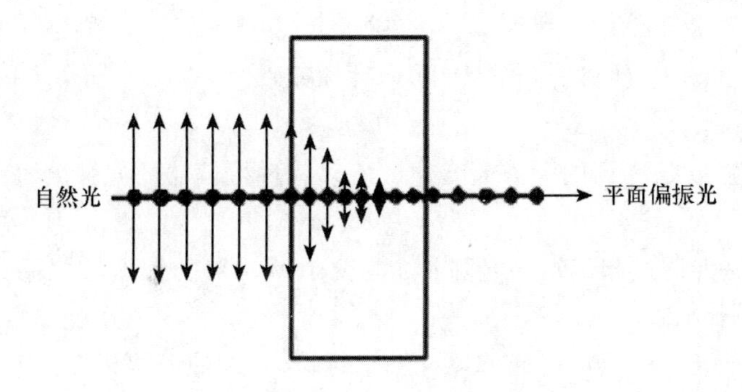

图 47－1　二向色性起偏

1809 年，马吕斯在实验中发现了光的偏振现象，确定了偏振光强度变化的规律（即马吕斯定律）。光具有偏振性和光的横波特性的发现，在科学上具有极其重要的意义。它不但丰富了光的波动说的内容，而且具有非常重要的应用价值。

在赛璐璐基片上蒸镀一层硫酸碘奎宁的晶粒，基片的应力可以使晶粒的光轴定向排列起来，使得振动电矢量与光轴平行的光可以通过，而与光轴垂直的光不能通过。用偏振片可以做成各种偏振器，如起偏器和检偏器。

当一束激光照在起偏器上，透射光只在一个平面内偏振。如果这个偏振光入射到第二个检偏器上，入射光的偏振平面与检偏器透光轴垂直，则没有光可以透过检偏器；若起偏器和检偏器成一夹角，则有部分偏振光透过检偏器，如图 47－2 所示。

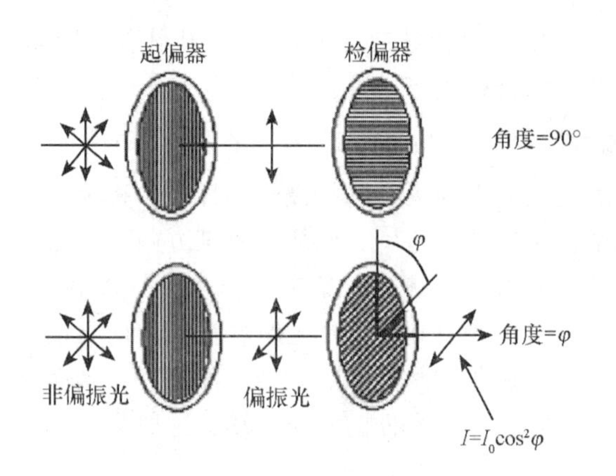

图 47－2　偏振光的检测示意图

偏振光电场 E_0 的该分量 E，可由下式得出

$$E = E_0 \cos\varphi \tag{47-1}$$

因为光强度随电场的平方而变化，所以透过检偏器的光强就可由下式得出

$$I = I_0 \cos^2\varphi \tag{47-2}$$

式中：I_0为透过起偏器的光强；φ 为两个偏振器的偏振轴之间的夹角。考虑两种极端的情况：

如果 $\varphi = 0°$，检偏器与起偏器光轴平行，$\cos^2\varphi$ 的值等于 1，则透过检偏器的光强等于透过起偏器的光强度。这种情况下，透射光的强度达到最大值。

如果 $\varphi = 90°$，检偏器与起偏器的光轴垂直，$\cos^2\varphi$ 的值等于 0，则没有光透过第二个偏振器。这种情况下，透射光的强度达到最小值。

即，若在偏振片 P_1 后面放置一偏振片 P_2，P_2 就可以用作检验经 P_1 后的光是否为偏振光，即 P_2 起了检偏器的作用。若起偏器 P_1 和检偏器 P_2 的偏振化方向间有一夹角 θ，则通过检偏器 P_2 的偏振光强度满足马吕斯定律

$$I = I_0 \cos^2\theta \tag{47-3}$$

当 $\theta = 0°$时，$I = I_0$，光强最大；当 $\theta = \pi/2$ 时，$I = 0$，出现消光现象；当 θ 为其他值时，透射光强介于 $0 \sim I_0$。

2. 液晶光开关的工作原理

液晶的种类很多，仅以常用的 TN（扭曲向列）型液晶为例，说明其工作原理。TN 型光开关的结构如图 47－3 所示。在两块玻璃板之间夹有正性向列相液晶，液晶分子的形状如同火柴的棍状。棍的长度为十几埃（$1Å = 10^{-10}$m），直径为 4～6Å，液晶层厚度一般为 5～8μm。玻璃板的内表面涂有透明电极，

电极的表面预先做了定向处理（可用软绒布朝一个方向摩擦，也可在电极表面涂取向剂），这样，液晶分子在透明电极表面就会躺倒在摩擦所形成的微沟槽里；电极表面的液晶分子按一定方向排列，且上下电极上的定向方向相互垂直。上下电极之间的那些液晶分子因范德华力的作用，趋向于平行排列。然而由于上下电极上液晶的定向方向相互垂直，因此从俯视方向看，液晶分子的排列从上电极的沿 -45°方向排列逐步地、均匀地扭曲到下电极的沿 +45°方向排列，整个扭曲了 90°，如图 47 - 3 左图所示。

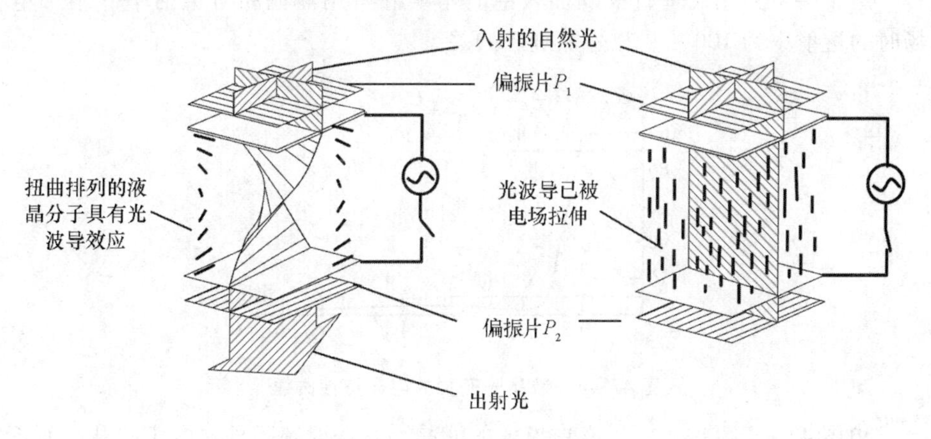

图 47 - 3　液晶光开关的工作原理

理论和实验都证明，上述均匀扭曲排列起来的结构具有光波导的性质，即偏振光从上电极表面透过扭曲排列起来的液晶传播到下电极表面时，偏振方向会旋转 90°。

取两张偏振片贴在玻璃的两面，P_1 的透光轴与上电极的定向方向相同，P_2 的透光轴与下电极的定向方向相同，于是 P_1 和 P_2 的透光轴相互正交。

在未加驱动电压的情况下，来自光源的自然光经过偏振片 P_1 后只剩下平行于透光轴的线偏振光，该线偏振光到达输出面时，其偏振面旋转了 90°。这时光的偏振面与 P_2 的透光轴平行，因而有光通过。

在施加足够电压时（一般为 1 ~ 3 V），在静电场的作用下，除基片附近的液晶分子被基片“锚定”以外，其他液晶分子趋于平行于电场方向排列。于是原来的扭曲结构被破坏，成了均匀结构，如图 47 - 3 右图所示。从 P_1 透射出来的偏振光的偏振方向在液晶中传播时不再旋转，保持原来的偏振方向到达下电极。这时光的偏振方向与 P_2 正交，因而光被关断。

由于上述光开关在没有电场的情况下让光透过，加上电场的时候光被关断，因此叫作常通型光开关，又叫作常白模式。若 P_1 和 P_2 的透光轴相互平行，则构成常黑模式。

液晶可分为热致液晶与溶致液晶。热致液晶在一定的温度范围内呈现液晶的光学各向异性，溶致液晶是溶质溶于溶剂中形成的液晶。目前用于显示器件的都是热致液晶，它的特性随温度的改变而有一定变化。

3. 液晶光开关的电光特性

图 47－4 为光线垂直液晶面入射时本实验所用液晶相对透射率（不加电场时的透射率为 100%）与外加电压的关系。

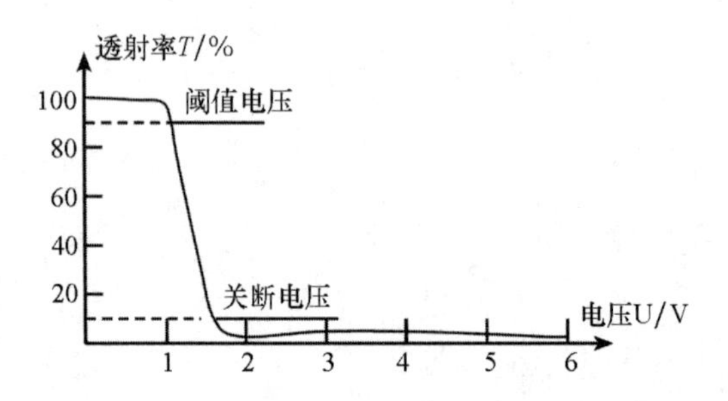

图 47－4　液晶光开关的电光特性曲线

由图 47－4 可见，对于常白模式的液晶，其透射率随外加电压的升高而逐渐降低，在一定电压下达到最低点，此后略有变化。可以根据此电光特性曲线图得出液晶的阈值电压和关断电压。

阈值电压：透射率为 90% 时的驱动电压。

关断电压：透射率为 10% 时的驱动电压。

液晶的电光特性曲线越陡，即阈值电压与关断电压的差值越小，由液晶开关单元构成的显示器件允许的驱动路数就越多。TN 型液晶最多允许 16 路驱动，故常用于数码显示。在计算机、电视等需要高分辨率的显示器件中，常采用 STN（超扭曲向列）型液晶，以改善电光特性曲线的陡度，增加驱动路数。

4. 液晶光开关的时间响应特性

加上（或去掉）驱动电压能使液晶的开关状态发生改变，是因为液晶的分子排序发生了改变，这种重新排序需要一定时间，反映在时间响应曲线上，用上升时间 τ_r 和下降时间 τ_d 描述。给液晶开关加上一个如图 47－5 上图所示的周期性变化的电压，就可以得到液晶的时间响应曲线，以及上升时间和下降时间，如图 47－5 下图所示。

上升时间：透射率由 10% 升到 90% 所需时间。

下降时间：透射率由 90% 降到 10% 所需时间。

液晶的响应时间越短，显示动态图像的效果越好，这是液晶显示器的重要指标。早期的液晶显示器在这方面逊色于其他显示器，现在通过结构方面的技术改进，已达到很好的效果。

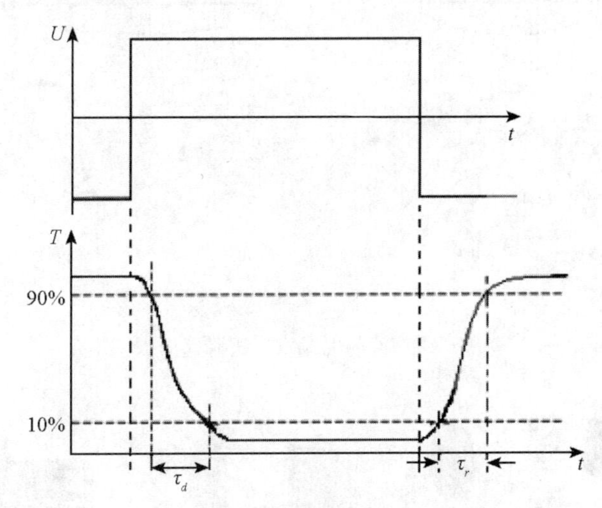

图 47－5　液晶驱动电压和时间响应图

5. 液晶光开关的视角特性

液晶光开关的视角特性表示对比度与视角的关系。对比度定义为光开关打开和关断时透射光强度之比，对比度大于 5 时，可以获得满意的图像；对比度小于 2，图像就模糊不清了。

三、实验仪器及其主要技术参数

1. 仪器组成

本实验采用 DH0506 型电光效应实验仪，主要由液晶电光效应实验仪信号源、光功率计、导轨、滑块、半导体激光器、起偏器、液晶样品、检偏器及光功率计探头组成。电光效应实验仪面板与实验装置测试架如图 47－6 所示。

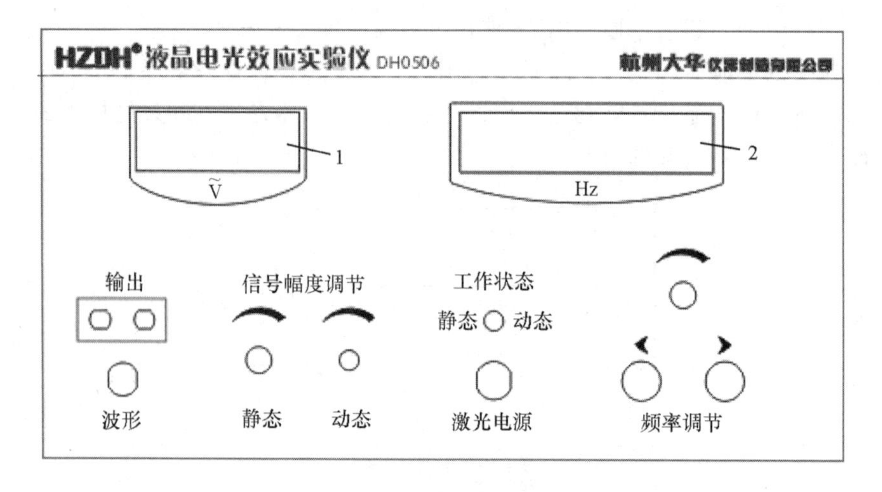

（a）液晶电光效应实验仪面板

（b）测试架图

1—静态模式下显示输出信号有效值；2—静态模式下显示输出信号频率；
3—半导体激光器；4—起偏器；5—液晶样品及旋转盘；6—检偏器；7—光功率计探头。

图 47－6　实验仪面板与测试架

2. 技术指标

（1）半导体激光器：DC 5 V 电源，输出 650 nm 红光，功率 2 mW 左右。

（2）光功率计：量程分别有 0～20 μW、0～200 μW、0～2 mW、0～20 mW四挡。

（3）液晶样品 1：25 mm×27 mm（无偏振膜）。

（4）液晶样品 2：25 mm × 27 mm（有偏振膜）。

四、实验注意事项

1. 不要直视激光。
2. 注意保护液晶样品。

五、实验内容与步骤

1. 验证马吕斯定律

（1）实验前拉上实验室窗帘，减小杂散光对实验的影响。

（2）导轨上依次放置半导体激光器、起偏器、检偏器、光功率计探头；接通实验仪和光功率计电源，点亮激光器，调节各器件使等高共轴；将光功率计探头与光功率计连接起来。

（3）光功率计探头的通光孔调整为 8；调整激光器光斑大小，使光斑为通光孔的一半左右。

（4）取下检偏器，使激光通过起偏器到达光功率计探头，将光功率计选择为 2 mW 挡，旋转起偏器使光功率计读数至 0.500 以上；插入检偏器，旋转检偏器至完全消光状态，光功率计指示为 0，此时起偏器和检偏器相差 $\theta = 90°$，记录当前角度时的光强值 I；顺时针旋转检偏器，每隔 15°记录一次光强值，直到转过 90°，即 $\theta = 0°$。将相关实验数据记录于表 47 – 1 中。

（5）实验时，注意杂散光线对实验结果的影响，用手挡住激光，若光功率计有读数，则记下该读数 I_{min}，每次测量的光强值均减去该值。

表 47 – 1　马吕斯定律测量数据表

θ	0°	15°	30°	45°	60°	75°	90°
I							
$\cos^2\theta$							

（6）以 I 为纵坐标，$\cos^2\theta$ 为横坐标作图。如果图线为通过坐标原点的直线，则表明马吕斯定律已被验证。

2. 绘制液晶样品（无偏振膜）电光曲线图、电光响应曲线图

（1）光学导轨上依次为：半导体激光器、起偏器、液晶样品（无偏振

膜）、检偏器、光电探测器。打开半导体激光器，调节各元件高度，使激光依次穿过起偏器、液晶片、检偏器，打在光电探头的通光孔上。

（2）光功率计选择 2 mW 挡，此时光功率计显示的数值为透过检偏器的光强大小。取下检偏器，旋转起偏器，使光功率读数达到最大，把检偏器放回原位，旋转检偏器，使检偏器和起偏器相差 90°。

（3）将液晶样品（无偏振膜）用红、黑导线连接至实验仪“输出”，“工作状态”选择为“静态”，频率设为 100 Hz，调节“静态信号幅度调节”电位器，从 0 开始逐渐增大电压，观察光功率计读数变化，电压调至最大值后归零。

（4）从 0 开始逐渐增加电压，0 ~ 1.6 V 每隔 0.2 V 或 0.3 V 记一次电压及透射光强值，1.6 V 后每隔 0.1 V 左右记一次数据，4 V 后再每隔 0.2 或 0.3 V 记一次数据，在关键点附近宜多测几组数据。将实验数据记录于表 47 - 2 中。

表 47 - 2　电压与透射光强实验数据表

U/V	0.3	0.6	0.9	1.2	1.5	1.8	…	8
I/mW								

（5）做电光曲线图，纵坐标为透射光强值，横坐标为外加电压值。

（6）根据做好的电光曲线，求出样品的阈值电压、关断电压。

（7）“工作状态”选择为“动态”，实验仪“波形”连接至示波器通道 1，调节“动态信号幅度调节”电位器使波形峰值为 5 V，光功率计选择为 200 μW 挡，将光功率计的输出连接至示波器的通道 2，记录电光响应曲线，求得样品的上升时间和下降时间。

3. 绘制液晶样品（有偏振膜）即完整的液晶光电开关的电光曲线图、电光响应曲线图、测量液晶光电开关的垂直视角响应特性

（1）将液晶样品换为液晶片（有偏振膜），移除起偏器、检偏器，重复上述实验。

（2）“工作状态”调至“静态”，信号电压调至 5V，按表 47 - 3 所列举的角度（调节液晶屏法线与入射光线的夹角），测量每一角度下光强的最大值（断开液晶供电）I_{max}，以及每一角度下的最小值（接通液晶供电）I_{min}，计算对比度。

表 47 - 3　不同角度下光强值

角度	-45°	-40°	-30°	-20°	-10°	0°	10°	20°	30°	40°	45°
I_{max}											
I_{min}											
I_{max}/I_{min}											

六、思考题

1. 试说明液晶光开关的工作原理。
2. 如何调节激光接收装置，使得准直激光垂直入射到液晶屏上？

【技术应用】

在自动驾驶汽车等新兴应用上，激光雷达是车载传感套件的核心部件，激光雷达能够精确定位距离并建立起当地环境的点云数据，其信号接入计算机导航和控制系统，实现智能驾驶。但早期的激光雷达采用机械式旋转扫描部件，体积大、造价高，因此扩大激光雷达的探测范围，以及降低制造成本，已经成为自动驾驶技术目前面临的关键挑战。

随着技术的发展，人们将微波领域的相控阵天线技术引入光学频段，发展出光学相控阵（optical phased array，OPA）技术。该技术能实现激光波束的无机械扫描、随机指向、可编程控制和波束赋形，不仅有利于激光雷达系统实现小型化和集成化，还能使激光雷达具备动态聚焦、敏捷波束控制、多波束扫描的能力。实现 OPA 的技术方法主要有液晶阵列、微机电阵列、光波导阵列、光纤阵列、压电陶瓷、电光晶体以及硅基光子集成电路等。

液晶光学相控阵（liquid crystal optical phased array，LC - OPA）技术是一种结合了微波相控阵天线技术与液晶电光特性的新型无机械波束扫描控制器件，具有驱动电压低、功耗低、重量轻、抗振动、抗辐射干扰、大孔径和性价比高等优点，在激光雷达和空间光通信等领域具有重要的应用前景和应用价值，已成为光学相控阵中的研究热点。

相控阵又称为相位控制电子扫描阵列，是一种计算机控制的天线阵列，它利用阵列中每个天线间的相对相位关系，通过构造干涉来重构电磁波的辐射场，在不移动天线的情况下实现对发射电磁波的偏转和扫描。液晶光学相控阵的工作原理实质上是利用外加电压控制电场的变化，液晶分子的指向矢在特定大小的电场下发生特定角度的转动，液晶层的有效折射率大小同时发生变化，最终使得入射光束获得相应大小的相位延迟，如图 47－7 所示。

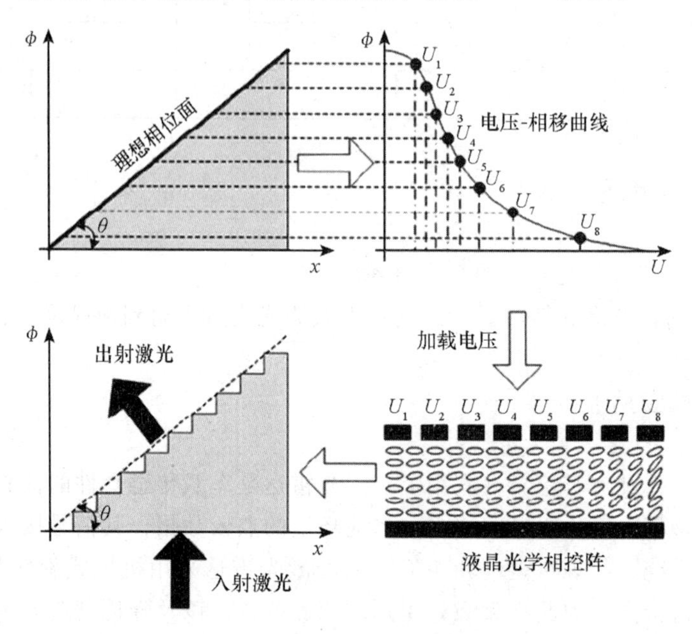

图 47－7　液晶光学相控阵波束偏转控制流程示意图

液晶光学相控阵与透镜一样，都可以看作是光学延迟或者相位调制器件。区别在于透镜的相位延迟特性由其几何形状决定并且不可改变，而液晶光学相控阵是一种可编程的相位调制器件，其相位调制函数由外加电压的分布和大小来确定，且电压大小能够实时改变和调节。因此可以在液晶光学相控阵上加载适当的电压分布，使液晶光学相控阵实现与透镜类似的相位调制函数。由于液晶光学相控阵实现的透镜调制函数中的等效焦距大小可以动态调节，因此这种利用液晶光学相控阵实现的透镜是一种可变焦透镜。

与传统机械扫描技术的雷达相比，利用光学相控阵扫描技术的固态激光雷达有很多优势，如结构简单、尺寸小、成本低，同时还具有标定简单、扫描速度快、扫描精度高等特点。但固态激光雷达也有相应的缺点，如扫描角度有限、旁瓣分散激光的能量、加工难度高以及接收面大、信噪比差等。虽然有很多不足，但固态激光雷达低成本、小尺寸的巨大优势无疑规避了传统的机械式激光雷达的很多不足，其在自动驾驶领域可为自动驾驶、无人驾驶的普及奠定基础。

除了液晶光学相控阵激光雷达方面的应用，另一个重要应用是液晶微透镜。传统光学透镜是通过改变均一折射率材料的厚度实现聚焦功能，如双凸透镜、平凸透镜等。光学透镜采用固定折射率的同种材料，由透镜面型厚度的不同造成光线的光程差最终形成聚焦的效果。而液晶透镜通常都是平板结构，由两块导电玻璃之间夹层液晶构成液晶盒结构。液晶透镜的聚焦原理是基于折射率的非均匀分布而不是厚度的变化。

目前，液晶微透镜因其优良的特性被投入广泛的实际应用中，包括电控调焦微型投影机、电子成像系统、时间扫描立体显示技术以及与人类健康和工业安全密切相关的内窥镜技术，在生产和生活中起到重要的作用。

实验48　光纤特性及传输

【技术概述】

光纤通信是以光波作为信息载体，以光纤作为传输媒介的一种通信方式。光纤通信技术包含光纤光缆技术、光波分复用传输技术、光有源器件、光无源器件以及光网络技术等。光纤以其传输频带宽、抗干扰性强、信号衰减小、造价低廉、重量轻、易敷设等优点，远优于电缆、微波通信的传输，已成为世界固定通信网的主要传输方式。

一、实验目的

1. 掌握光纤通信的原理及基本特性。
2. 测量激光二极管的伏安特性、电光转换特性。
3. 测量光电二极管的伏安特性。

二、实验原理

光纤通信是利用光波作载波，以光纤作为传输媒质将信息从一处传至另一处的通信方式，被称为“有线”光通信，它区别于光通信的概念，是光通信的一种。光纤通信已成为现代通信的主要支柱之一，在现代电信网中起着举足轻重的作用，作为一门新兴技术，其近年来发展速度之快、应用面之广是通信史上罕见的，也是世界新技术革命的重要标志和未来信息社会中各种信息的主要传送手段。光纤通信作为一个通信过程，它大的框架也不外乎三个过程，即信号加载、信号传播和信号接收。通常情况下，光纤通信需要使用的信号载体是激光。在信号加载端，需要对产生的光进行调制，把需要传输的信号加载到光源出射的光上。在信号接收端，使用光接收器将由光纤传送过来的光信号转换成电信号，再把该电信号交由控制系统进行处理，分析得到传输的信息。从信号加载端到接收端，信号的传播通道使用的是光纤。

1. 光纤

光纤是由纤芯、包层、防护层组成的同心圆柱体，横截面如图48-1所示。纤芯与包层材料大多为高纯度的石英玻璃，通过掺杂使纤芯折射率大于包层折射率，形成一种光波导效应，使大部分的光被束缚在纤芯中传输。若纤芯的折射率分布是均匀的，在纤芯与包层的界面处折射率突变，称为阶跃型光纤。若纤芯从中心的高折射率逐渐变到边缘与包层折射率一致，称为渐变型光纤。若纤芯直径小于10 μm，只有一种模式的光波能在光纤中传播，称为单模光纤。若纤芯直径为50 μm左右，有多个模式的光波能在光纤中传播，称为多模光纤。防护层由缓冲涂层、加强材料涂覆层及套塑层组成。通常将若干根光纤与其他保护材料组合起来构成光缆，便于工程上敷设和使用。

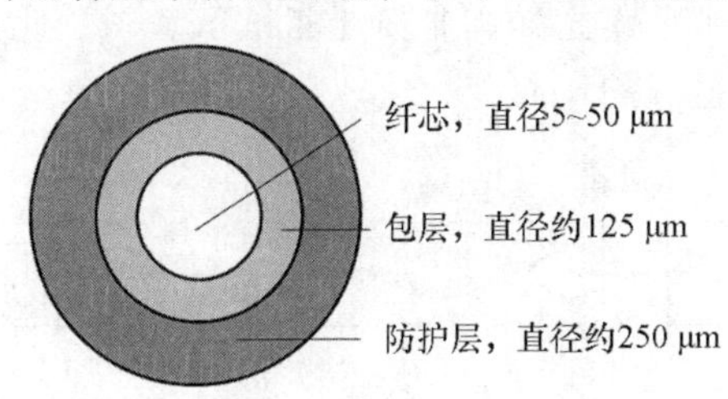

图48-1　光纤结构图

衡量光纤性能好坏的参数主要是损耗特性与色散特性。

损耗特性决定光纤传输的中继距离。光在光纤中传输时，由于材料的散射、吸收，光信号会衰减，当信号衰减到一定程度时，就必须对信号进行整形放大处理，再进行传输，才能保证信号在传输过程中不失真，这段传输的距离叫中继距离，损耗越小，中继距离越长。光纤的损耗与光波长有关，通过研究发现，石英光纤在0.85 μm、1.30 μm、1.55 μm附近有3个低损耗窗口，实用的光纤通信系统光波长都在低损耗窗口区域内。

损耗用损耗系数表示。光在有损耗的介质中传播时，光强按指数规律衰减。在通信领域，损耗系数用单位长度（km）的分贝值（dB）表示，定义为

$$\alpha = \frac{10}{L}\lg\frac{P_0}{P_1} \tag{48-1}$$

已知损耗系数，可计算光通过任意长度 L 后的强度

$$P_1 = P_0\,10^{-\frac{\alpha L}{10}} \tag{48-2}$$

以上两式中，L 是传播距离，P_0是入射光强，P_1是损耗后的光强。

对于单模光纤而言，随着波长的增加，其弯曲损耗也相应增大，因此对1 550 nm波长的使用，要特别注意弯曲损耗的问题。随着光纤通信工程的发展，最低衰减窗口 1 550 nm 波长区的通信必将得到广泛运用。国际电话电报咨询委员会（CCITT）对 G. 652 光纤和 G. 653 光纤在 1 550 nm 波长的弯曲损耗分别做了明确的规定：对 G. 652 光纤，按半径 37. 5 mm 松绕 100 圈，在1 550 nm波长测得的损耗增加应小于 1 dB；对 G. 653 光纤，要求增加的损耗小于 0. 5 dB。

弯曲损耗的测量，要求在具有较为稳定的光源条件下，将几十米被测光纤耦合到测试系统中，保持注入状态和接收端耦合状态不变的情况下，分别测出松绕 100 圈前后的输出光功率 P_1 和 P_2，则弯曲损耗为

$$A = 10\lg(P_1/P_2) \tag{48-3}$$

如图 48 -2 所示为单模光纤弯曲损耗测试示意图，此处也可不用扰模器，而通过其他设备实现光纤的弯曲。

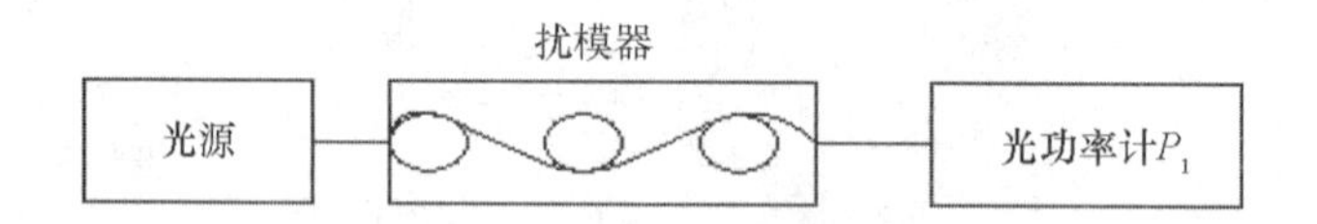

图 48 -2　单模光纤弯曲损耗测试

相同光纤，传输相同波长光波信号，弯曲半径不同时其损耗也不同；同样，对于相同光纤，弯曲半径相同时，传输不同光波信号，其损耗也不同。

由于按照 CCITT 标准，光纤的弯曲损耗比较小，在实际测试中可采用减小弯曲半径的办法增强实验效果。实验测试时扰模器缠绕方法如图 48 -3 所示。

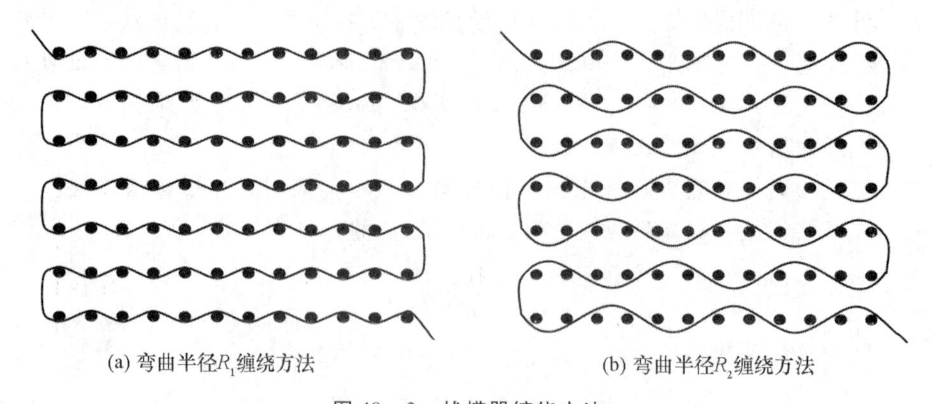

图 48 -3　扰模器缠绕方法

2. 激光二极管

光通信的光源为半导体激光器（LD）或发光二极管（LED），本实验采用半导体激光器。半导体激光器通过受激辐射发光，是一种阈值器件。处于高能级 E_2 的电子在光场的感应下发射一个和感应光子一模一样的光子，而跃迁到低能级 E_1，这个过程称为光的受激辐射。所谓一模一样，是指发射光子和感应光子不仅频率相同，而且相位、偏振方向和传播方向都相同，它和感应光子是相干的。由于受激辐射与自发辐射的本质不同，导致半导体激光器不仅能产生高功率（≥10mW）辐射，而且输出光发散角窄（垂直发散角为30°～50°，水平发散角为0°～30°），与单模光纤的耦合效率高（约30%～50%），辐射光谱线窄（$\Delta\lambda = 0.1 \sim 1.0$ nm），适用于高比特工作。载流子复合寿命短，能进行高速信号（>20 GHz）直接调制，非常适合作为高速长距离光纤通信系统的光源。

LD 和 LED 都是半导体光电子器件，其核心部分都是 PN 结。因此其具有与普通二极管类似的 $U-I$ 特性，如图 48-4 所示。

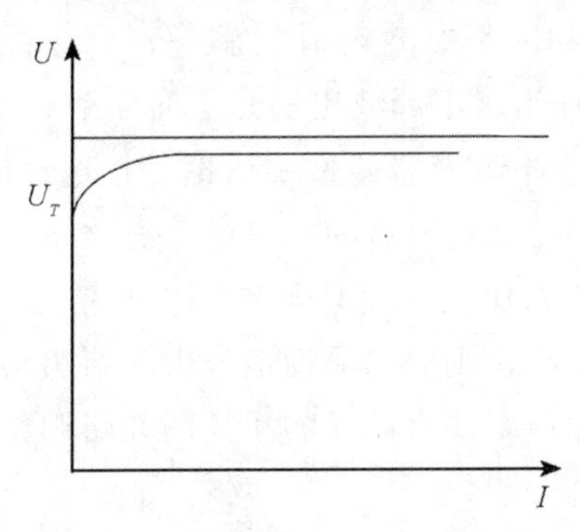

图 48-4　LD 激光器输出 $U-I$ 特性示意图

由于结构上的不同，LD 和 LED 的 $P-I$ 特性曲线有很大的差别。LED 的 $P-I$ 曲线是一条近似直线。而 LD 半导体激光器的 $P-I$ 曲线，如图 48-5 所示，可以看出有一阈值电流 I_{th}，只有在工作电流 $I>I_{th}$ 部分，$P-I$ 曲线才近似一条直线；而在 $I<I_{th}$ 部分，LD 输出的光功率几乎为零。

阈值电流是非常重要的特性参数。图 48-5 中 A 段与 B 段的交点表示开始发射激光，它对应的电流就是阈值电流 I_{th}。半导体激光器可以看作一种光学振荡器，要形成光的振荡，就必须有光放大机制，即激活介质处于粒子数反转分布状态，而且产生的增益足以抵消所有的损耗。将开始出现净增益的条件称为阈值条件。一般用注入电流值来标定阈值条件，即阈值电流 I_{th}。

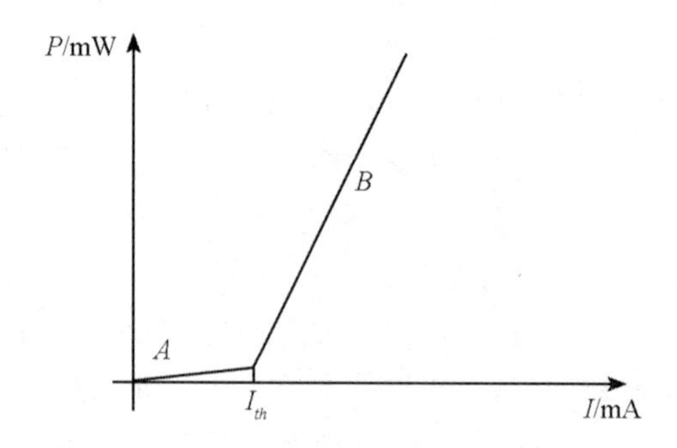

图 48－5　LD 半导体激光器 $P-I$ 特性示意图

当注入电流增加时，输出光功率也随之增加，在达到 I_{th} 之前半导体激光器输出荧光，达到 I_{th} 之后输出激光。输出光子数的增量与注入电子数的增量之比为

$$\eta_d=\left(\frac{\Delta P}{h\nu}\right)/\left(\frac{\Delta I}{e}\right)=\frac{e}{h\nu}\cdot\frac{\Delta P}{\Delta I} \tag{48-4}$$

式中：$\Delta P/\Delta I$ 为图 48－5 中激射时的斜率；h 为普朗克常数（$6.625\times10^{-34}\,\text{J}\cdot\text{s}$）；$\nu$ 为辐射跃迁情况下释放出的光子的频率。

$P-I$ 特性是选择半导体激光器的重要依据。在选择时，应选阈值电流 I_{th} 尽可能小，I_{th} 对应 P 值小，而且没有扭折点的半导体激光器。这样的激光器工作电流小、稳定性高、消光比大，而且不易产生光信号失真。并且要求 $P-I$ 曲线的斜率适当。斜率太小，则要求驱动信号大，给驱动电路带来麻烦；斜率太大，则会出现光反射噪声，使自动光功率控制环路调整困难。

3. 光电二极管

光通信接收端由光电二极管完成光电转换与信号解调。光电二极管是工作在无偏压或反向偏置状态下的 PN 结，反向偏压电场方向与势垒电场方向一致，使结区变宽，无光照时只有很小的暗电流。当 PN 结受光照射时，价电子吸收光能后挣脱价键的束缚成为自由电子，在结区产生电子－空穴对，在电场作用下，电子向 N 区运动，空穴向 P 区运动，形成光电流。

本实验使用的光电二极管和光电转换电路与实验 45 相同。

图 48－6 是反向偏置电压下光电二极管的伏安特性曲线。无光照时的暗电流很小，它是由少数载流子的漂移形成的。有光照时，光电流取决于入射光功率。在适当的反向偏置电压下，入射光功率与饱和光电流之间呈较好的线性关系。

图 48－7 是光电转换电路，光电二极管接在晶体管基极，集电极电流与基极电流之间有固定的放大关系，基极电流与入射光功率成正比，流过 R 的电流与 R 两端的电压也与入射光功率成正比。若光功率随调制信号变化，R 两端的电输出解调出原调制信号。

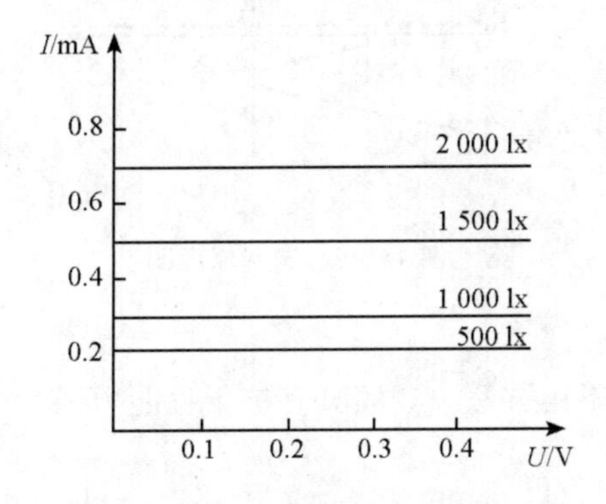

图 48－6　光电二极管的伏安特性曲线

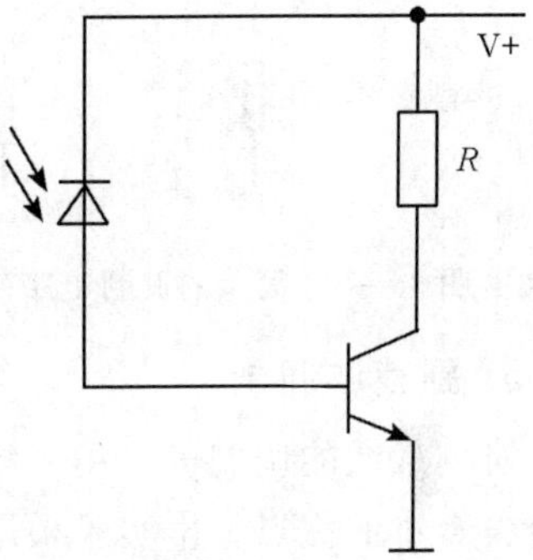

图 48－7　简单的光电转换电路

4. 光源的调制

对光源的调制可以采用内调制或外调制。内调制用信号直接控制光源的电流，使光源的发光强度随外加信号变化，内调制易于实现，一般用于中低速传输系统。外调制时光源输出功率恒定，利用光通过介质时的电光效应、声光效应或磁光效应实现信号对光强的调制，一般用于高速传输系统。本实验采用内调制。

图 48－8 是简单的调制电路。调制信号耦合到晶体管基极，晶体管作共发射极连接，流过发光二极管的集电极电流由基极电流控制，R_1、R_2 提供直流偏置电流。图 48－9 是调制原理图，由图可见，由于光源的输出光功率与驱动电流是线性关系，在适当的直流偏置下，随调制信号变化的电流变化由发光二极管转换成了相应的光输出功率变化。

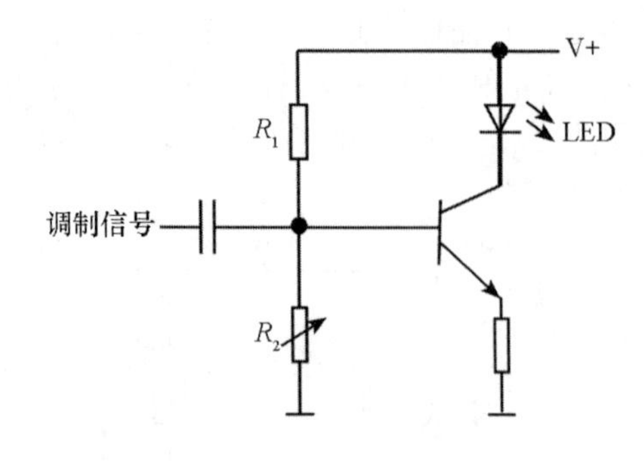

图 48-8　简单的调制电路

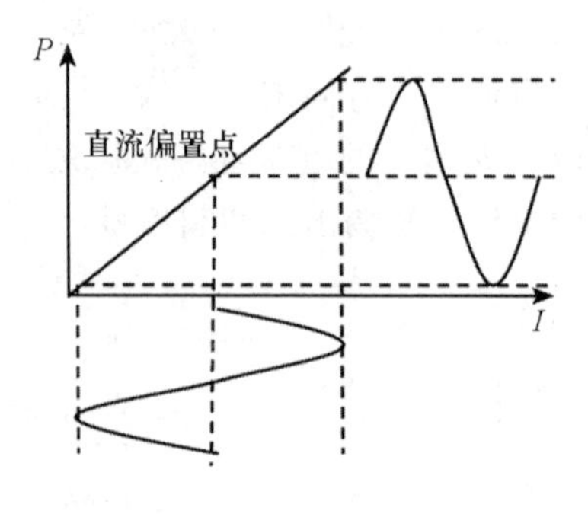

图 48-9　调制原理图

5. 副载波调制

对副载波的调制可采用调幅、调频等不同方法。调频具有抗干扰能力强、信号失真小的优点，本实验采用调频法。

图 48-10 是副载波调制传输框图。

图 48-10　副载波调制传输框图

如果载波的瞬时频率偏移随调制信号 $m(t)$ 线性变化，即

$$\omega_d(t)=k_f m(t) \tag{48-5}$$

则称为调频，k_f 为调频系数，代表频率调制的灵敏度，单位为 2πHz/V。调频信号可写成下列一般形式

$$u(t)=A\cos\left[\omega t+k_f\int_0^t m(\tau)\mathrm{d}\tau\right] \tag{48-6}$$

式中：ω 为载波的角频率；$k_f\int_0^t m(\tau)\mathrm{d}\tau$ 为调频信号的瞬时相位偏移。

下面考虑两种特殊情况：

假设 $m(t)$ 为电压为 U 的直流信号，则式（48-6）可以写为

$$u(t)=A\cos[(\omega+k_f U)t] \tag{48-7}$$

式（48-7）表明，直流信号调制后的载波仍为余弦波，但角频率偏移了 $k_f U$。

假设 $m(t)=U\cos(\Omega t)$，则式（48-6）可以写为

$$u(t)=A\cos\left[\omega t+\frac{k_f U}{\Omega}\sin(\Omega t)\right] \tag{48-8}$$

可以证明，已调信号包括载频分量 ω 和若干个边频分量 $\omega\pm n\Omega$，边频分

量的频率间隔为 Ω。

任意信号可以分解为直流分量与若干余弦信号的叠加，则式（48－7）和式（48－8）两式可以帮助理解一般情况下调频信号的特征。

三、实验仪器及其主要技术参数

整套实验系统由光纤发射装置、光纤接收装置、光纤跳线以及示波器组成。

光纤发射装置可产生各种实验需要的信号，通过发射管发射出去。发出的信号通过光纤传输后，由接收管将信号传送到光纤接收装置。接收装置将信号处理后，由仪器面板显示或者通过示波器观察传输后的各种信号。

发射系统中的信号源模块部分由方波信号、脉冲信号、正弦波信号组成。这些信号可以通过信号切换键来选择调整参数。当对应信号源的指示灯亮起时，表示可以对该信号进行幅度调节和频率调节。调节也可以根据所需步进通过按压旋钮选择“粗调”和“细调”，即当调节的指示灯亮起代表粗调，不亮代表细调。

接收系统中，显示部分的“光功率计”只能调节到“1310”，“1550”则作为扩展显示（当前实验仪中没有设置 1 550 nm 波长的发射装置）。

实验中使用的光纤为 FC－FC 光跳线（短光纤）。示波器用于观测各种信号波形经光纤传输后是否失真等特性（自备）。

光纤发射与接收装置面板分别如图 48－11、图 48－12 所示。

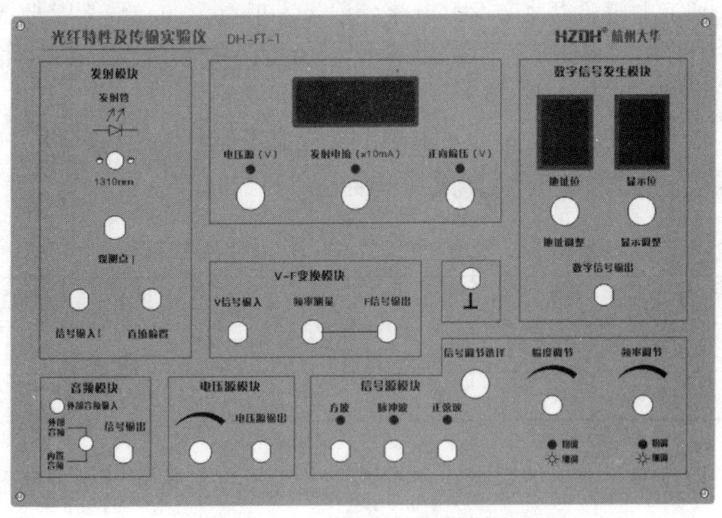

图 48－11　光纤发射装置面板图

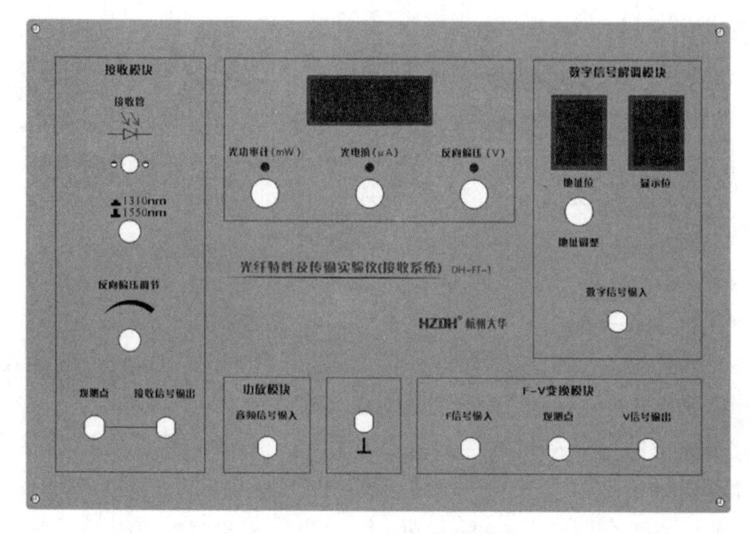

图 48－12　光纤接收装置面板图

四、实验内容与步骤

1. 激光二极管的伏安特性与输出特性测量

（1）用 FC－FC 光跳线将光发送口与光接收口相连。设置发射显示为“发射电流”，接收显示为“光功率计”。

（2）调节电压源以改变发射电流，记录发射电流与接收器接收到的光功率（与发射光功率成正比）。设置发射显示为正向偏压，记录与发射电流对应的发射管两端电压于表 48－1 中。

（3）依次改变发射电流（可能显示电流值不能精确达到表 48－1 的设定数值，只要尽量接近即可），将数据记录于表 48－1 中。

表 48－1　发光二极管伏安特性与输出特性测量

发射电流/×10mA	0	0.5	0.6	0.8	1	1.5	2.0	2.5	3.0	3.5
正向偏压/V										
光功率/mW										

（4）以表 48－1 中的数据，做所测激光二极管的伏安特性曲线和输出特性曲线。

2. 光电二极管伏安特性的测量

（1）调节发射装置的电压源，使光电二极管接收到的光功率如表 48－2 所示。调节接收装置的反向偏压，在不同输入光功率时，切换显示状态，分别测量光电二极管反向偏置电压与光电流，记录于表 48－2 中。

表 48－2　光电二极管伏安特性的测量

反向偏置电压/V		0	1	2	3	4
$P=0$	光电流/μA					
$P=0.1\text{mW}$						
$P=0.2\text{mW}$						

（2）以表 48－2 中的数据，做光电二极管的伏安特性曲线。

3. 基带（幅度）调制传输

（1）用 FC－FC 光跳线将光发送口与光接收口相连。

（2）将信号源模块正弦波输出接入发射模块信号输入端 1，将电压源信号接入发射模块的直流偏置，调节直流偏置电压为 3V。

（3）将监测点 1 接入双踪示波器的其中一路，观测输入信号波形；将接收装置信号输出端的观测点接入双踪示波器的另一路，观测经光纤传输后接收模块输出的波形。

（4）观测信号经光纤传输后，波形是否失真，频率有无变化，将数据记录于表 48－3 中。

（5）调节正弦波信号幅度，当幅度超过一定值后，可观测到接收信号失真；记录信号不失真对应的最大输入信号幅度及对应接收端输出信号幅度于表 48－3 中。

（6）将正弦波信号改为方波信号，重复以上步骤实验，将数据记录于表 48－3 中。

表 48－3　基带调制传输实验

激光二极管调制电路输入信号			光电二极管光电转换电路输出信号		
波形	频率/kHz	幅度/V	波形	频率/kHz	幅度/V
正弦波	5.0		正弦波	5.0	
方波	5.0		方波	5.0	

4. 副载波调制传输

（1）观测调频电路的电压频率关系

用 FC－FC 光跳线将光发送口与光接收口相连。

将发射装置中的电压源输出接入 V－F 变换模块的 V 信号输入（用直流信号作调制信号）。根据调频原理，直流信号调制后的载波角频率偏移 $k_f V$。将 F 信号输出的频率测量接入示波器，观测输入电压与输出频率之间的 V－F 变换关系。调节电压源，通过在示波器上读输出信号的周期来换算成频率。将输出频率 f_V 随电压的变化记录于表 48－4 中。

表 48－4　调频电路的 $V-f$ 关系

输入电压/V	0	0.5	1	1.5	2	2.5	3	3.5	4	4.5	5
输出频率 f_V/kHz											
角频率 ω/kHz											

以输入电压为横坐标，输出角频率 $\omega_V = 2\pi f_V$ 为纵坐标在坐标纸上作图。直线与纵轴的交点为副载波的角频率 ω，直线的斜率为调频系数 k_f，计算求出 ω 与 k_f。

（2）副载波调制传输实验

用 FC－FC 光跳线将光发送口与光接收口相连。

将信号源模块正弦波输出接入发射装置 V－F 变换模块的 V 信号输入端，再将 V－F 变换模块 F 信号输出接入发射模块信号输入端 1（用副载波信号作激光二极管调制信号）。将电压源信号接入发射模块的直流偏置处，调节直流偏置电压为 3 V。

用示波器观测基带信号（“正弦输出”与“地”之间），在保证正弦波不失真的前提下调节其幅度和频率到一个固定值，记录幅度和频率于表 48－5 中。

此时接收装置接收信号输出端输出的是经光电二极管还原的副载波信号，将接收信号输出接入 F－V 变换模块 F 信号输入端，在 V 信号输出端输出经解调后的基带信号。

用示波器观测经调频与光纤传输后解调的基带信号波形（F－V 变换模块的“观测点”），将观测情况记录于表 48－5 中。

改变输入基带信号（正弦波）的频率和幅度，观测 F－V 变换模块输出的波形，记录于表 48－5 中。

表 48 - 5　副载波调制传输实验

基带信号		光纤传输后解调的基带信号		
幅度/V	频率/kHz	幅度/V	频率/kHz	信号失真程度

基带传输实验中，衰减会使输出幅度减小，传输过程的非线性会使信号失真。副载波传输采用频率调制，解调电路的输出只与接收到的瞬时频率有关，可以观察到衰减对输出几乎无影响，表明调频方式抗干扰能力强、信号失真小。

5. 音频信号传输（选做）

用 FC - FC 光跳线将光发送口与光接收口相连。

（1）基带调制

将发射装置“信号输出”接入发射模块信号输入端 1，将 2.5V 电压源接入到“直流偏置”；将钮子开关拨向“内置音频”。

将接收装置接收信号输出端接入功放模块音频信号输入端。

倾听音频模块播放出来的音乐。定性观察光连接、弯曲等外界因素对传输的影响，陈述听音乐的感受。

（2）副载波调制

将发射装置音频模块“信号输出”接入 V - F 变换模块的 V 信号输入端，再将 V - F 变换模块 F 信号输出接入发射模块信号输入端 1；将钮子开关拨向“内置音频”。

将接收信号输出接入 F - V 变换模块 F 信号输入端，V 信号输出端接入音频模块音频信号输入端。

倾听音频模块播放出来的音乐。定性观察光连接、弯曲等外界因素对传输的影响，陈述听音乐的感受。

实验中也可以将手机、MP3 等通过耳机音频线连接到“外部音频输入”，将钮子开关拨向“外部音频”，操作以上实验。

6. 数字信号传输（选做）

本实验用编码器发送二进制数字信号（地址和数据），并用数码管显示地址一致时所发送的数据。

用 FC－FC 光跳线将光发射口与光接收口相连。将发射装置数字信号输出接入发射模块信号输入端 1，将 2.5V 电压源接入“直流偏置”。接收装置接收信号输出端接入数字信号解调模块数字信号输入端。

设置发射地址和接收地址，设置发射装置的数字显示。可以观测到，地址一致、信号正常传输时，接收数字随发射数字而改变；地址不一致或光信号不能正常传输时，数字信号不能正常接收。

五、实验注意事项

光学器件属于昂贵易损器件，所以在实验操作过程中应加倍小心，防止光学器件的损坏。为了保证实验顺利地进行，请注意以下事项：

1. 本实验需要经常连接和断开光跳线（尾纤）与光发射器、光检测器，应轻拿轻放，使用时切忌用力过大。

2. 实验完毕后，请立即盖上机箱盖，防止灰尘进入光纤端面而影响光信号的传输。

3. 若不小心把光纤输出端的接口弄脏，须用酒精棉球进行清洁。

4. 光纤跳线接头应妥善保管，防止磕碰，使用后及时盖上防尘帽。

5. 不要用力拉扯光纤，光纤弯曲半径一般不小于 30 mm，否则可能导致光纤折断。

六、思考题

1. 能否用一根光纤传输两路模拟信号？如果可以，说明实现方法；如果不行，说明原因。

2. 简述光纤通信系统构成与各部分功能，主要传输哪两类信号？

3. 光调制的基本方法是什么？光纤通信一般的调制技术是什么？

【技术应用】

光通信技术和光纤光缆通信在我国已有 40 多年的发展历史。我国已完成了八纵八横的光缆干线敷设，高容量光缆干线已经成为我国的信息通道，一个以光缆为主体的通信骨干网已基本形成。光纤通信技术已进入包括广电、石油和军工通信在内的各种有线通信领域。近年来，随着技术的进步，及互联网的兴起，通信业务爆炸式增长，带来了巨大的通信带宽需求，光纤通信再一次呈现出蓬勃发展的新局面。未来光纤通信技术的发展趋势是在光纤光缆中实现超高速、超大容量和超长距离的传输，并最终实现全光网络覆盖。

除了民用光纤通信网络方面的应用，在航空航天以及军事方面也有特种光纤的应用场景。

航天器用光缆与普通光缆结构类似，只是由于需要面临极端高低温和空间辐射等特殊环境，在材料和工艺上存在一定差别。航天器用光缆使用环境比较特殊，主要经受高温、低温、温度循环、空间辐照以及温度辐照等特殊太空环境，对光缆可靠性及寿命的影响巨大。以我国空间站为例，预计光缆的总需求量将达到 6000 m 以上，并要求具有不低于 15 年的使用寿命。

航天用光缆结构如图 48 - 13 所示，一般为多层结构，工艺较为特别的有涂覆层和增强层。涂覆层一般为高分子材料，用于增强光纤的柔韧性、机械强度和耐老化特性。航天器用光缆的涂覆层材料应能承受严酷的高低温环境，在低温下不易变脆，在高温下不易软化。增强层和外护套采用镀银纤维结构编织，既可起到电磁屏蔽作用，也可提高光缆的机械强度和抗弯折强度等。此外，航天器用光缆在保证传输性能的情况下，还要求具有良好的抗辐射特性。

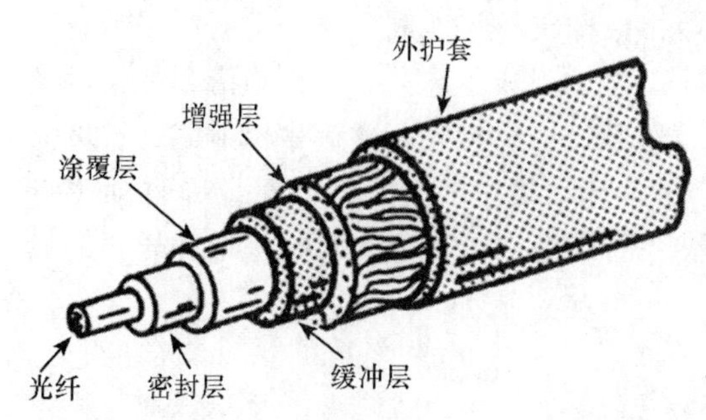

结构组成	材质
光纤	石英玻璃
密封层	硅橡胶
涂覆层	耐高温丙烯酸酯
缓冲层	耐高温缓冲材料
增强层	镀银纤维
外护套	镀银纤维

图 48 - 13　**某典型航天器舱外光纤结构图**

光纤在军事上的一个特别应用是光纤制导导弹。光纤制导导弹是从 20 世纪 90 年代开始发展起来的一种新型导弹，目前国际上光纤制导导弹的型号并不多，主要有以色列的“长钉”、德国的“独眼巨人”和中国的红箭 - 10，如图 48 - 14 所示。光纤制导导弹有多种发射方式，可采用履带式/轮式发射车、舰射或者潜射或便携式单兵发射。

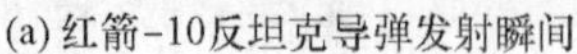

(a) 红箭-10反坦克导弹发射瞬间

(b) 以色列“长钉”反坦克导弹

(c) 舰射“独眼巨人”导弹

图 48－14　典型光纤制导导弹发射

所谓光纤制导，主要是指制导信号的传输方式，而不是导引头的探测制导方式。光纤制导导弹的头部安装有电视摄像机或红外成像导引头，探测和制导信号以导弹尾部拖带的光纤双向传输。由于制导图像数据、控制指令都通过激光束在光纤内部传输，对外没有信号暴露，也没有光电磁信号辐射，具有极强的攻击隐蔽性。光纤可实现“人在回路中”制导，射手可以在导弹自动飞行和自主末端寻的的同时控制导弹改变飞行航路，变更瞄准目标，增强导弹的战术样式和抗干扰能力。